이 책은 자연, 시골지역, 환경보존을 바라보는 우리의 시각을 변화시켜가는 선구적인 재야생화 실험을 들려준다. 훌륭한 글솜씨로 써내려간 『야생 쪽으로』는 야생생물의 가차없는 쇠퇴를 늦추는 정도가 아니라 복원 작업을 시작하는 것이 당면 과제가 된 때가 왔음을 알린다. _토니 주니퍼, 대영제국 훈작사

눈을 뗄 수 없게 만드는 이 책은 엄청나게 강력한 새로운 생각이 주는 흥분을 포착한다. 바로 사면초가에 놓인 우리의 야생생물들을 구하기 위해서는 남아 있는 것을 보존하는데 그치지 않고 우리가 잃은 것을 회복시켜야 한다는 생각이다. 흥미진진한 세부 사항들과 가능성에 대한 기대가 담긴 이 책은 다가올 힘든 시대에 자연의 미래에 관심 있는 사람이라면 누구나 읽어야 할 필독서다. _마이클 매카시, 『나방 눈보라: 자연과 기쁨』 저자

매력적이고 영감과 많은 생각을 불러일으키는 책이다. 『야생 쪽으로』는 넵 재야생화 프로젝트의 마법과 흥분을 훌륭하게 포착한다. _데이브 굴슨, 『사라진 뒤영벌을 찾아서』 저자

영국의 평범한 농장에서 일어난 야생생물 혁명을 그린, 짜릿하고 영감을 불러일으키며 깊은 감동을 주는 이야기인 이 책은 우리가 잃어버린 것, 그리고 우리가 시골지역과의 관계를 변화시킬 경우 다시 찾을 수 있는 것들을 보여준다. _패트릭 패컴, 『오소리의 나라』 저자

창가의 화단부터 국립공원에 이르기까지 땅에 관심 있는 사람이라면 누구나 이 책을 읽어야 한다. _사이먼 반스, 『새의 의미』 저자

우리는 충격적인 시골지역에 관한 이야기는 자주 읽으면서 그 회복에 관해서는 거의 알지 못한다. 많은 사람이 재야생화에 관해 이야기하지만 직접 시도하는 이는 드물다. 이 책은 유머와 현실성, 과학과 교훈이 가득 담긴 선구적인 훌륭한 도서다. 『월든』과 『모래 군의 열두 달』처럼 가슴 뛰게 하는 이야기다. _니컬러스 크레인, 『영국 경관의 조성』 저자

예정에 없던 매우 인상적인 결정과, 그에 따르는 용기, 인내, 관심, 세부 사항의 이해에 대한 무한한 주의집중. 이는 넵의 멋진 실험을 나타내는 눈부신 특징들이다. 찰리와 이저벨라가 자연에게 무엇을 하라고 지시하지 않고 대담하게 뒤로 물러나서 자연이 무엇이며 무엇이 될 수 있는지를 세계에 알려준 순간은 앞으로 수 세기 동안 획기적인 지표가 될 것이다. 『야생 쪽으로』는 영감을 주는 정말로 뛰어난 책이다. _애덤 니컬슨, 『바닷새의 울음』 저자

성 주위에 정렬한 병력(위). 제2차 세계대전 동안 넵 캐슬에 주둔했던 캐나다군 제3사단이 정부의 '승리를 위한 경작' 캠페인의 일환으로 렙턴 대정원의 첫 재배된 밀 앞에서 행진하고 있다. _넵 기록보관소

땅을 개간하기 위해 뿌리째 뽑힌 나무들(아래). 서식스의 많은 중점토 땅과 마찬가지로 넵의 많은 땅에서 두 차례 세계대전 사이의 농업 공황 기간에 관목이 자라도록 허용되었다. 하지만 제2차 세계대전 동안에는 가장 척박한 땅도 경작을 위해 개간되었다. 재야생화 프로젝트하에서 지금은 가시 있는 관목들이 이곳에 다시 나타나 야생생물에게 보금자리를 제공하고 있다. _넵 기록보관소

공중에서 본 해머 연못과 2년 된 휴한지(위). 우리가 재래농업을 포기하고 남쪽 구역에서 처음 들판을 놀린 뒤 1년이 지난 2004년 여름에 재건된 해머 연못. _넵 기록보관소

휴경하고 14년이 지난 2017년 가을, 생울타리들이 자라고 가시 있는 관목들이 등장하면서 들판의 경계가 모호해지기 시작했다(아래). 전면에 무성하게 자란 갯버들(자생 잡종 버드나무)은 번개오색나비의 서식지를 제공한다. _넵 기록보관소

넵 프로젝트에 영감을 준 방목생태학 이론의 주창자인 네덜란드의 생태학자 프란스 페라가 남쪽 구역에 서서 자연적으로 되살아나고 있는 가시 있는 관목들이 어린나무를 목본초식동물로부터 보호해준다는 것을 보여주고 있다(위). 이는 "가시는 참나무의 어머니"라는 중세의 속담을 증명해준다. _찰리 버렐

테드 그린이 렙턴 대정원 복원의 발단이 된 500년 된 나무인 넵 오크 아래에서 고목 사파리를 이끌고 있다. _아래, 찰리 버렐

넵 호숫가의 죽은 참나무. 이 늙은 참나무는 50년 동안 쟁기질과 화학약품의 공격을 받으며 경작지의 한구석에 서 있었다. 이 나무는 우리가 렙턴 대정원을 막 복구하려 할 때 죽어가기 시작했다. 예전 방식대로였다면 우리는 아무 생각 없이 그 나무를 베어버렸을 것이다. 이제 이 나무는 풍요로운 서식지이자 우리의 마음의 변화의 상징이 되었다. _찰리 버렐

밀 속에 앉아 있는 찰리와 낸시. 찰리와 우리 딸 낸시가 1996년 밀의 대풍작을 기뻐하는 모습이다. 1996년은 넵 농장이 수익을 낸 드문 해였다. _이저벨라 트리

'래그'라 불리는 우리 강가의 목초지들(위)은 빅토리아 시대에 농사를 위해 배수를 했는데도 불구하고 농업적으로 생산적이었던 적이 없다. 2004년에 중간 구역에 돼지들을 풀어놓자 돼지들은 젖은 흙을 파서 뒤집는 운동회를 벌였다. **찰리 버렐**

벡스타인 박쥐(아래). 현재 영국의 17개 박쥐 종 가운데 13종이 넵에서 발견돼 이곳에 사는 엄청난 수의 곤충을 마음껏 잡아먹고 있다. 오래된 활엽수림과 연관된 벡스타인 박쥐는 유럽 전체에서 희귀한 종이다. **_라이언 그리브스**

넵 사유지 중간 구역의 다마사슴. 마지막 빙하기 전에 영국에 살았던 다마사슴들은 노르만인의 사냥을
위해 영국에 다시 도입되었다. 넵에서 가장 수가 많은 대형 초식동물인 이 사슴들은 주로 풀을 뜯어 먹
는다. 수사슴들은 발정기 동안 뿔을 문지르고 구애행동을 하면서 상당한 초목 교란을 일으킨다.
_찰리 버렐

빌 브룩스와 사슴. 새로 나타나고 있는 식생이 강한 교란에 대비가 되었다고 판단한 2009년에 우리는 프로젝트에 토착종인 붉은사슴들을 도입했다. 붉은사슴들은 나뭇가지를 부러뜨리고 잔디를 파헤치는가 하면 나무껍질을 벗긴다. _빌 브룩스

넵 사유지 남쪽 구역의 암컷 노루. 영국 토종인 노루는 대개 목본초식동물이다. 이미 적은 수로 넵에 나타났던 노루들은 먹는 방식이 다른 또 하나의 구성원을 초식동물들의 조합에 더해 식생의 복잡성에 기여한다. _찰리 버렐

가장자리 지역을 파헤치는 탬워스 돼지들. 우리의 탬워스 돼지들은 원시 멧돼지와 같은 교란을 일으킨다. 대정원에 풀어놓았을 때 이 돼지들이 처음 한 일은 한 번도 경작되지 않아 무척추동물과 뿌리줄기들이 풍부한 가장자리 지역을 따라 땅을 파헤치는 것이었다. **찰리 버렐**

남쪽 구역의 넵 황무지에 자란 갯버들을 뜯어 먹는 롱혼(위). 강인한 고대 품종인 옛 잉글리시 롱혼 소들은 식물을 뜯어 먹으며 겨울 동안 살아남는다. 롱혼들은 고대 조상인 오로크스를 대체하는 역할을 한다. _찰리 버렐

겨울 풍경 속 엑스무어 조랑말(아래). 말이나 타펜 떼는 한때 우리 경관을 돌아다녔고, 오늘날엔 엑스무어들이 우리 생태계에 그와 동일한 유익한 자극을 주곤 한다. _찰리 버렐

섬세한 연보라색 꽃들이 수상 꽃차례로 피는 사랑스럽고 희귀한 식물인 워터바이올렛은 잠자리 약충, 수서 곤충, 올챙이들에게 피난처를 제공한다. 수질이 개선되면서 재야생화 프로젝트의 연못들에 이 꽃이 나타나기 시작했다. _찰리 버렐

노목에서만 자라는 찰진흙버섯. _테드 그린

넵에서 나이팅게일의 놀라운 번성은 빠르게 감소하고 있는 이 아프리카 철새들의 선호에 대한 새로운 통찰을 제공한다. 영국에서 '삼림지' 조류로 분류되는 나이팅게일은 넵의 가시가 있는 관목들에서도 번성한다. 관목지에 대한 우리의 국가적 무관용은 수많은 조류 종의 급격한 감소의 원인이 되어왔다. _데이비드 플러머

급증하는 넵의 쇠똥구리를 먹고 사는 금눈쇠올빼미(위)를 포함해 현재 영국의 올빼미 다섯 종 모두가 넵에서 발견된다. _네드 버넬

먹이인 씨앗을 품은 토종 식물들과 서식지의 감소로 지난 몇십 년 동안 엄청나게 줄어든 멧비둘기(아래, 넵, 2016년)는 이번 세기 중반에 영국에서 멸종할 것으로 예상된다. 넵은 영국에서 멧비둘기의 수가 늘어나고 있는 유일한 곳이며 2017년에 16마리의 노래하는 수컷이 발견되었다. _벤 그린

오랫동안 번개오색나비들은 삼림지에 의존한다고 여겨졌다. 그런데 넵의 번개오색나비들은 새로 나타나고 있는 갯버들을 좋아한다. 서식지 선택지가 없는 경관에서 관찰할 때 우리가 종에 대해 얼마나 잘못 생각할 수 있는지 보여주는 사례다. 현재 넵에는 영국에서 가장 큰 번개오색나비 개체 군이 있다. 닐 흄

가축들에게 구충제가 광범위하게 사용되면서 전국적으로 쇠똥구리의 수가 극적으로 감소했다. 우리는 재래식 농업을 포기했기 때문에 지금 넵에는 쇠똥구리들이 번성해 소똥 하나에서 23종이 발견된다. 2017년에 지오트뤼프 뮤테이터(위)가 나타난 것은 50년 만에 서식스에서 이 딱정벌레가 처음 기록된 사례였다. _페니 그린

잠자리와 하루살이들은 오염에 특히 민감하다. 영국에서 6개 지역에서만 발견되는 파란 눈의 스케어스 체이서 잠자리(아래)가 넵에 등장한 것은 우리의 수질이 개선된 증거다. _찰리 버렐

커먼 스파티드 난초(위). 지하의 균근균에 의지하는 커먼 스파티드, 서던 마시, 얼리퍼플 같은 난초들이 예전에 경작지였던 우리 땅에 등장한 것은 우리의 토양이 되살아나고 있다는 분명한 조짐이다. _찰리 버렐

둘레배꽃버섯(아래) 같은 희귀한 균류들이 넵에 나타난 것은 생물학적 연속성, 수천 년 전까지 거슬러 올라가는 늙은 고목나무들과의 연결의 지표다. _테드 그린

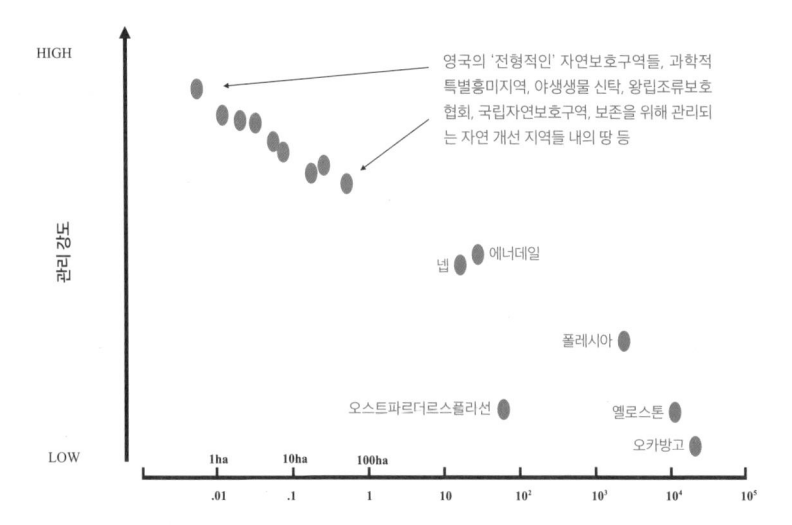

규모와 관리 강도의 정성적 평가값으로 보정된 다양한 보호구역들의 개략도. 대체로 보호구역이 넓을수록 서식지의 단위면적당 관리에 필요한 인간의 개입이 줄어든다. _도표 작성: 존 로턴 교수_

에이더강의 물웅덩이들. 넵을 지나는 에이더강의 1.5마일 구간을 복원하자 물의 흐름이 가파른 빅토리아 운하에서 원래의 범람원으로 되돌아갔다. 이제 이 땅은 다시 천연 스펀지 역할을 해 물을 저장하고 하류의 갑작스러운 홍수를 막는다. 범람원의 수많은 얕은 호수나 물웅덩이는 물총새, 왜가리, 그 외의 물새들의 서식지를 제공한다. _찰리 버렐

야생 쪽으로

ISABELLA TREE

WILDING

야생 쪽으로

이저벨라 트리 지음

박우정 옮김

글항아리

일러두기

• 본문에서 첨자로 부연 설명한 것은 옮긴이 주다.

• 이 책에 등장하는 rewilding은 논쟁의 여지가 있는 개념이다. 어떤 특정 시점의 야생으로
되돌아간다는 의미로 받아들여질 수 있기 때문이다. 저자는 그런 우려를 인정하면서도
rewilding을 사용했으며 한국어판 역시 저자의 판단에 따라 '재야생화再野生化'로 번역했다.
국내에서는 재야생화rewilding라는 단어 대신 '활생活生'이라는 개념으로 표현하기도 한다.

훌리히 향리히 아이들 꾼사, 끄리그에

일단 습지와 야생을 잃어버린다면
세상이 어떻게 되겠는가? 그것들을 남겨두라.
오, 야생과 습지, 그것들은 남겨두라.
잡초와 황무지여, 영원하라.
_제라드 맨리 홉킨스, 「인버스네이드Inversnaid」(1881)

자연을 쇠스랑으로 쫓아낼 순 있겠지만 자연은 항상 돌아올 거야.
_호라티우스, 『서간시Epistles』 1권(기원전 20년)
(P.G 우드하우스의 소설 『정화시키는 사랑The Love that Purifies』에서
지브스가 우스터에게 하는 말로 인용됨, 1929)

자신의 목장에서 늑대들을 제거해버리는 목동은 산처럼 생각하는
법을 배우지 못했다. 그리하여 우리에겐 흙먼지가 이는 건조한
땅들과 미래를 바다로 휩쓸어 보내버리는 강들만 남는다.
_알도 레오폴드, 『모래군의 열두 달』(1949)

차례

WILDING

ISABELLA TREE

연대표

12세기   브램버 군의 귀족 윌리엄 드 브라오즈(1144~1211)가 작은 언덕 위에 현재 옛 넵 캐슬이라 불리는 아성을 건설했다.

1206~1215년   존 왕이 넵을 여러 차례 방문하여 다마사슴과 멧돼지를 사냥했다.

1573~1752년   서식스에서 철기 제조업을 하던 캐릴 가문이 넵 사유지의 주인이 되었다.

1787년   찰스 레이먼드 경이 넵 사유지를 사들여 딸인 소피아와 사위 윌리엄 버렐에게 물려주었다.

1809~1812년   찰스 메릭 버렐 경이 존 내시에게 험프리 렙턴 스타일의 대정원을 갖춘 넵 캐슬 설계를 의뢰했다.

1939~1945년   제2차 세계대전 때 넵 캐슬이 육군성에 징발되어 캐나다 보병대와 기갑부대들의 본부로 사용되었다.

1941~1943년   제2차 세계대전 때 '승리를 위한 경작' 캠페인의 일환으로 렙턴 대정원을 포함한 넵의 영구 목초지에서 관목을 광범위하게 없애고 땅을 갈아 일구었다.

1947년   클레멘트 애틀리 정부가 영국에서 농산물의 고정 시장 가격을 영구 보장하는 농업법을 통과시켰다.

1973년	영국이 유럽경제공동체ECC에 가입하여 공동농업정책CAP하의 보조금 정책으로 전환했다.
1987년	저자의 남편인 찰리 버렐이 조부모로부터 넵 사유지를 물려받았다. 농장은 이미 적자를 내고 있었다.
1987~1999년	낙농장들의 통폐합, 기반시설 개선, 아이스크림, 요구르트, 양젖 사업으로의 다각화를 포함한 농장 집약화 노력은 수익을 내는 데 실패했다.
2000년	낙농 가축과 농기구들을 처분하고 경작지는 소작을 주었다.
2001년	농촌관리계획의 자금 지원을 받아 렙턴 대정원을 복원했다.
2002년	2월 복구된 렙턴 대정원에 페트워스 단지의 다마사슴들을 들여왔다.
	12월 찰리가 환경식품농무부에 '서식스의 로월드에 다양한 생물이 사는 황무지를 만들겠다는 의향서'를 보냈다.
2003년	잉글리시 네이처의 과학자들이 넵의 재야생화를 검토하기 위해 처음 방문했다.
	6월 옛 잉글리시 롱혼 20마리를 렙턴 대정원에 도입했다.
	6월 공동농업정책 개혁에 따라 비연계 보조금을 기반으로 농민들이 땅에서 생산을 하지 않아도 보조금을 받을 수 있게 되어 넵이 재래식 농업에서 벗어날 수 있었다.
2003~2006년	넵 사유지 남쪽 구역을 가장 상태가 나쁜 들판부터 시작해 가장 생산성 있는 들판을 맨 마지막까지 남겨두며 휴경지로 만들었다.

야생 쪽으로

2003년	8월 재야생화 프로젝트에 대한 지지와 동참을 독려하기 위해 넵에서 '원시림의 날'을 개최해 이웃 농민과 땅 주인들을 초대했다.

2003년   **8월** 재야생화 프로젝트에 대한 지지와 동참을 독려하기 위해 넵에서 '원시림의 날'을 개최해 이웃 농민과 땅 주인들을 초대했다.

11월 엑스무어 조랑말 6마리를 렙턴 대정원에 도입했다.

2004년   농촌관리계획이 대정원 복원을 '중간 구역'과 '북쪽 구역'까지 확장하는 자금을 지원했다. 중간 구역과 북쪽 구역 주위에 경계 울타리가 설치되었다.

7월 잉글리시 롱혼 23마리를 북쪽 구역에 도입했다.

12월 탬워스 암돼지 2마리와 새끼 돼지 8마리를 북쪽 구역에 도입했다.

2005년   **7월** 엑스무어 종마인 덩컨을 중간 구역에 풀어주었다.

2006년   **1월** 내추럴 잉글랜드에 제출할 '넵 캐슬 사유지의 자연주의적 방목 프로젝트를 위한 전체적인 관리 계획'이 작성되었다.

5월 넵 황무지 자문위원회 출범 회의가 열렸다.

2007년   **여름** 멧비둘기가 처음 넵에 나타났다.

2008년   8년간의 협의와 타당성 조사를 거친 뒤 환경청으로부터 넵을 지나는 에이더강의 1.5마일 구간 복구 프로젝트를 허가받았다.

2월 내추럴 잉글랜드의 과학자들이 넵이 가까운 미래에 지원을 받지 못할 것 같다고 알려왔다.

6월 상위 수준 관리지원 사업의 설계자인 앤드루 우드가 넵을 방문했다.

넵의 사유지 전체에 대해 상위 수준 관리지원 사업이 자금을 지원한다는 통지를 받았다(2010년 1월부터). 이에 남쪽 구역에도 자유롭게 돌아다니는 동물들을 위해 울타리를 칠 수 있게 되었다.

3월 남쪽 구역 주위에 9마일의 경계 울타리가 설치되었다.

3월 넵에 처음으로 큰까마귀가 둥지를 틀었다.

5월 아프리카에서 대규모로 이동한 1100만 마리의 작은멋쟁이나비가 영국을 찾아왔다. 넵에서는 조뱅이가 번성해 수만 마리의 작은멋쟁이나비를 불러들였다.

5월 남쪽 구역에 53마리의 롱혼 소를 도입했다.

8월 남쪽 구역에 23마리의 엑스무어 조랑말을 도입했다.

9월 남쪽 구역에 20마리의 탬워스 돼지를 도입했다.

에이더강 지류의 범람원 3킬로미터를 따라 얕은 못들을 팠다.

5년간의 모니터링 조사 결과, 번식하는 종달새, 숲종다리, 꼬마도요, 큰까마귀, 붉은어깨검정새, 회색머리지빠귀, 레서 레드폴, 영국의 17개 박쥐 종에서 13개 종, 희귀한 번개오색나비를 포함해 보존 중요성을 지닌 60종의 무척추동물 등 넵에서 야생생물이 놀랍게 번성한 것으로 나타났다.

2월 남쪽 구역에 42마리의 다마사슴을 도입했다.

7월 영국 비버자문위원회가 설립되었고 찰리가 의장을 맡았다.

'더 많이, 더 크게, 더 잘 연결된' 영국의 자연구역들을 권고한 존 로턴 경의 보고서 「자연을 위한 공간 만들기」가 정부에 제출되었다.

2012년 임페리얼 칼리지 런던이 조사한 결과 넵에서 34개의 나이팅 게일 세력권이 발견되어(2002년의 0개에서) 넵은 심각한 멸종위기에 처한 이 새의 영국에서 가장 중요한 서식지들 중 하나가 되었다.

2013년 **4월** 중간 구역과 남쪽 구역에 붉은사슴이 도입되었다.

「자연의 상태」 보고서가 영국에서 생물 종의 계속되는 급격한 감소를 밝혔다.

주말 이틀 동안 넵의 동식물을 조사, 기록하는 행사인 레코딩 위크엔드Recording Weekend에서 넵의 3개 트랜섹트에서 국제자연보존연맹의 적색목록에 오른 13종의 조류와 황색목록에 오른 19종, 극히 희귀한 몇 종의 나비와 식물들을 포함해 400종의 생물이 확인되었다.

임페리얼 칼리지의 연구들이 넵에서 19종의 지렁이를 발견해 이웃 농장들에 비해 토양 구조와 기능이 현저하게 개선된 것으로 나타났다.

2014년 '넵 황무지' 캠프장과 사파리 사업이 시작되었다.

여름 11마리의 멧비둘기 수컷이 기록되었다. 쇠부엉이와 칡올빼미가 처음 발견되었다. 넵에는 현재 영국의 올빼미 5종이 모두 서식한다.

2015년 찰리가 자선단체 '영국의 재야생화' 회장을 맡았다.

3월 데번주의 오터강에 비버가 공식 방출되었다. 잉글랜드에서 멸종된 포유동물의 첫 재도입 사례였다.

7월 넵은 현재 영국에서 번개오색나비의 가장 큰 번식 개체 군이 있는 곳이다.

넵이 사람·환경·성취_{PEA} 상의 자연 부문을 수상했다.

넵이 에이더강 복원 프로젝트로 영국 하천 시상식_{UK River Prize}에서 '2015 혁신적인 새로운 프로젝트 상'을 수상했다.

2015/2016년	서식스대학의 데이브 굴슨이 넵에서 국가적 보존 중요성이 있는 7종의 벌과 4종의 말벌을 포함해 62종의 벌과 30종의 말벌을 기록했다.
2017년	**여름** 16마리의 멧비둘기 수컷이 기록되었다. 송골매들이 유럽적송에 둥지를 틀었고 붉은등때까치가 넵에서 몇 주 동안 세력권을 마련했다.
	유럽연합_{EU}에 '긍정적 농촌 환경'을 마련한 공로로 넵이 안데르스 발 환경상_{Anders Wall Environment Award}을 수상했다.
2018년	**1월** 환경식품농무부의 25개년 환경계획에서 넵 사유지가 '자연을 회복하는 경관 규모 복원'의 탁월한 사례로 선정되었다.

야생 쪽으로

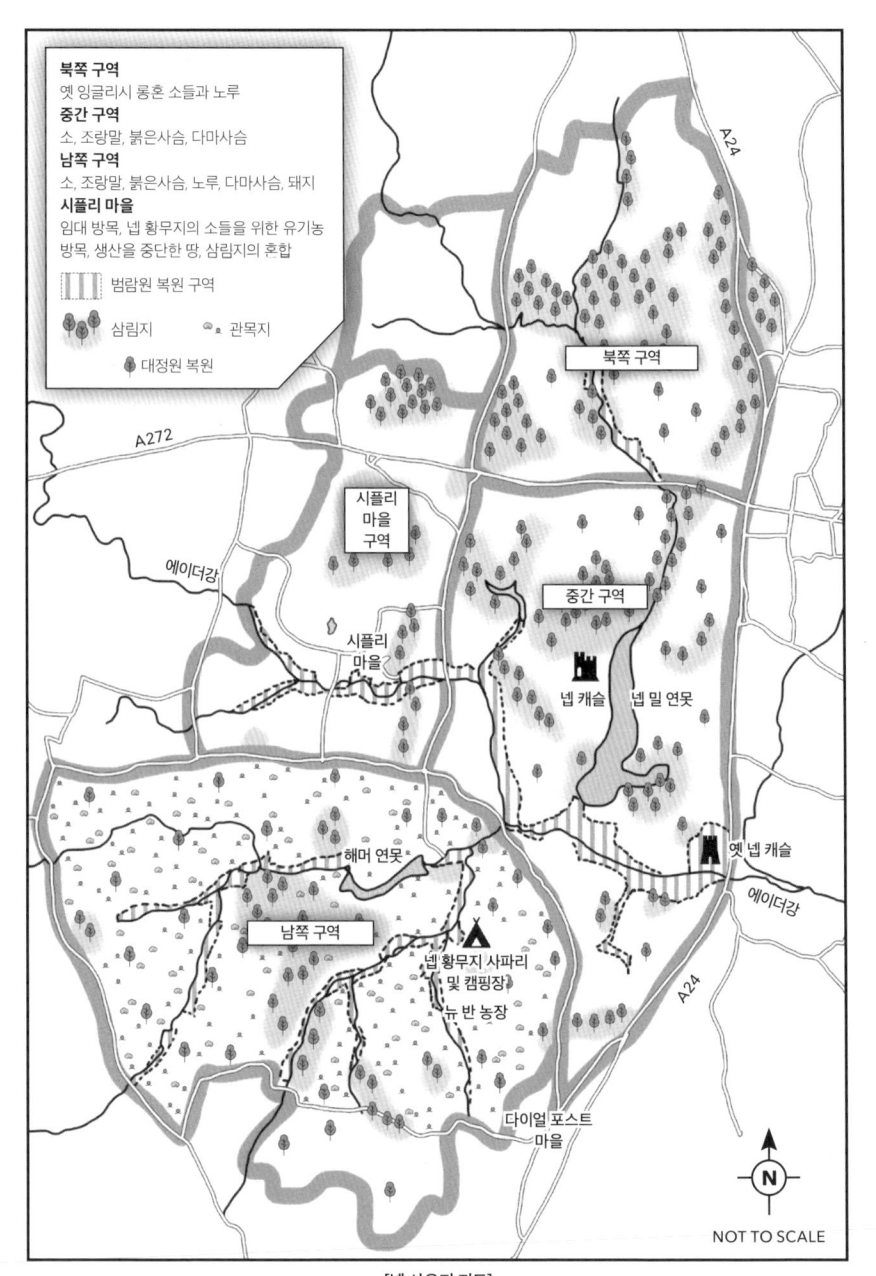

북쪽 구역
옛 잉글리시 롱혼 소들과 노루
중간 구역
소, 조랑말, 붉은사슴, 다마사슴
남쪽 구역
소, 조랑말, 붉은사슴, 노루, 다마사슴, 돼지
시플리 마을
임대 방목, 넵 황무지의 소들을 위한 유기농
방목, 생산을 중단한 땅, 삼림지의 혼합

⫴ 범람원 복원 구역

🌳 삼림지   ♣ 관목지

🌳 대정원 복원

A272

에이더강

북쪽 구역

시플리
마을
구역

중간 구역

시플리
마을

넵 캐슬   넵 밀 연못

A24

옛 넵 캐슬

에이더강

해머 연못

남쪽 구역

넵 황무지 사파리
및 캠핑장

뉴 반 농장

A24

다이얼 포스트
마을

N

NOT TO SCALE

[넵 사유지 지도]

들어가는 말

'지면에는 꽃이 피고 새가 노래할 때가 이르렀는데 반구의 소리가 우리 땅에 들리는구나.'—아가서 2장 12절

웨스트서식스주에 있는 넵 캐슬 단지의 조용한 6월의 어느 날이다. 이제 여름이 다 되었다. 우리가 기다려온 때다. 감히 기대해도 되는지는 잘 모르겠지만. 그때 바로 저기, 한때 생울타리였던 덤불에서 틀림없는 그 가르랑거리는 소리가 들린다. 마음을 달래주는 매혹적이고 약간 멜랑콜리한 소리. 우리는 야생 자두나무, 산사나무, 개장미, 검은딸기나무 가장자리에서 물결치는 어린 참나무와 오리나무들을 지나 살금살금 걸어간다. 녀석을 알아보는 순간, 안도감이 뒤섞인 전율이 일었다. 그리고 우리 둘 다 입 밖으로 표현해 운명을 시험하는 짓은 하지 않았지만 승리감을 느꼈다. 우리의 멧비둘기들이 돌아온 것이다.

남편 찰리에게 멧비둘기들의 부드러운 울음소리는 아프리카의 덤불, 부모님의 농장을 뛰어다니던 어린 시절로 그를 다시 데려다준다. 아프리카는 바로 멧비둘기들이 떠나온 곳이다. 작은 비상근으로 3000마일을 날갯짓해서 서아프리카 깊숙한 곳, 말리, 니제르, 세네갈을 떠나 사하라 사막과 아틀라스산맥, 카디즈만의 웅대한 풍경을 지나고 지중해를 건너 이베리아반도까지 날아가 프랑스를 거쳐 영국해협을 건너왔다. 녀

석들은 주로 어둠을 틈타 시속 최대 40마일로 매일 밤 300~450마일을 날아 5월이나 6월 초 영국에 도착한다. 동료 아프리카 철새인 나이팅게일과 마찬가지로 유럽멧비둘기들은 겁이 많기로 소문났다. 우리에게 녀석들이 이곳에 왔음을 알려주는 신호는 울음소리다. 보통 먼저 도착하는 뻐꾸기나 나이팅게일과 마찬가지로 유럽멧비둘기들은 아프리카의 포식자, 경쟁자들과 멀리 떨어진 데서 알을 낳아 새끼를 키우기 위해, 그리고 먹이를 구할 수 있는 낮이 긴 유럽의 여름을 이용하기 위해 이곳을 찾는다.

1960년대에 태어나 영국 시골에서 자란 우리 나이대의 사람 대부분에게 멧비둘기는 여름의 소리를 상징한다. 녀석들의 다정한 노랫소리는 우리의 잠재의식 깊은 곳 어딘가에 영원히 박혀 있다. 반면 우리보다 어린 세대들에게는 이런 향수가 없다는 걸 알게 되었다. 1960년대에 영국에는 25만 마리의 멧비둘기가 있었던 것으로 추정된다. 오늘날에는 5000마리도 되지 않는다. 이런 식으로 가면 2050년에는 50쌍도 남지 않을 수 있고 그때부터 영국에서 번식하는 종은 멸종을 코앞에 두게 될 것이다. 지금은 크리스마스에 사랑하는 사람이 준 선물들을 노래할 때캐럴송 Twelve Days of Christmas의 가사로, 유럽멧비둘기가 그 선물들 중 하나다 캐럴을 부르는 이들 가운데 멧비둘기를 보는 건 고사하고 울음소리도 들어본 사람조차 거의 없다. 사랑스러운 라틴어 투르투르turtur(파충류와는 아무 관계가 없고 매력적인 가르릉 소리와 관련된 단어다)에서 유래한 이름의 의미는 우리에게 잊혔다. '멧비둘기들'의 상징, 부부간의 애정과 헌신을 비유하는 암수 한 쌍, 애절한 사랑의 노래는 사라졌고, 초서, 셰익스피어,

스펜서가 노래했던 새는 불사조와 유니콘의 왕국으로 자취를 감추고 있다.

서식지가 영국의 동남쪽 구석으로 축소되면서 서식스는 멧비둘기의 마지막 보루들 중 하나가 되었다. 그렇긴 하지만 우리 카운티에 있는 멧비둘기도 기껏해야 200쌍으로 추정된다. 주기적으로 드는 가뭄과 토지 이용의 변화, 휴식처의 상실, 심화되는 사막화, 아프리카에서 자행되는 사냥, 그리고 지중해의 사냥꾼 사격대들을 통과해야 하는 엄청난 도전 등 이동 경로에서 나타나는 문제가 분명 부분적으로 책임이 있다. 몰타에서만 해도 계절마다 10만 마리의 멧비둘기가 목숨을 잃고 스페인에서는 한 해에 약 80만 마리가 죽임을 당한다.

하지만 이런 영향이 상당하긴 해도 영국에서 멧비둘기 개체군의 거의 완전한 붕괴를 설명하기엔 충분치 않다. 번식기가 끝난 뒤 아프리카로 돌아가는 새들에게 사냥꾼들이 여전히 총을 쏘는 프랑스에서는 1989년 이후 멧비둘기가 40퍼센트 줄었다. 개체수가 상당히 줄긴 했지만, 적어도 최근 멧비둘기 사냥을 금한 우리와 비교하면 아무것도 아니다. 지난 16년간 유럽 전역에서 멧비둘기의 수가 3분의 1 줄어 지금은 600만 쌍이 채 되지 않고 2015년에는 국제자연보존연맹International Union for Conservatin of Nature, IUCN의 멸종위기종 적색목록 가운데 '관심 대상'에서 '취약' 단계로 바뀌었다. 염려스러운 감소세의 시작이다.

하지만 유럽에서의 감소 곡선의 기울기와 비교했을 때 영국의 개체수 곡선은 거의 수직 낙하한다. 멧비둘기가 영국에서 처한 곤경은 우리의 시골지역이 거의 완전히 바뀐 데 근본적인 원인이 있다. 불과 약 50년 사이에 일어난 일이다. 토지 이용의 변화, 특히 집약적 농업은 우리 증조부들이 살아 돌아온다면 알아보지 못할 정도로 경관을 바꾸어놓았다. 이런 변화는 현재 계곡과 언덕 전체를 덮고 있는 들판의 면적부터 농지에서 자생종 꽃과 풀들이 거의 완전히 사라진 것에 이르기까지 경관에서 총체적인 규모로 일어났다. 화학비료와 제초제가 멧비둘기들의 먹이인 작고 에너지가 풍부한 씨앗을 제공하는 둥근빗살괴불주머니, 별봄맞이꽃 같은 흔한 식물들을 싸그리 죽여버렸다. 그러는 한편 습지와 관목들을 대거 없애고 야생화 초원을 쟁기로 가는가 하면 자연 수로와 연못의 물을 빼고 오염시켜 멧비둘기들의 서식지를 완전히 파괴했다.

동일한 농업혁명이 유럽 본토에서도 일어났지만 그곳에는 황무지가 충분히 남아 있어 멧비둘기 개체수의 감소가 둔화되는 것으로 보인다. 반면 영국 저지대에서는 우연이건 혹은 계획적으로 남겨진 것이건 간에 자연의 작은 단편들이 자연적 과정들—자연계를 움직이는 상호작용과 활력—과 분리된 사막의 오아시스와 비슷하다. 우리는 제2차 세계대전이 끝난 뒤 40년간 그 전 400년 동안보다 더 많은 오래된 숲—수많은 숲—을 잃었다. 우리는 전쟁이 시작된 때부터 1990년대까지 7만 5000마일의 생울타리를 잃었다. 산업혁명 이후 영국에서만 습지의 최대 90퍼센트가 사라졌다. 1800년 이후 영국의 저지대 황야의 80퍼센트가 사라졌고 그중 4분의 1에 해당되는 면적은 지난 50년 사이에 없어졌다. 전쟁 이후 우리의 야생화 초원의 97퍼센트가 사라졌다. 이것은 끊임없는 일원화와 단순화로 우리의 경관이 라이그래스, 유채, 곡류, 그리고 제대로 관리되지 않은 채 흩어져 있는 숲과 자투리 생울타리들로 이루어진 패치워크가 되어버린 이야기다. 이 숲과 생울타리들은 많은 종의 야생화와 곤충과 명금류에게 남아 있는 유일한 피난처다.

보존 방안들이 나와도 예산이 부족한 데다 우선순위에 밀려 농업의 강화와 개발에 맞서 버티지 못했다. 아이러니하게도, 영국은 이 땅에 사는 야생생물을 기록하는 가장 훌륭한 전통들 가운데 하나를 자랑하고 유럽에서 야생생물 보호단체들의 회원 수가 가장 많으면서 정작 자연보호구역으로 지정돼 국가에서 보호하는 땅의 면적은 가장 작은 축에 든다. 프랑스의 275만 헥타르와 비교하면 영국에서는 자연을 위해 보존되는 면적이 9만4400헥타르(국토 면적의 1퍼센트가 되지 않는다)에 불과하다. 심지어 에스토니아도 25만8000헥타르 이상을 관리한다. 우리의 소규모 과학적 특별흥미지역SSSI, Sites of Special Scientific Interest, 특별보존지역SACs, Special Areas of Conservation, 유럽 법령하에 지정된 특별보호구역SPA, Special Protection Areas들은 침식되고 방치되었으며 때로는 완전히 잊혔다. 많은 경우 이 지역들의 역할은 도로와 건설 프로젝트 등 더 큰 우선순위에 의해 밀려난다. 영국의 국립공원 열 곳에는 모두 양이 밀집하여 풀을 뜯거나 뇌조 사냥터로 관리되는 넓은 구역들이 있다. 자연이 가장 우선시되는 신성불가침의 야생지역인 미국의 국립공원 모델과 달리 우리의 국립공원들은 주로 인간의 여가를 위한 '문화적' 경관으로 여겨진다.

우리 시골지역의 변화는 유럽멧비둘기뿐 아니라 조류 전체에 영향을 미쳤다. 왕립조류보호협회RSPB에 따르면, 1966년 영국에는 오늘날보다 새가 4000만 마리나 더 있었다. 우리의 하늘은 텅 비었다. 1970년 우리에게는 메추라기, 댕기물떼새, 유럽자고새, 옥수수멧새, 홍방울새, 노랑멧새, 종달새, 참새, 멧비둘기 같은 '농지 조류'로 불리는 새가 2000만 쌍 있었다. 대부분 잡목림이나 생울타리에 둥지를 틀고 새끼에게 곤충을 잡아 먹이며 키우는 명금류였다. 1990년에 우리는 그중 절반을 잃었다. 2010년에는 그 수가 다시 절반으로 줄었다. 이 정도 규모의 수치를 모른 척하기란 힘들다. 이 통계 수치들을 다른 맥락에 대입하여 재구성해보면 이해에 도움이 된다. 예를 들어 지난 40년 동안 영국 인구는 500만 명 늘었다. 따라서 우리는 영국에 늘어난 인구 1인당 현재 '우선적으로 중요한' 농지 조류로 여겨지는 새들을 세 쌍 잃은 셈이다.

하지만 이런 상황이 국민에게 무엇을 의미할까? 우리는 이 사랑스러운 새들을 잃는 것에 대해 걱정해야 할까? 분명 찰리와 나는 우리나 우리 자녀들이 영국 땅에서 나이팅게일이나 멧비둘기의 노랫소리를 다시 듣지 못하게 된다면 몹시 안타까울 것이다. 하지만 그 새들을 잃는 것은 그보다 훨씬 더 중요한 무언가를 나타낸다. 우리의 하늘과 풍경에서 익숙하게 볼 수 있는 새들은 진정한 의미에서 우리의 탄광 속 카나리아, 더 크고 덜 가시적인 손실과 연결된 피해자다. 다른 모든 종―곤충, 식물, 균류, 이끼류, 박테리아 같은 덜 매력적인 형태를 포함해―이 새들 이전에, 그리고 새들의 전철을 밟아 같은 운명을 겪었다. 미국의 생물학자 에드워드 O. 윌슨이 30년 전에 설명했듯이 생물의 다양성은 천연자원들과 종간 관계의 복잡한 그물망에 의지한다. 전반적으로, 한 생태계에 더 많은 종이 살수록 생태계의 생산성과 회복력은 높아진다. 이것이 바로 생명의 경이로움이다. 생물다양성이 높아질수록 생태계가 지탱할 수 있는 생물량은 커진다. 생물다양성이 낮아지면 생물량이 기하급수적으로 감소할 수 있다. 그리고 더 많은 개별적인 취약종들이 붕괴된다. 데이비드 쿼먼은 『도도의 노래The Song of the Dodo』(1996)에서 생태계를 페르시아 카펫과 비슷하다고 묘사했다. 큰 카펫을 작은 정사각형으로 자르면 작은 카펫들이 생기는 게 아니라 가장자리가 너덜너덜한 쓸모없는 조각이 잔뜩 나온다. 개체군 파괴와 멸종은 생태계 해체의 징후다.

영국의 25개 야생생물 보호단체의 과학자들이 작성한 획기적인 2013 「자연의 상태State of Nature」 보고서는 지난 50년간 영국의 야생생물에 닥친 암울한 상황을 폭로한다. 영국에서 멸종 위험이 가장 높은 종의 수는 1970년대 이후 절반 이상 줄었고 국경 내에서 전반적으로 10개 중 1개의 종이 멸종 위협을 받고 있다. 모든 야생생물의 풍족도가 급격히 하락했다. 곤충과 그 외의 무척추동물들이 특히 심한 타격을 입어 1970년 이후 절반 이상 감소했다. 나방은 88퍼센트, 딱정벌레는 72퍼센트, 나비는 76퍼센트 개체수가 줄었다. 벌과 그 외의 꽃가루 매개충들은 위기에 처했다. 우리의 식물군 역시 쇠퇴하고 있다. 멧비둘기와 수많은 다른 새가 의지하는 씨앗을 품은 '잡초' 종들이 1940년대에 처음 기록되기 시작한 이래 20세기 동안 매년 1퍼센트씩 감소했다. 2012년에 나온 보고서 「사라지는 우리의 식물군Our Vanishing Flora」에 따르면 영국의 16개 카운티에서 격년에 하나씩 식물 종이 멸종했다. 그나마 이들은 확인되고 모니터링될 수 있는 종이며, 무수한 다른 곤충, 수생식물, 지의류, 이끼, 균류들은 레이더에 잡히지도 않는다.

50개 자연보호 단체의 과학자들이 2016년에 새로 내놓은 보고서

「자연의 상태」는 얼마간의 낙관적인 근거를 찾아냈다. 최근 관박쥐를 포함한 박쥐 등 특정 종의 수가 법적 보호 덕분에 증가했다. 1997년 11마리에 불과하던 알락해오라기 수컷은 새로운 갈대밭 조성으로 2015년에 156마리로 회복되었다. 솜털호박벌, 점박이푸른부전나비처럼 지역적으로 멸종한 일부 종도 성공적으로 재도입되었다. 붉은 솔개가 성공적으로 도입된 뒤 퍼져나갔고 많은 강에 수달이 돌아오고 있다. 하지만 보고서는 더 긴 역사적 맥락을 냉정하게 상기시킨다. "이러한 회복의 사례들은 분명 축하할 만하지만 종들을 예전 수준의 아주 적은 부분만 회복시켰다는 점을 기억해야 한다."

전반적으로 상당한 손실이 계속되고 있다. 2002년부터 2013년까지 우리 종의 절반 이상이 개체수 감소를 보였다. 이 문제는 우리가 쉽게 1970년대의 실패 탓으로 돌릴 일이 아니다. 최근 고슴도치, 물쥐, 겨울잠쥐 같은 가장 사랑받는 '흔한' 종들도 다소 희귀해졌다. 2016년 8월에 발표된 정부의 자체 평가에 따르면, 200개의 소위 '우선순위' 종 가운데 150종이 전국적으로 여전히 개체수가 줄어드는 중이고 우리는 전반적으로 우리 종의 10~15퍼센트를 잃을 위험에 처해 있다.

이러한 감소세가 세계의 여느 지역들과 다를 바 없지 않을까 생각할 수도 있다. 하지만 그렇지 않다. 갱신된 2016년도 보고서 「자연의 상태」는 한 국가의 생물다양성 상태를 측정하는 새로운 체계인 '생물다양성 온전성 지수biodiversity intactness index'를 사용해 영국이 장기적으로 생물다양성을 세계 평균보다 상당히 더 많이 잃었다는 것을 밝혀냈다. 218개국 중 하위 29위인 영국은 세계에서 가장 자연이 고갈된 국가들에 속한다.

이렇게 거의 상상도 하기 어려운 손실을 감안할 때 넵 캐슬에 멧비둘기가 등장한 것은 기적에 가깝다. 예전에 집약적 경작지와 낙농장이었고 런던 중심부에서 44마일밖에 떨어져 있지 않은 면적 3500에이커의 우리 땅은 일반적인 추세를 거스르고 있다. 멧비둘기들이 지금 이곳을 찾은 것은 우리가 이 땅에 영국에서는 처음으로 개척적인 재야생화再野生化 실험을 했기 때문이다. 멧비둘기들이 찾아온 것은 우리와 이 프로젝트 관계자 모두를 깜짝 놀라게 했다.

우리는 프로젝트가 시작되고 불과 1, 2년 뒤부터 이곳에서 한두 마리씩 기록되었던 멧비둘기의 울음소리를 듣기 시작했다. 2005년에는 3마리, 2008년에는 4마리, 2013년에는 7마리, 그리고 2014년에는 11마리의 노래하는 수컷이 있었던 것으로 추정된다. 2017년 여름에는 16마리가 되었다. 지난 2년 동안 우리는 가끔 암수 한 쌍이 전선줄이나 흙먼지가 이는 길바닥에 앉아 있는 것을 우연히 발견하기도 했다. 멧비둘기들의 분홍 가슴에 저녁노을이 어렸고 목에 있는 얼룩말 같은 작은 줄무늬는 아프리카를 암시해 이 새들이 불과 몇 주 전 코끼리들 위를 날아왔음을 상기시켰다. 멧비둘기들이 넵에 군집을 형성한 것은 그러지 않았다면 영국에서 멸종을 피할 수 없었던 추세를 뒤집은 소수의 예 중 하나다. 아마 영국 땅에서 멧비둘기들에게 유일한 낙관적 징조일 것이다.

하지만 우리를 발견한 것이 멧비둘기뿐만은 아니었다. 멸종위기에 처한 영국의 다른 새들—나이팅게일, 뻐꾸기, 점박이딱새, 회색머리지빠귀, 새호리기 같은 철새와 숲종다리, 종다리, 댕기물떼새, 참새, 쇠오색딱따구리, 노랑턱멧새, 누른도요 같은 텃새들—이 프로젝트가 시작된 이후 이곳에서 상당수 기록되었거나 현재 넵에서 번식하고 있다. 큰까마귀, 붉은 솔개, 새매도 돌아와 먹이사슬의 맨 꼭대기에서 군림하고 있다. 철마다 새로운 종들이 도착한다. 2015년에는 칡부엉이가 나타나 우리를 크게 흥분시켰고, 2016년에는 번식하는 송골매 한 쌍이 처음 이곳을 찾았다. 일반 새들의 개체수도 급격히 증가했고 물수리, 뻑뻑도요, 작은 왜가리처럼 가끔 찾아오는 방문객 역시 증가하고 있다.

새뿐만이 아니다. 공무원들이 '영국 생물다양성 행동계획 종UK Biodiversity Action Plan species'으로 엄숙하게 선언한 다른 희귀한 생물들 역시 돌아왔다. 벡스타인 박쥐, 바르바스텔레 박쥐, 겨울잠쥐, 뱀도마뱀, 풀뱀, 그리고 번개오색나비, 갈색부전나비, 까마귀부전나비도 돌아왔다. 이런 일이 일어난 속도는 관찰자들, 특히 우리를 놀라게 했다. 2001년에 우리가 지금 '재야생화'라고 부르는 작업에 조심스럽게 첫발을 내딛기 전 우리 땅의 상태가 얼마나 심각했는지 생각하면 더욱 그렇다.

환경보호론자들은 "자기 의지적인 생태적 과정"에 초점을 맞춘 것이 넵의 주요한 성공 요인임을 깨닫기 시작했다. 재야생화는 자연이 주도권을 쥘 수 있게 놔둠으로써 야생을 회복하는 것이다. 그에 반해 영국의 종래의 환경보존 활동은 목표와 통제 중심으로 현상을 유지하기 위해, 때로는 경관의 전체적인 모습을 유지하거나 종종 선택된 몇몇 종 혹은 선호되는 단 한 종의 인지된 혜택을 위해 특정 서식지를 소소한 부분까지 관리하고자 인력으로 가능한 모든 것을 다 하는 식이다. 자연이 사라진 우리 세계에서 이런 전략은 중요한 역할을 해왔다. 이 전략이 없었다면 희귀종들과 서식지는 지구에서 완전히 자취를 감추었을 것이다. 그러한 자연보호구역들은 노아의 방주, 자연적 종자 은행, 종들의 보고다. 하지만 이곳들 역시 점점 더 취약해지고 있다. 비용이 많이 들고 소소한 부분까지 관리되는 이 오아시스들에서 생물다양성은 계속 감소하고 있고 때로는 이 지역들이 설계될 때 보호하려 했던 바로 그 종들을 위협하고 있다. 이러한 감소를 막고 역전까지 시키려면 과감한 무언가가 일어나야 하고, 그것도 빨리 일어나야 한다.

넵은 대안적 접근 방식을 제시한다. 자립적이고 생산적일 뿐 아니라 운영 비용이 훨씬 적게 드는 동적인 시스템이다. 이런 접근 방식은 종래의 조치들과 공조하여 효과를 발휘할 수 있다. 이 방식은 적어도 문서상으로는 보존할 중요성이 없는 땅에 실시될 수 있다. 기존의 보호구역들에 대한 완충 장치가 될 뿐 아니라 보호구역들 사이의 가교와 징검다리가 되어 종들이 기후변화와 서식지 퇴화, 오염에 맞서 이주하고 적응하며 생존할 기회를 높일 수 있다.

자연적 과정들이 일어나도록 허용하는 것, 충족해야 할 목표를 미리 정하지 않는 것, 계획을 좌우하는 어떤 종이나 숫자도 없는 것은 전통적인 사고에 대한 하나의 도전이다. 이런 방식은 가설 검증, 컴퓨터 모델링, 네모 칸 체크하기, 목표 설정을 좋아하는 과학자들을 특히 불안하게 한다. 재야생화 —자연에게 자신을 표현할 공간과 기회를 주는 것— 는 믿음의 도약이다. 여기에는 모든 편견을 버리고 그냥 느긋하게 앉아 무슨 일이 일어나는지 관찰하는 것이 포함된다. 넵의 재야생화는 놀라

야생 쪽으로

움으로 가득 차 있고, 뜻밖의 결과들은 우리가 토착종들의 행위와 서식지 일부에 관해 알고 있다고 생각했던 것들을 바꾸고 있다. 실제로 생태학을 바꾸고 있다. 또한 우리 자신에 관한 무언가와 현재 우리가 처한 곤경을 불러온 자만심에 관해 가르쳐주고 있다.

17년 전 이곳에 야생을 복원하기 시작했을 때 우리는 과학이나 보존과 관련된 논란에 관해 문외한이었다. 찰리와 내가 이 프로젝트에 착수한 것은 야생생물에 대한 비전문적인 사랑에서 비롯되었고 또한 계속 농사를 짓는다면 막대한 손해를 볼 것이기 때문이었다. 우리는 이 프로젝트가 영향력 있고 다면적인 활동이 되어 영국과 해외의 정책 입안자, 농민, 토지 소유자, 환경보호 단체, 그 외의 토지관리 NGO들을 끌어들일 것이라곤 짐작도 하지 못했다. 넵이 기후변화, 토지 복원, 식품 품질과 식량 안보, 작물 수분, 탄소 격리, 수자원 및 수질 정화, 침수 완화, 동물 보호, 인간의 건강 등 오늘날 가장 긴급한 문제들의 중심이 될 줄은 몰랐다.

하지만 이곳에서 벌어지고 있는 일들은 더 깊고 때때로 더 본능적인 공감을 불러일으키는 것으로 보인다. 2013년에 조지 몽비오는 영감을 주는 저서 『활생Feral』에서 더 야생화된 영국을 호소했다. 대중의 반응은 뜨거웠다. 그는 사람들이 느끼고 있지만 아직 입 밖에 내지 않은 갈망에 부응한 듯했다. 바로 우리가 무언가—경외심을 불러일으키고 속박되지 않은 모든 복잡성을 지닌 자연과의 좀더 충실한 연결—를 놓치고 있다는 생각, 근사한 야생의 과거에 비해 우리가 사막에서 살고 있다는 생각이다.

변화에 대한 대중의 이러한 감정 분출과 희망에 고무되어 2015년 '영국의 재야생화Rewilding Britain'라는 자선단체가 발족했고 남편 찰리가 이 사진에 선임되었다가 회장을 맡았다. 이 단체의 목표는 야심만만하다. 2030년까지 30만 헥타르(영국의 골프 코스들의 면적과 맞먹거나 혹은 큰 카운티의 면적과 엇비슷하다)의 핵심 토지와 우리의 어업 및 해양 야생생물의 회복에 중요한 해양 구역 세 곳에 자연적·생태학적 과정과 핵심 종들을 되돌려주는 것이 목표다. 그리고 향후 100년 동안 이 면적이 적어도 100만 헥타르, 즉 영국 육지의 4.5퍼센트와 우리 영해의 30퍼센트로 확대되고 산꼭대기에서 연안 해역까지 경사를 이루며 땅과 바다를 연결하는 적어도 한 곳의 재야생화된 구역이 생기길 바란다. 이 단체의 전체적인 목표는 모든 곳을 재야생화하는 것이 아니라—식량 생산을 위해 당연히 최상의 농지가 항상 필요할 테고 주택과 산업에 사용될 땅이 물론 여전히 필요할 것이다—영국 제도의 일부를 야생의 자연으로 복구하고 스라소니와 비버, 모캐, 수리부엉이와 사다새, 그리고 우리의 가장 외딴 지역들에서 엘크와 늑대가 다시 한번 살 수 있게 하는 것이다.

넵은 더 야생 그대로의, 더 풍요로운 나라로 가는 길에 내딛는 작은 한 걸음일 뿐이다. 하지만 넵은 재야생화가 효과를 발휘할 수 있고 땅에 많은 혜택을 준다는 것을 보여준다. 또한 경제활동과 고용을 창출할 수 있고 자연과 우리 모두에게 이익이 될 수 있으며 이 모든 일이 놀라울 정도로 빠른 속도로 일어날 수 있다는 것도 보여준다. 아마 가장 흥분되는 점은, 과도하게 개발되고 인구가 밀집된 이곳 영국 동남부의 황폐해진 땅에서 야생 복원이 실현될 수 있다면 어

떤 곳에서도 실현될 수 있다는 점일 것이다. 우리에게 시도해볼 의
지만 있다면 말이다.

놀라운 나무 밑에서
놀라운 사람을 만나다

400년 된 참나무 한 그루는 (…) 200년 된 참나무 1만 그루가 있어봤자
아무 쓸모없는 생물들의 완전한 생태계다.
_올리버 래컴, 『우드랜즈Woodlands』, 2010년

테드 그린은 늙은 참나무가 지붕처럼 드리운 가지들 아래에서 발걸음을 멈추었다. 그러고는 비바람에 거칠어진 손으로 울퉁불퉁한 나무껍질을 어루만지며 "널 보니 참 반갑구나"라고 인사했다. 그러자 대답이라도 하듯 우리 머리 위의 나뭇잎들이 쏴아 흔들리더니 도토리 몇 개가 바닥에 툭 떨어졌다. 테드는 찰리에게 '흉고 직경' 측정 도구의 한쪽 끝을 내밀고 줄자로 나무줄기를 둘러보더니 환성을 지르며 7미터라고 읽었다. 나무 둘레로 미루어 약 550년 된 나무였다. 아마 이 나무는 남편의 일가인 버렐가가 넵에 도착하기 거의 3세기 전인 장미전쟁 때 생을 시작했을 것이다. '넵Knap'이 노퍽 공작이 소유한 3000에이커의 사슴 사냥터였을 때 싹이 텄고, 도토리들은 멧돼지와 다마사슴의 먹이—혹은 '양

돈용 사료'—가 되었을 것이다. 불과 100년밖에 안 된 튼튼한 어린나무일 때 170년 동안 넵의 주인을 지낸 가톨릭교도 철기 제작자들인 캐릴 가족의 도착을 환영했고, 17세기 중반에는 내전을 겪으며 의회파 병사들의 공격과 왕당파의 반격을 목격했을 것이다. 이 나무는 우리가 역사책에서만 알 수 있는 일들을 직접 보고 겪었다.

19세기의 성으로 들어가는 길에 우뚝 서 있는 이 나무는 아주 오래전부터 넵 오크Knepp Oak라는 이름으로 불려왔다. 찰리의 조상인 3대 준남작 찰스 메릭 버렐 경이 전도유망한 건축가 존 내시에게 나무 바로 옆에 저택을 지어달라고 의뢰한 것은 이 나무가 350년 되었을 때였을 것이다.

버렐가는 15세기부터 서식스와 인연을 맺어 처음에는 농민과 컥필드의 교구 목사를 지냈고, 그 뒤 17세기에는 철기 제조업을 하며 살았다. 넵이 버렐가의 소유가 된 것은 법률가이자 서식스주 역사가인 윌리엄 버렐이 6촌인 상속녀 소피아 레이먼드와 결혼했을 때였다. 소피아의 아버지인 찰스 레이먼드는 캐릴 시대가 끝난 직후인 1787년에 넵을 사들였다. 찰스 경은 당시 1600에이커이던 사유지를 딸에게, 레이먼드 준남작 지위를 사위에게 물려주었다.

넵에 뿌리를 내린 이는 두 사람의 아들인 찰스 메릭 버렐 경(3대 준남작)이었다. 내시가 '그림 같은' 새로운 고딕 양식으로 설계한 새 성에는 총안과 작은 탑, 장식 못이 박힌 참나무 문들이 있었다. 성은 당시 템스강 남쪽에서 가장 큰 연못이던 80에이커의 오래된 물방아용 연못을 내려다보는 커다란 참나무에서 100야드 정도밖에 떨어지지 않은 '높고 아름다운' 곳에 서 있었다.

이후 이곳에 살았던 모든 버렐가 사람과 마찬가지로 우리의 운명은 왠지 이 나무의 운명과 결합되어 있는 것 같다. 말이 끄는 마차, 조랑말이 끄는 이륜 마차, 증기기관으로 움직이는 쟁기, 두 차례의 세계대전에 참전하는 남성들, 첫 번째 벤틀리, 찰리의 할아버지가 몰던 랜드로버 시리즈 1, 첫 번째 콤바인이 이 나무의 가지들 아래를 지나갔다. 넵 오크는 또한 결혼식 행렬, 장례식 행렬, 가족에게 닥친 얄궂은 운명의 장난들을 지켜보았다. 나무에 도토리가 많이 열린 1996년에 아들이 태어났을 때 우리는 도토리 하나를 항아리에서 길러 미래를 위해 묘목을 심었다. 어미나무에서 엎드리면 코 닿을 자리였다. 우리는 이 노목이 얼마나 오래 살 수 있을지 궁금했다. 20세기 초에 이따금 나무의 가운데가 갈라지기 시작했고 제2차 세계대전 때는 성에 주둔하던 캐나다군 병사들이 전차 궤도로 나무를 묶어놓기도 했다. 1990년대 말에는 뻗어나간 거대한 나뭇가지들 때문에 다시 한번 나무가 쪼개질 것처럼 보였다. 우리는 어떻게 손을 써야 할지 아는 사람이 있다는 이야기를 들었다.

테드는 뒤로 물러나 우리 위의 두 갈래 진 구조물을 가늠했다. 그러고는 쇠사슬 톱으로 자른 낮은 나뭇가지를 살펴보며 미간을 찌푸렸다. 테드는 노인이 지팡이를 사용하는 것처럼 나무도 나이가 들면서 안정감을 위해 때로 나뭇가지들을 땅 쪽으로 늘어뜨린다고 설명했다. 스스로 버티는 이런 경향이 현대의 시각에서는 약한 것으로 간주되어 대개 지팡이―늘어진 나뭇가지―를 제거해버린다. 테드는 "우리에겐 나무가 어떤 모습이어야 하는지에 대한 고정된 이미지가 있어요"라고 말했다.

"어린아이가 그리는 쭉 뻗은 줄기와 동그란 윗부분으로 된 나무처럼 말이죠. 우리는 그 외의 나무는 보고 싶지 않아 해요. 우린 나무가 나이들고, 개성이 생기고, 그 자신이 되는 능력이 있다는 걸 부인해요. 항상 40대로 보이도록 내 노인 승차권을 빼앗고 주름 제거 수술을 시키는 것과 비슷하죠."

우리의 최장수 나무들 중 하나인 참나무는—속담에서처럼—300년 동안 자라고 또 다른 300년 동안 휴식을 취하며 마지막 300년 동안 우아하게 쇠락한다. 하지만 '가만히 있는' 그 중년의 시기가 사람들의 판단을 그르칠 수 있다고 테드는 말한다. 나무는 자신의 최적의 질량에 도달했을 수 있지만 항상 자세를 바꾸고 무게중심을 잡으며 환경과 주위 초목들의 성장에 대응한다. 다만 인간은 거의 알아차리지 못하는 속도로 그렇게 할 뿐이다. 상부가 너무 무거워서 균형을 잡지 못하는 넵 오크는 버티려고 안간힘을 쓰고 있었다. 아마 20세기의 넵처럼.

적어도 테드는 이 나무에 대해 낙관적이었다. "머리를 약간 잘라줘야 겠어요. 앞으로 몇 년 동안 한 번에 조금씩. 수관을 10퍼센트 줄일 수 있으면, 고작 1, 2미터 정도죠. 바람의 영향이 약 70퍼센트 줄어들어 가운데 부분이 아래로 비틀리는 걸 막기에 충분할 겁니다. 보세요, 여기 이 나뭇가지를 벌써 낮추기 시작하잖아요. 이런 나뭇가지를 땅에 닿도록 그냥 놔두면 곧 나무는 더 많은 버팀대를 얻을 겁니다."

테드는 수관을 유심히 올려다보았다. "이 노인은 앞으로 4세기를 더 볼 수 있어요."

당시 60대이던 테드 그린은 그 전의 10년 동안 윈저 그레이트 공원에 있는 장대한 참나무들의 관리인이었다. 영국에서 가장 저명한 수목 전문가 중 한 명이며 최근 왕립임학학회의 권위 있는 금메달을 수상한 테드는 그가 현재 감탄하고 있는 나무처럼 남들과 다르게 삶을 시작했다. 전쟁 포로로 붙잡힌 그의 아버지는 전쟁 포로들을 싣고 있다는 표시를 하지 않은 일본 선박에 미군 잠수함이 가한 어뢰 공격으로 목숨을 잃었다. 아버지의 죽음은 버크셔 카운티의 실우드, 서닝힐, 윈저 그레이트 공원의 경계에서 어머니와 함께 살고 있던 외아들 테드에게 큰 충격을 안겨주었다. 그는 숲과 초원을 마구 뛰어다니며 야생의 소년으로 자랐다. 집에서 쫓겨난 테드와 어머니는 실우드에 있는 버려진 군부대의 오두막에서 살았다. 담쟁이덩굴과 인동이 집 안의 벽을 타고 올랐고, 어머니는 비 오는 날엔 방수포 아래에서 잠을 잤다. 새총의 달인이던 테드는 왕실 소유지와 떨어진 곳에서 몰래 토끼와 꿩을 잡기 시작했다.

"난 문제아였어요." 테드는 r 음을 드르르하게 떨면서 발음하는 버크셔 지역의 악센트로 말했다. "나 혼자 쏘다니며 노는 거, 그게 내가 세상을 이해하는 방식이었죠. 자연은 내게 관찰력과 인내를 가르쳐줬어요. 그게 저를 구했죠."

테드는 새를 관찰하다 만난 한 과학자 덕분에 우회적으로 학계에 들어갔다. 실우드 공원에 새로 생긴 임페리얼 칼리지 현장 연구소에 식물병리학 기사로 들어간 그는 대학 역사상 두 번째로 명예교수직을 받았다. 테드의 제자들은 다들 그를 몹시 좋아한다. 연구를 지원하고 식물학과 생물학을 가르치며 34년을 보낸 뒤 그는 1980년대에 대학을 떠나 윈저의 왕실 소유지의 보존 컨설턴트가 되었다. 그의 삶이 원래 자리로 돌아온 것 같았다.

우리가 집으로 가는 차도를 따라 어슬렁거리며 돌아가고 있을 때 테드가 발걸음을 멈췄다. "저 고목들이", 테드가 말했다. "우리가 걱정해야 하는 나무들입니다." 테드는 한때 19세기의 사슴 사냥터의 특징이었지만 지금은 일렁이는 농업의 바다에 등대처럼 발이 묶인 채 반짝이는 쥐보리 초지의 주인 행세를 하고 있는 흩어진 참나무들을 바라보았다. 테드는 나무의 병을 알아보는 것은 정밀 과학이 아니라 친한 친구가 몸이 좋지 않을 때 알아차리는 것처럼 본능의 문제에 더 가깝다고 말했다. 건강한 참나무는 거대한 브로콜리처럼 생기가 돌고 수관이 빽빽하고 둥글며 생물들이 바글거린다. 내시가 지은 성곽 양식의 저택을 위해 험프리 렙턴이 조성한 정원의 보초병으로 2세기도 더 전에 심겨진 이 나무들은 비쩍 말랐고 가장 높은 나뭇가지들이 말라죽어 무성하던 잎들을 잃고 있었다. 나이가 넵 오크의 절반밖에 안 되는데도 전쟁으로 피폐해진 노병처럼 지쳐 보였다. "저 나무들을 죽이고 있는 건 쟁기질과 쟁기질에서 비롯된 모든 것이에요." 테드가 말했다.

땅을 가진 대부분의 이웃과 마찬가지로 버렐가는 제2차 세계대전 때 '승리를 위한 경작'을 호소하는 정부에 불타는 애국심으로 대응했다. 고립된 데다 독일의 유보트들이 대서양의 보급로들을 어뢰 공격하면서 5000만 명의 영국 주민이 기아에 직면했다. 찰리의 증조부이자 웨스트서식스 '전쟁 농업 집행위원회ₓₐ ₐ₉' 회장이던 당시 예순두 살의 메릭 버렐 경은 대부분 영구 목초지로 덮이고 작은 논밭과 말이 끄는 농기구, 약간의 전기를 갖춘 자경자급 농장으로 이루어진 카운티가 집약 낙농

과 경작 생산을 하게 만드는 책임을 맡았다. 메릭 경은 때때로 왕립농업
학회(최근에 그가 회장을 맡았다)의 의견을 인정했고 목초지에 쟁기질하
길 꺼리던 농부들에게 '상당히 강한 압력을 가해야' 했다.

그는 수십 년 동안 신성불가침의 땅으로 간주되었거나 농사를 짓기
엔 비용이 지나치게 많이 들고 문제가 있다고 여겨졌던 자신의 사유지
일부를 일구며 솔선수범했다. 체인이 장착된 두 대의 거대한 트랙터가
수백 헥타르의 관목지대로 보내져 가시금작화, 산사나무, 갯버들, 개장
미들을 갈기갈기 찢고 개미총을 무너뜨렸다. 지역에서 '래그lagg'라 불리
던 오래된 강가의 목초지와 집을 둘러싼 350에이커의 렙턴 정원은 일구
기가 더 쉬웠다.

전쟁 지원을 위해서도 목재가 필요해 정부는 당근과 채찍 장려책을
펼쳤고―다 자란 참나무 한 그루를 베거나 파내면 60파운드를 주었
다―모든 지주가 할당량을 채워야 했다. 메릭 경은 가축을 몰고 가는
길이던 그린스트리트의 오래된 길에 늘어선 노목들과 빅 콕셜의 커다란
참나무들을 베고 조키 잡목림Jockey Copse의 나무들을 모두 벌채했다. 그
는―최소한―성 주위 정원의 참나무들은 남겨두었지만 가족의 관을
짜려고 정성스레 건조시키던 느릅나무 판자들을 어쩔 수 없이 넘겨줘
야만 했다.

전쟁은 영국의 다른 모든 곳과 마찬가지로 웨스트서식스를 완전히
바꿔놓았다. 넵의 지평선에서는 청동기 시대부터 전통적인 방목지였고
군의 수송을 위해 건초를 공급했던 제1차 세계대전 때도 침범해선 안
된다고 여겨졌던 노란구륜앵초와 난초 초원인 사우스다운스의 백악 초

원 위로 밀들이 넘실거렸다. 근방의 다이얼포스트, 시플리, 웨스트 그린스테드 마을 주변의 숲들에서 나무가 잘려나갔으며 수천 에이커에 도랑을 파고 물을 뺐다. 넵과 이웃 농장들에서 나이가 많아 전쟁에 나가지 못한 농부들은 농업촉진부인회Land Girls의 도움을 받았다. 농업촉진부인회는 찰리의 증조모이자 선구적인 페미니스트였던 트루디 덴먼이 지휘하는 8만 명의 자원봉사자와 징집병으로 이루어진 국가적 대책반이었다. 이들은 일주일에 최대 100시간까지 일했고 주야로 밭을 갈 수 있도록 트랙터에 헤드라이트를 달았다. 전쟁 기간에 이들은 가축 사료를 생산하는 토지의 면적을 두 배 이상, 곡류로 덮인 면적을 세 배 이상 늘렸다.

'승리를 위한 경작' 캠페인은 많은 사람이 불가능하다고 여겼던 성과를 이루었다. 전쟁 직전의 수년 동안 영국은 식량의 거의 4분의 3을 수입했다. 해외, 특히 러시아와 미국의 곡물 생산 증가 및 증기선을 이용한 저렴한 운송으로 식품 가격은 바닥으로 떨어졌다. 당연히 영국에서 경작지의 면적은 사상 최저로 줄어들었다. 오늘날 우리가 '세계화'라 부르는 현상의 결과였다. 그러나 전쟁이 끝날 무렵 영국에서는 이제 정부 보조금을 받는 경작지가 2000만 에이커로 두 배 늘어났다. 최저 수준에서 불과 다섯 해 만에 최대 면적으로 증가한 것이다. 추가로 1만 제곱마일이 "쟁기질을 당해" 영국의 밀 생산을 갑절로 늘렸다.

메릭 경이 정원이 언젠가 원상태로 복구되길 꿈꾸었건 그렇지 않건, 1957년에 세상을 떠날 당시에는 희망을 포기했던 게 분명하다. 전쟁이 끝난 뒤 영국은 파산 직전이었다. 수출할 것도 거의 없고 수입품에 지불할 외화도 없으며 유럽 대륙의 많은 지역이 굶주리고 있는 데다 보호국들의 국민을 먹여 살려야 하고 동맹국들은 더 이상 도움이 되지 않는 상태에서 영국의 식량은 전쟁 기간보다 더 적어졌다. 유럽 전승 기념일에서 꼬박 9년이 지난 1954년까지 식량 배급은 계속되었다. 그 결과 국민의 사고방식에 엄청난 변화가 일어났다. 그러한 궁핍의 기억이 1950년대에 들어서고도 한참 동안 이어져 국민의 잠재의식에 새겨졌다. 국민을 먹여 살리는 일이 안보만큼이나 명예의 문제가 되었다. 정부는 다시는 영국이 기아로 위협받게 하지 않겠다고 선언했다. 보조금 지원으로 영국은 최대 생산량을 유지했다. 휴경지는 낭비되는 땅으로 여겨졌다. 현재 80대인 찰리의 숙모 퍼넬러피 그린우드는 그에 대해 "우리 모두는 전에 한 포기를 기르던 땅에 두 포기를 기르면 천국에 갈 것이라고 믿도록 길러졌다"고 묘사한다. 넵의 정원은 실로 땅의 구석구석까지 모두 여전히 집약농업에 바쳐졌다.

테드는 성큼성큼 독보리들을 가로질러 정원의 늙은 참나무들 중 하나로 직행했다. 진흙 덩어리가 테드의 워킹화에 달라붙었다. 우리는 그 나무 바로 주위에 경작되지 않은 채 남겨진 작은 잔디 둔덕에 서 있는 테드에게 갔다. "이게 문제예요", 테드가 나무에 기대며 잔디가 수북이 자란 우리 발밑의 땅을 쳐다보았다. "우리는 땅 밑에서 무슨 일이 벌어지고 있는지 생각도 못 해요. 우리가 보는 나무는 빙산의 일각일 뿐이죠."

참나무의 뿌리는 낙수선을 훨씬 넘어 수관의 반지름의 최고 2.5배 거리까지 뻗어나간다. 최근 윈저에서 그는 늙은 참나무들 중 하나의 뿌리가 줄기에서 50야드 뻗어나간 것을 발견했다. 지표면과 비교적 가까운 흙에서만 산소를 이용할 수 있기 때문에 나무뿌리의 대부분은 맨 위 12인치 이내에서 발견되고, 따라서 쟁기질과 토양다짐에 취약하다. 여름이면 그늘로 무리지어 모여드는 몸무게 0.5톤의 젖소들—우리가 목가적인 전원 풍경이라고 생각했던 모습—은 뿌리에 득이 안 되는 일을 하고 있었고, 반복되는 쟁기질 및 참나무들 바로 아래와 더 멀리 들판까지 오가는 무거운 콤바인과 동력 써레와 파종기들이 뿌리를 끊임없이 괴롭히고 있었다.

그리고 뿌리는 시작일 뿐이다. 나무의 생명 유지 체제는 미생물학자와 균류학자들이 이제 막 가늠하기 시작한 어둡고 눈에 보이지 않는 우주, 즉 균근의 우주로 더 확장된다. 균근은 나무뿌리들에 붙어 깊고 복잡하며 광대한 지하 네트워크를 형성하는 곰팡이의 미세하고 매우 가는 사상체다.

그리스어의 *mikas-riza*(글자 그대로 '곰팡이-뿌리')에서 나온 단어인 균근은 식물과 공생관계를 이룬다. 식물의 뿌리에서 미세한 균사체들이 뻗어나가 숙주에게 물과 필수 영양소들을 공급하고, 식물은 보답으로 균근균에 성장에 필요한 탄수화물을 제공한다. 직경 0.01밀리미터—가장 가는 뿌리보다 10배 더 가는—의 이 사상체들, 즉 '균사'는 육안으로는 보이지 않는다. 한 사상체가 나무뿌리 하나 길이의 수백 배 혹은 수천 배까지 뻗어나갈 수 있다. 테드는 균근의 협력관계가 하나의 개별 식물이나 종하고만 연결되는 매우 특정한 것일 수도 있고 다방면에 걸쳐 상대를 가리지 않고 공통 균근망common mycelical networks이라 불리는 광대한 군집 구조를 이룰 수도 있다고 말했다. 이러한 망들은 무한히 거대해져—일부 사람이 생각하기에—대륙 전체로 뻗어나갈 수 있다.

지구에서 가장 중요한 생명 과정 중 하나인 균근은 바다에서 원시 식물들이 등장해 육상생활을 시험한 5억 년 전에 발생했다. 식물들은 육지를 개척하기 위해 무기영양소, 특히 물에서는 쉽게 이용할 수 있지만 토양에서는 극히 낮은 농도로 나타나는 인산염 같은 희귀한 미네랄을 습득하는 법을 찾아야 했다. 식물이 혼자 힘으로 영양소를 탐사하기 위해 뿌리를 뻗는 능력은 제한적이다. 균근과의 협력관계는 그 능력을 기하급수적으로 확장시킨다. 모든 대륙의 모든 생태계에서 육상식물의 90~95퍼센트가 균근 관계를 맺는다. 예를 들어 블루벨 하나에 11개 이상의 균근균 종이 군집할 수 있고 그중 대부분이 아직 과학적으로 설명되지 않은 종이다. 이용할 수 있는 인산염이 대개 1000만 분율 이하인 땅에서 짧고 두꺼운 뿌리로 자라는 블루벨은 이 균근균들이 없다면 죽을 것이다. 나무도 마찬가지다. 북미에서 수행된 한 연구는 나무 한 그루에 결합된 균근균 100종 이상을 발견했다. 균근은 곰팡이에 있는 생화학물질이라는 무기를 이용해 심지어 암석을 채굴해서 미네랄을 추출함으로써 식물의 먹이사슬 내로 가져갈 수 있다.

균근의 또 다른 중요한 기능은 초기 경고 시스템 역할을 한다는 것이다. 공격받고 있는 식물로부터 균근이 전달한 화학 신호들이 주변의 다른 식물들의 방어 기제를 자극해 방어 효소의 농도를 높이도록 촉발한다. 균근은 심지어 다른 종의 식물들 간에도 통신망 역할을 해 식물과 나무들에게 병원균의 위협과 곤충 및 초식동물들의 포식 위협을 경고할 수 있다. 또한 균근은 나무의 조직들에서 화학물질의 분비를 자극해 나무를 괴롭히는 특정 해충의 포식자를 유인할 수도 있다. 그리고 나무들에게 병든 개체나 취약한 자손들을 집중적으로 돌보라고 경고해 정맥 주사를 맞히는 것처럼 영양분을 공급할 수 있다. 캐나다의 삼림생태학자 수잔 시마드가 1990년대 말에 발견하고 페터 볼레벤이 주목할 만한 저서 『나무 수업The Hidden Life of Trees: What they feel, how they communicate』 (2015)에서 설명한 것처럼, 이러한 땅 밑의 분자 신호 체계는 나무들이 우리가 생각하는 것보다 훨씬 더 우리와 비슷하게 반응적이고 사회적 생명체인 세계를 보여준다.

연약한 균근은 파헤치는 쟁기 날에 어김없이 파괴된다. 또 비료건 살충제건 농약에건 대단히 예민하다. 낮은 농도의 인산염은 균근이 생명 유지를 위해 전달하는 영양소다. 그러나 인공 비료를 다량 살포하면 오염물질이 되어 자연적 생물학적 체계를 압도하고 균근의 포자 발아와 생존능력을 약화시킨다. 질산염, 살충제, 제초제, 그리고 당연히 살진균제들은 뿌리의 균근 군집을 감소시키고 균사의 신장을 방해한다. 구충제(아버멕틴)가 항상 포함되어 있고 종종 항생제도 포함된 가축의 배설물도 토양에 스며들어 균근을 파괴할 수 있다.

"그러니 우리가 지금 이 나무들에서 보고 있는 건", 테드가 설명했다. "십중팔구 땅에 일어나고 있는 일들의 결과예요. 이 나무들은 동맹군들로부터 고립되어 저곳에서 혼자 꼼짝 못 하고 있습니다."

20세기 초 프로이센의 화학자 프리츠 하버가 공기에서 질소를 추출해 식물이 이용할 수 있는 형태의 질산염으로 변환하여 식물 성장을 자극하는 기법을 고안해 현대의 화학비료를 개척했다. 고열과 강한 압력 하에서만 이루어질 수 있는 공정인 인공 질산염 제조에는 엄청난 양의 연료—오늘날에는 대개 가스—를 투입해야 한다. 또한 폭발물의 원료를 생성할 수 있어서 하버의 공정은 농업에 널리 사용되기 전 제2차 세계대전에서 탄약 개발에 대변혁을 일으켰다.

전쟁이 끝난 뒤 탄약 제조에서 농업용 비료 제조로 전환한 것은 기업가들에게는 당연하고 수월한 일이었다. 전차가 트랙터로, 독가스가 살충제와 제초제로 바뀌었다. 유럽에서 벌어진 전투와 멀리 떨어져 10곳의 대규모 폭탄 제조 공장이 전쟁 후에도 손상 없이 남아 있던 미국은 질산염 생산량이 급등해 명백한 인공 비료 챔피언이 되었고 영국과 유럽의 경작 생산을 증가시키는 데 기득권을 갖게 되었다.

영국의 모든 사람이 경작이 전후에 계속할 가장 좋은 방법이라고 확신했던 것은 아니다. 스트랫퍼드 어폰 에이번의 드레이턴에 있는 초지 연구 기지의 소장이던 조지 스테이플던 교수가 이끄는 일단의 영향력 있는 과학자들은 나라에서 가장 풍부하고 신뢰성 있는 자원인 목초를 기반으로 한 식량 생산으로 돌아가자고 권고했다. 전쟁 초기에 경작 작물들에 매진하면서 토양 비옥도가 심각하게 손상되었고, 전쟁 말기에 전시농업집행위원회는 농민들에게 토양이 회복될 수 있도록 경작 작물들을 클로버, 샌포인, 자주개자리처럼 질소를 고정시키는 콩과 작물들과 윤작하고 가축들의 단기 목초지로 번갈아가며 이용하라고 촉구했다. 스테이플던 교수는 이러한 순환 시스템이 토지의 비옥도를 유지시킬 뿐 아니라 화학비료와 수입 사료의 필요성을 없애주어 농민들이 자급자족하도록 해준다고 생각했다. 간접비가 낮으면 농민들이 돈을 빌릴 필요가 없고 빚을 지지 않아도 된다. 농업 불황기에는 혼합농업이 농민들에게 더 큰 회복력과 안정성을 주었다. 그는 혼합농업이 식량 안보의 궁극적 도구라고 조언했다.

베스트셀러 『농업의 사다리The Farming Ladder』(1944)의 저자인 조지 헨더슨 같은 다른 유명한 농민들도 전통적인 혼합농업 시스템으로 돌아가자는 운동을 벌였다. 코츠월즈에 있던 헨더슨의 농장은 1930년대의 농업 불경기를 성공적으로 극복했고 전쟁이 발발할 무렵 영국에서 에이커당 산출량이 가장 높았다. 농무부는 이곳을 시범 농장으로 삼아 버스로 사람들을 코츠월즈에 실어 날라 배우게 했다. 헨더슨은 토양의 자연적 비옥도를 유지하는 것이 열쇠라고 확신했다. 그는 "영국의 모든 땅에서 이런 식으로 농사를 지으면 우리 나라는 1억 명의 인구를 거뜬히 먹여 살릴 수 있다"고 썼다.

헨더슨은 전후에 농가 보조금을 계속 지급하는 것에 완강히 반대했다. 그는 보조금이 농민들의 모든 동기, 본능, 자립성을 없애 의존 문화를 만들고 관료들에게 농민들이 자신의 땅으로 하는 일에 대한 통제권을 주어 장기적으로 나라에 재앙이 될 것이라고 경고했다. 하지만 전국 농민연대National Farmers' Union는 생각이 달랐고 보조금을 유지하기 위해 열심히 로비를 했다. 1947년에 클레멘트 애틀리 정부는 농산물에 대한 고정 시장 가격을 영구 보장하는 농업법Agriculture Act을 통과시켰다. 이 법은 '승리를 위한 경작' 캠페인의 배후 인물인 농업경제학자 존 레이번 교수가 기초했다.

찰리의 조부모가 넵 사유지를 운영하고 있을 때쯤 보조금이 농민들의 선택에 이미 영향을 미치기 시작했다. 1960년대 말에 대규모의 전문화된 농장이 증가 추세를 보였고, 그중 대다수가 농지의 순환에서 목초를 완전히 빼고 경작에만 초점을 맞추었다. 토양의 비옥도를 강화해주는 목초, 클로버, 가축 없이 괜찮은 농작물을 키우려면 화학비료와 약제 살포가 필요하며, 이런 추가 비용을 감당할 수 있게 해준 것은 정부의 후한 보조금이었다. 토양을 인공적으로 비옥하게 할 수 있다는 생각은 기적이나 다름없어 보였고, 기술적 효율의 개선, 더 크고 성능이 뛰어난 기계류, 새로운 각종 작물의 개발과 함께 산업화된 농업 시대—오해를 불러일으키는 '녹색혁명'이라는 이름이 붙었다—가 잘 돌아가고 있었다.

이런 새로운 상황에서 나무들은 설 자리가 없었다. 들판 한가운데에 서 있는 나무들은 이제 농기계가 지나가는 길을 방해하고 농작물을 기를 수 있는 소중한 땅을 차지한 골칫덩이였다. 많은 농민이 나무를 완전히 뽑아버리지는 않는다 해도 우리가 했던 것처럼 줄기 바로 앞까지 땅을 갈 수 있도록 낮은 나뭇가지들을 잘라냈다. 나무, 특히 고목들은 농작물을 위협하는 질병과 해충의 잠재적 원천으로 여겨졌다. 효율을 최대화하고 회전반경이 더 넓은 더 큰 기계들을 수용하기 위한 노력으로 논밭들은 더 확장되었다. 1946년부터 1973년까지 산울타리들이 연간 3000마일의 비율로 잘려나갔다. 농촌위원회 Countryside Commission의 발표에 따르면 1972년에는 파괴 비율이 연간 1만 마일로 늘어났다. 이 산울타리들에는 사료, 땔나무, 목재, 비바람막이를 위해 산울타리 위로 자라게 눠둔 수천, 수만 그루의 나무가 포함되어 있었고 그중 대다수는 참나무였다.

테드는 영국이 다른 나무와 경쟁 없이 무성하게 자란 아주 오래된 참나무들을 잃는 것은 인식되지 않은 재앙이라고 생각한다. 영국의 고대 드루이드교 성직자들은 참나무 숲을 숭배했고 우리 최초의 왕들은 참나무 잎으로 만든 관을 썼다. 테드가 생각하기에 참나무보다 영국 문화와 더 밀접하게 얽혀 있는 나무도 없다. 힘과 생존의 상징인 참나무 가지 아래에서 결혼식을 올리고, 행운을 위해 주머니에 도토리를 담아가고, 참나무 크리스마스 장작에 겨우살이와 호랑가시나무로 장식을 한다. 풍경에서 눈에 잘 띄는 참나무들은 역사의 중요한 순간들을 끌어들였다. 존 왕은 데번의 우드엔드 공원에 있는 존 왕 참나무와 노팅엄셔의 셔우드 숲에 있는 의회 참나무Parliament Oak 같은 대표적인 나무 아래서 정치 '회담'을 열었고, 두 나무 다 거의 1000년이 지난 지금도 아직 살아 있다. 1558년에 엘리자베스 1세는 햇필드하우스 정원에 있는 큰 참나무 아래에 앉아 있다가 자신이 왕위 계승을 한다는 이야기를 들었다. '그녀의' 나무는 순례지가 되었다. 에드워드 시대의 우편엽서에는 울타리를 치고 지지대로 받쳐놓은 이 나무의 속 빈 줄기의 사진이 담겨 있다. 늙은 나무가 마침내 죽었을 때 현재의 엘리자베스 여왕이 이 나무 대신 어린 참나무를 심었다. 1651년에 우스터 전투에서 패한 뒤 찰스 2세는 원두당의 추적자들을 피해 보스코벨 하우스에 있는 참나무에 숨었다가 망명길에 올랐다. 이 모험담은 전국의 술집들에서 불멸성을 얻었다. 로열 오크에서 맥주 한 파인트를 들이켜보지 않은 영국인은 드물 것이다. 왕이 망명생활을 끝내고 런던에 입성한 날인 1660년 5월 29일은 국경일이 되었고 일부 지역에서는 아직도 왕정복고 기념일Oak Apple Day로 기념한다.

서민들에게 참나무는 먹거리이자 생계 수단이었다. 참나무는 돼지에게 먹이고 빵을 만들 도토리를 제공했으며 나무껍질은 가죽을 무두질하는 데 사용되었다. 잘라낸 나뭇가지는 겨울에 가축의 먹이가 되고 가정의 땔감으로 쓰였다. 톱밥으로는 고기와 생선을 훈제했다. 목재로는 숯을 만들었고 따라서 철을 제련하는 데 사용되었다. 특히 16세기 말까지 주물 공장이 많았던 이곳 윌드 지방에서 요긴하게 쓰였다. 하지만 세계에서 가장 단단하고 내구성 강한 목재들 중 하나인 영국산 오크재는 바닥재, 집과 헛간의 들보, 그리고 섬나라에게 가장 중요한 배를 만드는 판자로 사용되었기에 가장 귀하게 여겨졌다.

"저기 저 나뭇가지를 보세요", 테드가 위쪽으로 둥글게 휜 가지를 보여주려고 팔을 뻗었다. "둘로 쪼개면 배의 선체에 쓰기 좋도록 한 쌍의 목재가 되죠. 그런데 굉장한 건 그렇게 하기 위해 나무를 죽이지 않아도 된다는 거예요. 용도에 맞는 나뭇가지를 잘라내기만 하면 돼요." 참나무의 학명인 *Quercus robur* 자체가 힘을 상기시키고robur에는 힘, 단단함 등의 의미가 있다, 19세기 중반까지 배를 만드는 사람들은 거의 전적으로 참나무에 의존했다. 전 세계에 수병들을 실어 나른 '옛 영국의 목조 전함들'은 대영제국의 확장을 가열시켰다. 참나무는 수세기에 걸쳐 여덟 척의 영국 군함에 붙여진 로열 오크Royal Oak라는 이름, 영국 해군의 「하츠 오브 오크Hearts of Oak」 행진, 그리고 「지배하라, 브리타니아여Rule, Britanniak」의 가사에도 등장하며 경의를 받았다.

하지만 역사적 연관성을 떠나 테드가 참나무의 손실을 가장 안타까워하는 이유는 현재의 생물다양성 때문이다. "숲에서는 이런 수관을 못 봅니다", 테드가 우리와 호수 사이에 듬성듬성 서 있는 대여섯 그루의 나무를 건너다보며 말했다. "참나무들에겐 빛과 공간이 필요해요." 다른 나무들과 경쟁하지 않고 수평의 나뭇가지들을 사방으로 펼쳐 햇빛을 최대한 이용하며 성장한 참나무의 수관·피도수관들이 지표면을 덮고 있는 정도는 숲에서 자란 나무들의 여섯 배다. 테드는 "그래서 야생생물이 생활하고 몸을 숨기기에 적합한 360도의 공간을 제공하죠"라고 말했다. 참나무는 300종이 넘는 지의류의 종과 아종, 믿기 어려울 정도로 많은 무척추동물 종을 포함해 다른 어떤 토종 나무보다 더 많은 생물 형태를 지원하고 나무발바리, 동고비, 알락딱새, 오색딱따구리, 쇠오색딱따구리, 그리고 나무의 구멍과 틈이나 가로퍼진 나뭇가지들에 둥지를 튼 박샛과의 여러 종에게 먹이를 제공한다. 박쥐들은 딱따구리가 파놓은 오래된 구멍, 느슨한 나무껍질 아래, 그리고 가장 작은 틈에 둥지를 튼다. 참나무의 도토리—평생 동안 수백만 개를 생산한다—는 겨울을 준비하는 동안 오소리와 사슴뿐 아니라 어치, 떼까마귀, 산비둘기, 꿩, 오리, 다람쥐, 쥐에게 먹이를 제공한다. 그리고 이 동물들은 올빼미, 황조롱이, 말똥가리, 새매 같은 맹금류를 끌어들이고, 이 새들도 참나무에 둥지를 튼다. 부드러운 잎—다 자란 참나무 한 그루에는 매년 70만 개의 잎이 난다—은 가을에 쉽게 분해되어 땅에 비옥한 부엽토를 형성해 다채로운 젖버섯, 볼레그물버섯, 무당버섯, 송로버섯을 포함한 수많은 균류의 서식지가 된다.

하지만 참나무가 생태계로서 정말 진가를 발휘하는 것은 나이 들면서 움츠러들고 속이 비기 시작할 때다. 심재가 썩으면서 양분이 천천히 분비되어 줄기가 새롭게 회생된다. 속이 빈 나무 안에 사는 박쥐와 새들의 배설물도 추가적인 비료가 된다. 실제로 박쥐 배설물에는 바닷새의 배설물만큼 많은 인산염과 질소가 들어 있다. 떨어진 나뭇가지들은 뿌리에 더 많은 양분을 공급한다.

이러한 순환과정의 핵심은 더 많은 균류, 이번에는 눈에 보이는 땅 위의 균류다. 덕다리버섯, 소혀버섯 같은 적절한 이름이 붙은 먹을 수 있는 균류가 한 예다. 테드는 종종 나무의 죽음을 알리는 조짐이라고 비방당하는 균류가 기생식물이라기보다 대개 죽은 나무의 분해자에 더 가깝다고 설명했다. 균류는 나무를 죽게 만드는 것이 아니라 쓸모없는 짐인 죽은 조직들을 제거하고 분해하여 뿌리가 이용할 수 있는 식물 양분의 저장고를 만든다. 그 과정에서 균류는 나무를 빈 원통으로 바꾸어 허리케인급의 바람을 견딜 수 있는 더 강하고 가벼운 구조를 만든다. 1987년의 폭풍 때 윈저 그레이트 공원의 속이 빈 아주 오래된 참나무들은 살아남은 반면 더 어리고 속이 꽉 찬 나무들은 넘어졌던 일에서 증명된 것처럼 말이다. 18세기의 토목기사 존 스미턴이 등대 설계를 혁신하도록 영감을 준 것은 속이 빈 참나무의 강도와 회복력이었다.

"이럴 수가!" 테드가 흥분을 간신히 누르며 말했다. 그는 호숫가에 서 있는 한 참나무로 우리를 데려가 낙타의 발처럼 줄기에서 튀어나온 이상성장물을 가리켰다. 윗부분은 까맣고 밑면은 짙은 적갈색인 찰진흙버섯*Phellinus robustus*은 유럽 전체에서 가장 희귀한 다공균들 중 하나로 늙은 참나무에 의존하는 종이다. "우리가 아는 한 영국에 이 균류가 살고 있는 나무는 20그루가 안 됩니다. 그렇게 희귀한 이유는 이 균류가 군집을 이룰 남아 있는 숙주나무가 부족하기 때문이죠."

테드는 이제 냄새를 맡는 테리어처럼 노목들의 둥치를 자세히 들여다보고 가지들을 올려다보며 생물학적 보물들을 찾았다. 찰진흙버섯에 이어 나무 아래의 풀에서 자라는 뇌처럼 생긴 균류로 늙은 참나무들의 뿌리와 결합되는 종인 둘레배꽃버섯*Podoscypha multizonata*, 나뭇가지 위에 높이 쌓은 미국식 팬케이크처럼 생긴 다공균인 수지불로초*Ganoderma resinaceum*, 곰팡이 티라미수 같은 또 다른 다공균인 참나무비단포자버섯*Buglossoporus quercinus*이 발견되었다. 이 모든 종이 영국뿐 아니라 유럽 전역에서 희귀하다.

"이 균류들은 노목하고만 결합되기 때문에 생물학적 연속성의 중요한 지표입니다", 테드가 말했다. "이들은 늙은 참나무들이 수천 년은 아니더라도 수백 년 동안 이곳에 있었다는 걸 말해주죠. 포자들이 수세대에 걸쳐 아주 오래된 참나무들에 전해질 겁니다. 어떤 늙은 참나무가 죽고 근방에 다른 늙은 참나무가 없으면 균류도 죽습니다."

테드의 발견은 우리 나무들이 살아온 세월을 훨씬 더 뛰어넘어 확장된다는 시각을 부여했다. 우리는 12세기에 사냥터 별장이었다가 지금은 무너진 탑 하나만 남은 옛 넵 캐슬의 배경인 수천 에이커의 노먼 사슴 사냥터에 있던 참나무들에 자실체를 형성했을 균류의 후손을 보고 있었다. 에이더강 위의 풀로 뒤덮인 언덕에 서 있는 옛 넵 캐슬은 내시가 지은 새로운 넵 캐슬이 있는 호수 너머로 900년 가까이 1000야드의 경치를 내려다본다. 요새화된 '넵Cnappe' 사냥터 별장은 한때 존 왕의 소유였다. 존 왕은 이곳에 여러 차례 머물며 도토리가 열리는 커다란 참나무들로 유명한 사냥터에서 사슴과 멧돼지를 사냥했다. 제1차 남작 전쟁에서 존 왕은 프랑스의 루이 왕자로부터 도버 성을 지키기 위해 '넵의 참나무 심재'를 사용해 공성탑을 제작했다. 그의 아들 헨리 3세는 넵이 원래 주인인 드 브라오즈 가문에 반환된 뒤 방문했고 대정원의 암사슴 15마리를 캔터베리 주교에게 선물로 보냈다. 에드워드 2세는 14세기 초에, 리처드 2세는 그때로부터 60년 뒤에 이곳에 물렀다. 그러다 16세기 말의 어느 때에 수천 에이커의 사슴 사냥터가 황폐해졌고, 영국 내전 때 의회파 병사들이 왕당파가 군사 자산으로 이용하는 것을 막기 위해 마침내 성을 파괴했다. 1729년에는 호셤-스테이닝 도로 건설에 사용할 경골재를 부지에서 탈탈 털어갔다. 현재 그 옆에서 굉음을 내고 있는 A24 자동차 도로다. 사유지 한가운데의 둔덕에서 햇살을 받으며 보초를 서고 있는 탑은 가장 따분한 시절을 보내고 있는 것 같긴 하나 그곳이 왕실의 사냥 숲이었음을 상기시키는 존재다. 대대로 내려온 넵의 참나무들에게 생명을 불어넣고 19세기에 렙턴이 조성한 대정원의 묘목장을 제공했던 거의 신화에 가까운 풍경이 되살아난다.

"그리하여 온갖 역경에 맞서 살아남은 연속성의 상징인 이 특별한 나무들이 여기 우리의 풍경 속에 있습니다. 그런데 우리는 이 나무들을 좀처럼 인정하지 않습니다. 이 참나무들이 독일이나 네덜란드에 있었다면 다들 그 앞에 명판이 붙었을 겁니다." 테드가 말했다.

그건 현재 영국에서 아주 오래된 참나무들이 부족하긴 하지만 그래도 유럽 대부분의 나라보다는 많기 때문일 수 있다. 수세기 동안 유럽 본토에 전쟁이 덮쳤다 지나갔다 하면서 침략군과 쫓겨난 소작농들이 피신처와 땔감을 마련하기 위해 나무를 마구 베었다. 속이 빈 늙은 참나무들은 도끼질을 하기도, 태우기도 가장 쉬웠다. 유혈 스포츠와 사냥의 옹호자인 귀족들은 겨울 동안 사슴과 멧돼지들이 먹을 도토리를 제공하는 참나무들에 대한 얼마간의 보호책을 마련했다. 하지만 나폴레옹의 상속법은 프랑스와 다른 많은 유럽 국가에서 귀족들의 사유지에 종말을 고했다. 19세기로 접어들 무렵 유럽 본토의 전통적인 사슴 사냥터 대부분이 파괴되면서 늙은 참나무들에게서 최후의 보루를 빼앗았다.

영국에서는 수세기 동안 이어진 평화, 장자상속제, 그리고 귀족들의 즐거움의 원천으로 유지된 중세 사슴 사냥터들—그들의 으리으리한 저택을 둘러싼 환경—이 우리의 오래된 참나무들의 생존을 뒷받침했다. 영국 삼림신탁Woodland Trust의 최근 연구는 둘레가 9미터 넘고 수령이 900년 이상인 나무가 영국에는 118그루—대다수가 귀족 사유지의 대정원에 있다—인 데 반해 서유럽의 나머지 지역 전체에서는 동일한 나이의 참나무가 97그루만 기록되었다고 밝혔다. 테드는 아마 잉글랜드 왕국이 수립된 10세기 이전부터 살았을 큰 참나무들이 윈저에 있다고 말했다.

테드가 방문한 1999년의 그날부터 찰리와 나는 매일 아침 서서히 불안을 느끼며 참나무들을 살펴보기 시작했다. 참나무들은 이제 더 이상 우리와 증손자들의 일생 내내 살아 있을 건강한 동반자가 아니라 궁지에 몰린 난민이었고 앙상한 가지들은 고통의 신호를 보내고 있었다. 테드가 한 말의 의미는 심오하고도 충격적이었다. 한창때여야 할 이 참나무들은 아마 치명적일 병에 걸렸고 그런 상태의 원인은 우리한테 있었다. 집약농업이 나무 자체뿐 아니라 나무들이 서 있는 땅에도 심각한 피해를 입혔다. 50년 전에는 영구 목초지 아래에서 균근들이 화학적 회로판처럼 나무들 사이에 메시지를 보내며 식물의 수다로 가득 찼을 대정원의 토양이 지금은 십중팔구 무덤처럼 고요할 것이다.

모든 것과의 불화 ②

___

땅이 무엇인지 이해하기 전까지 우리는 손대는 모든 것과 불화했다.
_웬델 베리,『평범의 기술: 농업 에세이The Art of the Commonplace: The Agrarian Essays』
(2002)

나는 자연과 사이가 안 좋다.
_우디 앨런,『미국 유머의 어릿광대 왕자Clown Prince of American Humor』(1976)

1999년 테드가 넵을 방문한 일은 지금 생각해보니 하나의 계시였다. 그 방문은 우리가 새로운 방식으로 사고하기 시작한 출발점이었고 결과적으로 오늘날까지 이어진 포괄적인 연쇄 반응을 일으킨 기폭제였다. 대정원의 참나무들을 보호하겠다는 우리의 결정은 몇 년 내에 모든 것을 바꾸기 시작했다. 그리고 모든 결정적 순간에서 그러하듯 타이밍이 중요했다. 테드가 10년 더 일찍 왔더라면 그의 경고는 소귀에 경 읽기가 되었을 것이다. 우리는 열정적인 나무 관리인이자 그 분야 전문가의 말을 흥미롭게, 아마도 심지어 안타까워하며 듣고는 변함없이 늘 하던 대로 계속했을 것이다. 우리는 농장을 개선하고 사업을 성공시키는 혹독한 과제들—특히 마이너스 통장 청산—에 너무 급급해서 자연에 대해 다시 생각하지 못했을 것이다. 그러나 1999년에는 그 모든 것이 바뀌려던 참이었다. 세기가 끝날 무렵 우리는 실패를 눈앞에 두고 있었다. 우리가 하던 경작농업과 낙농 사업이 위기에 처했다. 지난 15년간의 모든 노력이 물거품이 되었다는 불편한 진실에 직면한 우리는 필사적으로 집약농업 체제의 대안을 찾고 있었다.

반세기 동안 넵은 전국의 농장들과 마찬가지로 집약화에 속도를 올리고 있었다. 찰리는 1987년에 할머니로부터 사유지를 물려받았다. 찰리의 할머니를 잘 알던 사람들은 넵의 삼림지를 폭삭 무너뜨린 허리케인과 그 외의 모든 것을 폭삭 무너뜨린 블랙먼데이의 주식시장 폭락이 가한 이중의 타격이 그녀의 죽음을 불러왔다고 생각했다. 시런세스터 농업학교를 막 졸업하고 소위 녹색혁명의 아들이던 20대 초의 찰리는 많은 보조금을 받는데도 적자를 내고 있던 사업을 성공시킬 수 있을 거라 확신했다. 그는 악화되고 있는 사업의 원인을 조부모님이 쇠약해지고 현대화를 꺼린 탓으로 돌렸다. 조부모님과 함께 일한 젊은이의 2년은 좌절로 얼룩졌다. 사유지의 사무실에서 매주 열린 회의 때면 효율성과 이윤 폭에 관한 질문들은 으레 버릇없는 짓으로 무시되었다. 농장 회계는 농장 관리인과 직원들의 임금, 농기구 비용, 일꾼들에게 빌려주는 사택, 농장 건물의 유지 보수, 수의사의 청구서 등 관련 경비를 제외하고 매달 제시되는 수익으로 점잖게 꾸민 허위였다. 대신 농업박람회, 가축의 혈통, 사냥개들의 접근성에 관한 대화가 길게 이어졌다.

우리가 사귀고 얼마 지나지 않아 넵을 물려받은 찰리는 곧바로 모든 현대 농민이 당연히 할 만한 일을 하기 시작했다. 합리화, 집약화, 다변화, 그리고 가능하다면 더 넓은 지역에 고정비 배분하기. 1974년 유럽 공동시장Common Market에 가입한 영국은 이제 영국의 전후 정책과 꼭 들어맞는 유럽 보조금과 단단히 결합되어 있었다. 드골이 '녹색 금'이라 부른 자국의 농장들을 보호하는 데 필사적이던 전후의 프랑스는 서유럽의 다른 국가들에게 산업적 규모의 생산, 보증 가격, 보호주의가 기반이 된 비슷한 정부 개입 체계를 지지하도록 설득했다.

기술적 효율의 개선은 아무도 상상하지 못했던 수준으로 생산력을 끌어올렸고 1970년대에는 유럽 농업의 공급이 수요를 한참 앞질러 대륙 전역의 거대한 곡물저장고와 냉장 창고들에 산더미 같은 곡물과 버터가 쌓이고 어마어마한 우유와 와인이 남아돌았다. 1980년대 초 유럽 공동시장에 소비되지 않고 쌓인 버터만 100만 톤에 이르렀다. 곡물이 엄청나게 남아돌면서 유럽의 새로운 곡물 재배자들에게 닥친 주된 과제는 어떻게 하면 가격이 바닥을 치는 것을 막을 수 있는가였다. 육용우에게 곡물을 먹여 살찌우는 것은 수십 년 동안 이어져온 관행이었다. 이제 가축들에게 1년 내내 곡물을 먹일 동기가 하나 더 늘어났다. 육용우뿐만이 아니었다. 양과 젖소들도 공장식 축산에 끌려들어가야 했다. '비방목 사육zero grazing'이라는 용어가 일상어가 되었다.

소농들, 특히 우리처럼 경작한계지에서 농사를 짓는 사람들은 산업화된 새로운 대규모 농장들과의 경쟁이 불가능하다는 것을 점점 깨달았다. 서식스에서 젖소를 사육하는 농가가 1960년대 중반의 1900호에서 1989년에는 불과 392호로 감소했고 젖소의 수는 절반으로 줄었다. 혈통을 개선하고 착유실을 현대화하며 비효율적인 부분들을 없앨 만큼 눈치 빠른 소규모 자작농들만 살아남길 희망할 수 있었다. 1964년에 7250개가 약간 넘던 서식스의 농장들이 1980년대 말에는 4500개가 되지 않았다. 이 농장들은 대부분 규모가 훨씬 더 컸고 경작에 초점을 맞추었다.

우리가 넵을 물려받았을 때 소작인 5명은 패배를 인정할 준비가 되어 있었다. 우리는 소작 농장들을 되찾고 낙농장들을 합치고 더 크고 좋은 기계와 농장 건물에 투자하면 농장이 수익을 내는 데 필요한 효율성을 얻을 수 있을 것이라 기대했다. 할머니가 기르던 옛 품종인 레드폴—당시 찰리가 보기에 취미로 농사를 짓는 조부모의 접근 방식의 전형—을 팔아버린 것은 찰리에게 결정적 순간이었다. 그는 추세를 따라 홀스타인 종과 프리지 아종 젖소—1년에 6500리터의 우유를 생산하던 레드폴과 달리 8500리터를 생산할 수 있는 낙농장에 특화된 현대 젖소 품종—를 사들이고 농장의 기반시설을 현대화하기 시작했다. 찰리는 더 큰 가축들과 더 많은 우유를 처리하도록 남아 있는 세 곳의 낙농장을 개선하고 슬러리 웅덩이를 넓혔으며 사일리지_{수분 함량이 많은 목초 등을 진공 저장하여 발효시켜 만든 겨울철의 가축 먹이} 저장고와 겨울을 날 우사를 짓고 중앙집중화된 자동 사료 공급 시스템과 세 개의 새로운 착유실 각각의 우유 생산을 모니터링하기 위한 컴퓨터들을 설치했다. 그리고 매일 하루 종일 소들에게 먹이를 주는 일만 하는 사람을 두 명 두었다.

유럽은 우유 생산량 증가를 관리하기 위해 1984년에 각 농장이 판매할 수 있는 우유 양의 상한을 정한 우유 쿼터제를 도입했고, 우리는 한도량을 넘어 생산되는 연간 150만 리터의 우유를 처리하기 위해 추가 쿼터를 구매해야 했다. 1리터에 16펜스면 총 24만 파운드를 써야 한다는 의미였다. 집약화와 관련된 다른 비용도 있었다. 소작 농장들을 직접 맡으면 동일한 농장 관리자와 기계를 이용할 수 있는 등 분명 규모의 경제 효과가 있다. 하지만 추가적인 900헥타르를 경작하는 데 드는 운영 자본—더 많은 종자, 더 많은 약제 살포, 더 많은 비료, 더 많은 경유—이 상당하다. 사일리지 곡물—빨리 자라서 1년에 최대 세 번 수확한다—만 해도 어마어마한 비료를 투입해야 했는데, 비료 가격은 지금 우리가 알고 있는 것처럼 화석연료의 탄소 비용이 계속 증가하면서 해마다 상승했다. 밀과 보리의 재배 방법—오늘날보다 표적화가 덜했다—은 훨씬 더 집약적이었다. 주기적인 인공 비료 살포 외에도 식물들이 땅에서 돋아나면 두 가지 살진균제를 뿌려야 할 뿐 아니라 지나치게 크거나 약하게 자라지 않도록 식물 생장 호르몬도 주입해야 했다. 식물이 자라는 동안 또 다른 살진균제와 생장 호르몬들을 혼합해 뿌린 뒤 줄기가 가장 빨리 자라는 시기에 세 번째, 그리고 낟알이 맺히기 시작할 때 마지막으로 뿌렸다. 또 1년에 두세 번 사일리지를 벨 때마다 아주 전문화된 사일리지 베는 기계와 수확기들을 빌려야 했다.

　하지만 끈질기게 작업에 초를 치는 것은 무엇보다 서식스의 진흙이었다. 석회암 기반 위에 320미터 깊이의 중점토가 깔린 로 윌드 지역의 토양은 악명 높다. 이곳에 사는 사람들은 진흙이 여름에는 울퉁불퉁한 시멘트 같고 연중 그 외의 다른 시기에는 내내 가늠할 수 없는 끈적끈적한 죽 같은 상태라는 것을 알고 있다. 눈에 관한 온갖 어휘가 있다고 여겨지는 이누이트족과 마찬가지로 옛 서식스 방언에는 진흙을 나타내는 단어만 30개가 넘는다. 큰비가 내린 뒤 진창이 된 들길을 나타내는 클로지clodgy, 끈적거리고 악취 나는 진흙인 가움gawm, 썩어가는 유기물로 이루어진 검은 진흙인 거버gubber, 가장 걸쭉한 유형의 진창인 슬랩slab, 거름을 만드는 데 사용되는 진흙이나 강 침전물을 뜻하는 슬리치sleech, 두터운 진창인 슬롭slob 혹은 슬럽slub, 질척거리는 구렁인 슬러프slough, 너무 많은 물이 흠뻑 스며들어 배수가 안 되는 희석된 진흙인 슬러리slurry, 축축하고 끈적거리는 표면 진흙인 스미리smeery, 소처럼 땅을 짓밟아 진흙으로 만든다는 뜻의 스토치stoach, 걸쭉하고 푸딩 같은 진흙인 스토지stodge, 물기가 많은 진흙인 스터그stug, 늪지를 뜻하는 스왱크swank 등이다.

포장도로가 등장하기 전에는 배를 타고 강과 운하를 따라 해안으로 가고 해로로 런던까지 가는 등 대부분 이 진창을 피해 왕래했다. 18세기 말까지 이 카운티에는 동서를 잇는 대로가 거의 없었고 주도에서 시장으로 가축을 몰고 가는 길은 한여름에만 이용할 수 있었다. 민담들은 서식스의 어떤 길의 공포를 두고두고 전한다. 예를 들어 길옆의 둑을 따라 조심조심 걸어가던 한 여행자가 질척거리는 노면에서 모자 하나를 보았다. 모자를 집으려고 팔을 뻗은 여행자는 그 아래에서 눈썹 아래까지 진창에 빠진 지역 주민의 머리를 발견했다. 진창 밖으로 끌어올려진 그 남자는 여행자에게 고맙다고 인사한 뒤 그가 타고 있던 말을 잡아당기도록 도와달라고 부탁했다. "하지만 말은 분명 저 진흙탕 아래에서 죽었을 거예요." 여행자가 말했다. "아, 그렇지 않아요. 녀석은 틀림없이 살아 있어요." 남자가 말했다. "녀석이 뭔가를 우적우적 씹는 소리를 들었거든요. 아마 지난주에 이곳에 가라앉은 건초 마차겠죠."

이런 환경에서 살아남을 수 있는 서식스 주민들의 능력은 약간 얼토당토않은 이론들을 낳았다. 유명한 의사 존 버턴은 18세기 중반에 서식스를 여행하다가 이곳의 황소와 돼지, 여성들의 다리가 길어 보이는 것은 발목의 힘을 이용해 진창 밖으로 발을 당기는 것이 힘들어 근육이 늘어나서 다리가 길어진 것이 아닌가 생각했다. 오늘날에도 윌드의 3급, 4급 토지의 농민들은 자신들의 다리 길이와 상관없이 치체스터의 1급 양토 들판을 부러움을 감추지 않고 바라본다.

서식스의 진흙은 우리 기계들의 작동을 방해하고 더 나은 토양에 있는 농장들과의 경쟁력을 떨어뜨렸다. 놀랍게도 1997년까지는 영국의 농장들에서 산울타리를 허가 없이 제거할 수 있었지만 밭을 확장하는 것은 우리에게 고려 대상이 아니었다. 넵에서의 농사를 가능케 한 빅토리아 시대의 격자무늬 도랑과 지하 배수로들이 우리의 작은 밭들과 나란히 나 있었다. 산업적 스타일의 완전히 새로운 배수 장치를 설치하는 비용은 꿈도 못 꿀 일이었다. 하지만 기존 시스템의 관리에도 여전히 비용이 많이 들었다. 모든 배수로와 도랑을 청소하는 것—단지 배수 기능을 유지시키는 것—이 매년 한 사람의 석 달 치 일거리였다.

작은 밭들은 어쩔 수 없이 농기계의 크기를 제한했다. 콤바인, 로터베이터, 써레, 분무기들이 밭의 모퉁이에서 민첩하게 방향을 틀고 문들을 통과할 수 있어야 했다. 이스트 앵글리아에서 사용하는 프레리 스타일의 거대한 기계들의 효율성은 우리에겐 그림의 떡이었다. 비가 오는 날에는 진흙 때문에 어떤 일도 하기 힘들었다. 9월에 수확을 한 뒤 몇 주 동안 우리는 우기가 시작되어 땅이 접근금지 구역이 되기 전에 정신없이 서둘러 겨울 작물들을 심고 모든 도랑을 청소했으며 생울타리를 벴다. 봄 작물은 거의 선택지가 아니었다. 그 시기에는 십중팔구 트랙터가 땅에 들어갈 수 없었다.

그럼에도 불구하고 우리는 진전을 보이고 있는 듯했다. 1987년에 에이커당 2.5톤이던 밀 수확량이 1990년 평균 2.75톤으로 늘어났다. 우리는 메릭 경이 모자를 던졌을 때 땅에 떨어지지 않으면 풍작이라고 생각했던 1940년대로부터 많은 발전을 이루었다. 태양과 바람과 비가 모두 제 할 일을 제대로 하고 우리가 적시에 씨를 뿌리고 농약을 주어 제때 수확하면, 그러니까 알고리즘의 모든 요소가 기적적으로 융합되면 한두 구획의 밭에서 얻는 수확량이 3톤의 목표를 달성하기도 했다. 치체스터의 양토에서 평소 얻는 수확량이었다. 1996년에 여러 밭이 3.5톤씩을 생산한 데다 한 곳은 4톤이라는 놀라운 수확량을 냈을 때 우리는 성공할 수도 있겠다고 생각했다. 나는 곡물 저장고에 안전하게 넣어둔 산더미 같은 밀 속에서 즐거워하며 먼지투성이의 토실한 낟알에 겨드랑이까지 팔을 밀어넣은 18개월 된 딸과 함께 있는 찰리의 사진을 찍었다. 우리 젖소들도 기막힌 성과를 올려 브리티시 오일 앤드 케이크 밀스BOCM의 젖소군 비용 평가에서 상위 25퍼센트 내에 꾸준히 들었고 콘월 출신의 뛰어난 착유부가 관리하는 우리 젖소군들 중 하나는 전국에서 최상위에 올랐다. 우리 땅 같은 토양에서 더 나은 낙농 성과를 상상하기란 어려웠다.

우리는 다각화도 추진했다. 우리가 서식스의 오래된 헛간들 중 하나에 설치한 최신식 공장에서 생산한 찰리 버렐의 캐슬 낙농장 고급 아이스크림은 1990년에 동남부 지역 전역의 냉장고와 포트넘 앤드 메이슨 백화점, 해러즈 백화점 식품관, 웨스트엔드 극장들의 가장 눈에 잘 띄는 자리에서 날개 돋친 듯 팔려나갔고, 우리는 전국으로 진출할 태세를 갖추었다. 아이스크림을 만들고 남은 탈지유는 다양한 맛의 캐슬 낙농장 저지방 요구르트로 만들어졌다. 우리는 심지어 양의 젖을 짜서 양 치즈와 옛날 방식의 응유를 생산하는 데도 손을 댔다.

농장이 실패할 운명이라는 것을 언제 깨달았는지는 거의 20년이 지난 지금 딱 집어내기 어렵다. 대부분의 기간에 우리는 항상 다음 해에는 더 큰 이익을 얻을 것이라 기대하며 온통 개선에 집착했던 터라 실패는 상상하기 힘들어 보였다. 경비나 경쟁에 곁눈질하지 않고 앞만 바라보는 한 수확량 증가는 으레 낙관론을 심어주었다. 투지가 우리를 속였다. 혼합농업—낙농업, 양 낙농업, 소고기 판매, 그리고 아홉 가지 경작 작물의 윤작—이 각 사업의 매달, 매해의 수익성을 확인하기 힘들게 만들어 농기계와 기반시설에 대한 끊임없는 자본 투자, 필요한 새 콤바인, 건물 개량, 농림수산식품부와 유럽연합에서 끝없이 내놓는 새로운 법규 준수에 더해 농장의 인건비까지 아가리를 쩍 벌린 비용이라는 골짜기에 연막을 피웠다. 게다가 심하게 변동하는 그린파운드(1999년까지 유럽연합의 공동농업정책 내에서 재정 지원의 가치를 계산하기 위해 사용된 환율)도 주기적으로 모두의 계산을 엉망으로 만들었다.

아이스크림 사업에서는 예측이 더 명백했다. 1991년에 15억 달러 규모의 미국 기업 그랜드 메트로폴리탄(식품 재벌계의 다스 베이더)이 인수

한 브랜드인 하겐다즈가 영국에 기습 침입하자 우리는 항복한 채 광선검을 내려놓았다. 3500만 달러 규모의 매력적인 광고 캠페인과 수천 개 매장에 하겐다즈 전용 냉장고를 무료로 설치하는 적극적인 전략(이후 불법이 된 관행)으로 우리는 대부분의 영국 아이스크림 제조업자와 함께 완전 박살이 났다.

하지만 하겐다즈뿐만이 아니었다. 다스 베이더가 우리 궤도에 난입하지 않았더라도 아이스크림은 아마 우리를 구하지 못했을 것이다. 자문들이 예측했던 것보다 수익은 훨씬 더 적었다. 하겐다즈도 적자에서 벗어나는 데 10년 넘게 걸렸다.

궁극적으로 우리를 약화시킨 것은 농사 자체였다. 15년 동안 현금 흑자를 낸 해는 두 해뿐이었다. 세계 시장이 확대되면서 유럽 전역의 농민들은 아시아, 러시아, 오스트레일리아, 남북 아메리카의 저렴한 곡물과 경쟁하고 있었다. 또한 우리가 당시에 무려 320만 리터에 투자하고 있던 우유 쿼터 가격의 심한 변동도 걱정거리였다. 리터당 가격이 1페니 떨어질 때마다 우리는 재산을 잃었고, 가격이 떨어지면 우리 소들의 가치도 떨어졌다. 하지만 낙농장과 농장 건물들을 유지하는 비용은 줄지 않았다. 우리는 경작의 장기적 미래에 대해서도 염려했다. 비논리적인 엄청난 유럽 농가 보조금—유럽연합 전체 예산의 57퍼센트라는 놀라운 비율을 차지했다—이 주어질 시절은 분명 얼마 남지 않았다. 조만간 보조금이 단계적으로 줄어들 것이라 생각해야 했고, 보조금이 없으면 우리는 영국의 경작한계지에서 농사짓는 거의 모든 농민과 마찬가지로 버티기 힘든 손실을 내고 파산을 향해 나아갈 것이다.

토지 관리인들과의 길고 피곤한 회의에서 찰리는 우리의 장기 전략을 검토하기 시작했다. 우리가 시한폭탄 주변을 까치발로 걷고 있다는 것이 점차 인식되었다. 운명적인 폭발은 1999년, 테드가 방문하기 몇 달 전 우리의 농장 관리자가 낙농장 두 개를 합치자고 제안했을 때 촉발되었다. 그의 계획은 논리적으로 이치에 맞았다. 농장을 합리화하고 비효율적인 부분을 해결할 또 다른 방법이었다. 하지만 딱 100만 파운드의 비용이 들 것이다. 우리의 초과 인출액은 이미 150만 파운드였다. 이 제안은 우리가 처한 상태를 뚜렷이 부각시켰다. 우리는 더 이상의 어떤 '개선'도 감당할 형편이 아니었다. 그리고 개선이 없다면 우리의 생산성은 정체될 것이다. 우리는 덫에 걸려 있었다. 농장은 유지될 수 없었고, 이제 수치들이 그 사실을 큰소리로 외치고 있었다.

테드가 넵 오크에 대해 조언하러 왔을 때 우리가 직면한 상황은 이러했다. 우리는 이 사유지를 물려받은 후 처음으로 다른 선택지들에 마음을 열었다. 대정원의 나무를 새로운 시각으로 보니 적어도 집 주위의 350에이커에 대한 해결책이 제시되었다. 유럽 전역에서 농업이 환경에 미치는 영향에 대해 점차 우려하던 유럽공동체는 1991년 농업환경 프로그램을 수립했다. 이 프로그램은 한 지붕 아래에서 관리되는 두 가지 상반되는 자금 지원을 처음 만들어낸 다소 잘못된 전략이었다. 한편에는 전면적인 집약농업을 위한 장려금이 있고 다른 한편에는 집약농업이 불러온 결과들을 되돌리기 위한 장려금이 있었다. 유럽의 농업환경 프로그램하에서 영국 정부는 '영국 전역의 농지들의 환경적 가치를 개선한다'는 목표로 농림수산식품부가 관리하는 농촌관리계획Countryside

Stewardship Scheme을 수립했다. 그들은 공원 복구 프로젝트를 호소하고 있다. 타이밍이 딱 맞았고, 렙턴 대정원을 복구하겠다고 신청한 우리는 이듬해 봄에 시작하도록 자금 지원을 받았다.

우리가 생각할 수 있는 한 나머지 땅에 대한 유일한 대안은 간접비를 줄이고, 낙농업을 포기하고, 우리 농기구들을 팔고, 모든 것을 계약 경작으로 돌리는 것이었다. 유일한 문제는 영국의 대형 농업 도급업체 두 곳 다 우리를 받아주지 않는 것이었다. 결국 이미 우리 땅의 북쪽 경계에서 계약농업을 하던 찰리의 숙부 마크 버렐이 우리를 구해주었다. 우리와 비슷한 처지였던 그는 아직 더 넓은 지역에 간접비를 배분할 때의 이점이 있다고 생각해 우리의 모든 경작지를 맡는 데 동의했다.

하지만 하고 있던 농업을 포기한다는 결정을 내렸을 때는 침울했다. 2000년 2월 1일에 찰리는 농장 관리자인 존 메이드먼트를 사무실로 불렀다. 그리고 최상급 소들의 사진과 60년간의 왕립 농업박람회 인증서들 아래에서 처음으로 이 소식을 전했다. 농장이 처한 곤경을 잘 알았던 존이지만 그래도 엄청난 충격을 받았다. 열심히 일하며 상당한 경작물 수확과 우유 생산에서 우수한 성과를 냈던 그는 저기 어딘가에 또 다른 해결책이 기다리고 있다는 것을 믿을 수밖에 없었다. 농장 일꾼들은 망연자실했다. 귀를 기울일 만큼 인내심 있는 사람들, 혹은 완전히 불신하는 사람들을 데리고 찰리는 수치들을 살펴보았다. 그들은 현실을 받아들이려 애쓰면서 굳은 얼굴로 고개를 가로저으며 사무실에서 나갔다. 암울한 날이었다. 11명이 일자리를 잃었다.

다음 6개월 동안 찰리와 존은 농장이 해체되는 동안 사기를 잃지 않으려 애썼다. 우리의 젖소군 세 개가 흩어졌다. 나라의 다른 쪽 끝에 있는 목적지들에 그날 저녁의 착유 시간에 늦지 않게 도착할 수 있도록 아침 일찍 젖을 짠 직후 한 번에 40여 마리씩 차에 실어 보냈다. 넵의 역사상 처음으로 가축이 사라졌다.

9월 중순에 서식스를 찾아와 남쪽 해안을 따라 첫 번째 큰 홍수를 일으킨 비바람이 몰아치는 날씨는 우리가 농기계들을 팔았던 28일 목요일에도 누그러지지 않았다. 1766년 기록이 시작된 이래 영국에서 가장 음울한 가을의 시작이었고 발밑의 진흙은 세상을 끌어내리고 있는 것처럼 느껴졌다. 지역 농민들이 대거 나타났다. 어떤 사람들은 최저가를 노리고 왔고, 입을 꾹 다문 다른 사람들은 우리의 종말이 그들에게 어떤 교훈을 주는지 궁금해했다. 웨스트 드라이브를 따라 늘어선 판매품들은 넵 단지의 실패한 투자, 증발된 에너지와 포부를 모두가 보도록 전시되었다. 상석에는 1998년에 8만 파운드를 주고 중고로 구입했던 최신식 존 디어 힐 마스터 콤바인이 서 있었다. 7월과 8월의 맑은 날에 이 콤바인이 밀, 콩, 완두콩, 보리, 귀리, 평지, 아마씨 사이를 휘저으며 다니는 동안 운전사 밥 랙은 8피트 높이의 운전석에서 헤드폰으로 타이어를 공부했다.

그 옆에는 매시 퍼거슨과 존 디어 트랙터들이 모여 있었고 그 뒤에는 써레, 원판 써레, 동력 써레, 옥수수 조파기, 심토 쟁기와 두더지 암거 천공기, 토양 및 수분 검사 장비, 농약 분무기와 비료 살포기, 살수 탱크, 곡물 오거와 건조기, 컨베이어 벨트와 수 갤런의 화학약품들이 있었다. 사일리지 기계와 건초 기계, 잔디 깎는 기계, 건초 갈퀴, 건초 곤포기와 지게차, 곡물 수레와 사일리지 수레, 건초 트레일러, 인상적인 매니투Manitou 포어엔드 로더와 사일리지 공급기도 있었다. 그다음에는 산울타리 절단기, 전기 울타리 설치 장비, 가축 사육장의 문, 큰 망치와 말뚝 박는 기구부터 삽, 곡물 삽까지 갖가지 자잘한 도구가 놓여 있었다. 컴퓨터화된 전자식 착유실, 우유 탱크, 공급 호퍼, 칸막이, 슬러리 스프링클러, 소들이 눕는 고무 매트 등 옮기기에는 너무 크고 무거운 낙농 장비들은 낙농장에서 팔렸다. 하지만 키넌 사료 공급기, 퇴비 살포기, 퇴비 트레일러와 긁어내는 기계, 보정틀소를 검사하거나 낙인을 찍거나 치료할 때 움직이지 못하도록 보정하는 장치, 이동식 양 울타리, 건초 시렁, 여물통과 음수통, 히포 슬러리 펌프, 비상 발전기, 농장 승합차, 사륜 오토바이, 바퀴 달린 오두막은 웨스트 드라이브의 마지막 자리에 합류했고 그 뒤로 귀표 다는 집게, 발굽 나이프, 정액 보관 용기, 인공수정용 정액 주입기, 세족기, 고무젖꼭지, 송아지 수유용 양동이 같은 갖가지 익숙한 축산용품이 이어졌다.

농사짓기 힘든 혹한의 겨울을 앞두고 비가 내리는데도 슬픈 분위기를 떨치기 힘들었다. 하지만 찰리의 결정이 옳았음이 입증되는 데는 얼마 걸리지 않았다. 낙농장을 닫은 지 1년도 안 돼 우유 쿼터가 리터당 26페니—우리가 운 좋게 판매한 가격—에서 하락해 거의 무가치해졌다. 우리가 끝까지 매달렸다면 우리 소들의 가치도 곤두박질쳤을 것이다. 찰리의 타이밍이 딱 맞았다. 그리고 쿼터와 젖소와 농기구들을 판매해 마이너스 통장을 청산했다. 또한 우리는 2001년 2월에 발병해 2002년 1월까지 계속되며 영국의 정육업과 낙농업을 마비시키고

100만 마리의 양과 소를 죽이며 납세자들에게 80억 파운드를 부담시킨 구제역의 고통도 면했다. 우리는 구사일생으로 재난을 피했다. 우리는 자유였다.

세렝게티 효과

자연의 손길 한 번으로 전 세계가 동족이 된다.
_윌리엄 셰익스피어, 『트로일러스와 크레시다Troilus&Cressida』(1603년경)

2002년 여름은 깨달음의 시간이었다. 매일 아침 우리는 완만한 기복을 이룬 초원의 품에 안겨 잠에서 깼다. 창밖의 풍경에서 산업적 농업이 사라졌다. 파헤친 흙도, 기계도, 빽빽이 늘어선 경작지도, 울타리도 없었다. 대정원을 영구 목초지로 복원하는 작업은 참나무들에게 생명줄을 공급하는 것 이상이었다. 우리에게도 활력소가 되었다. 되풀이되는 고되고 단조로운 노역에서 벗어난 땅은 안도의 한숨을 쉬는 듯했다. 그리고 땅이 휴식을 취하자 우리도 그랬다. 단지의 나머지 땅에서 관리하던 농사를 포기할 때의 안도감과는 다른 느낌이었다. 농장을 도급업자에게 넘겨주자 어깨를 짓누르던 불안과 책임감이 많이 덜어졌지만 들판에서 우리 젖소들이 없어진 것 외에는 풍경이나 우리가 넵에 대해 생각하는 방식이 바뀌진 않았다. 계약농업으로 우리는 여전히 우리 땅에 같은 것을 요구하고 있었다. 그저 거리를 더 두었을 뿐이다. 우리는 이를 악물고 맺은 진흙과의 똑같은 협정에 갇혀 끝없이 되풀이되는 똑같은 헛고생을 지켜보는 침묵의 목격자였다. 그런 노동이 우리 집에서 보이는 풍경에서 사라지자 더 깊은 안도감이 찾아왔다. 더 부드럽고 조화로운 무언가가 삶에 뒤섞이고 있는 것 같았다. 대정원의 복구는 우리가 땅과 맞서 싸우는 것이 아니라 땅과 함께 무언가를 하고 있다는 것을 처음으로 보여주었다.

가장 두드러진 것은 주변 소음이었다. 곤충들이 입체 음향으로 낮게 윙윙거리는 소리는 우리가 놓치고 있다는 사실조차 몰랐던 것이었다. 우리는 무릎까지 올라오는 옥스아이 데이지, 벌노랑이, 전추라, 수레국화, 붉은토끼풀, 큰솔나물, 빗살새, 향기풀을 헤치며 걸었다. 우리의 발걸음에 나비떼—연푸른부전나비, 뱀눈나비, 가락지나비, 조흰뱀눈나비, 꼬마팔랑나비, 두만강꼬마팔랑나비—와 메뚜기, 꽃등에, 그리고 갖가지 호박벌들이 날아올랐다.

아직 자연의 폭발적 반응에 익숙하지 않던 우리에게 이 펄럭이고 파닥거리는가 하면 폴짝폴짝 뛰고 윙윙거리는 현상은 느닷없이 나타나는 것처럼 보였다. 베르길리우스가 썩어가는 황소 시체의 배에서 벌이 생긴다고 한 것처럼 말이다. 하지만 진실은 아마 훨씬 더 기적적이었을 것이다. 자연은 보이지 않는 먼 곳에서 우리의 작은 땅으로 다가오다가 어찌어찌해서 우리를 발견했고, 그 순간 이 땅은 다시 쾌적해졌다.

야생 쪽으로

대부분의 곤충은 종종 바람이나 다른 새와 동물들의 수동적 분산의 도움을 받아 쉽게 이동한다. 많은 곤충은 상황이 매우 불리할 때도 앞으로 나아가고 번식하려는 충동에 이끌리는 기회주의자다. 예를 들어 조횐뱀눈나비나 풀표범나비들은 새로운 영토를 찾아 상당한 거리를 억척같이 날아갈 수 있다. 모험은 대부분 굶주려 죽거나 잡아먹히거나 사고사로 끝난다. 하지만 찾고 있던 특정 식물이 있는 서식지를 발견하는 드문 경우에 암컷은 수백 개의 알을 낳을 수 있고 날씨가 알맞다면 알에서 며칠 만에 애벌레가 부화할 것이다. 다른 곤충들은 근방의 주변부 땅, 그러니까 성의 폐허 주변의 오래된 풀밭이나 훼손되지 않은 생울타리의 바닥이나 A24 도로의 가장자리에서 활력을 되찾은 넵의 대정원을 개척했다. 그해 여름에 우리를 발견했던 무척추동물들은 새로 생긴 이 서식지에 박쥐, 새, 파충류 같은 상습 포식자가 매우 드물다는 두 배의 축복을 받았을 것이다. 그 결과 곤충들의 천국이 탄생했다.

대정원의 새로운 회생을 준비하는 것은 불안한 과정이었다. 우리 땅의 토종 풀과 야생화 씨앗을 구할 곳을 찾기가 극도로 힘들었다. 내가 2016년에 쓴 것처럼 서식스 전체에 남아 있는 야생화 초원은 870에이커가 되지 않았다. 1930년대 이후 영국의 야생화 초원의 97퍼센트—750만 에이커—가 사라졌으며, 대부분 경작 가능하고 빨리 자라는 농업용 목초와 임업을 위해 개간되었다. 저지대에는 총 2만6000에이커, 영국의 고지대 전체에는 고작 2223에이커만 남아 있었다. 윌드 목초지 구상Weald Meadows Initiative은 우리 땅에서 동북쪽으로 16마일 떨어진 곳에서 경작되지 않고 남은 1에이커의 작은 목초지를 발견해 그곳에서 씨앗들을 모았다. 찰리의 사촌이 소유한 땅에 있는 이 손바닥만 한 토종 식물군은 수 에이커의 조림지 사이에 있는 공터인데, 아마 꿩 사냥터로 살아남았을 것이다. 영국의 대부분의 목초지와 마찬가지로 이곳이 살아남은 것은 대상을 정한 보존활동이나 깨어 있는 이타심 때문이 아니라 그저 운이 좋아서였다. 넵에는 두세 개의 아주 작은 야생화 초원이 남아 있었다. 집에서 조금만 걸어가면 나오는 플레저 그라운드라는 19세기 초의 수목원 내에 끼어들어가 있어서 개간되지 않은 풀밭의 가장자리도 그중 하나다. 9월이면 이곳은 사철채송화들로 희부연 청색 바다가 된다. 하지만 남아 있는 이 야생화 초원들 중 어느 곳도 전 영역의 토종 씨앗들을 제공할 만큼 다양하지 않았다.

우리가 월드 목초지 구상에서 구입한 식나무가 자리 잡을 기회를 주려면 먼저 땅에서 바람직하지 않은 경쟁을 없애야 했다. 우리의 토종 식물군이 진화해온 영국의 토양 대부분이 당연히 척박한 상태이기 때문에 먼저 우리 땅을 원래의 '경작되지 않은' 상태로 되돌려야 했다. 이는 경작 작물의 성장을 촉진하기 위해 수십 년 동안 땅에 주었던 질산염과 인산염의 농도를 줄이는 것을 의미했다. 이렇게 하는 건 어쩐지 치료를 위해 병을 심화시키는 것처럼 직관에 어긋난다고 느껴졌다. 우리는 정반대의 가치 체계들 간의 전환이라는 것을 인식하고 있었다. 우리는 농민들처럼 작업을 시작했지만 처음으로 환경보존론자처럼 사고하고 있었다.

그리하여 대정원에 대한 자금 지원을 받은 우리는 2001년 봄에 땅을 쟁기와 로터베이터로 갈아 양질의 경작토로 만들었다. 3주 뒤에 갈아엎은 땅에서 자란 식물들에 제초제 글리포세이트를 뿌린 다음 8월 중순에 써레질을 하고 다시 제초제를 뿌렸다. 그리고 그해 9월 우리의 소중한 윌드 목초지 혼합씨앗을 뿌렸다. 이듬해 여름에 새로 자란 식물들을 생목초─일종의 반건조된 사일리지─용으로 베어내 씨앗들이 이 식물들의 줄기에서 다시 땅으로 떨어져 싹이 틀 기회를 주었다. 그런 뒤 다시 잘 자란 부분의 식물들을 두 번째로 베어냈고 나머지 부분에 비료를 주었다. 그리고 세 번째 해에 다시 베어냈다.

질산염은 식물이 사용하건 증발이나 유출을 통해서건 토양에서 빠르게 사라진다. 질소를 고정하지 않는 작물들이 자라는 경작지에 질산염이 항상 부족한 것은 그 때문이다. 반면 인산염은 20~30년 동안 토양에 남아 있을 수 있다. 성장한 식물을 적극적으로 베어들여 땅에서 반복적으로 없애는 것이 토양에서 인공 인산염을 줄이는 가장 효과적인 방법이다. 3년째 되던 해에 우리는 토종 활엽 꽃식물과 풀들에게 유리하도록 토양을 다시 바꾸었다고 생각했다. 이제 이들은 상업적 목초들의 종자은행과 경쟁할 수 있었다.

화학비료의 농도 감소만으로도 대정원의 참나무들에게 이로웠고, 이후 몇 년 동안 참나무들의 수관은 서서히 회복되었다. 하지만 호숫가에 있는 커다란 늙은 참나무를 구하기에는 너무 늦었다. 흘러나오는 화학물질들에 특히 영향받기 쉬운 비탈 바닥에 서 있던 그 나무는 주변에 야생화 초원이 생겨나는데도 죽고 말았다. 예전 방식대로였다면 우리는 아무 생각 없이 그 나무에 전기톱을 갖다 댔을 것이다. 집에서 바로 내다보이는 그 나무는 풍경의 오점이었다. 농부의 눈에는 무익과 방치의 표시였다. 그러나 이제 자주 이곳을 방문하며 조언자이자 친구가 된 테드의 시각은 달랐다. 그는 풍경에 죽은 나무들이 있는 18세기의 그림들을 언급했다. 낭만주의 시대 초기에 조지 3세의 아내 샬럿 왕비는 죽은 나무들을 큐 왕립식물원의 정원에 들여와 세월과 지속성의 느낌을 자아냈다. 험프리 렙턴도 그가 조성한 풍경에서 쇠락하고 있는 나무들의 진가를 인정했다. 그는 "학식 있고 멋을 아는 사람은 (…) 다른 사람들이 썩었다고 매도할 나무에서 아름다움을 발견할 것이다"라고 썼다.

테드는 빅토리아 시대 사람들이 책임질 일이 많다고 말했다. 우리가 말끔하게 정리하는 데 심하게 집착하게 된 것은 그 사람들로부터 비롯되었다. 그때부터 쇠퇴가 시작되었다. 아니 더 정확히 말하면 쇠퇴가 시작되도록 절대 허락하지 않았다. 죽은 나무와 죽어가는 나무들은 자연의 순환과정의 일부로 생물다양성을 자극하지만 현재 우리 풍경에서는 눈에 띄게 사라지고 있다. 테드는 우리가 자신이 나이 들고 죽어가는 것을 견디지 못하는 것처럼 자연적 쇠퇴와 부패과정을 견디지 못하게 되었다고 말한다.

우리는 죽어가는 나무를 제 의지에 맡기겠다고 다짐했다. 그것이 우리가 손을 놓고 자연에게 운전대를 맡기는 첫 수업이었다. 우리는 처음에는 불편한 마음으로, 그 뒤에는 흥미진진하게, 그리고 마지막에는 애정에 가까운 심정으로 참나무가 죽기 시작하는 모습을 지켜보았다. 지금까지와는 다른 미학이 이해되기 시작했다. 그 참나무는 독특한 아름다움을 띠었다. 일종의 조각 같은 형이상학적인 위엄이 흘렀다. 죽음이 다른 유형의 생존이 되었다. 딱정벌레와 그 외의 사프로실릭(죽은 나무를 먹는) 무척추동물들이 나무에 서식하기 시작하면서 또 다른 우주가 살아났다. 오색딱따구리들은 맛있는 곤충 유충을 찾아 정신없이 나무를 헤집고 쪼고 구멍을 뚫느라 바쁘다. 여름이면 왜가리가 낮은 나뭇가지에 자리를 잡고 물에 시선을 둔 채 지루하도록 오랫동안 꼼짝하지 않는다. 짧은꼬리밭쥐 군집이 나무뿌리의 산토끼 번식지 사이에 자리 잡은 직후 우리는 자신의 행운을 시험하며 나무 몸통 주위를 빙빙 돌고 있는 커다란 붉은 숫여우를 발견했다. 겨울이면 호수 건너편 덤불에서 나무까지 왔다 갔다 하는 녀석의 발자국이 이어져 얼음 위의 얕게 쌓인 눈에 궤도를 남겼다. 몇 년 전 나무에 달아놓은 가면올빼미 집은 사용된 적이 없었지만 이제 한 쌍의 새매가 날아들었다. 여름에 새매가 성위를 미끄러지듯 날면 흰털발제비가 놀라서 짹짹거리며 작은 탑 주위를 빙빙 돌았다. 새매는 한동안 주방 옆의 새 모이판에 신경을 집중했다. 우리는 점심을 먹다가 자기네 점심거리를 찾고 있던 새매 때문에 깜짝 놀랐다. 매가 급강하하여 겁에 질린 사냥감을 포석에서 낚아채면서 작은 새가 창틀에 탕 부딪혔기 때문이다.

이런 새로운 사고방식으로 우리는 땅에 쓰러진 대정원의 다른 나무들에서 떨어진 나뭇가지들도 그냥 놔두었다. 나무에게는 또 다른 자연적인 영양 공급 과정이었다. 나이가 들어서건, 스트레스 때문이건 수관이 줄어들면 바깥쪽 나뭇가지들이 시들다 결국 땅에 떨어져 뿌리의 에너지를 증진시킨다. 우리가 예전에 하던 것처럼 그 나뭇가지들을 끌어다 치우면 늙어가는 나무는 중요한 영양원을 잃는다. 테드는 "생각해보면 기발해요. 내가 계속 살아가기 위해 내 팔을 먹을 수 있다고 상상해

보세요"라고 말했다.

우리 잔디밭에 있는 유럽적송, 레바논 삼목 같은 몇몇 나무는 한겨울이나 폭우 혹은 폭설이 내릴 때 어김없이 나뭇가지들을 떨어뜨린다. 이역시 스트레스를 받는 시기에 뿌리 체계에 보조 영양을 공급하는 메커니즘이다. 테드는 우리에게 자연에는 쓰레기 같은 건 없다는 것을 상기시켜주었다. 그런데 우리는 이러한 순환에 끼어들어 침실 바닥에 널브러진 아이들의 옷가지를 집어올릴 때처럼 혀를 끌끌 차며 성실하게 이런 나뭇가지들을 치워왔다. 마찬가지로, 가을에 나뭇잎들이 떨어져 겨울 동안 천천히 양분을 배출한다. 테드는 "우리가 땅속 벌레와 그 외의 무척추동물들이 떨어진 잎들을 땅 밑으로 끌어내려 몸을 덮게 놔둔다면 낙엽이 얼마나 빨리 사라지는지 놀라울 정도입니다"라고 말했다. 나는 휘발유로 작동하는 고가의 낙엽청소기가 정원에 있던 예전의 힘들었던 가을이 생각났고 지금부터 자연의 공짜 비료의 축복을 환영하겠다고 다짐했다.

대정원은 풀을 뜯는 가축이 없으면 대정원일 수 없었다. 렙턴이 조성한 경관―작은 숲들과 단독으로 서 있는 다 자란 나무들이 간간이 끼어드는 완만한 경사의 드넓은 '잔디밭'―을 재현하려면 풀들이 길게 자라지 않고 짧게 유지되며 검은딸기나무와 관목들이 연속되지 않도록 초식동물들이 필요했다. 우리는 영국 대정원의 전통적인 방목 가축이던 다마사슴 쪽으로 마음이 기울었는데, 더 큰 토종 붉은사슴들이 멋진 데다 리치먼드, 워번, 베드민턴 같은 대정원에서 소란 없이 살고 있긴 하나 발정기에 공격적이어서 우리 땅을 가로지르는 오솔길을 지나는 사

야생 쪽으로

람들을 위협할 수 있다는 조언 때문이었다. 양을 기를 수도 있었지만—1900년대에 대정원에 제이컵 양이 방목되었다—그렇게 하면 농업으로 되돌아갈 것이다. 야생동물인 다마사슴은 스스로를 돌볼 수 있었다.

복원에 할당된 면적—150헥타르—은 주변을 둘러싼 6피트 2인치 높이의 현대식 사슴 울타리의 비용을 줄이기 위해 조정한 경계 부분의 변형을 제외하고는 옛 단지의 지도에 나오는 19세기 대정원의 면적과 일치했다. 우리는 가능한 곳에서는 울타리를 기존의 산울타리나 작은 숲 뒤에 숨겼다. 그리고 렙턴의 원칙에 따라 대정원 내의 작은 삼림지대들—스프링 우드, 루커리, 메릭 우드, 찰우드—에 울타리를 둘러 이곳에는 사슴들이 브라우저라인초식동물이 잎을 뜯어 먹는 한계선을 만들 수 없었다. 겉보기에 바닥까지 잎이 빼곡한 이 잡목림은 풍경에 모자이크 같은 느낌을 주었고 시선을 전경과 툭 트인 공간들로 향하게 할 것이다. 2001년 말에 우리는 남아 있던 내부의 울타리와 문을 다 뜯어내고 수 마일의 가시철조망을 없앴다. 그리고 대정원 주변부의 진입로를 가로지르는 캐틀 그리드가축이 지나가지 못하도록 도로에 구덩이를 파고 그 위에 쳐놓은 쇠막대기 판를 제거했다. 텅 비어 있던 2년이 지난 뒤 넵은 다시 동물들을 맞을 준비가 되었고 우리는 동물을 찾기 위해 15마일만 가면 되었다.

근방의 페트워스 단지에 있는 다마사슴들은 전 세계적으로 유명하고 혈통이 최소한 5세기를 거슬러 올라간다. 헨리 8세가 이곳에서 사냥을 했다고 전해진다. 페트워스에는 900마리의 다마사슴이 있어 영국에서 가장 큰 무리를 이룬다. 붉은사슴의 갈라진 뿔과 달리 손바닥 모양의 넓고 평평한 다마사슴의 뿔은 무게가 한 쌍에 800~900파운드에 이르고 가로로 거의 3피트까지 뻗을 수 있다. 거대한 머리를 지탱하는 데 필요한 노력 때문에 이 사슴들은 위풍당당하고 멋진 분위기를 풍긴다. 그들이 서 있는 귀족적인 배경에 어울리는 자세다.

*Dama dama*라는 사랑스러운 학명을 가진 다마사슴들은 붉은사슴이나 노루 같은 영국 토종으로 여겨지진 않지만 13만 년에서 11만 5000년 전의 마지막 간빙기에도 이곳에 있었다. 다른 달아난 외래종들─일본사슴, 짖는사슴, 고라니─은 9세기와 12세기 초 영국의 시골에 서식했지만 다마사슴은 훨씬 더 오래 우리 주변에 있었다. 역사적으로는 노르만인이 이 사슴들을 영국에 도입했다고 여겨지지만, 넵에서 25마일밖에 떨어져 있지 않은 남쪽 해안의 피시본에 있는 고대 로마의 저택의 광에서 최근 1만 개의 동물 뼈가 발견된 것은 다마사슴들이 1세기에 영국 남부와 아마도 영국 주변의 다른 로마 유적지들에서 살았다는 것을 보여준다. 뼈들 중 일부는 나이 든 다마사슴의 것이고, 이는 이 동물들이 먹이나 사냥감이라기보다 오늘날까지 사슴 사냥터에 남아 있는 것처럼 명망의 상징이었다는 증거다. 이들은 다른 외래종들과 함께 사파리 공원의 원조 격인 '비바리움vivarium'이라는 울타리 친 공간에 넣어졌는데, 이것은 로마인이 보기에 자연을 통제하는 인간 문명화의 증거였다. 때때로 이들은 뿔피리 소리에 먹이를 먹기 위해 모이는 훈련까지 받아 보는 사람에게 기쁨을 주었다.

유전학적 분석은 서지중해에서 온 로마 시대의 이 다마사슴들이 로마 제국의 몰락 뒤에 영국에서 멸종했다고 알려준다. 11세기에 노르만인이 들여온 다마사슴들은 동지중해에서 왔다. 넵의 사슴 사냥터─옛 성을 에워싼 1000에이커의 삼림 목초지로, 나무 울타리(참나무 말뚝을 쪼개 땅에 박고 못으로 가로장을 고정시킨 울타리)에 둘러싸여 있었다─는 노르만인이 사냥에 열광한 아주 초기에 마련된 최초의 사냥터들 중 하나였음이 틀림없다. 대정원 내에서 말을 타고 개들과 함께 다마사슴을 사냥했는데, 이는 귀족의 스포츠였다. 사슴고기는 잔치와 손님 예우용 음식이었으며 값을 매기지 못할 만큼 귀한 선물이었다. 요새라기보다 사냥 기지에 더 가까운 성 자체가 정복자 윌리엄의 강력한 노르만인 지지자이자 브램버 군의 남작이던 윌리엄 드 브라오즈에 의해 지어졌다. 애런델 군과 루이스 군 사이에 있던 브램버 군은 카운티의 노르만인 구역들 중 하나였다. 드 브라오즈의 근거지는 강 아래 해안 가까이에 있는 제대로 요새화된 성이었다. 하지만 흙 둔덕, 그러니까 에이더강을 내려다보고 있고 아마 물로 가득 찼을 깊은 도랑으로 둘러싸인 '작은 언덕motte'에 서 있는 '냅Cnappe'도 잘 보호되었다. 이 성은 침략이나 반란이 일어날 경우 브램버 성에서 몸을 피할 곳으로 지었을 것이다.

이 사유지의 이름의 기원은 그 철자만큼이나 다양하다. 언덕 꼭대기를 뜻하는 색슨어의 'cneop', 고수하다는 의미인 'knappen', 악당이나 기사를 나타내는 'knappe', 혹은 수사슴의 가죽을 뜻하는 프랑스어 'nape'에서 왔을 수도 있다. 소설과 낭만적인 상상의 산물들이 호수에서 피어오르는 옅은 안개처럼 무너진 폐허 주변을 떠돈다. 왕족의 상징이자 탐구의 신호수인 흰색 수사슴의 유령이 언덕의 땅을 발로 파내 과거의 비밀들을 찾아낸다고 전해진다. 18세기에 발굴된 중세의 한 금반지는 겉쪽에 참나무 아래에 누워 있는 암컷이, 안쪽에는 '끝없는 즐거움Joye sans Fyb'이라는 글귀가 새겨져 있는데, 누구든 이 반지를 소유한 사람에게 막대한 행운을 가져다준다고 여겨진다.

존 왕이 브라오즈의 후손들 중 한 명에게서 땅을 몰수하여 자신의 왕실림으로 만들었던 13세기에 '냅Knappe'이 명성을 얻었던 것은 분명 사냥의 즐거움과 풍성한 사슴고기 때문이었다. 왕은 오늘날의 서던 철도로도 가기 힘든 거리를 말을 타고 여행했다. 1206년 4월에 8일 동안 월요일에는 캔터베리에서, 화요일과 수요일에는 도버와 롬니에서, 목요일에는 배틀에서, 금요일에는 몰링에서, 토요일에는 냅Knepp에서, 일요일에는 에런델에서, 월요일에는 사우샘프턴에서 왕을 볼 수 있었다. 그는 냅에서 220마리의 그레이하운드를 길렀고 적어도 네 차례—1208년, 1209년, 1211년, 1215년—이곳에서 사냥을 했다. 어느 해 크리스마스에는 역시 열정적인 사냥꾼이던 이저벨라 왕비도 아성에서 11일간 머물렀다. 왕이 없을 때는 냅의 사슴들로 인심을 썼다. 왕은 '냅'에 있던 대리인에게 수차례 편지를 써서 귀족과 왕실에 사슴의 날고기를 보내거나 호감 있는 손님들을 대접하라고 지시했다. "마이클 드 퍼닝을 보내노니 그가 자신의 개들뿐 아니라 활을 쏘아 잡아갈 수 있는 모든 살찐 사슴을 냅Cnapp[원문 그대로]의 대정원 밖으로 가져가도록 허용하라." 사슴 사냥뿐만이 아니었다. "냅Cnappe의 우리 숲에서 우리 보어하운드를 데리고 사냥하도록 사냥꾼 위도와 동료들을 보낸다. 그들은 하루에 서너 마리의 멧돼지를 잡을 수 있다."

사냥과 사냥한 짐승의 고기를 먹는 귀족 문화가 열기를 띠면서 13세기 내내 사슴 사냥터에 대한 열렬한 관심은 계속되었다. 1300년대에 영국에는 다마사슴들을 갖춘 사슴 사냥터가 3000개 넘게 있었고 14세기에는 사슴 사냥터가 영국 경관의 약 2퍼센트를 차지했다. 15세기에 사슴 사냥터가 황폐해지기 시작했을 때 달아나 우리 경관에 대량 서식한 동물이 이 노르만 혈통의 다마사슴이다. 넵도 16세기의 어느 시기에 동물들이 풀려나 툭 트인 전원지대로 사슴들이 방출되었다. 현재 영국에는 12만8000마리의 야생 다마사슴이 산다.

하지만 우리가 심중에 둔 것은 페트워스에 가둬놓은 사슴들이었다. 이 사슴들은 인상적인 크기와 혈통의 장점 외에도 산책자와 그들이 데려온 개, 진입로의 차량들, 공원의 경계, 그리고 은신처가 없는 툭 트인 넓은 공간에 익숙하다. 이들은 케이퍼빌러티 브라운영국의 조경사 랜실롯 브라운의 별명이 조성한 경관을 모두가 보는 앞에서 돌아다닌다. 우리가 넵에 복원된 렙턴의 경관에서 사슴들이 하길 바라는 행동이다. 하지만 사슴들을 이곳으로 데려오는 것은 쉬운 일이 아니었다. 어느 매서운 2월 아침, 특수부대의 특공대원들처럼 위장한 20명의 우리 작업자가 페트워스의 수석 사육사 데이브 훳비의 안내에 따라 공포에 질린 200마리의 동물을 옛길로 몰아넣었다. 동물들을 진정시키기에는 수가 너무 많아서 정신을 바짝 차리고 발길질하면서 따라가는 것 말고는 방법이 없었다. 사슴이 그물에 걸리면 우리는 녀석이 움직이지 못하도록 달려들어 플라스틱 원뿔을 얼굴에 씌워 진정시키고 몸부림치는 몸을 묶고 다리를 조심스럽게 매듭에 끼워넣었다. 수사슴들은 트럭에 다른 사슴들과 함께 싣기 전에 가지친 뿔을 톱으로 잘라냈다(다 자란 뿔은 죽은 뼈라서 이렇게 잘라내도 우리가 발톱을 깎을 때와 마찬가지로 아픔을 느끼지 않는다).

사슴들은 봄을 거의 다 보낸 뒤에야 불명예스럽게 붙잡혔던 트라우마에서 완전히 회복되었지만 여름쯤에는 이곳에 정착해 세렝게티의 임팔라 떼처럼 풍경 속을 조용히 돌아다녔다. 떼까마귀와 갈까마귀가 아프리카 황로의 습성을 재빨리 받아들여 사슴들의 등에 앉아 기생충들을 쪼아 먹었다. 6월 말과 7월 초에 우리의 1세대 새끼 사슴들이 태어났다. 우리는 어미들이 무리와 함께 풀을 뜯는 동안 긴 풀 속에 숨겨져 있던 생후 하루나 이틀 된 새끼 사슴들을 우연히 발견했다. 이 연약한 사슴들은 성체들과 함께 달릴 정도로 튼튼해질 때까지 포식자의 추적을 피하기 위해 냄새를 거의 풍기지 않는다. 새끼 사슴들은 근방에서 위험을 감지하면 어미가 젖을 먹이러 돌아올 때까지 꼼짝하지 않아야 한다는 걸 본능적으로 알고 있는데, 몇 시간씩 그래야 할 수도 있다. 우리는 새끼 사슴을 밟을까봐 조심스레 걷기 시작했다. 새끼들의 캐러멜색 털은 여름의 풀들 속에서 완벽하게 위장이 되었다. 깜빡거리지도 않는 까만 두 눈을 먼저 보게 되는 경우도 흔하다.

사슴들은 밤에는 훨씬 덜 소심했고, 얼마 지나지 않아 현관문을 열면 잊고 있던 성의 수호자인 알키비아데스의 개의 석상 앞 풀밭에서 서성거리는 40마리 이상의 다마사슴 무리를 볼 수 있게 되었다. 20피트 떨어진 곳에서 다마사슴들은 풀을 뜯느라 거의 고개를 들지 않았다. 15년이 지난 지금도 고요한 밤에 어둠 속에 서서 마음을 편안하게 해주는 사슴들의 평온한 울음소리와 우적우적 풀을 씹는 부드러운 소리를 듣는 것은 여전히 경이롭다.

1년이 지나지 않아 다마사슴들은 우리뿐 아니라 충실한 개를 데리고 주기적으로 산책을 오는 모든 지역 주민을 알아보았고 여름의 낮시간에 도망가는 거리가 수컷은 약 25야드, 암컷은 70야드로 줄어들었다. 그러나 낯선 개를 발견하면 힘과 민첩성을 도전적으로 과시하며 네발로 껑충껑충 뛰어 달아난다.

우리도 네 가지 뚜렷하게 구분되는 털색에 익숙해지면서 사슴들을 더 잘 알아보게 되었다. 다마사슴들은 털색에 따라 여름에는 하얀 반점이 돋보이는 전형적인 밤색이다가 겨울에는 털색이 더 어두워지고 덜 얼룩덜룩해지는 '코먼common', 겨울에 털 전체에 매우 뚜렷한 점들이 이어지는 '메닐menil', 거의 검은색에 가까운 매우 어두운 털색에 점이 없는 '멜라니스틱melanistic', 까만 눈과 코만 제외하고 몸 전체가 흰색이며 무늬가 없는 가장 희귀한 '류시스틱leucistic'으로 나뉜다.

여름의 사슴 떼들은 아프리카 초원 같은 풍경으로 우리를 달래주었지만 가을에는 극적인 상황이 벌어졌다. 10월에 우리 대정원에서의 첫 발정기가 시작되었고 호수에서 피어오르는 안개에 테스토스테론 냄새가 뒤섞였다. 신음 같은 굵고 낮은 꺼억 소리―원초적이고 불안을 자아내는―가 축축한 공기 속에서 우리 주위를 맴돌았다. 밤이고 낮이고 토해내는 거친 꺼억 소리는 수컷의 몸이나 뿔의 크기보다 신체적 건강을 암컷에게 확실히 알리는 신호였다.

플레저 그라운드에는 털 뭉치와 요동치는 뿔에 잘려나간 나뭇가지들이 썩어가는 낙엽 사이에 흩어져 있었다. 숲을 걷다보면 페로몬의 역한 냄새가 순식간에 콧속으로 확 끼쳤다. 찰리는 1군 럭비 시합 후에 탈의실 문을 열었을 때와 비슷하다고 회상했다. 이 냄새는 수컷들이 얼굴의

향선을 나무에 문지른 곳에서 나는 영역 표식이었다. 7개의 주요 외부 향선—이마, 눈 아래, 코, 발, 포피 안쪽, 뒷다리 안쪽과 바깥쪽—이 있는 사슴은 스컹크와 마찬가지로 원초적인 복잡한 냄새를 통해 같은 종 및 다른 종의 개체들과 의사소통을 한다. 발정기에는 이러한 페로몬 배출의 강도가 최고조에 달하고 침샘조차 자극적인 악취를 내뿜는다.

낮이 짧아지기 시작하자 수컷들은 전의를 다지며 둘씩 짝을 지어 '평행 걷기'라고 불리는 정형화된 방식으로 어깨를 나란히 한 채 폼을 잡고 거드럭거리며 걸었다. 두 사슴은 서로를 평가하며 나란히 뻣뻣하게 걸어가다가 순식간에 방향을 바꿔 둘 중 한 마리가 떠나거나 지치거나 겁을 먹을 때까지 뿔을 맞부딪치고 근육에 힘을 주며 몇 분 동안 맞붙어 몸싸움을 벌였다.

가장 몸집이 큰 수컷들은 플레저 그라운드의 저쪽 끝에 있는 구애 장소에 소유 표시를 했는데, 이 장소는 지금도 사용되고 있다. 발굽으로 땅을 긁고 몸과 땅을 오줌으로 적신 이곳은 검투사의 경기장, 암컷을 소유하기 위한 전장이다. 때때로 생사를 걸고 싸우기도 한다. 배가 오줌에 젖고 까매진 수컷들은 공격성과 욕망에 미쳐 원시 동물처럼 울부짖으며 하늘로 악취를 내뿜는다. 이 사슴들은 우리가 여름내 알고 있던 동물, 혼자 조용히 풀을 뜯는 나이 든 사슴들과 모두 함께 무리지어 어울리던 젊은 사슴이 아니다. 여기에는 삶의 통렬함, 성性의 부름, 유전자를 영속시키려는 필사적인 욕구가 있다. 모든 수컷이 혼자다. 참나무 아래서 어슬렁거리는 암컷들은 현명하게 겨울에 대비해 칼로리를 축적하는 일에 집중한다. 반면 수컷들은 반쯤 굶주리고 지친 상태로 겨울을 맞을 것이고, 가장 약한 수컷들은 죽을 것이다. 불필요한 입들에 대한 자연의 도태 방식이다.

처음에 우리가 이러한 생활 주기에 익숙해지기 전에는 발정기가 끝날 무렵의 수사슴들, 무릎 꿇은 커다란 짐승들을 보기가 괴로웠다. 일부는 몹시 지쳐서 뿔을 바닥에 기울인 채 쉬어야 했고 일부는 뒷골목에서 싸움판을 벌인 뒤 절뚝거리는 술꾼 같았다. 물론 회복력이 되살아났지만 겨울 동안 우리는 죽은 게 분명한 수사슴을 이따금 발견하곤 했다. 몸이 싸늘해지지도 않았는데 벌써 까마귀와 까치가 눈을 쪼아놓았고 울새는 지방층에 닿으려고 가죽에 구멍을 내고 있었다.

대정원에 다마사슴들을 들여놓자 무언가가 점화되었다. 우리는 옛 경관, 더 활기차게 느껴지는 무언가로 돌아가고 있었다. 땅이 회복되고 있었다. 물론 한때 제이컵 양과 레드폴 소들이 풀을 뜯었던 19세기의 렙턴 정원이 있었다. 하지만 아마 훨씬 더 흥미로운 것은 중세의 냅Cnappe, 그러니까 왕들과 아성, 도랑과 말뚝 울타리, 사냥용 다마사슴 떼와 멧돼지들, 준마와 위장 말, 후각으로 사냥감을 쫓는 사냥개와 눈으로 쫓는 사냥개들, 동물의 똥과 자취, 해리어와 수렵용 나팔, 활과 창으로 이루어진 더 막연하고 어렴풋한 시절이 공명된다는 것이었다. 더 거칠고 더 직관적이며 본능적인 무언가, 자연이 더 풍요롭고 더 심오하며 포괄적이던 시절과 연결되었다. 그리고 고대 로마인들의 대정원, 울타리 안의 야생동물들이 문명의 경계를 넘어 길들여지지 않은 황야를 흉내내는 아르카디아의 시야와 한층 더 깊이 연결되었다.

사슴 사냥터는 우리를 과거의 활기 넘치는 경관으로 데려가 20세기의 농업이라는 고르디우스의 매듭을 잘라버릴 수 있게 했다. 하지만 이 것은 시작일 뿐이었다. 네덜란드 방문이 우리의 시야를 더 열어놓을 참 이었다. 찰리와 나는 우리 땅과 인간의 농업이 등장하기 전에 땅을 지배 했던 동물들에 관한 새로운 사고방식으로 가는 문턱에 서 있었다. 그것 은 넵의 나머지 땅으로 무엇을 할지에 관한 우리의 결정에 대혁신을 불 러올 경험이었다.

초본초식동물들의 비밀

제비 한 마리가 왔다고 여름이 되는 것은 아니지만
3월의 해빙기의 어둠을 가르는 기러기 떼가 오면 봄이다!
_알도 레오폴드, 『모래 군의 열두 달A Sand County Almanac』(1948)

프란스 페라가 쓴 『숲의 역사와 방목 생태학Forest History and Grazing Ecology』
은 우리가 자영농을 그만둔 해인 2000년에 네덜란드어 원문이 영문판
으로 번역되었다. 이 책은 유럽 전역, 특히 영국의 생태학자와 환경보호
론자들을 흥분시켰다. 그 반향은 우리에게도, 심지어 우리가 거의 우연
히 조심스럽게 자연보존을 시작하던 분야까지 밀려왔다. 테드 그린과
그의 동료인 영국 삼림신탁의 질 버틀러는 잔뜩 흥분했다. 두 사람은
우리에게 페라가 진행 중인 프로젝트인 네덜란드의 오스트파르더르스
플라선을 방문하라고 재촉했다. 그들은 페라의 이론들이 경관에서 초
본초식동물들의 가능성을 활짝 열었다고 말했다. 오스트파르더르스플
라선에서 일어나고 있는 일이 넵의 대정원을 바라보는 우리의 시각을

바꿔놓을 수 있었다. 자연에 대한 우리의 시각을 바꿔놓을 수 있었다.

그리하여 상쾌한 5월의 어느 날, 우리는 큰 키에 수염이 희끗희끗하고 성실한 네덜란드의 생태학자와 함께 세계에서 가장 특별하고 논란이 많은 자연보호구역들 중 하나의 한가운데에 서 있었다. 암스테르담에서 차를 타고 30분 걸리는 오스트파르더르스플라선은 6000헥타르의 면적을 덮고 있으며, 남부 플레볼란트라는 해안 간척지의 일부다. 남부 플레볼란트는 20세기 동안 간척된 네덜란드의 만인 자위더르해에 속했던 거대한 민물 호수인 에이설호를 간척한 4만 3000헥타르의 땅이다. 케냐의 마사이 마라처럼 짧게 잘린 풀로 덮인 우리 앞의 평평한 경관에 자유롭게 어슬렁거리는 초본초식동물들이 살고 있었다. 얼룩말과 비슷한 키에 다부지고 원시적인 모습의 코니크는 까만 다리와 얼굴에 털은 쥐색이고 어미 옆에 새끼들이 있었다. 털색이 어두운 헤크 소는 날카롭고 둥글게 휜 뿔을 달고 있었다. 붉은사슴의 큰 무리도 보였다. 쌍안경을 통해 우리는 둔덕 위에서 털이 복슬복슬한 한 무리의 붉은여우 새끼들이 자칼처럼 몸이 황동색인 부모가 기러기를 물고 굴로 돌아오자 흥분해서 서로를 할퀴는 모습을 보았다. 우리가 좁고 긴 물줄기로 다가가자 회색기러기들이 강을 건너는 영양들처럼 새끼와 함께 강둑을 허둥지둥 내려갔다. 북서 유럽에 사는 전체 개체수의 거의 절반에 이르는 3만 마리의 회색기러기가 이제 해마다 이곳에서 털갈이를 한다. 순전히 생물량으로 치면 찰리와 나는 보츠와나의 오카방고 삼각주 외에서는 이런 광경을 본 적이 없었다.

이 활기찬 땅이 수십 년 전만 해도 전부 물속이었다는 것을 상상하기는 어렵다. 간척된 지 불과 21년이 지난 1989년에 이곳은 국제적으로 자연적 중요성을 가진 습지인 람사르 습지로 지정되었다. 살을 에는 듯한 바람과 함께 경쟁하듯 우는 새들의 불협화음이 실려왔다. 갈대밭에서는 젖병을 부는 아이 같은 알락해오라기의 거의 아음속의 우레 같은 울음소리가 개개비, 스윈호목눈이, 수염오목눈이의 교향악 같은 재잘거림과 웃는개구리의 익숙한 꽥꽥 소리 사이에서 최저음의 후렴을 연주했다. 웅덩이 위에서 구애 동작을 하는 물떼새들은 새된 '피-윗' 소리와 함께 까만색과 흰색의 손수건처럼 날개를 접었다 폈다 했다. 바람에 깃털머리가 헝클어진 채 모래톱을 헤치고 걸어가는 저어새들은 물을 가르며 부리를 앞뒤로 흔들었다. 왜가리들은 강둑에서 차가운 눈길을 던졌다. 거의 1세기 동안 네덜란드에서 사라졌다가 이곳에서 번식하고 있는 대백로와 쇠백로들은 느릿느릿 하늘로 날아올랐다. 우리 머리 위 높은 곳에서는 재잘거리는 종달새 너머로 날개가 대문짝만 한 흰꼬리수리 세 마리가 개구리매에게 쫓기고 있었다. 세계에서 네 번째로 크고 1980년대까지 서유럽에서 거의 멸종했던 이 수리들은 죽은 버드나무 가지에 아프리카 망치새의 둥지처럼 거대하고 텁수룩한 둥지를 지었다. 해안선이 들쭉날쭉한 해안과 외지고 고립된 섬을 자주 찾는 이 새들이 사실상 유럽에서 가장 인구가 밀집한 지역 중 하나의 해수면 아래에서 번식하고 있었다. 그들이 이곳을 찾은 것은 아마 프란스 페라만 빼고 모두에게 뜻밖의 일이었을 것이다.

"내가 1980년에 오스트파르더르스플라선에 흰꼬리수리들을 불러오고 싶다고 말했을 때 모든 사람이 미쳤다고 했어요", 프란스가 설명했다.

야생 쪽으로

"일단 그 새들이 거대한 인구가 사는 지역과 그렇게 가까운 곳에 살지 않을 것이다, 거대한 참나무나 너도밤나무나 소나무 말고는 둥지를 틀지 않을 것이다, 버드나무에는 절대 살지 않을 것이다와 같은 말을 들었죠. 하지만 이 새들이 그렇게 하는 걸 본 사람이 아무도 없었기 때문에 나온 말이었어요. 흰꼬리수리들에겐 그럴 기회가 없었죠. 그래서 우리 머릿속에서 흰꼬리수리는 참나무와 소나무가 있는 외진 산악지대의 서식지와 연결됐어요. 그러니 흰꼬리수리들을 보존하고 싶으면 그런 서식지를 제공하라는 말을 들었던 겁니다."

"하지만 이건 순환논증이었어요. 우리는 관찰 결과에 갇혀 있었어요. 우리는 인간이 완전히 바꿔놓은 세상에서 우리가 보고 있는 것이 꼭 야생생물이 선호하는 환경이 아니라 그들이 적응해야 하는 황폐해진 남은 땅이라는 것, 야생생물이 가지고 있는 것들이 꼭 그들이 원하는 것은 아니라는 점을 잊습니다. 종들은 실제로는 그들과 맞지 않는 조건에 매달려 서식 범위의 한계점에서 버티고 있는 것일 수 있습니다. 생각의 틀을 바꿔 자연적 과정들이 전개될 수 있게 하고 종에게 자신을 표현할 더 넓은 기회를 주면 전혀 다른 양상이 나타납니다. 이것이 오스트파르더르스플라선이 하는 일입니다. 최소한의 개입. 자연이 스스로를 드러내게 놔두는 것. 그러면 그 결과 우리가 전혀 모르는 환경이 탄생합니다."

부드럽게 이야기하고 꼼꼼하게 이치를 따지는데도 프란스 페라에게선 열정적인 투지가 느껴졌다. 그는 사람들이 들어야 한다고 느끼는 메시지를 가지고 있었다. 그는 오스트파르더르스플라선이 가진 특별한 활력의 열쇠는 초본초식동물이라고 말한다.

"우리는 보호구역을 설치하는 초기에 중요한 뭔가를 발견했습니다", 프란스가 말했다. "우리가 자연에서 설명한 적 없던 근본적인 과정, 인간이 통제를 하게 되면 대개 표현할 기회를 얻지 못하는 무언가가 있다는 점이었어요. 바로 동물의 영향입니다. 동물들은 서식지 생성의 주도자이자 생물다양성의 추동력입니다. 동물이 없으면 종이 줄어드는 피폐하고 활기 없는 단조로운 서식지들이 생깁니다. 우리가 기울이는 보존 노력이 실패하는 것은 그 때문입니다."

이런 통찰력의 전조가 된 것은 전혀 뜻밖의 사건이었다. "어떻게 이런 일이 일어나는지 보여준 것은 회색기러기들이었어요. 이 새가 핵심종이 될지는 누구도 생각하지 못했습니다. 기러기들은 우리가 극복할 수 없다고 생각했던 문제를 해결했어요."

프란스는 남부 플레볼란트 간척지가 원래는 농업용으로 지정되었고 가장 습한 저지대—지금의 오스트파르더르스플라선—는 산업용으로 배정되었다고 설명했다. 1973년의 석유 파동과 경기 침체로 산업 계획들이 보류되자 자연이 기회를 잡았다. 간척지의 가장 낮은 지역에 크고 얕은 호수가 남아 있었다. 금세 습지 식물들이 얕은 물 주변에 자라기 시작했고 많은 희귀종을 포함해 놀라운 수의 습지 조류가 이곳으로 몰려들기 시작했다. 1978년에 생물학자 언스트 푸어터가 『국제 조류 보존 위원회 저널Journal of the International Council for Bird Preservation』(훗날 『버드라이프 인터내셔널BirdLife International』로 바뀌었다)에 이 간척지에 나타나고 있는 야생생물들에 관한 기사를 썼다. 이 기사가 프란스 페라, 프레드 바어젤만, 그리고 그 외 생태학자들의 관심을 끌었다. 야생동물들의 도착 소식에 흥분한 이들은 이 지역을 보호하기 위한 로비활동을 시작했다. 1986년에 오스트파르더르스플라선은 자연보호구역으로 공식 지정되었다.

하지만 자연을 위해 이곳을 관리하는 데는 난제들이 있었다. 우리가 빠른 속도로 줄어드는 넵의 호수에서 알고 있는 것처럼 그렇게 얕은 호수와 습지의 자연적 진행은 갈대로 뒤덮이고 토사가 쌓여 메워지다 결국 버드나무가 대거 서식하고 마침내 전부 사라지는 것이다. 대부분의 습지 보호구역에서는 갈대들을 베어내 이런 결과를 막는 데 지나치게 많은 시간과 노력을 들이고 있다. 오스트파르더르스플라선의 갈대밭 지대는 전통적인 방법으로 베어내기에는 너무 넓었고 토양의 지지력도 중장비를 버틸 수 없는 수준이었다.

"우리는 적절한 관리를 하지 않으면 이 지역이 금세 삼림지로 바뀔 거라고 생각했어요", 프란스가 말했다. "가만히 앉아 그렇게 되는 걸 지켜보는 것 외에는 달리 방도가 없었죠."

그런데 뭔가 놀라운 일이 일어났다. 회색기러기들이 이 습지를 발견한 것이다. 지대가 넓고 인간이 접근하기 어렵다는 점에 끌려 유럽 전체에서 수천 마리의 회색기러기가 날아들었다. 이런 비접근성은 날개깃들이 다시 자라길 기다리는—무방비 상태라고 할 수 있다—4~6주의 여름 털갈이 기간에 완벽한 피난처가 되었다. 오스트파르더르스플라선에서 꼼짝 못 하는 몇 달 동안 회색기러기들은 습지 식물과 뿌리줄기들을 대거 먹어치웠고, 그 결과 습지 및 이곳과 연결된 연못들은 메워지지 않았다.

"우리는 뭔가를 발견했어요. 회색 기러기들이 풀을 뜯어 먹어 지역이 나무로 덮이는 걸 막은 거예요. 놀랍게도 기러기들이 식생 천이를 이끌었어요. 그 반대가 아니라요. 하지만 그보다 회색기러기들이 풀을 뜯어 먹으니 생물다양성이 증가했어요. 회색기러기들은 드넓은 갈대밭을 갈대와 얕은 물로 이루어진 더 복잡한 서식지로 바꾸었고, 그러자 인간이 주의 깊게 관리하던 네덜란드의 다른 습지 보호구역들보다 더 많은 종을 끌어들였어요."

"그래서 우리한테는 또 다른 문제가 생겼어요. 우리는 회색기러기들이 습지를 계속 이용하도록 해야 했어요. 그러려면 습지 옆에 그들의 평소 서식지인 초원을 조성해야 한다는 걸 깨달았죠. 털갈이 전후에 지방을 축적하기 위해 모일 수 있는 어딘가가 필요했어요. 문제는 그 방법이었죠. 우리가 초본초식동물들을 갈대밭과 버드나무 묘목밖에 없는 건조한 개척지에 집어넣고 그들이 스스로 초원을 조성할 수 있는지 지켜봐도 될까? 초본초식동물들이 회색기러기가 습지에서 했던 것처럼 건조한 땅에서 나무들의 천이를 막을 수 있을까? 그리고 만약 우리가 회색기러기들한테 그랬던 것처럼 초본초식동물들을 멋대로 내버려둔다면 생물다양성 측면에서 더 흥미롭고 가치 있는 무언가가 생겨날까? 실제로 비용이 많이 드는 인간의 개입이 아니라 초본초식동물들을 주도자로 삼아 자연적 과정들을 이용한다면 이 땅을 자연을 위해 관리할 수 있을까?"

초본초식동물들이 자연발생적인 산림 천이를 막고 오히려 더 복잡하며 생물이 다양한 서식지를 만들 수 있다는 이런 생각은 이단적이었다. 여태껏 대부분의 생태학자가 자연이 주된 추진력이라고 인정한 유일한 형태의 자연적 과정은 식생 천이였다. 유럽의 농부라면 누구나 알듯이 땅 한 떼기를 버려두면 금세 관목지대로 바뀌고 결국 키 큰 나무들이 들어선다. 이것은 '극상식생climax vegetation'이라 불리는 상태로, 자연이 끊임없이 도달하려 애쓴다고 추정되는 목적지다. 인간이 영향을 미치기 전에는 나무가 자랄 수 있는 기후, 토양, 물을 갖춘 땅은 울폐산림closed-canopy forest으로 덮였다. 온대기후인 유럽에서 수목으로 뒤덮이지 않을 곳은 산꼭대기, 가장 가파른 경사지, 그리고 일부 고층 습원뿐이었다. 과학계에서 '울폐 이론closed-canopy theory'이라 불리는 이 개념은 대중문화에 침투해 우리의 먼 과거에 대한 신화적 기준치가 되었다. 인간이 숲에서 돌도끼를 휘두르기 전 영국에서는 다람쥐가 나무 꼭대기들만 건너 존 오그로츠(영국 최북단의 마을)에서 란즈엔드(영국 최서단의 땅끝 지역)까지 갈 수 있었다고 한다. 울폐산림지가 자연과 동의어가 되었고 인간은 이런 삼림지의 파괴자로 여겨졌다. 원시림을 개척한 것도 인간이고, 그 이후 농업과 주거에 적합한 경관을 유지해 나무들이 다시 숲을 차지하지 못하게 막은 것도 인간이었다.

"하지만 이 울폐산림 이론은 자연의 또 다른 힘을 완전히 간과했어요", 프란스가 말했다. "그 힘은 식생 천이와 반대로 작용합니다. 바로 동물의 교란입니다."

프란스는 우리가 인간이 등장하기 전에 우리의 경관을 돌아다녔을 거대 동물에 관해 잊은 것이 문제라고 설명했다. 오로크스(야생 소), 타팬(유럽의 원시 야생말), 비젠트(유럽들소), 엘크(북아메리카에서는 무스라고 불린다), 유럽비버와 잡식성인 멧돼지 등이다. 화석 뼈 기록에 따르면 이들은 모두 약 1만2000년 전 마지막 빙하기가 끝난 뒤 2000여 년 동안 붉은사슴, 노루와 함께 중부 유럽과 서유럽의 저지대에 다시 서식했다. 반면 꽃가루 기록들에 따르면 나무들은 9000년 전부터 1500년 전 사이에 등장했다. 따라서 참나무, 라임, 서양물푸레나무, 느릅나무, 유럽들단풍나무, 너도밤나무, 서어나무 — 유럽의 원시 울폐 낙엽수림이었다고 주장되는 곳의 핵심종들 — 는 대형 초식동물들이 등장하고 적어도 3000년 뒤에 출현했다. 이러한 설명은 우리의 신화에 뿌리를 둔 설명과는 크게 다르며 울폐산림이 이 대형 동물들의 서식지라는 통념에 위배된다. 또한 대형 초식동물들이 우리 경관에 나무들이 생기는 데 한몫했거나 적어도 방해하지 않았다고 제시하는데, 이 역시 이설이다.

인간이 황무지를 밭으로 바꾸고 숲을 관리하면서 — 종종 왜림 작업을 하면서 — 이 모든 대형 초식동물과 그들의 포식자인 늑대, 곰, 울버린, 스라소니는 인구 증가로부터 극적인 영향을 받았다. 또한 필연적으로 포식동물은 목축민과도 충돌했다. 13세기 유럽에서 양모업이 번성하면서 양의 수가 늘어남에 따라 포식동물들이 특히 박해를 받았다. 고기를 얻기 위해 손쉽게 사냥되던 야생 초식동물들 역시 증가하는 가축에게 필요한 방목지를 두고 경쟁한다고 여겨졌다. 오로크스는 사냥으로 멸종되었다. 마지막 오로크스는 1627년 폴란드에서 죽었다. 야생 타팬들 — 혹은 이들과 근연관계인 야생말 — 은 18세기와 19세기까지 동프로이센과 폴란드에 살았고, 마지막 타팬이 1887년 모스크바의 동물원에서 죽었다. 한때 유라시아에 수백만 마리가 살던 유럽비버는 사냥으로 거의 멸종되어 1900년 8개의 잔존 개체군에 1200마리만 남았다. 엘크는 서유럽 전체에서 몰살되어 라트비아, 에스토니아, 러시아의 외진 북쪽 지역에 소수만 살아남았다. 유럽들소의 세 아종은 모두 사냥으로 야생에서 멸종되었다. 발칸 지역의 비손 보나수스 훙가로룸*bison bonasus hungarorum* 아종은 1800년대 중반에 멸종되었고, 마지막 야생 비손 보나수스 보나수스*bison bonasus bonasus*는 1921년에 폴란드와 벨라루스의 국경에 있는 비아워비에자 숲에서 총에 맞았다. 마지막 비손 보나수스 카우카시쿠스*bison bonasus caucasicus*는 1927년 이름에 걸맞게 캅카스Caucasus 서북쪽에서 총에 맞았다. 오늘날 살아 있는 유럽들소는 유럽 대륙 전역의 동물원들에 갇혀 있던 12마리의 후손들이다.

야생동물들이 달아날 곳 없는 영국 제도에서는 멸종이 훨씬 더 빨리 일어났다. 영국의 마지막 비버는 아마 18세기 요크셔에서 죽임을 당했고 영국의 마지막 늑대는 17세기에 스코틀랜드 고지에서 죽었다. 마지막 남은 진정한 야생 멧돼지는 1260년 딘 숲에서 헨리 3세의 명령에 따라 죽임을 당했다. 스라소니는 9세기에 이미 사라졌다고 여겨지는데, 너무 오래전이라 대부분의 사람이 스라소니가 토착 동물이었다는 사실조차 알지 못한다. 오로크스는 아마 청동기 시대에 영국에서 불곰, 엘크와 함께 몰살되었을 것이다. 한편 영국 야생마들에 대한 가장 최근의 화석 증거는 약 9300년 전의 것이다.

자연보호에 대한 관심이 일어나기 시작한 19세기에는 유럽 대부분의 지역이 완전히 바뀌어 집중적으로 관리되는 인간의 경관이 펼쳐지고 원래 살던 초본초식동물과 목본초식동물의 소수만 원래 분포 범위의 자투리땅에서 살고 있었다. 인간들은 붉은사슴과 노루처럼 남아 있던 동물들에 대해 공원 같은 특별한 장소에서 아주 적은 개체수만 용납했다. 이 동물들이 작물과 조림지에 입히는 피해 때문이었다. 따라서 야생으로 지내게 놔둔 땅에서 이 동물들은 나무들의 천이에 거의 혹은 전혀 영향을 미치지 않았다. 한마디로 야생 초식동물들이 자연적 식생 천이에 상호 영향을 미치고 방해했을 수 있다고 입증할 만한 개체수나 다양한 종이 남아 있지 않았다. 이런 동물들이 사라지자 울폐산림을 자연적 상태의 유럽 경관으로 보게 되었다. 그러자 만약 극상식생이 자연의 근본적 충동이라면 멸종한 오로크스와 타팬을 포함한 유럽의 모든 대형 토종 초식동물이 원래는 숲에서 살았을 것이라는 더 잘못된 가정이 도출되었다. 하지만 농업 환경에서 많은 수의 길들여진 초본초식동물(아이러니하게도 오로크스와 타팬의 후손인 소와 말 포함)이 나무의 재생을 막은 것은 분명했다. 그리하여 애초에 원래의 울폐산림이 존재하기 위해서는 유럽의 토종 초식동물의 수가 실제로 매우 적었던 것이 분명하다는 주장이 나왔다. 이 주장은 오늘날에도 삼림학자와 생태학자들 사이에 널리 통용되고 있고 프란스가 좌절해 고개를 젓게 만든 순환논증이다. 프란스는 "문제는 우리가 항상 잘못된 기준선에서 일하고 있다는 겁니다"라고 말했다.

미국의 식물학자이자 『식물 천이Plant Succession』의 저자인 프레더릭 클레멘츠가 1916년에 제기하고 이후 영국의 식물학자이자 『영국 제도와 그 식생The British Islands and Their Vegetation』(1939)을 쓴 아서 탠슬리 경이 더 발전시킨 극상식생 이론은 자연관리 전략들을 강구하는 환경보호론자들에게 더욱더 강력한 심리학적 장벽을 세워주었다. 울폐산림은 초원, 목초지, 황야, 전통적 농지 같은 관리된 서식지와 비교했을 때 명백히 종이 빈곤하다.

프란스는 "울폐산림에 대한 이야기를 계속 읽다보면 우리가 현대의 산업적 농업의 파괴적 관행들을 시작하기 전에는 인간이 실제로 생물다양성을 개선시킨 것처럼 보입니다. 건초 만들기, 두목 작업, 왜림 작업 같은 전통적인 농업 및 임업 관행들이 분명 울폐산림지보다 야생생물들에게 훨씬 더 광범위한 서식지들을 유지하기 때문이죠"라고 말한다. 이런 개념이 『중부 유럽의 식생 생태학Vegetation Ecology of Central Europe』(1986)에서 '인류가 논밭, 황야, 건초용 풀밭, 목초지로 이루어진 다채로운 모자이크를 만들지 않았다면 중부 유럽은 나무가 우거진 단조로운 풍경이 되었을 것이다'라고 주장한 하인츠 엘렌베르크 같은 생태학자들 사이에 있는 통념이었다.

"자존심 있는 생태학자라면 유럽 전역의 어둡고 단조로우며 종이 부족한 숲으로 되돌아가는 걸 보고 싶어하지 않습니다." 프란스가 말을 이었다. "그 때문에 우리에게 어마어마한 책임과 업무량이 주어졌죠. 인간이 생물다양성의 주도자라면 인간이 막대한 비용을 들여 계속 자연을 철저하게 관리해야 합니다. 우리는 자연이 혼자 힘으로 이 일을 할 수 있다는 걸 믿지 못합니다. 그런데 생물다양성이 자연에서 오지 않았다면 애초에 어디에서 왔겠습니까? 우리는 자연이 우리보다 훨씬 더 오래 이곳에 있었다는 사실을 잊어버립니다."

그렇다면 초원과 목초지, 잡목림과 공원에서 그토록 행복한 이 모든 종은 우리가 황소와 쇠스랑, 낫, 건초 수레와 도리깨를 들고 도착하기 전에 어디서 살았을까? 아프리카 대륙의 생태계들이 답을 준다. 아프리카는 인류의 발생지이고 역사적으로(지난 200여 년 동안 군집들이 절멸될 때까지) 우리가 토종 식물군과 동물군에 가장 미미한 영향을 미친 곳이다. 인간과 함께 진화한 아프리카의 동물들은 방어 전략을 세울 기회가 있었다. 그러나 세계의 다른 지역에서는 당시 고도로 발달하고 무기를 가진 데다 인구가 빠르게 늘어나던 인간의 도착이 야생생물, 특히 거대 동물에 변화를 일으키고 종종 파멸적인 영향을 미쳤다. 네덜란드의 프란스와 독일의 다른 생태학자들은 아프리카 사바나에서 나온 연구들에서 영감을 얻었다. 1979년에 발표된 마이클 노턴 그리피스와 앤서니 싱클레어의 『세렝게티: 생태계의 역학Serengeti: Dynamics of an Ecosystem』도 그중 하나다. 이 책은 초본초식동물들의 행동이 수많은 식물과 동물 종을 어떻게 촉진하는지 처음으로 보여준 연구들 중 하나다.

"아프리카는 우리에게 유용한 패러다임을 제공합니다", 프란스가 설명했다. "한 생태계에서 자연적으로 발생한 많은 수의 초본초식동물이 수행하는 중요한 역할, 그러니까 그 동물들이 어떻게 종이 풍부한 초원을 만들고 유지하는지 보여주죠. 그렇다면 왜 유럽에서는 이런 일이 일어나지 못했을까요? 왜 초본초식동물들이 그곳에서는 동적이고 긍정적인 영향을 미칠 수 있는데 여기서는 못 한다고 생각할까요?"

그리하여 자유롭게 돌아다니는 초본초식동물들을 오스트파르더르스플라선에 풀어놓는 실험이 시작되었다. 아프리카와 마찬가지로 어떤 보충적인 식량 제공이나 개입 없이 동물들이 자연적인 무리를 지어 살면서 제멋대로 지내도록 내버려두었다. 이 동물들은—현대의 엄선된 동물들보다 기본적으로 그들의 조상에 더 가깝게—강한 생존본능을 지닌 강건한 옛 품종이 되어 겨울 동안 혼자 힘으로 살아나가야 했다. 사실상 그들은 유럽에서 사라진 대형 동물들의 대리 역할을 할 것이다.

코에서 꼬리까지 10피트가 넘는 멸종한 오로크스는 하인츠 헤크와 루츠 헤크 형제가 20세기 초에 개발한 품종인 헤크 소가 대신했다. 이들은 오로크스를 홀로세에 유럽에 살던 다른 대형 소들인 비젠트나 들소와 헷갈리지 않게 하고 싶었다. 선택번식을 통해 오로크스의 특징을 복원하려던 헤크 형제의 시도는 그 뒤 나치가 인종차별 이데올로기의 상징으로 칭송하면서 악명을 얻었다. 헤크 형제의 방법론은 여전히 논란의 여지가 많지만 그들의 실험은 오로크스가 현대 소의 조상으로 인정받게 하는 데 성공했다. 헤크 소에는 스코틀랜드의 하일랜드Highland 소, 영국의 화이트파크White Park 소, 그리고 스페인의 투우를 포함한 8개가 넘는 품종의 유전자가 있다. 거대한 옛 오로크스보다 아직 8~12인치 더 작고 수소의 무게가 보통 1300파운드로 오로크스 수컷보다 최소한 220파운드 더 가볍지만 헤크 소는 위압적인 동물이다. 폴란드의 비우고라이가 원산지로, 털은 회갈색이고 등에 줄무늬가 한 줄 있는 작고 다부진 품종인 코니크는 멸종된 타팬과 표현형이 유사하고 강인해 오스트파르더르스플라선에 들여오기로 선택되었다. 이들 역시 1936년 폴란드의 한 백작이 시작한 '역교배breed-back' 실험의 대상이었다. 노루는 이미 소수가 오스트파르더르스플라선에 자연적으로 나타났고 붉은사습이 이 조합에 더해졌다.

"우리는 아프리카에서 볼 수 있고 한때 유럽에서 널리 퍼져 있었을 유형의 변형된 방목을 도입하길 원했습니다. 물론 원래 이곳에 살았을 모든 동물을 완벽하게 대신한 것은 아니지만 이 종들을 모아놓으면 긍정적인 부분이 엄청나게 많습니다. 이 모든 유제동물은 먹는 방식이 다릅니다. 구강도, 소화기관도, 행동도, 선호도 다릅니다. 예를 들어 노루는 목본초식동물로 잔가지와 검은딸기나무, 묘목을 먹고 삽니다. 소와 말은 주로 풀을 뜯어 먹고 약간의 목본식물을 보충해서 먹죠. 붉은사슴들은 풀의 성장기에는 풀을 먹고 풀이 억세지는 겨울에는 목본식물과 나무껍질을 벗겨 먹습니다. 붉은사슴은 심지어 독성이 있는 딱총나무의 껍질도 벗겨 먹고 위에서 시안화물을 중화시키죠. 소와 말은 못 하는 일입니다."

"이 동물들의 조상은 먹는 데 있어 이와 동일하거나 혹은 아주 비슷한 전략을 가지고 있었을 겁니다. 동일한 장내 미생물군과 씨앗 이동 용량을 가지고 있었을 거예요. 예를 들어 소는 장과 털, 발굽으로 230개의 식물 종을 옮깁니다. 이 다른 종들이 과거에는 같이 살았을 것이고, 우리는 이들이 오스트파르더르스플라선에서 함께 모여 풀을 뜯으면 식물군 복잡성이 더 높은 열린 목초지가 만들어지며 유지될 거라고 느꼈습니다."

중동에서 최근 들여온 염소와 양들—메소포타미아의 야생 무플론의 후손들—은 서유럽의 후빙기 생태학과 연관된 초식동물에 속하지 않기 때문에 조합에서 제외되었다. 처음에는 도입된 초본초식동물의 수가 매우 적었다. 1983년에 32마리의 헤크 소, 1984년에 20마리의 코니크를 도입했고 1992년에 스코틀랜드와 그 외의 곳들에서 37마리 붉은 사슴을 데려왔다. 개체수가 자유로이 증가하도록 놔두자는 생각이었다. 이 부분도 아프리카가 영감을 준 것이다.

"아프리카에서는 거대한 유제동물 무리가 함께 풀을 뜯어 먹습니다. 물론 포식자들도 있지만 개체군 밀도 자체가 포식에 의해 조절되지 않습니다."

풀을 뜯는 무리의 크기는 이용 가능한 먹이의 양에 의해 주로 좌우된다. 비가 적절히 내리고 식물이 많이 성장해 풍요로운 시기에는 개체수가 폭발적으로 증가한다. 먹이가 적은 시기—특히 건기와 가뭄이 들었을 때의 아프리카—에는 개체수가 줄어든다. 영양이 부족한 암컷들은 배란을 하지 않을 것이다. 상태가 좀 나아지면 배란은 해도 임신하지 않을 수 있다. 만약 임신한다면 유산하거나 태아 흡수가 일어날 수 있다. 그리고 임신 말기까지 간다면 어미는 종종 치명적인 임신중독증을 겪을 정도로 자신보다 태아를 우선시할 것이다. 더 나이 든 동물—특히 수컷—은 약해지고 죽는다. 초식동물의 감소는 방목이 식물에게 가하는 부담을 덜어주어 조건이 적절하면 폭발적인 성장을 할 수 있고, 이는 또 다른 개체군의 급증을 촉진한다.

"이것이 자연적인 변동 주기입니다", 프란스가 말한다. "온대기후인 유럽은 기후 조건이 아프리카만큼 혹독하진 않지만 이런 과정이 한때 이곳에서도 일어났을 수 있다고 생각하지 않을 이유가 없지요. 우리의 긴 겨울은 아프리카의 건기와 비슷한 영향을 미칩니다. 혹독한 겨울은 가

품과 비슷하고요. 계절 변동과 식물에 가해지는 더 긴 압박 주기는 사실상 자연이 개체수를 조절하는 방식입니다."

오스트파르더르스플라선에 들여온 동물들은 실제로 증식하며 누구의 예상도 뛰어넘는 훨씬 더 높은 환경 수용력을 보여주었다. 무리의 수는 이제 2400헥타르의 건조한 간척지에서 풀을 뜯는 800마리의 조랑말과 160마리의 소, 그리고 노루를 몰아내며 건조한 지역과 습지 모두에서 풀을 뜯는 2000마리의 붉은사슴으로 안정화되었다. 한편 1년 내내 풀을 뜯는 오스트파르더르스플라선이 계절에 따라 방목하는 농지보다 더 큰 종 복잡성을 지원하면서 전체적인 생물다양성은 상승했다.

프랑스는 동물들이 보호구역의 모든 지역에서 같은 강도로 풀을 뜯지는 않는다고 설명했다. 봄여름의 생장기 동안 풀이 덜 뜯기거나 아예 뜯기지 않는 지역들에는 풀과 꽃식물이 자라나 쥐, 그리고 개구리매, 말똥가리처럼 쥐를 잡아먹는 새들에게 득이 되었다. 풀이 뜯긴 지역은 기러기들의 임시 보금자리가 되었다. 생장기에 풀이 덜 뜯긴 지역들은 겨울 동안 풀이 뜯기고 짓밟혀 많은 식물 종에게 이곳에서도 발아할 기회를 주어 봄에 풀과 광엽초본이 풍성하게 자랐다. 전체적으로 겨울 동안 동물의 급격한 자연 소멸은 다가오는 봄에 방목으로 인한 압박을 없애준다. 동물 개체수의 변동은 가시가 있는 식물들이 자연적으로 폭증하고 때때로 버드나무가 급증할 수 있게 하며, 이 식물들은 작은 포유류들과 명금류에게 또 다른 서식지를 제공한다. 그리고 이 포유류와 명금류는 습지의 버드나무에 사는 올빼미, 참매, 새매의 먹이가 된다.

"따라서 우리가 오스트파르더르스플라선에서 보여준 것은, 인간의 통제 없이 자유롭게 스스로를 표현하도록 허락된 초식동물들의 조합이 계절에 따른 농장 방목이 특징인 짧은 풀 초원에서 볼 수 있는 것보다 훨씬 더 다양한 동물과 식물 종을 활성화시킨다는 것입니다."

물쥐, 토끼, 산토끼, 담비, 족제비, 긴털족제비, 여우, 풀뱀, 두꺼비, 딱정벌레, 쇠똥구리, 송장벌레, 나비들이 보호구역으로 찾아들었고 이제 오스트파르더르스플라선에 많은 수가 살고 있다. 전부 합쳐 놀랍게도 250종이 기록되었다.

하지만 매년 발생하는 급격한 자연 소멸에 대해서는 논란이 많다. 굶주리고 죽어가는 소와 조랑말, 사슴들을 겨울이 끝날 즈음 흔히 볼 수 있는데, 현대 유럽인들은 이런 모습에 정서적으로 준비가 되어 있지 않았다. 프랑스는 사냥꾼, 농민, 동물 애호가들로부터 살해 협박을 받아왔다. 헤크 소의 나치 조직은 프랑스를 동물 강제수용소에서 실험을 행하는 생태학계의 요제프 멩겔레제2차 세계대전 때 각종 인체 실험으로 악명을 떨친 독일의 내과 의사라고 묘사한 만평을 내놓으며 악랄한 비유를 했다. 하지만 프랑스는 완강하다.

"자연에 대한 우리 견해는 인간이 행하는 통제 관습들의 영향을 받고 있습니다. 가축의 복지에 대한 기준선이 야생에 사는 동물들에게 적용되고 있죠", 프랑스가 말한다. "오스트파르더르스플라선의 동물들이 자연적 환경에서 자유로이 생활한다는 사실, 공장식 축산 농장에 갇혀 있지 않고 매일 인간들에게 들볶이지도 않는다는 것, 송아지가 어미와 함께 머물 수 있는 자연적 무리 구조를 형성한다는 것, 농업에서 인공적으로 혼합하여 만든 먹이가 아니라 그들이 먹기로 되어 있는 풀과 나무를 뜯어 먹는다는 것, 이 중 무엇도 중요하게 여기지 않는 것 같습니다. 동물들의 삶의 질이 아니라 오로지 죽음에만 집착하죠."

"특히 사람들은 보호구역 주변에 동물이 먹이를 찾기 위해 이주하는 것을 막는 울타리가 있기 때문에 이런 죽음의 수가 많고 '부자연스럽다'고 생각합니다. 하지만 주기적인 급격한 자연 소멸은 아프리카의 이주 동물들에게도 일어납니다. 그리고 아프리카에서 포식자의 밀도가 가장 높은 탄자니아의 응고롱고로 분화구처럼 동물들이 이주할 수 없는 곳에서도 역학은 동일합니다. 굶주림이 결정 요인입니다. 그것이 자연의 근본적인 과정입니다."

하지만 대중의 격렬한 반응으로 인해 오스트파르더르스플라선의 비개입 원칙은 타협해야 했고, 이제 수명이 다했다고 여겨지는 동물들은 총을 쏘아 안락사시킨다. 네덜란드와 유럽의 법에 따르면, 소와 말—야생화된 동물이라 해도—의 시체는 부패하도록 놔둘 수 없기 때문에 수레로 옮겨 소각한다. 하지만 노루와 붉은사슴은 '야생동물'로 분류되기 때문에 이곳에 놔둘 수 있고 이 동물들의 사체는 여우, 쥐, 까마귀, 그리고 흰꼬리수리 같은 맹금류에게 먹이를 제공한다. 결국 모든 살점, 모피, 힘줄, 뼈가 온갖 곤충, 송장벌레, 세균, 그리고 프로젝트가 시작된 이후 오스트파르더르스플라선에 집단 서식해온 균류에 의해 소화되어 사라진다. 이 분해자들은 인, 칼륨, 칼슘, 마그네슘, 질소 같은 영양소를 토양으로 끌어들이는 비옥화 기능을 함께 수행한다.

이 풍경, 진행 중인 창조의 기적을 보면서 찰리와 내게 무언가가 딱 분명해졌다. 자연 방목에 대한 그런 생산적 반응이 바다를 간척한 땅—실제로 육지의 생물다양성 기준선이 존재하지 않는 백지 상태—에서 일어날 수 있다면 어디서나 이런 일이 일어날 수 있었다. 아마도 수십 년 동안의 집약농업으로 척박해지고 오염된 땅에서도 말이다. 우리가 맞은 파국적 영락을 뒤집을 방법을 보여준다면 오스트파르더르스플라선은 유럽을 위한 모델을 제시할 수 있을 것이다.

찰리에게는 아프리카가 뼛속 깊이 각인되어 있다. 찰리는 어린 시절을 로디지아에서 보냈다. 찰리의 아버지 레이먼드는 로디지아가 독립하기 전 수년 동안 그곳에서 담배와 목화를 재배했다. 아프리카가 분명히 찰리를 다시 끌어당겼고 우리는 함께 케냐, 탄자니아, 나미비아, 보츠와나, 남아프리카공화국의 야생동물 사파리를 여행했다. 찰리에게는 이런 규모의 수많은 동물이 자연스럽게 느껴졌다. 제한받지 않는 경관, 제2의 자연의 분위기였다. 하지만 인구가 밀집되고 과도하게 관리되는 유럽의 저지대 농경지역에서 이런 생태계를 만나니 경이로웠다. 이곳은 두 개의 완전히 다른 경험, 이전에는 분리되어 있던 두 개의 세계를 합쳐놓았다. 야생의 자연이 우리가 지금까지 논리적으로 그래서는 안 된다고 생각한 곳까지 밀고 들어왔다. 찰리의 마음은 동요했다. 집으로 돌아오는 길에 찰리는 만약 우리가 넵에 이와 비슷한 자연적 과정들이 자유롭게 일어날 수 있게 한다면 어떤 일이 벌어질지 궁금해했다. 우리가 렙턴 대정원의 복원 개념을 주위 농지까지 펼치되 훨씬 더 야생적이고 자립적인 무언가를 할 수 있을까? 우리가 초본초식동물들을 이용해 사유지 전체에 서식지를 만들고 야생생물을 다시 불러올 수 있을까? 자유의지에 따르는 보존 프로젝트가 우리가 기다려온 답이 될 수 있을까?

삼림 목초지의 세계 ⑤

보존은 불안정한 이론이 아니라 실제 관찰에 바탕을 두어야 한다.
_올리버 래컴, 『삼림지Woodlands』(2006)

2002년에 찰리가 환경식품농무부의 재정 지원을 받는 정부의 자연보존 자문단체인 잉글리시 네이처English Nature에 제출한 '의향서'는 솔직담백했고 낙관주의로 가득 차 있었다. 의향서는 '서식스의 로윌드에 다양한 생물이 사는 자연환경 보전지역'을 만들겠다고 밝혔다. 그리고 우리가 그리고 있는 것은 자유롭게 돌아다니는 초본초식동물들의 조합을 이용해 우리가 오스트파르더르스플라선에서 목격한 것과 비슷하게 야생생물들을 위한 기회를 만드는 '토지 관리 실험'이라고 설명했다. 우리는 3500에이커의 사유지 전체를 둘러싸는 울타리 설치, 집과 건물 주위의 울타리만 놔두고 200마일에 이르는 모든 내부 울타리 제거, 동물들이 지역 전체를 돌아다닐 수 있도록 단지를 가로지르는 B 공공 도로에 캐틀 그리드의 설치, A272 도로로 가는 육교 건설을 위한 자금을 구하고 있었다. 의향서는 야생 소들에게 귀표를 다는 일, 개를 산책시키는 사람들과 자유로이 돌아다니는 동물들 간의 충돌, 잡초 급증, 썩어가는 사체에 대한 사람들의 혐오감 같은 사소한 문제들이 발생할 수 있다는 것을 인정했지만 이런 문제들이 극복할 수 없는 것이 아니길 바랐다.

동물의 선택 문제만 해도 잉글리시 네이처가 받아들이기 힘들 수 있었다. 붉은사슴, 다마사슴, 헤크 소, 엑스무어 조랑말은 아마 충분히 도전할 만하지만 멧돼지, 유럽비버, 유럽들소는 거의 입에 담기도 힘들었다. 우리는 큰 뜻을 품고 있었다.

우리는 특히 멧돼지에게 기대를 걸었다. 동물들의 과정에서 오스트파르더르스플라선에서 눈에 띄게 부족한 측면이 대형 청소동물이었다. 여우와 새들이 플레볼란트 평원의 시체들을 뜯어 먹지만 그곳에도 아프리카의 사나운 하이에나에 대한 유럽의 대항마인 멧돼지는 없었다. 멧돼지의 또 다른 중요한 생태학적 기능은 쟁기 같은 역할을 해 땅을 파서 뒤집어 무척추동물들이 서식하고 꽃식물과 관목들이 발아할 맨땅을 노출시킨다는 것이다. 네덜란드 정부는 멧돼지가 프로젝트에서 탈출해 집약적 양돈장들에 질병을 퍼뜨릴 수 있다는 이유로 오스트파르더르스플라선에 들여오는 것을 지지하지 않았다. 아이러니하게도 많은 환경보호론자는 위협이 그 반대로 작용한다고 생각한다. 바이러스 형성의 온상인 집약적 양돈장들이 야생 개체군들에 질병을 퍼뜨린다는 것이다. 프랑스는 멧돼지들이 고작 25킬로미터 떨어진 곳에 있다고 알려졌으니 오스트파르더르스플라선에 찾아올 수 있다는 기대를 버리지 않고 있다. 하지만 우리 지역에는 돼지 사육농이 없기 때문에 우리는 넵에 멧돼지를 들여오는 일이 네덜란드보다 덜 논란이 될 것이라고 기대했다. 멧돼지는 적어도 300년 전 영국에서 멸종되었지만 최근 멧돼지 농장에서 탈출하거나 풀려나 야생 개체군들을 재형성했다. 이스트서식스의 해안 가까이에 서식하는 대형 개체군은 매년 10월 라이에서 열리는 멧돼지 축제에서 '멧돼지 버거' '멧돼지 부르기뇽', 그 외에 '마지막 여름 돼지'로 만든 별미들을 제공한다. 붐비는 A24 도로 건너편, 넵에서 고작 1마일 정도밖에 떨어지지 않은 곳에서 멧돼지가 목격되어왔다. A24 도로가 지금까지 멧돼지들이 서쪽으로 확장하는 것에 제약이 된 것처럼 보인다.

우리는 특히 사체들을 수레로 옮겨 태우기보다 땅에 그대로 놔두기를 바랐다. 하지만 유럽의 나머지 지역들과 비슷한 영국의 보건 및 안전 법령 때문에 이를 위해서는 특별 허가가 필요했다. 경관에 시체가 없는 것은 자연적 과정의 또 다른 잃어버린 측면이다. 그 결과 풍뎅이붙이과, 검정파리의 구더기처럼 죽은 고기를 먹는 곤충 종들의 전체 군집뿐 아니라 균류와 박테리아의 개체군들도 붕괴되어왔다. 영국에서 마지막으로 발견된 곳을 이름에 붙인 '죽은 당나귀 파리'는 뼈와 거죽만 남은 상태가 진행된 부패 중인 시체에 알을 낳곤 한다. 사체들이 더 이상 그대로 널려 있지 않게 되면서 이 파리는 영국에서 완전히 자취를 감추었다. 곤충학자들을 제외하고는 이 생물들을 잃은 것을 애석해할 사람이 거의 없다는 건 인정하지만 사체들을 땅에서 부패할 수 있게 하면 먹이 순환에 인과 칼슘을 포함한 영양분이 유지된다. 인과 칼슘 둘 다 예컨대 새의 산란에 필수다.

2002년에 비버는 아직 영국에 받아들여질 날이 요원했다. 유럽에서 거의 복원되고 있던 비버들은 오스트파르더르스플라선에서 이미 발견되었고 곧 보호구역에서 번식할 것 같았다. 비버가 환경에 미치는 유익한 영향에 관한 증거가 영국에서 늘어나면서 우리는 정부가 이 핵심종을 영국에 돌아오게 할 때의 이점을 보길 바랐다. 우리는 호수, 연못, 도랑, 그리고 상당한 늪지가 있는 넵이 그 출발점으로 딱 알맞은 곳이라 여겼다.

들소는 유럽에서 거의 멸종할 뻔했다가 되돌아온 또 다른 초본초식 동물이다. 프랑스와 유럽의 다른 생태학자들은 들소를 또 다른 핵심종이라고 밝혔다. 들소들이 마지막 빙하기 이후 영국에 있었는지에 대해서는 논쟁이 현재진행형이다. 영국에서는 아직 어떤 들소의 뼈도 발견되지 않았다. 하지만 화석 증거는 구하기 어렵기로 악명 높다. 예를 들어 늑대의 화석 뼈가 네덜란드에서 발견된 적은 없지만 늑대는 불과 몇 세기 전까지 그곳에 널리 퍼져 있었다. 마지막 야생늑대가 1845년 네덜란드 남부에서 죽임을 당했고 그 나라에서 늑대를 마지막으로 본 것은 1897년이었다. 실제로 화석 증거는 몹시 드물어서 세상에 나타나면 종종 이전의 모든 이론을 무너뜨린다. 2009년에 슈롭셔의 콘도버에서 매머드들의 뼈가 우연히 발견된 사건 하나가 영국에 매머드가 존재한 시기를 현재와 7000년이나 더 가까운 불과 1만4000년 전으로 바꾸었다. 확실성과 실재하는 유해를 다루길 선호하는 과학자들, 특히 옛 생태학자들에겐 불편한 생각일 수 있지만 증거의 부재가 부재의 증거는 아니다. 뿐만 아니라 최근 북해 아래의 도거랜드에서 홀로세(약 1만1700년 전에 시작된 현재 우리의 후빙기) 초기의 것으로 추정되는 들소 뼈들이 오로크스, 멧돼지, 엘크, 비버, 노루, 수달 같은 홀로세의 다른 동물들의 유해와 함께 발견되었다. 도거랜드는 8200년 전 해수면 상승으로 영국과 유럽이 분리되기 전에 우리를 연결했던 지협이다. 영국이 아직 물리적으로 대륙의 일부일 때 동물들이 칼레에서 순순히 발걸음을 멈추었다는 것은 상상할 수 없다.

그러나 우리는 한 가지 특정한 측면에서 우리의 비전이 오스트파르더르스플라선보다 더 제한적이어야 한다는 것을 알고 있었다. 면적이 네덜란드의 보호구역의 3분의 1이고 집과 정원과 그 한가운데서 일상생활을 하는 사람들로 이루어진 사유지에서 동물들이 굶주리게 놔둘 수는 없었다. 인간의 개입이 최소화되고 보충 먹이를 공급하지 않는 상태에서 동물들이 가능한 한 자연스럽게 주위 환경과 상호작용하는 것이 실험에 필수라고 느꼈지만 죽어가는 동물을 우리 창밖에서 본다는 것은 말도 안 되는 생각이었고 어차피 당국이 절대 허락하지 않을 것이다. 왕립 동물학대방지협회Royal Society for the Prevention of Cruelty to Animals의 본부가 이웃 마을인 사우스워터에 있다. 우리의 감성뿐 아니라 넵의 규모와 위치도 자체적인 제약이 될 것이다. 우리는 일단 동물 무리의 수가 늘어나면 겨울 동안 건강하고 잘 먹을 수 있는 수준으로 동물들을 도태시키겠다고 제안했다. 어떤 동물이 병들거나 힘들어한다면, 가령 출산한다면 우리가 수의사의 보살핌이라는 형태로 개입할 것이다. 우리는 도태된 소, 사슴, 돼지의 고기를 판매해 도태 비용을 부담하는 데 보탬이 되길 바랐다. 조랑말들은 매년 모아들여 잉여 동물은 판매할 것이다.

찰리의 의향서는 또한 실험 기간을 25년으로 잡고 그 뒤 프로젝트를 검토해 '재야생화'를 계속할지, 아니면 다른 형태의 토지 관리로 되돌아갈지 결정할 계획이라고 설명했다. 우리는 결과를 확신할 수 없었던 터라 원래대로 되돌아갈 수 있다는 확신이 필요했다. 개인 토지 소유자인 우리는 또한 재정 문제도 걱정했다. 잉글리시 네이처—혹은 그 외의 누구라도—가 우리에게 자금을 제공하기로 결정한 뒤 나중에 지원을 철회한다면, 그리고 25년이라는 기간에 보존활동에 자금을 지원할 다른 곳이 없다면 우리 다음 세대를 그들에게 무거운 짐이 될 수 있는 계획에 가두길 원치 않았다. 우리는 우리 아이와 손자들이 각자 삶의 상황에 따라 땅에 관해 자유롭게 결정을 내리길 원했다. 현재로서는 상상할 수 없는 이유로 우리의 진흙땅에서 농사가 다시 가능해진다면 농업으로 되돌아가는 것도 아마 이 결정에 포함될 수 있다.

이듬해에 잉글리시 네이처의 선임 삼림과학자가 조사를 위해 넵으로 내려왔다. 찰스 다윈처럼 길고 성긴 회색 수염을 기른 수줍음 많은 학자인 키스 커비는 영국의 대부분의 생태학자처럼 페라의 책에 대한 반응의 여파에 흔들리고 있었다. 조심스럽지만 호기심이 무척 동한 그는 영국 땅에 페라의 이론들이 실현되는 것을 보고 싶은 마음이 강했다. 하지만 궁극적으로 키스는 그의 부서가 우리 계획에 자금 지원을 해줄 위치에 있지 않다는 것을 분명히 했다. 또한 그는 잉글리시 네이처에서 그럴 권한을 가진 사람들도 우리가 제시한 것과 같은 급진적인 계획에 뛰어들 의지가 있을 듯하진 않다고 말했다. 그는 컴퓨터 모델링, 목표, 보

야생 쪽으로

호 장치, 동물의 수와 식생 피복에 대한 한도 설정, 그리고 많은 추가 연구에 관해 이야기했다.

우리는 잉글리시 네이처가 우리 계획을 웃어넘기지 않았다는 사실에서 용기를 얻었지만 무미건조한 답변은 좌절감을 주었고, 결국 조심스러운 접근 방식은 핵심을 놓치는 것이라고 느꼈다. 경관을 자유롭게 돌아다니는 초본초식동물들이 미치는 영향을 시험하는 유일한 방법은 실행에 옮겨보는 것뿐이었다. 우리의 과정 주도식 프로젝트의 전체 목표는 자연이 이끌어가도록 놔두는 것이었고, 이는 선입견을 접고 되도록 많은 제약을 없앤다는 뜻이었다. 목표와 한도 설정은 말이 되지 않았다. 이 실험에는 자연적 과정이 회복되고 생물다양성이 증가할 것이라는 광범위한 기대 말고는 특정한 목표 없이 제약을 두지 말아야 했다. 변수가 너무 많은 데다 그 전에 영국에서 이런 실험은 허용된 적이 없었기 때문에 우리는 무슨 일이 일어날지 알 길이 없었다. 자유롭게 놔둔 땅이 낼 결과를 밝히기 위해 컴퓨터 모델링을 한다는 생각은 태어나지도 않은 아이가 평생 동안 이룰 성취를 예측하려는 것과 비슷해 보였다.

키스의 방문은 이후 이루어진 수많은 방문과 5년 동안 거의 똑같은 맥락으로 이어진 공무원들과의 대화의 시작이었다. 잉글리시 네이처가 지원 약속을 해줄 거라고 몇 번이고 기대를 품었지만 정치적 우유부단과 지나치게 한 가지만 생각하는 과학적 집착이 반복되면서 매번 박살이 났다. 자금 지원을 받지 못하면 우리는 3500에이커의 사유지를 둘러쌀 울타리를 세울 돈을 마련할 수 없었다. 이 울타리는 우리의 자연주의적 방목 프로젝트에 꼭 필요한 전제 조건이었다. 잉글리시 네이처의 불확실한 태도는 정부 조직의 고질병인 주기적인 대개혁, 정책 변화, 구조조정으로 더 악화되었다. 예를 들어 2006년에는 이 부서가 농촌청Country Agency과 농촌진흥서비스Rural Development Service를 합병해 내추럴 잉글랜드Natural England로 재편되었다. 하지만 내추럴 잉글랜드의 어물쩍거리는 태도의 뿌리에는 페라의 이론과 원시 '자연림'의 본질을 둘러싸고 계속 들끓는 논쟁이 있었다. 신석기 시대 이전에, 대서양 시기에, 약 7000년 전에 영국이 울폐산림이었을까? 아니면 더 툭 트인 경관, 많은 수의 초식동물이 풀을 뜯어 먹는 초원, 관목지대, 작은 숲, 단독으로 서 있는 나무들로 이루어진 모자이크였을까? 영국의 생태학적 과거를 정확히 밝히는 것이 향후 보존활동이 어떻게 진행되어야 할지 검토하는 데 필수였고 우리 같은 프로젝트에 대한 잉글리시 네이처의 대답을 결정할 터였다.

페라의 지지자들은 울폐산림 주장의 핵심에 분명한 오류가 있다고 생각한다. 바로 우리의 오랜 친구인 참나무다. 툭 트인 경관에서 눈에 잘 띄고 태양을 경배해 가지를 쭉 뻗은 참나무는 온대기후의 유럽이 완전한 폐쇄림이었을 수 없다는 지속적인 증거다.

우리는 참나무들이 우리 경관에 풍부했다는 것을 꽃가루 기록과 고대 범람원의 화석들로부터 이미 알고 있다. 올리버 래컴이 "이탄에 보존된 통나무와 나무 그루터기는 흔히 참나무 매목이라 불리는데, 꽃가루 기록을 보완하는 귀중한 자료다. 이들은 선사시대에 자랐던 모든 나무를 대표하지 못하는 극히 일부분일 뿐이다. 이들은 흔치 않은 장소에서 살았고 지하수면의 갑작스러운 상승으로 무참하고 흔치 않은 죽음을 맞았다. (…) 그럼에도 불구하고 매목들을 경시해서는 안 된다. 이들은 정확히 무엇이 어디에서 자랐는지와 특정 유형의 자연림의 구성 요소가 아니라 구조에 관해 말해준다. 이는 어떤 증거도 할 수 없는 일이다"라고 말한 것처럼 말이다. 동식물과 참나무의 많은 연계는 그 자체로 심오한 역사 생태학의 증거다. 역사적으로 희귀하거나 널리 분산되어 있던 나무들은 많은 연계를 쌓을 기회를 거의 얻지 못한다. 참나무가 도토리의 확산과 발아를 의지하는 어치와의 연계는 수천 년에 걸쳐 진화되어 온 것이 분명하다. 따라서 참나무는 단순히 현대에 확산된 나무가 아니다. 그리고 참나무가 우리의 고대 경관에 두드러지게 존재했다는 것은 울폐산림 이론에 분명한 이의를 제기한다.

유럽 저지대에서 자라는 참나무 종인 개암나무, 자작나무처럼 페트라참나무*Quercus petraea*와 넵 오크 같은 로부르참나무*Quercus robur*는 적어도 이입recruitment(초기 성장) 단계에서 상당한 양의 직사광을 필요로 한다. 너도밤나무, 서어나무, 물푸레나무, 라임, 플라타너스, 전나무, 단풍나무, 오리나무, 느릅나무, 유럽들느릅나무, 그 외에 중부 유럽과 서유럽이 원산지인 수종과 달리 참나무들은 울폐 환경에서 재생할 수 없다. 테드 그린 같은 수목관리인에게 이것은 아주 당연한 이야기다. 하지만 이 사실이 대부분의 울폐산림 이론가에게 간과되어왔고 계속 간과되고 있다는 것이 놀랍다.

참나무에 빛이 필요하다는 것을 아는 사람들은 큰 나무나 한 무리의 나무들이 폭풍이 불거나 나이가 들어 숲에서 넘어지면서 생긴 탁 트인 빈터에서 참나무가 발아해 성목으로 자랄 수 있다고 주장한다. 페라는 이 주장에 반박한다. 그는 폴란드 비아워비에자의 소위 '원시림'을 포함한 중부 유럽과 서유럽의 보존림에서 심지어 공터에도 참나무의 장기적 이입이 없다는 점을 지적했다. 본질적으로 참나무들이 자취를 감추고 있다. 참나무들이 이 보호구역들에 존재하는 경우는 두 가지다. 하나는 수목관리인들이 참나무를 심어 의도적으로 경쟁에서 보호했기 때문인데, 이때 참나무는 모두 나이가 같고 몸통이 높이 자라며—목재로서 가치가 있다—큰 곁가지도 없고 꼭대기에는 작은 수관이 있다. 다른 한 경우는 곁가지를 펼친 아주 오래된 참나무들인데, 이 나무들은 탁 트인 곳에서 자라다가 나중에 응달에서 잘 자라는 나무들에 에워싸였다. 페라는 가지를 펼친 오래된 나무들은 숲이 한때는 삼림 목초지, 풀을 뜯는 유제동물들이 주도하고 유지시킨 자연 발생 생태계였음을 분명히 가리킨다고 주장한다. 다른 나무들과의 경쟁 없이 자란 참나무들은 원래 어치나 숲쥐가 단독으로 서 있는 가시덤불 가까이에 심은 도토리에서 자란 혼자 서 있는 나무였거나 어치가 가시 있는 관목의 둘레에 심은 수많은 도토리로부터 발생한 참나무 숲의 일부였을 수 있다. 가시가 있는 관목이 참나무 묘목의 묘목장 역할을 해 빛을 가리지 않으면서 초본초식동물들로부터 보호해주었을 것이다. 그리고 초본초식동물들이 이 삼림 목초지에서 사라지자 식생 천이에 대한 제동이 풀렸을 것이다. 응달에서 잘 자라는 종들이 예상대로 승리를 거두어 결국 환경보호론자들의 성지이자 법으로 보호받는 울폐산림, 현재의 '보존림'이 되었을 것이다. 주위 나무들이 더 높이 솟아 햇빛을 훔쳐가기 시작하면서 가장 키 큰 참나무들이 죽는 데는 수세기가 걸릴 수 있다. 하지만 그들은 필연적으로 죽는다.

우리는 프로젝트를 시작하고 몇 년 뒤 루마니아에서 이를 목격했다. 친구들과 함께 카르파티아산맥의 야생화 초원을 보러 간 여행길에서 우리는 시기쇼아라 근방의 브라이테 자연보호구역Breite Nature Reserve을 우연히 발견했다. 참나무들―600년에서 700년 된 옹이투성이의 거대한 노목―이 흩어져 있는 이 보기 드문 고대 삼림 목초지는 50년 전에 전통적 목양이 사양길에 들어섰을 때 버려졌다. 초본초식동물의 영향이 사라지자 서어나무와 너도밤나무의 밀집군단이 들어서고 있었다. 그늘을 드리우는 개척자들에게 이미 둘러싸인 그 참나무들은 수관을 잃고 가지를 늘어뜨리며 식생의 바다에 빠져 느리게 죽어가고 있었다. 압도당한 몇몇 나무는 이미 숲 바닥에 넘어졌다.

이런 늙은 참나무들에게서 나온 묘목은 나중에 관이 될 땅에 매달려 이용 가능한 빈터들에 (때때로 많은 수가) 뿌리를 내릴 수 있지만 응달에서 잘 자라는 묘목들과의 경쟁에 밀려 몇 년 뒤에는 반드시 쇠약해진다. 영국에서도 같은 현상이 일어났다. 서식스의 우리 땅과 멀지 않은 멘스 자연보호구역Mens Nature Reserve ―영국의 천연 저지대 울폐산림의 마지막 단편들 중 하나라고 주장되는 비개입 구역―에서 이곳을 연구하는 생태학자들은 1987년 300년 만에 찾아온 초대형 허리케인이 수많은 나무를 쓰러트리자 이후 참나무들이 상당히 이입할 것이라고 기대했다. 하지만 당황스럽게도 지금까지 어떤 참나무 천이도 관찰되지 않았다.

번개로 일어난 불 역시 숲에 빈터를 만들어 선사시대의 유럽에서 참나무 묘목들이 재생할 수 있게 했던 또 다른 요인으로 울폐산림 이론에서 언급된다. 하지만 이 주장도 해명에 도움이 되지 않는다. 적어도 온대기후에서는 그렇다. 안개와 비의 땅인 영국에서 불이 어떻게 교란의 동인으로 신뢰를 얻었는지 잘 이해가 가지 않는다. 영국의 삼림지에서 구할 수 있는 재료들만 이용해 불을 붙이려고 시도해본 사람이라면 심지어 한여름에도 얼마나 점화가 안 되는지 알고 있다. 본파이어 나이트 11월 5일 밤으로, 영국에서 의사당 폭파 계획을 기념해 모닥불을 밝히고 불꽃놀이를 하는 날에 휘발유가 없으면 모닥불을 피우려 해봤자 헛일일 것이다. 유럽 남부의 건조한 국가들의 건조한 소나무 숲들과 달리 영국에는 아마 유럽적송을 제외하면 쉽게 불이 붙는 수종이 없으며, 번개가 쳐도 소방차를 급히 출동시키지 않는다. 심한 뇌우에는 거의 항상 비가 동반된다. 유명한 수목관리인 허버트 에들린은 제2차 세계대전 때 심지어 길고 건조한 여름에 벌어진 브리튼 전투에서도 콘크리트를 태울 수 있는 소이탄이 단한 발도 삼림지에 불을 내지 못했다고 언급했다. 버크셔의 비셤 숲의 일부인 카펜터스 숲에는 1944년에 폭발물을 가득 실은 비행기가 추락한자리에 생긴 구멍이 아직 남아 있고, 당시 사망한 항공병을 기리는 기념비로 표시해두었다. 수십 마일 떨어진 곳에서도 폭발 소리가 들렸다. 하지만 너도밤나무를 포함한 주변 나무들은 추락 현장에서 100야드밖에 떨어져 있지 않은데도 불이 붙지 않았다. 1976년의 큰 가뭄 동안에도—그루터기를 태우는 유행이 절정에 달했을 때—어떤 나무에도 불이 옮겨 붙지 않았다. 영국의 삼림지에 관해 모두가 인정하는 전문가인 올리버 래컴은 소나무 숲 외에 영국에 원래 있던 숲들은 활활 타지 않을 것이라고 단언한다. 그는 "활엽수림은 젖은 석면처럼 탄다"고 말한다.

야생 쪽으로

울폐산림 이론은 당연히 초본초식동물들을 중요한 교란 요인으로 보지 않는다. 그렇다면 인간에 앞서 어떤 요인들이 참나무가 확산될 만큼 충분히 숲을 탁 트인 곳으로 만들 수 있었을까? 오래 계속된 가뭄이나 홍수나 폭풍? 질병? 기상 이변은 물론 대단히 드물고 대개 국지적으로 일어난다. 병원균 발생은 홍수와 가뭄보다 훨씬 더 드물어서 수천 년은 아니라도 보통 수백 년의 간격을 두고 일어나며 느릅나무병이나 물푸레나무 마름병처럼 보통 한 번에 한 종을 공격한다. 기상 이변 자체로는 우리 경관에서 참나무가 지배적이 된 이유는 고사하고 어떻게 진화하거나 생존했는지도 설명하기가 불충분하다.

그렇다면 왜 울폐산림 주장이 과학계에서 그러한 기반을 확보했을까? 생각을 바꾸기가 왜 그렇게 어려운 것으로 나타나고 있을까? 그 이유에는 아마 부분적으로는 심리적인 면이 있을 것이다. 어둡고 모든 것을 아우르는 숲은 상상력을 지배하는 어마어마한 힘을 가지고 있다. 이러한 숲은 19세기에 영어권 국가들이 도용한 독일 민담들의 소재다. 동유럽의 어두운 침엽수림에서 나온 동화인 『헨젤과 그레텔』 『빨간 모자』 『백설공주』가 그 예다. 스칸디나비아에서는 원시림에 트롤과 그 외에 으레 인간에게 극도로 위험한, 무섭고 매혹적이며 신비로운 존재들이 살았다.

들어가면 위험한 곳인 '괴물들이 사는 나라'가 우리의 집단 잠재의식 속에 자리 잡았다. 나무를 베어 쓰러뜨리고, 침 흘리는 무시무시한 짐승들을 제압하고, 어둠에 불을 밝히고, 쟁기로 땅을 개척하고, 미개척지에 씨를 뿌리는 고대인의 힘과 통찰력에 대한 프로이트식의 의미와 함께 이것은 정신 깊은 곳에 뿌리를 둔 매우 인간 중심적인 이야기다.

1770년에 토머스 파우널은 런던의 골동품 협회에 "원래 지표면은 물이 지배적인 곳을 제외하고 숲으로 뒤덮여 있었다"고 선언했다. "지구 최초의 인류는 과일, 물고기, 숲의 사냥감을 먹고 살던 삼림지 인간이었다." 이 주장은 20세기까지 과학계에서 거의 무비판적으로 추종되었다. 고고학자 시릴 폭스 경이 1943년에 한 말에 따르면, "홀로세의 영국은 대부분 사람이 발을 들여놓은 적 없는 참나무, 물푸레나무, 가시나무, 검은딸기나무가 끝없이 펼쳐진 숲이었다. 이 숲은 어떤 의미에서는 끊어지지 않고 이어졌다".

도처에 존재하는 원시의 숲―푸르고 무한하며 가늠할 수 없고 먹이가 풍부한―개념은 현대세계에서 더 풍요롭고 심오한 자연에 다시 매혹되길 갈망하거나 향수를 느끼는 사람들에게는 현대가 우리에게 남긴 황폐하고 오염되었으며 구획화된 경관의 반대가 되었다. 이 개념은 계속해서 과학계의 지지를 받고 있는 이상이며, 이러한 신화가 지속된 가장 큰 책임은 울폐산림 이론을 21세기까지 옮겨온 화분화석학자들―꽃가루 전문가들―에게 돌려야 한다.

화석 꽃가루 증거는 아서 탠슬리, 찰스 모스 같은 20세기 초의 극상 식생 지지자들에게 '결정적인 증거'를 제공했고 현대 유럽인들이 과거를 상상하는 근거가 되었다. 스웨덴의 지질학자 에른스트 야코프 레나르트 폰 포스트는 1916년에 최초의 꽃가루 도표를 작성했다. 그는 이탄 습지의 층들과 호수의 퇴적물에 보존된 나무 꽃가루의 알갱이들을 검토해 마지막 빙하기가 끝났을 때부터 현대까지 서유럽과 중부 유럽의 저지대에 존재했던 숲의 유형을 밝힐 수 있다고 주장했다. 꽃가루 증거에서 참나무, 느릅나무, 라임, 너도밤나무, 개암나무, 서어나무 같은 수종─모두 많은 꽃가루를 방출한다─은 많이 나타나지만 풀, 꽃, 대부분의 관목 같은 비교목성 종들의 꽃가루는 현저히 적게 나타난다. 20세기 과학자들 사이에서는 자신들이 보고 있는 것이 울폐산림의 기록이라는 데 아무 의심이 없었다. 이후의 식물지리학자와 삼림 연구자들도 가설에 의문을 품지 않고 이 패턴을 이어받아 원시 숲을 구성한 종들에 관해 더 자세한 사항들과 후빙기의 경관에 울폐산림이 등장한 정확한 시기만 논했다.

하지만 화분학에는 심각한 맹점이 있다. 페라가 그리는 선사시대의 삼림 목초지 경관, 원시 초본초식동물 무리가 주도하던 이 목초지의 생태계는 야생 자두나무, 산사나무, 개장미, 쥐똥나무, 층층나무, 야생 사과나무, 야생 배나무, 양벚나무, 마가목처럼 햇빛이 필요한 양수성陽樹性 관목 종들로 이루어진 무성한 '임연 식생'이 특징이다. 이런 유형의 경관은 루마니아의 자연주의적 방목 삼림 목초지, 프랑스 쥐라산맥의 서쪽, 독일의 보르켄 파라디스, 슬로바키아의 슬로벤스키 크라스, 영국의 뉴포레스트에 아직 존재한다. 하지만 이 모든 양수성 관목 종은 곤충들에 의해 수분되며 대기에 꽃가루를 거의 혹은 아예 뿌리지 않는다. 꽃가루는 선택된 곤충들에게 들러붙기 위해 대개 끈적거리고 울퉁불퉁하며, 빛이나 먼지 같지 않고 경관 전역에 날리도록 설계되어 있다. 화분학적 관점에서 보면 이들은 거의 보이지 않는다. 꽃가루 스펙트럼에 이런 종이 없다고 이들이 그곳에 없었다는 증거는 아니다. 사실 오늘날 이 종들의 존재 자체가 이들이 과거에 존재한 것이 틀림없음을 증명하며 우리 세계가 원래 울폐산림이었다면 이들이 어떻게 현대까지 살아남았는가라는 의문을 제기한다.

개암나무는 탁 트인 삼림 목초지의 특징인 또 다른 관목으로, 많은 양의 꽃가루를 생산하고 이 꽃가루는 바람에 의해 퍼뜨려진다. 개암나무는 울폐산림에서 살아남을 수 있지만 성공적으로 꽃을 피우고 다량의 꽃가루를 생산하기 위해서는 직사광선을 필요로 한다. 중부 유럽과 서유럽 전체의 대규모 이탄 습지와 호수, 더 작은 집수 웅덩이에서 발견된 꽃가루 총량의 20~40퍼센트가 개암나무 꽃가루다. 하지만 놀랍게도 초기 화분화석학자들은 관목인 개암나무가 울폐산림의 하층 식물을 나타낸다는 근거로 도표에서 꾸준히 누락시켰다. 개암나무는 더 큰 나무들과 경쟁하지 않고, 따라서 화분화석학자들에게 개암나무의 존재는 숲의 교목성 종들의 확인을 어렵게 하는 방해꾼이었다. 화분학의 아버지인 레나르트 폰 포스트가 1916년에 이런 본보기를 만들었다. "나는 [임목의 꽃가루의] 합계에 개암나무 꽃가루를 포함시키지 않았다. (…) 개암나무는 혼합 참나무 삼림에서 관목층으로 주로 나타나고 다른 삼림 유형들과 경쟁하는 개별적 군집은 예외적으로만 형성하기 때문이다." 영국의 식물학자이자 화분화석학자인 해리 고드윈 경은 1934년 『뉴 파이톨로지스트New Phytologist』에 발표한 개암나무 꽃가루 분석에 관한 논문에서 "꽃가루 분석 연구가 시작되었을 때부터 가장 어려운 표본들을 제외한 모든 표본에서 최소 150 알갱이의 꽃가루를 헤아리는 것이 관례가 되었다. 개암나무속-소귀나무속[개암나무와 들버드나무]의 꽃가루는 합계에 포함되지 않는다"고 설명했다. 개암나무 꽃가루는 더 이상 현대의 꽃가루 도표에서 제외되지 않지만 레나르트 폰 포스트의 예를 따라 여전히 목본 '꽃가루 범주'에서만 검토된다. 아무도 개암나무의 꽃가루가 차지하는 높은 비율을 탁 트인 경관의 지표로 고려하는 것 같지 않다. 이런 변칙적 관행은 페라가 보기에 눈을 감고 귀를 막는 것이나 다름없다. 참나무와 마찬가지로 개암나무의 꽃가루는 울폐산림이 아니라 탁 트인 삼림 목초지의 임연 식생의 주요 지표다.

화분화석학자들이 선사시대의 경관에 탁 트인 초원이 거의 혹은 전혀 없었다는 증거로 내놓는 가장 흔한 주장 중 하나가 화석 기록에 목초 꽃가루가 적다는 점이다. 여기에는 명백한 이유가 있을 수 있다. 많은 수의 초본초식동물이 세렝게티에서와 마찬가지로 목초가 꽃을 피우기 전에 먹어치웠을 것이다. 토니 싱클레어에 따르면 세렝게티에서는 동물들이 풀들을 뜯어 먹을 때의 영향이 이런저런 이유로 줄어들 때에만 산발적으로만 목초들이 꽃을 피운다. 하지만 호수와 이탄 습지의 웅덩이에 떨어지는 목초 꽃가루의 양에 영향을 미칠 수 있는 물리적 요인들도 있다. 임연 식생—삼림 목초지의 특징인 가시가 있는 울창한 관목들—이 바람막이 역할을 하는 것이다. 임연 식생은 수세기 동안 동물들이 통과할 수 없는 장벽이자 바람과 눈을 막아주는 보호막으로 우리 경관에 생울타리를 조성했던 것과 같은 종들로 이루어져 있다. 탁 트인 초원에 작은 숲들과 혼자 서 있는 나무들이 여기저기 흩어져 있고 가시가 있는 관목 덤불들이 가장자리를 두르고 섞여 있는 지역인 삼림 목초지의 복잡한 구조에서는 바람의 방향이 바뀌고 차단되어 특히 땅바닥 쪽으로 낮게 위치한 꽃가루를 퍼뜨리기에 훨씬 덜 효과적이다. 심한 바람이 부는 날에도 이곳에는 고요한 지대들이 있다. 이 장벽들은 임연 식생의 모든 나무와 관목에 잎이 무성한 한여름부터 가장 큰 효과를 발휘한다. 풀과 허브들이 꽃을 피우곤 하는 계절이다. 퇴적물에 목초 꽃가루의 비율이 낮은 것은 동물들이 풀을 뜯어 먹는 것과 무성하고 가시가 있는 낮은 임연 식생에 갇힌 꽃가루로 설명될 수 있다.

가시가 있는 이러한 묘목들에서 튀어나와 땅에서 더 높고, 다른 관목이나 나무들에 잎이 나기 전에 꽃을 피우는 개암나무 덤불들은 확산 기회가 더 많다. 개암나무의 꽃가루는 트인 공간들에 이는 상승 기류에 실려 먼 거리까지 날려간다. 이는 개암나무가 지역의 꽃가루비가 모이는 웅덩이들에 고루 나타나는 이유를 설명한다.

마지막으로 페라는 퇴적물에서 목본 꽃가루의 비율이 높게 발견되는 것이 의당 나무들의 비율이 높음을 가리킨다는 화분화석학자들의 가정이 틀렸다고 주장한다. 라임(곤충뿐 아니라 바람에 의해서도 수분된다)처럼 응달에서 자라는 나무들은 울폐 상태에서 살 때보다 혼자 서 있을 때 더 훨씬 더 많은 꽃가루를 생산한다. 이 나무들은 햇빛 아래에서 나뭇가지를 펼칠 공간이 있으면 참나무와 비슷하게 넓은 수관을 발달시켜 줄기의 훨씬 더 낮은 곳에서 꽃을, 그것도 풍부하게 피운다. 관목과 초원 위로 높이 솟은 이 나무들의 꽃가루는 기류에 의해 쉽게 옮겨지고 먼 거리를 이동한다. 페라는 그 결과 특정 지역의 대정원 같은 경관에서 더 적은 수의 나무가 같은 지역의 폐쇄림보다 대기 중으로 꽃가루를 더 많이 배출할 수 있다고 주장한다. 뿐만 아니라 그는 "대형 초식동물들이 풀을 뜯는 대정원 같은 경관의 현대 꽃가루 스펙트럼이 울폐산림이었다고 해석되고 있는 선사시대의 꽃가루 스펙트럼과 종 다양성 및 상대적 대표성 측면에서 현저한 유사점을 보인다"고 지적한다.

하지만 유럽의 원시 경관이 더 탁 트이고 다양했다고 보는 사람이 페라만은 아니다. 영국의 다른 과학자들 또한 최근 다른 방향으로 같은 결론에 접근하고 있다. 사프로실릭 딱정벌레의 독립 연구자인 키스 알렉산더 박사는 반화석—즉 부분적으로 화석화된—사프로실릭 딱정벌레를 울폐산림의 증거로 언급하는 고대 곤충학자들과 싸움을 벌여왔다. 서식스대학의 고생태학자 크리스 샌덤과 동료들은 나무와 관련이 있는 모든 딱정벌레 종을 나무와 전혀 관계없는 많은 딱정벌레까지 포함해 '숲과 나무' 범주에 묶고 이 딱정벌레들이 홀로세 초기에 '대부분 울폐된 삼림지나 반울폐 혹은 전자에 더 가까운 삼림지'가 존재했음을 나타낸다고 주장한다. 알렉산더는 이들이 정확히 반대를 제시한다고 주장한다. 예를 들어 솔왕바구미나 홀로세 초기의 가장 흔한 딱정벌레 중 하나인 작은발머리대장과 같은 사프로실릭 종들은 매우 독특하며, 썩은 심재가 들어 있는 둘레가 넓은 나무줄기를 필요로 한다. 울폐산림 상태에서는 그런 나무들이 생길 수 없다. 알렉산더는 참나무와 개암나무 꽃가루를 산출하는 동일한 이탄지에서 발견되는 딱정벌레들은 오히려 경쟁 없이 성장한 나무들의 존재를 가리킨다고 주장한다.

키스 알렉산더의 입장은 무척추동물 종 및 서식지 정보 시스템the Invertebrate Species and habitats Information System(운 나쁘게도 약어가 ISIS다)에 의해 힘을 얻는다. 최근 내추럴 잉글랜드가 개발한 ISIS는 현대 무척추동물군과 서식지의 연관성에 관한 새로운 분석법이다. ISIS는 종 목록을 그들의 '생태학적 군집 유형'을 기반으로 별개의 그룹들, 그러니까 동일한 지리학적 지역을 점유하고 있는 서로 다른 종의 군집들로 전환해준다. 알렉산더는 서로 다른 고생태학적 시기들에 대한 크리스 샌덤의 데이터를 ISIS에 넣어 객관적인 설명을 개략적으로 제공했다. 초기 홀로세에는 반화석(완전히 화석화되지 않은) 딱정벌레 동물군의 28퍼센트가 초원과 관목에 사는 종이었고 13퍼센트는 수목, 47퍼센트는 썩은 목재에 사는 종인 것으로 나타났다. 후기 홀로세에는 44퍼센트가 초원과 관목에 사는 종이었고 11퍼센트가 수목, 34퍼센트가 썩은 목재에 사는 종이었다. 구성에서는 응달이 필요한 종의 비율이 매우 낮았다. 따라서 나무들은 충분히 나타난 반면 응달은 분명히 드물었다. 따라서 후기 홀로세의 기록들은 탁 트인 초원과 관목이 증가했을 뿐 아니라 초기의 연속적 모자이크 식생이 존재했음을 보여준다. 이는 나지를 개척하는 일종의 개척종pioneer species, 그리고 인간이 땅을 다시 개척하고 농업이 발달함에 따라 나타날 것으로 예상되는 개척종이다. 홀로세 초기와 후기 모두에 대해 주요 개방형 삼림 목초지는 데이터와 일치하지만 울폐산림은 그렇지 않다.

백악질 초원 달팽이 화석 증거에서도 비슷한 양상이 나타난다. 페라가 논문을 마무리하던 1990년대 말 옥스퍼드대학의 강사이자 본머스대학의 연구원이었던 환경고고학자 겸 패류학자인 마이크 앨런 박사는 스톤헨지, 에이브버리, 도체스터, 그리고 웨식스의 크랜본 체이스 부근의 백악질 초원이 후빙기 삼림지로 덮여 있었다는 지배적인 고고학적 믿음에 의문을 제기하기 시작했다. 앨런은 반화석 달팽이 기록이 오히려

다른 나무들과의 경쟁 없이 자란 결실수들과 관목으로 이루어진 탁 트인 초원의 경관을 가리킨다는 것을 깨달았다. 스톤헨지의 새 박물관에서 백악질 경관의 진화를 묘사한 놀라운 시각적 전시를 했는데 여기에 영향을 미친 것이 앨런의 연구다. 초본초식동물과 목본초식동물의 무리가 이 대초원들을 트인 공간으로 유지시키고 달팽이의 서식지를 제공했다. 그리고 초기 인류를 이 지역으로 끌어들인 것이 어마어마한 생물량의 동물들을 지원하는 이 탁 트인 경관이었다.

킹스 칼리지 런던의 강사를 지낸 지의류학자 프랜시스 로즈는 1970년대부터 2006년 작고할 때까지 울폐산림 이론에 대해 고민했다. 로즈의 연구는 주로 착생 산림 지의류와 관련 있었고 그는 30년 동안 특히 뉴포레스트에서 이들을 연구했다. 그는 밀집하여 서 있는 나무들 내에서는 지의류 종—즉 이끼나 우산이끼—이 거의 발견되지 않는다는 점을 알아차렸다. 이 지의류들은 거의 다 빛을 필요로 했고 다른 나무와의 경쟁 없이 자란 나무나 길가와 작은 빈터의 가장자리에 서 있는 나무들에서 발견되었다. 그는 또한 최후빙기, 즉 디벤시안Devensian 시기(기후가 따뜻해지면서 나무들이 우리 경관으로 되돌아오기 전)의 전형적인 서식지인 덴마크의 공유지에서 살아남은 이끼와 북극 고산식물들의 종을 관찰했다. 이 공유지에서 여전히 말들이 풀을 뜯어 먹는다는 사실로부터 로즈는 지역들이 나무로 뒤덮이지 않고 탁 트인 공간으로 유지되는 데 있어 초본초식동물의 역할을 확신하게 되었다. 비슷한 디벤시안 시기의 노퍽주 서식지들은 전통적인 방목을 포기함에 따라 사라지고 있었고 북부 습지 사초, 벌레잡이제비꽃 같은 작은 늪지 식물과 다양한 난초 종, 아북극 선태류들도 함께 사라지고 있었다. 로즈는 페라가 2000년에 발표한 '획기적인' 저서를 읽은 뒤 그에게 열정적으로 편지를 썼다. "그 책은 우리 가운데 많은 사람이 '고전적' 가설, 즉 온대림들이 선사시대에 매우 밀집된 울폐산림이었다는 가설에 많은 의구심을 품게 만드는 모든 점을 노련한 솜씨로 다루었습니다."

울폐산림 – 탁 트인 삼림 목초지 논쟁 전체에서 끊임없이 가장 혼란을 일으키는 근원은 '삼림forest'이라는 단어의 느슨한 정의에 있다. 올리버 래컴이 말했듯이 이 단어는 '과거부터 숱하게 남용되어왔고' 오늘날 무분별하게 사용되면서 우리 경관이 어떤 모습이었는지에 대한 시각을 계속 흐려놓는다. 래컴은 '중세인들에게 삼림은 나무가 아니라 사슴이 있는 곳이었다. 어떤 삼림에 나무가 우거졌다면 그 삼림은 삼림 목초지 전통의 일부를 형성했다'고 말했다. 그리고 프랑스 페라가 보기에 이 중세의 삼림 목초지 전통, 즉 다른 나무와의 경쟁 없이 성장한 야생의 나무, 관목, 그리고 가축들이 풀을 뜯는 목초지로 이루어진 '공유지' 풍경이 유럽의 원래 황무지와 가장 가까운 현대의 유사 경관이다.

중세 라틴어 '포레스티스forestis' —영어의 '포리스트forest', 프랑스의 '포레forêt', 독일의 '포르스트forst'가 여기서 나왔다 —는 메로빙거 왕조와 프랑크족 왕들의 기부 증서에서 법적 개념으로 처음 등장했다. 이 단어는 경작되지 않고 사람이 살지 않는 황무지와 관련되어 있으며 문명화된 정착지와 경작지 영역 '밖의' 지역들을 가리키는 라틴어 '포리스foris'나 '포라스foras'에서 유래했을 가능성이 가장 높다. 이 단어는 전반적으로는 황무지, 개별적으로는 야생 수목, 관목, 야생동물, 물과 물고기들에게 적용되었다. 삼림법하에서 이 모든 '야생' 조항은 왕의 소유였다. 경작되지 않았거나 낫질하지 않은 땅은 주인이 없었다. 왕이 이 주인 없는 땅에 대한 권리를 보유해 멧돼지, 붉은사슴, 노루, 타팬, 오로크스, 들소를 사냥했다. 왕은 또한 '신하에 대한 군주의 일정한 권리'를 보유해 총애하는 귀족들에게 사냥할 권리를 줄 수 있었고 평민들에게 '숲에서 식량을 찾고 가축을 방목하며 꿀벌을 치고 목재와 땔감을 가져가도록 허락했다. 그는 '삼림 감독관'을 두어 이런 허가를 관리하고 할당량을 초과한 이들에게 벌을 내렸으며 수확물 그리고/혹은 강제노동 할당 형태로 이런 혜택에 대한 보상을 받아냈다.

이런 '삼림'은 울폐 삼림지가 아니었다. 이곳에서 사냥된 모든 토종 야생동물(아마 노루만 제외하고)은 정도의 차이가 있지만 풀을 뜯어 먹을 목초지뿐 아니라 먹이와 몸을 숨길 곳으로 이용할 관목도 필요로 한다. 말을 타고 하는 사냥—왕의 스포츠—자체가 끊임없이 이어지는 밀집된 많은 나무라는 현대의 삼림 정의에서는 상상하기 불가능하다.

시간이 지나면서 대형 야생동물 개체군들이 사냥으로 멸종에 가까워짐에 따라 가축 떼가 그 자리를 대신하기 시작했다. 왕은 평민들에게 '돼지방목권'을 주어 가축화된 돼지들을 가을에 숲에 풀어 도토리와 떨어진 과일을 먹고 살찌울 수 있도록 허락했고 그 대가를 받았다. 이 숲은 양수성 야생 배나무, 사과나무, 벚나무로 특징지어지는 경관이었고 숲의 왕은 다른 나무들과의 경쟁 없이 성장한 참나무였다. 영어 단어 '에이커$_{acre}$'—도토리를 나타내는 고대 영어 '애커$_{aecer}$'와 연관된다—는 원래 참나무들이 있는 지역을 나타냈다. 돼지들을 '애커$_{acker}$'할—도토리를 먹여 살찌우는—권리를 가진 사람은 '애커맨ackerman' 혹은 독일어에서는 '아케르뷔르거ackerbürger'라고 불렸다. 소들을 숲에서 방목할 권리도 주었는데, 당시 소들이 현대 품종에 비해 몸이 작았다는 것을 감안해도 오늘날의 기준에서 보면 놀라울 정도로 많은 수의 소에게 방목 권리가 내려졌다. 1644년 프랑스의 왕실 소유림인 퐁텐블로 숲에 367마리의 돼지와 1만381마리의 소가 1만4000헥타르에 방목되었다. 왕실의 사냥을 위해 여전히 많은 수의 사슴이 있던 지역이었다. 평민들에게 숲에서 땔감과 나무 사료를 모을 권리가 주어졌지만 나무들이 재생을 의지하는 가시 있는 관목들을 빼내가는 것을 제한하는 규제는 주기적으로 내려졌다.

현재는 고어가 된 '월드wald'는 최초에 가축 사료로 이용할 수 있는 나무의 잎들을 가리키기 위해 사용되었다. 나중에 이 단어는 그런 나무들이 자라는 경작되지 않은 땅과 관련해 사용되었고 '삼림'과 동의어가 되었다. 그 단어에서 사우스월드Southwold, 코츠월즈Cotswolds, 그리고 우리의 서식스 '월드Weald' 같은 지명에 포함된 'wold'가 나왔다. 중세에는 '삼림'과 '목초지' 간에 구별이 없었다. 'wald'가 둘 다와 그 외 여러 가지를 나타냈다. 이는 관목, 작은 나무숲, 가시 있는 관목, 혼자 서 있는 큰 나무들, 초원으로 이루어진 모자이크가 특징인 체계였다. '나무'—혹은 '삼림'—는 나무가 서 있는 다른 모든 식생의 필수적인 부분으로 여겨졌다. 나무들의 잎과 가지도 가축 사료였기 때문에 개념적으로 초원과 다르지 않았다.

18세기에 영국에서는 목재에 대한 수요 변화로 성목들이 연속해 있

야생 쪽으로

는 인공림을 처음으로 조성하게 되었다. '삼림지'와 '목초지' 개념은 점차 분리되었다. 하지만 두 용어가 서로 양립할 수 없게 된 것은 19세기에 이르러서였다. 왕립 색슨 임학학회Royal Saxon Academy of Forestry를 창립한 독일의 하인리히 폰 코타는 현대 임학 ─ 곧 유럽을 휩쓸었던 관행들 ─ 개념을 개척했다. 인공 조림지에서 가시 있는 관목들은 방해꾼이 되었다. 그리고 묘목을 보호해주는 이 관목들이 없으면 초본초식동물과 목본초식동물이 황폐화를 불러온다. 이제 경계 주변에 도랑을 파거나 울타리를 세워 어떤 일이 있어도 가축과 사슴 같은 야생 유제동물들이 조림지에 들어가지 못하게 막아야 했다. 나무의 재생에서 가시 있는 관목들이 수행하는 역할은 곧 완전히 잊혔다. 가시 있는 관목들이 없으면 나무는 ─ 현대 임학에서 명시한 대로 ─ 초본초식동물들이 있는 곳에서 자연적으로 재생할 수 없다. 동물과 가시 있는 관목들이 빠지면서 '자연적 재생'은 '단순히 성목에서 떨어진 씨앗의 발아'로 재정의되었다. '삼림'은 나무들이 있는 곳, '목초지'는 나무들이 없는 초원이 있는 곳이 되었다. 삼림과 목초지 사이의 역학은 사라졌다. 삼림 목초지는 퇴화된 울폐산림, 인간의 도끼에 의해 탁 트인 곳이 되고 초본초식동물에 의해 그 상태가 유지된 경관으로 여겨지게 되었다. 이제 고대와 중세의 글들이 어떤 장소를 '삼림'이라고 묘사하면 현대의 독자들은 마음속으로 울폐산림을 그리지만 실제로는 전혀 다르다. 올리버 래컴은 "현대의 삼림을 다루는 사학자들은 현대 삼림이 중세의 삼림 체계를 계승했다고 가정하는 함정에 종종 빠진다. 하지만 그 둘은 이름 말고는 공통점이 거의 없다"고 말한다.

나무에 대한 실용적 지식을 갖춘 사람에게는 대부분 상식인 증거들을 생각하면 왜 다른 과학자들이 '페라 이론'에 그토록 화가 났는지 이해하기 어렵다. 하지만 학계는 때때로 비생산적이고 종종 정체된 이상한 곳이다. 새로운 사고에 개방적이고 빠르게 반응하길 기대하는 분야에서 학계는 이상하리만치 보수적이고, 급진적 개념들에 저항적일 수 있다. 학계는 기존 이론들의 뿌리에서부터 유기적으로 성장하는 이론을 선호하는 경향이 있다. 동료 검토로 평가되는 논문들은 그 주제에 관한 이전의 출판물들을 그 내용에 동의하건 동의하지 않건 간에 인정할 의무가 있고 이전에 나온 것에 대한 노골적인 거부는 대개 권장되지 않는다. 이런 환경에서 페라의 이론처럼 급진적인 것은 쉽게 받아들여지지 않는다. 영국의 생태학자들이 '정통적 사고에 대한 도전'이자 '과학적 기본 가정을 무너뜨리는' 시도라고 묘사한 페라의 연구는 거의 한 세기 내내의 연구와 전문적인 활동들이 의지해온 기준선을 재정의해 이전에 확립되어 있던 과학적 이론과 특히 화분학이 세운 가정들의 뒤통수를 쳤다. 학자들이 완전히 다른 패러다임을 수용하는 건 고사하고 실수를 재조정하거나 인정하는 데만 해도 시간이 걸릴 것은 분명하다. 속담대로 '과학은 장례식을 한 번 치를 때마다 발전한다'.

2003년에 넵을 방문하고 몇 달 뒤 키스 커비는 상황을 개선할 치열한 논쟁이 되길 희망하는 토론을 개시함으로써 작업을 시작했다. 커비는 영국의 정부 기관들이 재야생화 개념과 '거의 자연적인 지역'의 조성에 관해 얼마간 관심이 있지만 잉글리시 네이처가 넵의 프로젝트를 후원하기 위해 상급 정책 차원으로 환경식품농무부에 접근하려면 먼저 광범위한 과학적 합의가 이루어져야 한다고 설명했다. 이에 그는 어떤 합의를 이뤄내려는 노력의 일환으로 과학자와 환경보호론자들에게 자연 방목에 관한 온라인 토론에 기고를 권하고 '영국의 상태에 적용되는 페라의 가설을 지지하는 증거의 검토'를 의뢰했다. '살아 있는 숲과 새로운 목초지'라는 제목이 붙은 연구 프로젝트에 관한 정보 소개에서 그는 프로젝트의 목표를 다음과 같이 설명했다.

최근 네덜란드의 생태학자인 프란스 페라는 자연림이 어떠한지에 관한 개념들에 이의를 제기했다. 그는 한때 영국을 포함해 서유럽 대부분의 지역을 덮었던 원시림이 실제로는 사실상 삼림 목초지와 다르지 않게 다소 탁 트인 공간이었을 수 있다고 제시했다. (지금은 멸종한) 들소 같은 대형 동물들이 숲의 형성에 수행한 역할이 과소평가되어왔다는 데는 거의 의심의 여지가 없지만 영국의 많은 지역이 실제로 드문드문 수목이 자리한 탁 트인 초원지대였는지는 논란의 여지가 있다.

그러나 이전의 경관이 어떠했는지와 관계없이 페라와 그의 동료들의 연구는 자유롭게 돌아다니는 소와 그 외의 대형 초식동물들에 의해 풍요로운 혼합 경관이 대규모로 조성되고 유지될 수 있음을 보여준다. 오스트파르더르스플라선의 5000헥타르의 보호구역은 이를 실제로 보여주는 예다.

이런 접근 방식이 영국의 상태에 적절할까? 우리가 알고 싶은 것은 바로 이것이다.

영국이 유럽 대륙과 동일한 진화의 역사를 공유했고 분리된 지는 8200년밖에 되지 않았음을 감안하면, 우리의 과학자들이 영국의 생태학적 상태가 유럽과 상당히 다를 것 같다고 생각하는 점은 놀라웠다. 8200년이면 진화에서는 눈 한 번 깜빡할 시간이다. 우리는 또한 과학적 논쟁에도 불구하고 영국의 대응이 지나치게 조심스럽다고 느꼈다. 인구 밀도가 더 높고 이것저것 해볼 땅이 훨씬 더 작은 네덜란드는 기꺼이 재야생화를 시도해보고 있었다. 하지만 상당히 더 작은 규모의 우리의 넵 프로젝트는 타당성 조사, 난해한 정의, 보건과 안전상의 두려움이라는 수렁에 빠졌다. 땅을 그냥 놔주고 자연에 일을 맡기는 것이 영국 당국에게는 우리 상상보다 훨씬 더 도전적인 문제였다. 자연에 대한 영국의 태도에는 섬나라 근성, 편협한 시야가 배어 있는 듯 보였다.

개인 토지 소유인인 우리가 외부 지원 없이 땅의 재야생화를 추진하는 일을 막을 수 있는 건 없었지만 우리는 정부나 다른 곳으로부터의 자금 지원이 필요했다. 주로 사유지의 경계를 둘러싸는 사슴 울타리 설치비를 충당하기 위해서였다. 2004년 11월 24일에 보낸 이메일에서 키스는 넵에 대한 잉글리시 네이처의 입장을 상세히 설명했다. '우리의 농업 정책 전문가들이 지금까지 내놓은 조언은 a) 제안에 대한 적절한 과학적 근거와 b) 잠재적인 현실의 문제들을 검토해왔다는 증거가 없으면 중요하고 참신한 아이디어를 제시해봤자 별 의미가 없으리라는 것이다.' 요컨대 '잉글리시 네이처는 땅에 대한 관리 계획에 주요 자금 지원자가 되지는 않을 것 같다'.

하지만 우리로서는 무척 다행스럽게도 넵에 대한 우리 계획들이 자체적으로 탄력을 받고 있었다. 2003년에 우리는 렙턴 대정원의 복원을 지원한 정부 농업환경 프로그램인 농촌관리계획으로부터 추가 자금 지원을 받았다. 사유지는 이제 도로들로 분리된 세 개의 별개 구역으로 나뉘었다. 우리는 이들을─다소 상상력이 부족하게─북쪽 구역, 중간 구역, 남쪽 구역이라고 불렀다. 북쪽 구역은 A272 도로 북쪽의 땅들이고, 중간 구역에는 성, 렙턴 대정원, 옛 성, 에이더강이 포함되었다. 남쪽 구역은 스왈로 도로 남쪽의 나머지 땅이었다. 중간 구역 서쪽에 시플리 마을 주변의 길들로 분할된 작고 좁은 땅들로 이루어진 지대는 울타리로 둘러싸인 지역의 밖이었지만 최소한 개념적으로는 여전히 프로젝트에 포함되었다.

농촌관리계획과 맺은 새로운 합의로 우리는 중간 구역 전체─280헥타르─와 북쪽 구역을 정원 복원에 포함시킬 수 있었다. 찰리의 사촌이자 우리 이웃인 앤서니 버렐이 자신의 땅 75헥타르를 프로젝트의 북쪽 구역에 보태주어 이 구역은 총 235헥타르가 되었다. 이제 우리는 사슴 울타리를 중간 구역의 바깥 경계로 옮겨 한때 스왈로 농장이었던 곳을 흡수하고 북쪽 구역의 4.5마일에 이르는 경계 주변에 사슴 울타리를 설치하는 한편 12마일의 또 다른 내부 울타리를 제거할 수 있었다. 우리는 렙턴 대정원 복원에 사용했던 값비싼 야생화 혼합씨앗을 포기하고 농촌관리계획의 표준 토종 목초 혼합씨앗을 그때까지 영구 목초지에 속하지 않았던 북쪽 구역에 뿌렸다.

대정원 복원 구역들─중간 구역과 북쪽 구역─은 당분간 계속 분리되어야 했다. 우리가 초본초식동물들이 통행할 수 있도록 A272 도로 위에 세우고 싶었던 육교는 자금 지원을 받기에는 비용이 너무 많이 든다고 여겨졌다. 친환경 다리를 개척한 곳은 네덜란드다. 네덜란드에서는 1988년 이후 62개의 '생물 이동 통로'가 건설되었다. 가장 처음 세워진 것 중 하나가 아른험 근방의 테를레트 육교인데, 세운 지 6년도 되지 않아 사슴, 멧돼지, 붉은여우, 오소리, 숲쥐, 첨서, 들쥐들이 나무가 심긴 이 육교를 이용했다. 에인트호번 근방에 있는 그로에네 바우트 생물 이동 통로에는 일련의 작은 연못들이 가로지르고 있고 양서류를 위한 진입 경사로가 있다. 스웨덴에서는 육교가 엘크와 노루들이 일으키는 교통사고를 줄이는 데 이용되어 상당한 성공을 거두었다. 차에 치여 죽는 사고뿐 아니라 물리적, 유전적 격리로 인해 서서히 나타나는 영향 측면에서 붐비는 도로가 야생생물들에게 미치는 영향은 심지어 오늘날에조차 영국에서는 거의 완전히 간과되고 있다. 이렇다 할 만한 친환경 다리가 영국에는 고작 두 개뿐이다. 하나는 자연경관 우수 지역으로 지정된 켄트주 하이 월드의 스코트니 성에 있는 A21 도로 위의 다리다. 다른 하나는 런던의 마일엔드 공원의 단편화를 극복하기 위해 지은 것으로, 5차선 도로인 M11을 가로지른다. 친환경 다리들이 영국의 자연보호를 위한 바람직하고 필요한 도구로 여겨지기까지는 갈 길이 멀다.

사슴 사냥터를 확장하도록 영감을 준 것은 1754년에 작성된 '크로 지도Crow map'에 묘사된 사유지까지 거슬러 올라간다. 거의 두 세기 동안 넵의 주인이었던 철기 제작자 캐릴 가족으로부터 이곳을 구입한 존 위커가 의뢰한 크로 지도가 성의 복도에 걸려 있다. 두 장의 울퉁거리는 피지에 그려진 넵의 경계선은 앞발을 치켜들고 구걸하듯 앉아 있는 잡종견 같아 보인다. 기우뚱한 'L'자 모양의 호수가 소화관처럼 한가운데를 통과해 흐른다. 지도에서 사유지의 경계는 특이한 모양으로, 지금의 A272 도로—개의 머리와 발들—의 북쪽에 동글납작한 돌출부를 포함하고 있어 옛 성에 속한 중세의 사슴 사냥터의 남은 부분을 포함하도록 확장되었음을 암시한다. 농촌관리계획은 대정원 복원의 예전 정의에 따라 이 지역을 포함시키는 것에 만족했다. 노르만인들이 험프리 렙턴의 경관을 재개척하게 하는 것은 생각만 해도 짜릿했지만, 우리는 또한 우리가 대단히 운이 좋다는 것도 알고 있었다. 우리는 환경식품농무부가 경작지를 자연 서식지로 되돌리기 위한 풍부한 자금을 유럽에서 받고 농촌관리계획에 이미 포함되어 있던 프로젝트들을 확장시키길 원할 때 그곳의 문을 두드렸다.

그 뒤 얼마 지나지 않아 남쪽 구역을 농사에서 해방시킬 수 있는 또 다른 뜻밖의 도움이—이번에도 유럽의 지원으로—우리를 찾아왔다. 2003년 6월 유럽연합의 농무부 장관들이 농업 생산 '비연계decoupling' 보조금을 기반으로 공동농업정책의 근본적인 개혁안을 발표했고 이를 2005년 5월에 시행하기로 했다. 사라지는 보조금 제도는 경작 가능한 작물을 가장 수익성이 높은 쪽으로 몰고 가 우리 같은 농민들이 수십 년 동안 부적절한 땅에 이 작물들을 심도록 하는 결과를 낳았다. 보조금에 동기부여를 받은 우리는 과잉 공급으로 전 세계적으로 가격이 떨어지고 있던 농작물 생산을 전문으로 했다. EU 개혁안의 목적 가운데 하나는 영세농들에게 각자의 땅에 더 적절한 다른 작물이건, 전적으로 다른 형태의 토지 관리건 대안을 검토할 기회를 주는 것이었다. 놀랍게도 이 정책 변화를 활용한 영국의 농민은 거의 없었다. 농민들은 자신이 알고 있던 것을 끈질기게 고수했다. 하지만 우리에겐 이 정책이 판을 뒤집을 기회였다. 우리는 모든 땅에서 집약농업을 중단하고 실질적으로 전부 휴경지로 만들어 놀리면서 새로운 이른바 단일 농가 직불금Single Farm Payment을 계속 청구할 수 있었다. 지급액은 우리가 지난 3년 동안의 농사로 받았던 보조금의 평균에 기초할 것이다. 유일한 조건은 땅이 '경작 가능 상태'로 유지되는 것이지만 비료를 주고 도랑을 관리하며 산울타리를 잘라주면 우리 보조금의 80퍼센트 이상이 통장에 들어올 것이다. 생각할 필요도 없는 쉬운 문제였다. 우리 땅에서의 농사는 도급업자를 이용해도 2003년까지 손해를 보고 있었다. 찰리의 숙부가 인건비와 기계 비용을 부담했지만 우리는 여전히 연료, 비료, 농약 가격이 끊임없이 상승하는 종자 비용과 숙부를 도급업자로 고용하는 비용을 내야 했다.

한편 작물 가격은 급격히 떨어지고 있었다. 밀 가격이 농촌지불청Rural Payments Agency의 기록이 시작된 1994년의 톤당 125파운드에서 2004년에는 68파운드 이하로 떨어졌다. 찰리의 숙부에게 넵과의 계약을 포기하라고 설득할 필요도 없었다. 그는 우리 땅에서 농사를 지으면서 거의 수익을 내지 못했고 농사를 계속하고 싶으면 재협상을 해야 했다. 몇 년 내에 숙부 역시 계약농업을 포기하고 소를 기르는 데 노력을 집중할 것이다. 수십 년 동안 집약농업에 유리하게 넵에서의 토지 관리 결정을 왜곡시켜온 보조금들이 이제 경작물 재배와 연계되지 않게 되었다. 우리는 우리 토양을 쟁기로부터 해방시켜 땅이 원상태로 되돌아가게 할 수

있었다. 갑자기 우리에게 자력으로 자연주의적 방목 프로젝트에 착수할
자금이 생겼다.

야생 조랑말, 돼지, 롱혼 소 (6)

우리는 동물이 불완전하고 우리보다 한참 아래인 그들의 비극적인 운명을 생각해서
동물을 돌본다. 하지만 바로 여기서 우리는 실수, 엄청난 실수를 범한다.
동물은 인간에 의해 평가되어선 안 되기 때문이다. 우리 세계보다 더 오래되고 더 완전한
세계에서 동물들은 우리가 잃었거나 아예 얻은 적 없던 확대된 감각을 타고났고 우리가
절대 듣지 못할 소리들에 따라 살아가는 더 완성되고 완벽한 존재다.

_헨리 베스턴, 『세상 끝의 집The Outermost House』, 1928년

우리와 같은 유형의 땅에서 같은 곤경에 처한 다른 농민과 토지 소유자
들이 우리와 같은 패를 내길 원치 않는다는 건 상상이 잘 되지 않는다.
농사를 포기하고 경작지를 자연 서식지로 돌리기 위한 보조금을 챙기
면서 땅을 회복시킬 기회를 잡고 우리 시골에서 사라진 야생생물의 일
부를 복원하려 하지 않을 사람이 누가 있겠는가? 75헥타르의 땅을 북
쪽 구역에 보태주겠다는 사촌의 약속에 고무된 찰리는 주요 도로들이
교차하며 생긴 넵 주변의 1만 에이커의 직사각형 구역까지 프로젝트를
더 확장할 분명한 가능성에 따라 지도를 그렸다. 2003년 8월 6일 우리
는 이웃 농민들과 땅 주인 50명을 오후의 프레젠테이션과 그 뒤 대정원
오두막에서 열린 저녁 식사에 초대했다. 우리는 논쟁의 여지가 있는 '재

야생화'라는 단어를 피하고 이날을 '원시림의 날'이라 불렀다. 네덜란드 정부의 환경 자문인 한스 캄프가 오스트파르더르스플라선이라는 증거를 제시하고 초본초식동물과 자연적 과정들에 관한 페라의 이론을 설명하기 위해 네덜란드에서 차를 몰고 왔다. 테드 그린은 스페인, 포르투갈, 루마니아, 영국의 뉴포레스트의 삼림 목초지 생태계들의 슬라이드를 보여주었고, 서식스 야생생물 신탁Sussex Wildlife Trust의 CEO 토니 휫브레드는 서식스에 이런 생태계를 조성할 때의 엄청난 생물학적 잠재력에 관해 이야기했다.

우리는 도전적인 아이디어라는 건 알고 있었지만, 참석자들이 최소한 잠깐만이라도 관심을 보이고 시간이 지나면서 이 관심이 프로젝트에 대한 지원과 심지어 힘을 합치고 싶다는 마음으로 이어지길 바랐다. 우리는 이런 희망이 얼마나 어림없는 것인지 몰랐다. 싸우는 코니크 종마들, 몰려드는 회색기러기, 구더기가 들끓는 동물 사체들을 피하는 네덜란드의 배낭 여행자들을 담은 한스의 슬라이드는 차가운 침묵과 맞닥뜨렸다. 찰리가 일어나서 향후 5년 동안 넵의 경관이 어떻게 바뀌리라 예상하는지, 그러니까 서식스의 잘 정돈된 밭과 깔끔하게 손질된 생울타리들이 걷잡을 수 없이 자란 관목과 제약받지 않는 습지가 되어가는 것을 보여주자 방에는 못마땅한 웅성거림이 일었고 여기저기서 사람들이 고개를 저었다. 우리 이웃들(친척들을 포함한)이 단지 이 프로젝트가 자신들과 맞지 않는다고 생각한 것만은 아니었다. 나중에 그들과 이야기하면서 찰리와 나는 그보다 더 본능적인 문제라는 것을 깨달았다. 이 아이디어는 자존심 강한 모든 농민의 노력에 대한 모욕, 땅의 부도덕적 낭비, 그리고 영국식 기질에 대한 공격이었다.

2003년 8월의 그날, 대놓고 질겁하진 않아도 설득당하지 않은 채 떠나면서 이웃들은 우리가 두 달 전 대정원에 들여놓은 옛 잉글리시 롱혼 떼를 지나갔을 수 있다. 우리는 숙고 끝에 헤크 소를 들이지 않기로 결정했다. 오스트파르더르스플라선에서 헤크 소들이 활동하는 것을 보며 우리는 이 소들을 시플리 교구에 들여오기에는 스페인 투우의 피가 너무 많이 섞여 있다고 느꼈다. 오솔길을 산책하는 사람들, 특히 개를 데리고 나온 사람들이 안전해야 했다. 우리는 연중 내내 바깥에서 살아남을 수 있도록 야생 조상들의 유전자를 충분히 갖추되 순하고 다루기 쉬운 전통적인 품종이 필요했다. 찰리는 할머니가 사랑하던 레드폴 종, 그가 16년 전에 싸게 팔아버린 그 소떼들이 여기에 완벽하게 적합하다는 것을 뼈아픈 후회와 함께 깨달았다.

우리는 잡석을 옮기는 지역 도급업자를 통해 우연히 잉글리시 롱혼 품종을 알게 되었다. 그는 개트윅에서 이 소떼를 길렀는데, 여분의 소들이 있었다. 14마리의 암소와 새끼를 낳지 않은 어린 암소들—짙은 갈색과 흰색 털에 등에는 '핀칭finching'이라 불리는 뚜렷한 흰색 줄이 있다—은 대정원에 즉각 강한 인상을 심어주었다. 때로는 텍사스 롱혼(직접적인 관계는 없다)처럼 위로 휘고, 때로는 아래쪽으로 향해 얼굴을 둘러싸며, 가끔 기묘하게 다른 방향들을 가리키는 인상적인 뿔을 가진 이 품종에겐 오로크스의 흔적 이상의 것이 있었다. 그들의 혈통은 16세기와 17세기에 잉글랜드 북부에서 짐수레를 끄는 데 이용되던 황소까지 거슬러 올라간다. 이 소들은 수명이 길고 새끼를 쉽게 낳으며 젖에 버터 지방 함량이 높고 뿔의 투명한 조각들이 단추, 날붙이, 램프, 가난한 사람들의 컵을 만드는 데 사용되어 귀하게 여겨졌다. 이 품종은 산업혁명 때 증가하는 도시 인구에게 공급할 소고기를 얻고자 개량되었지만 현대 농업이 유제품을 얻기 위해서는 프리지아 종과 홀스타인 종, 고기를 얻기 위해서는 빨리 자라는 샤롤레 종, 헤리퍼드 종, 애버딘 앵거스 종 같은 짧은 뿔의, 혹은 뿔이 없는 전문적인 종들로 빠르게 옮겨가면서 대부분의 전통 소와 마찬가지로 밀려났다. 그러다 1980년에 희귀품종 보존 신탁Rare Breeds Survival Trust 덕에 흔적도 없이 사라지는 운명을 면했다.

다마사슴과 마찬가지로 소들이 정착하는 데는 시간이 걸렸다. 소들은 처음 몇 주 동안은 경계 울타리를 따라가며 자신들의 영역을 조사했고, 그런 뒤에야 내부 탐사를 시작해 집 밖을 돌아다니고 호수와 연못을 살펴보며 끊임없이 움직였다. 이 소들에겐 이런 자유가 생소했지만 예전에 농장의 제한된 환경 속의 소들만 봤던 우리로서는 놀라운 행동들을 보였다. 이들은 나무 속을 누비고 다니며 나무줄기와 낮은 나뭇가지들에 몸을 문지르고, 다마사슴의 브라우즈라인 위로 머리를 치켜들어 끈적거리는 긴 혀로 잎과 싹을 떼어서 먹고, 연못과 개울의 가장자리를 뒤적여 먹이를 찾고, 습지를 헤치고 걸었다. 소들은 호수에 물이 흘러들어오는 쪽에 자란 갯버들을 좋아하는 것 같았고 파리와 깔따구들이 성가시게 굴면 나뭇가지에 뿔을 문질러 잎과 껍질을 떼어내고 수액을 방충제로 얼굴에 발랐다. 그런 모습은 모두 나이가 같고 수명이 짧으며 자극이 불충분하고 특색 없는 들판에서 머리를 숙이고 있던 우리의 프리지아 종 및 홀스타인 떼와는 매우 달랐다. 우리의 낙농 시스템은 현대의 기준으로 볼 때 결코 나쁘지 않았다. 하지만 우리가 동물 전체를 보는 능력을 잃었다는 것을 이젠 깨달았다. 우리에게 소는 대부분 획일적이고 기능적이 되었다. 인간과 소의 길고 가까운 관계를 생각하면 슬픈 결론이다. 하지만 우리가 집약적 농업이 요구하는 비인간적인 시스템을 통해 동물을 더 쉽게 다룰 수 있게 만든 것은 아마도 바로 이러한 개성의 축소, 자연적 표현의 제한이었을 것이다.

대부분의 잉글리시 롱혼은 넵에 도착했을 때 임신한 상태였고 몇 주 지나지 않아 최초의 송아지들이 태어났다. 다마사슴과 마찬가지로 우리는 도랑이나 산울타리에 누워 있는 갓 태어난 송아지들을 갑자기 만나곤 했다. 새끼 사슴을 우연히 발견했을 때보다 훨씬 더 당황스러웠다. 특히 새끼를 낳을 때 개입하지 않는다는 것이 완전히 생소하게 느껴졌다. 우리는 소들의 타고난 전문적 기술을 믿고 이유 없이 개입하지 않으려고 의식적인 노력을 기울여야 했다.

새끼를 낳기 직전에 암소는 출산에 적당한 장소를 찾기 위해 무리를 떠난다. 어떤 때는 평생 그 장소에서 새끼를 낳는다. 하지만 습관을 중시하는 소가 아니라면 우리가 그 소의 송아지를 발견해 귀표를 다는 데 며칠은 아니라도 몇 시간은 걸릴 수 있다. 다른 농민들과 마찬가지로 우리도 법에 따라 송아지에 귀표를 달아야 한다. 출산 직후에 암소는 종종 쐐기풀을 찾아 먹는데, 아마 철분 보충을 위해서일 것이다. 어미는 새로 태어난 송아지에게 젖을 먹인 뒤 무리로 돌아오며, 송아지가 대개 태어난 지 2, 3일 되어 어미를 따라다닐 정도로 튼튼해질 때까지 때로는 수 마일을 동료들과 송아지 사이를 오간다. 송아지가 무리에 들어가는 건 중요한 사건이다. 소들은 모여들어 부드럽게 음매 하고 울면서 한 마리씩 신참들에게 코를 킁킁거림으로써 그 냄새와 존재감을 집단적으로 기억에 새긴다. 송아지들이 아직 어릴 때는 대개 한두 마리의 노련한 소가 그들을 지키고 무리는 먹이를 구하러 이동한다.

　소떼들이 인식 가능한 패턴으로 자리 잡는 데는 약 2년이 걸렸다. 우리는 소들이 초봄에 나온 풀이나 검은딸기나무 사이에 새로 돋아난 연한 쐐기풀을 냄새로 알아내거나 여름에 몸을 식히고 비가 오면 숨는 장소를 예측하기 시작했다. 그 무렵, 늘어나는 수송아지들을 포함해 다세대 구조가 발달하기 시작했고, 지배적인 암컷들이 힘을 과시했다. 소들은 또한 의사결정자인 우두머리—나이 든 암소—를 선택했다. 이 우두머리 암소에게는 무리를 자극해 행동하게 만드는 권위가 있다. 무리가 햇살을 받으며 느긋하게 쉬고 있거나 숲의 따뜻한 낙엽 속에 숨어 있을 때 갑자기 우두머리가 우렁찬 울음소리를 내며 앞장선다. 새 목초지로 이동할 시간이 된 것이다. 그러면 무리는 일제히 몸을 일으켜 우두머리 뒤를 느릿느릿 따라가고, 때로 우두머리가 힘차게 빨리 걸으라고 독려하며 큰소리로 울면 순종적인 음매 소리로 응답한다. 어떤 미지의 임무를 안고 플레저 그라운드를 헤치고 나아가는 소들을 보면 『정글북』에 나오는 코끼리들의 행진이 떠오른다. 물론 키플링의 대장 코끼리인 하티 대령이 나이 든 사나운 암컷이어야 했다는 점만 제외하면 말이다. 코끼리와 사슴을 포함해 무리 지어 사는 동물은 대부분 암컷이 수컷을 압도하고 심지어 활기찬 어린 수컷을 견제하는 모계사회의 지배를 받는다.

농장에서 소와 일반인들 사이에 일어나는 거의 모든 사고는 대개 단일 성별로 이루어진 한 세대의 어린 동물 무리가 한 들판에 함께 있을 때 일어나며, 흔히 개를 보고 자극을 받는다. 타고난 집단 역학을 박탈당한 수송아지와 아직 새끼를 낳은 적 없는 암소들은 부모의 통제가 결여된 지루해하는 십대들과 비슷하다.

일단 소들이 정착할 정도로 시간이 흐르자 자유롭게 돌아다니는 롱혼들과 오솔길에 관해 우리가 걱정할 필요는 없다는 점이 분명해졌다. 이 소들은 위압적인 외양에도 불구하고(뿔이 황소를 의미한다고 생각하는 사람이 얼마나 흔한지 놀라울 정도다) 산책하는 사람과 개들에게 눈썹을 치켜올리는 일은 거의 없다. 누군가가 어미와 송아지 사이에 들어간 경우에만 눈을 깜빡이며 고개를 낮춘다. 수세기에 걸친 가축화와 품종 개량에 의한 공격적인 유전자 제거로 이들의 극적인 뿔이 가하는 위험은 감소했지만 궁극적으로는 모성본능이 이긴다.

소떼가 자연적으로 늘어나게 한다는 것은 송아지들이 거의 어미만큼 몸집이 커질 때까지 젖을 빨 수 있다는 뜻이다. 자연에서 암소는 다음 출산에 대비해 젖통이 '자루처럼 불룩해지면', 그러니까 여분의 젖으로 부풀어오르면 대개 새끼를 젖꼭지에서 쫓아내기 시작할 것이다. 하지만 새 송아지가 태어난 뒤에도 가족의 유대는 강하게 남아 있다. 이 역시 우리가 잘 보지 못했던 복잡한 관계였다. 나는 찰리의 조부모님이 아직 살아 계실 때 사유지의 집에 살면서 바로 옆 축사에서 최근에 어미와 떨어뜨려놓은 송아지들이 울부짖는 소리를 들으며 고통스러운 밤을 보냈던 일을 기억한다. 그 송아지들은 초유—출산하고 처음 며칠 동안 젖꼭지에서 분비되는 노란색 크림으로 항체가 풍부하게 들어 있다—를 먹는 혜택은 허락받았지만 태어난 지 사흘 만에 송아지들끼리 분리되어 하루 중 정해진 시간에 자동화된 기계에서 공급되는 분유를 먹었다. 수송아지들은 '흰색' 송아지 고기를 제공하기 위해서는 약 18~20주 되었을 때, '분홍색' 고기를 제공하기 위해서는 22~35주 되었을 때 끌려가 도살당한다. 최상급의 어린 암소들은 낙농 가축 무리를 유지하기 위해 넵에서 길렀지만 나머지는 시장에서 팔아치웠다. 낙농장에서는 인간의 소비를 위한 우유 생산의 쳇바퀴에 다시 합류한 어미가 때로는 며칠 동안이나 송아지를 부르곤 했다. 젖소의 삶은 가혹하다. 서너 마리의 송아지를 낳고 1년 365일 동안 매일 평균 22리터의 우유를 생산해온(우리가 길렀던 어떤 암소는 젖 분비량이 하루 최대 75리터였다) 대여섯 살된 암소는 도살장에 갈 준비를 마친다. 암소 고기는 개 사료와 고기 파이 정도에나 적합하다. 자연에서 암소가 송아지를 위해 생산하는 젖의 양이 하루에 3~4리터라는 것을 감안하면 당연히 암소의 건강은 많은 해를 입었다. 현대의 젖소들이 겪는 한 가지 특별한 고통은 세균 감염으로 젖통에 고통스러운 염증이 발생하는 유선염이다. 영국에서는 100마리로 이루어진 암소 무리에서 매년 70건이나 되는 유선염이 발생할 수 있다.

그러나 우리의 자연주의적 시스템에서는, 특히 우리가 소떼를 늘리고 있을 때는 새끼를 낳지 못하는 늙은 암소들도 계속 살게 할 수 있고 인도주의적 근거가 있는 경우에만 도태시킨다. 가장 나이가 많은 암소는 스물한 살이라는 고령에 이를 것이다.

봄의 풀들이 돋아나기 전인 3월 초에 잉글리시 롱혼들의 옛 주인은 소들이 인간의 개입 없이 무사히 겨울을 견뎠는지 염려되어 우리를 방문했다. 소들은 겨울 동안 예상대로 몸무게가 약간 줄었지만 잔가지와 식물을 잔뜩 뜯어 먹어 튼튼하고 건강했으며 여름에 태어난 송아지들도 무럭무럭 자라고 있었다. 그는 우리가 소들에게 보충적인 먹이를 주지 않았다는 사실을 믿지 못했다. 수의사를 부를 필요도 없었고, 강가에서 태어난 송아지가 강에 빠져 죽은 한 건의 사고를 제외하고는 분만 문제도 없었다. 우리의 분만 및 건강 통계 수치는 대부분의 전통적인 목장들보다 더 우수했다.

소를 들여오고 몇 달 뒤인 2003년 11월에 엑스무어 종의 암망아지 6마리가 대정원에 도착했다. 가을에 연례행사로 몰아들여 시장에 내놓은 엑스무어 중에서 엄선한 이 망아지들은 일생에서 두 번째로 이동을 위해 차에 실렸다. 망아지들이 다시 자유를 향해 트레일러를 박차고 나와 전속력으로 달릴 때 우리는 롱혼보다 훨씬 더 야생의 동물을 다루고 있다는 걸 알 수 있었다. 야생마와 보존 방목 전문가인 네덜란드의 읍 판데르 플라사커르가 우리에게 이 품종에 관해 조언을 해주었다. 읍에 따르면, 엑스무어는 유럽에서 가장 오래된 말에 속하며 유전적으로 코니크보다 원래의 타팬에 더 가깝다. 코니크가 1984년 오스트파르더르스플라선에 선택된 주된 이유는 타팬의 직계후손이라는 믿음 때문이었다. 이 주장이 타당하건, 그렇지 않건(읍은 의심스러워한다) 그는 보존 방목 프로젝트들에서 멸종한 야생마의 대체물로 하나 이상의 품종을 이용해야 하는 강력한 유전적, 생태학적 근거가 있다고 여긴다. 카르파티아산맥의 후쿨, 북유럽에서는 노르웨이의 피오르 조랑말이나 스웨덴의 고틀란드 조랑말, 동유럽 저지대의 코니크, 서유럽의 엑스무어 등을 예로 들 수 있다.

엑스무어가 원시의 말이라는 데는 의심의 여지가 거의 없다. 엑스무어 지역에서 기원전 약 5만 년까지 거슬러 올라가는 화석 잔여물이 발견되었다. 서머싯에 있는 로마인들의 조각품이 엑스무어와 표현형적으로 비슷한 조랑말들을 묘사했고, 1086년 토지대장에는 엑스무어 지역의 조랑말들이 기록되어 있다. 엑스무어가 빙하기 이후에 순종이었는지는 논란의 대상이다. DNA 증거는 결정적이지 않으며, 수세기 동안 가축화된 종마들이 황무지로 달아나 야생 엑스무어 암말들과 교배했다는 이야기가 있다. 무적함대가 난파된 뒤 해안가로 헤엄쳐간 아라비아산 말인 케이터펠토가 그중 하나로 거론된다. 그러나 코니크와 달리, 가축의 잡종 강세를 촉진하기 위해 종마들을 황무지로 내보내는 경우를 제외하면 자유롭게 사는 엑스무어의 번식에 인간의 의도적인 개입은 거의 없었다.

분명한 점은 심지어 이종 번식에서도 엑스무어의 특성들이 계속 우세하게 나타난다는 것이다. 건장한 체구, 다부진 다리와 작은 귀, 옅은 '팡가레pangaré' 무늬들이 있는 진한 적갈색 털의 엑스무어는 1만7300년 전에 그려진 것으로 추정되는 도르도뉴 라스코 동굴의 초기 구석기 벽화들에 묘사된 말의 실사판이다. 그리고 엑스무어의 뼈와 골격은 야생 알래스카 말 같은 원시 말들의 화석 기록과 매우 닮았다.

거친 환경에 잘 견디고 완벽하게 적응했지만 그렇더라도 엑스무어가 오늘날까지 살아남은 것은 기적이다. 엑스무어 지역이 군사훈련장이 된 제2차 세계대전 때 군인들이 조랑말을 사격 연습에 이용하고 다른 조랑말들은 식량을 구하려는 지역 주민들이 훔쳐가는 바람에 전쟁이 끝날 무렵에는 50마리도 남아 있지 않았다. 이후의 육종 계획들에도 불구하고 엑스무어는 영국 희귀품종 보존 신탁의 멸종위기 품종 목록에 계속 올라가 있다. 엑스무어 지역에는 자유롭게 돌아다니는 개체수가 500마리도 되지 않고 영국의 다른 지역들과 소수의 다른 나라에 3000마리 약간 넘게 남아 있다. 에쿠스 보존 신탁Equus Survival Trust에 따르면 전 세계적으로 이 품종은 '위태로운' 상태다. 넵은 호랑이보다 더 희귀한 동물의 보호자가 되었다.

미국의 작가이자 시인인 앨리스 워커가 보기에 말들은 경관을 더 아름답게 만든다. 워커가 생각한 것은 켄터키 방목장의 단거리 경주마가 아니라 미국의 험난한 계곡과 초원에 사는 야생 무스탕과 애팔루사 종이었다. 엑스무어는 우리의 과거 경관과 인간 본연의 유대감을 형성해 넵에 그러한 전율을 불러왔다. 엑스무어들은 특유의 '두꺼비' 눈으로 부빙 위에서 세상을 보고 있는 것 같다. 그들은 가장 가혹한 조건에서 두툼한 가슴, 큰 심장과 폐, 넓은 등, 강한 다리, 단단한 발굽, 얼어붙은 공기를 호흡하기 위한 작은 콧구멍과 큰 머리, 가장 질긴 섬유질을 부드럽게 만들기 위한 강한 턱과 깊게 박힌 긴 이빨, 무성한 갈기와 긴 앞갈기, 물을 튕겨내는 부채 모양의 '얼음 꼬리ice tail'라 불리는 꼬리털들을 갖도록 진화했다. 겨울에는 털이 이중으로 자라는데, 겉의 털은 물이 잘 스며들지 않고 길고 매끄러우며 속 털은 몸을 보온해준다. 눈꺼풀 주위의 지방질은 비와 눈을 튕겨내 보온 기능을 하고 아마 한때 황무지를 어슬렁거렸을 포식자의 발톱으로부터 눈을 보호했을 것이다. 엑스무어들은 활기차고 반항적이며 탐구적이고 인간에 대한 오만한 경멸을 느끼게끔 한다. 일단 최소한 녑에서 엑스무어들이 달아나는 거리는 롱혼의 거의 두 배다.

우리가 처음 걱정했던 문제들 중 하나는 야생 상태의 황무지에서 지냈던 엑스무어들에게 우리 저지대의 진흙이 지나치게 부드럽고 풀들이 지나치게 기름지다는 점이었다. 우리는 제엽염을 걱정했다. 이 병은 모든 유제동물에게 발생하지만 위가 하나인 말들은 특히 잘 걸린다. 제엽염은 탄수화물 과다로 생긴다. 말에게 곡물이나 클로버를 지나치게 많이 먹이면 당분, 탄수화물, 프럭탄이 축적되고 이들이 장에서 발효해 이로운 세균을 죽이며 장벽의 산성과 삼투성을 높이고 혈류에 독소가 쌓이도록 할 수 있다. 그 결과 몸 전체, 특히 부어오른 조직들이 구조적 손상 없이 확장될 공간이 없는 발에 염증을 일으킨다. 제엽염은 모든 말 애호가가 두려워하는 병이지만 역설적이게도 먹이를 관대하게 너무 많이 주는 바람에 가장 자주 발생한다. 심하면 공격적 치료를 해야 하며, 심지어 안락사시켜야 할 수도 있다.

이듬해 봄에 풀이 새로 돋아날 때 엑스무어들을 돌보던 마구간지기 마크가 암망아지 한 마리에게서 제엽염의 징후를 발견했다. 마크는 말과 교감하는 인상적인 기술들을 효과적으로 사용해 그 암말을 붙잡아 집 옆의 오래된 작은 방목지에 넣었다. 그런 뒤 4주 동안 약간의 건초 말고는 아무것도 먹이지 않았는데, 다른 암말들은 호기심을 보이며 울타리 너머로 코를 비벼댔다. 그리고 증상이 점차 완화되자 더 거친 여름 풀밭에 다시 풀어주었다. 병은 제때 잡혔다. 이듬해 봄에 우리는 엑스무어들을 걱정스레 관찰하다가 한 마리가 염증의 징후를 보이자 극도로 조심성을 발휘해 마크가 엑스무어를 전부 붙잡아 열흘 동안 방목지에서 엄격하게 먹이를 제한한 뒤 풀어주었다. 우리는 이런 패턴이 반복될까봐 걱정했지만 이듬해에는 병의 징후를 보인 말이 없었다. 우리 토양에서 인공 질소가 감소하면서 풀에 함유된 당분과 프럭탄이 마침내 조랑말들이 신진대사할 수 있는 수준으로 줄었다.

엑스무어들이 넵에서 잘 지낼 거라는 확신이 들자 우리는 무리를 만드는 작업을 시작했다. 2005년 7월에 반쯤 가축화된 순종 엑스무어 수망아지인 덩컨이 왔다. 덩컨은 한 살 때 황무지에서 데려와 미래의 종마가 될 수 있도록 고삐에 익숙해지게 길들인 우수한 표본이었다. 덩컨은 사람을 태워본 적은 없지만 사람이 다루고, 씻겨주고, 솔질하고, 링을 돌게 하는 데 익숙했다. 처음 넵에 왔을 때 덩컨은 그리 환영받지 못했다. 조랑말들이 석양에 그림자를 드리우며 집 앞에서 조용히 풀을 뜯고 있을 때 덩컨이 도착했다. 덩컨이 조랑말들과 어울리려고 달려가자 여섯 마리의 암말이 일제히 달려들어 모욕적으로 코를 힝힝거리며 뒷발로 걸어찼다. 암말 폭력단이 땅을 긁어대는 동안 덩컨은 충격을 받아 히힝 울면서 우리 뒤에 숨어 보복해주길 바랐다.

우리가 반쯤 가축화된 수망아지를 선택한 이유는 종마로 다루기 더 쉬울 것이라는 생각에서였다. 이제 우리는 덩컨이 이 일을 할 만큼 거칠지 않을까봐 걱정되었다. 그러나 마크는 낙관적이었다. "암말들을 진정시

킵시다"라는 마크의 말에 우리는 덩컨을 녀석의 운명에 맡기고 일부러 그 자리를 떴다. 아니나 다를까, 이튿날 아침 덩컨은 충격을 받아 여전히 약간 은밀하게 행동하긴 했지만 암말들과 친해져 있었다. 우리는 호수 앞에서 풀을 뜯는 무리를 지켜보다가 그 용맹한 작은 수망아지가 교미를 시작하자 환호성을 질렀다.

엑스무어의 평균 임신 기간인 11개월이 지난 뒤에도 원래 배가 통통한 암말들 중에서 임신한 말이 있는지 알아보기란 거의 불가능했다. 우리가 거의 희망을 버릴 때쯤 비가 휘몰아치는 몹시 추운 10월의 어느 날, 주 진입로로부터 몇 야드 떨어지지 않은 야외에서 우리의 첫 망아지가 태어났다. 휘몰아치는 빗속에서 어미의 보호를 받으며 떨리는 다리로 일어서려다 주저앉는 이 어린 수망아지가 새끼 사슴이나 송아지보다 재야생화에 더 활기를 불어넣으며 큰 획을 그었다. 12월에 또다른 수망아지가 태어났고 이듬해 4월에 암망아지가 태어나 자유롭게 생활하는 엑스무어의 전 세계 개체수는 늘어났다.

하지만 덩컨이 더 대담해지면서 녀석의 기질은 문제가 되었다. 엑스무어의 타고난 호기심에 인간에 대한 지나친 친밀감이 결합되어 덩컨은 경계들을 뻔뻔히 무시하게 되었다. 덩컨은 우리 회계사가 차를 주차하는 사유지 사무실 바로 밖에 똥을 누어 영역 표시를 하면서 성의 왕을 자처하는 듯했다. 마크가 페로몬이 섞인 오줌에서 김이 피어오르는 똥 무더기를 매일 삽으로 치웠지만 이튿날 아침이면 같은 장소에 또 다른 텃세용 똥 무더기가 쌓이기 시작했다. 그러던 어느 날 아침 덩컨이 사무실 현관으로 어슬렁거리며 들어왔고 접수 창구에 불쑥 나타난 녀석의 머리에 찰리의 비서는 놀라서 심장마비를 일으킬 뻔했다.

가장 큰 걱정거리는 대정원에서 말을 타는 사람들에 대한 녀석의 행동이었다. 야생 엑스무어 암말과 새끼들은 호기심이 강했지만 사람들과 그들의 말로부터 상당한 도주 거리를 유지하는 경향이 있었다. 덩컨은 의기충천하여 도전했다. 녀석은 공을 쫓아다니고 있는 이상한 사촌들을 살펴보기 위해 집 앞의 폴로 경기장으로 관중을 곧장 뚫고 질주했다. 덩컨을 경기장에서 몰아내느라 처커(폴로 경기의 1회)가 끝나는 일이 자주 일어났다. 반쯤 가축화된 덩컨의 상태가 재야생화에 골칫거리로 드러났고, 2007년 7월에 녀석은 마크의 친구이자 가축화된 작은 무리를 기르던 '엑스무어' 폴과 함께 새로운 집으로 떠났다. 1년 뒤 우리는 셸웰의 만화와 똑같이 아이를 태우고 얌전하게 품평회장을 빠른 속도로 걸어가는 덩컨의 사진을 받았다. 야생과 길들여진 상태 사이의 불분명한 지대에서 살던 날들은 끝났다.

2004년 12월에 탬워스 암돼지 2마리와 8마리의 새끼 돼지가 도착하면서 대정원에 대한 엑스무어 암말들의 지배권은 흔들렸다. 멧돼지를 영국의 시골에 풀어놓는 것을 금지하는 위험야생동물법Dangerous Wild Animal Act 때문에 우리는 원래 계획을 절충해야 했다. 1960년대 말에 대유행했던 푸마, 보아뱀, 독이 있는 파충류와 거미, 전갈 같은 위험하고 이국적인 반려동물들을 풀어놓는 것을 막기 위해 1976년에 제정된 이 법은 1984년에 멧돼지를 포함하도록 개정되었다. 멧돼지가 한때 영국에 널리 퍼져 있던 토착종이라고 인정받는데도 말이다.

이러한 모순으로 영국에서는 멧돼지의 상태가 변칙적이 되었다. 야생의 맛이 나는 질긴 고기에 대한 관심에 힘입어 1970년대 이후 멧돼지 농장의 수는 증가했다. 멧돼지는 사육 상태에서는 위험야생동물법의 적용을 받기 때문에 허가를 요한다. 하지만 탁 트인 전원지대로 달아나면 사슴, 오소리, 여우처럼 신고 의무가 없는 야생동물이 된다. 멧돼지는 다 자라면 몸무게가 280파운드에 이르고 6피트 높이로 점프하며 시속 30마일의 속도를 낼 수 있기 때문에 탈출이 보기 드문 일은 아니다. 때때로 농민들은 멧돼지를 다루기가 너무 버겁고 울타리 안에 계속 가둬두는 비용을 감당하기 힘들다는 것을 알게 된다. 얼마나 많은 멧돼지가 달아나 영국을 헤매고 있는지 정확한 수치를 아는 사람은 없지만 딘 숲에 사는 멧돼지만 해도 1500마리에 이를 것으로 여겨진다.

우리의 최선은 탈출해서 우리 지역을 돌아다니며 사는 멧돼지가 스스로 넵을 찾아오길 바라는 것이었다. 우리는 멧돼지가 마음만 먹으면 사슴 울타리는 뚫고 들어오는 데 아무 장애가 되지 않는다는 조언을 들었다―그리고 우리의 탬워스 암돼지들의 냄새가 매우 유혹적임이 입증되어야 했다. 그때까지는 탬워스들이 자신의 야생 조상들이 존 왕 시대에 살았던 넵의 토양을 파서 뒤집고 교란하며 멧돼지들을 대신할 것이다.

엑스무어 때와 마찬가지로 우리는 강인하고 원래 조상과 가깝기로 유명한 오래된 품종인 탬워스를 선택했다. 탬워스의 긴 다리와 주둥이, 좁은 등, 긴 털, 단거리를 말처럼 질주할 수 있는 놀라운 능력은 유럽의 숲에 사는 돼지의 특징이다. 19세기 초 스태퍼드셔의 탬워스에 있던 로버트 필 총리의 사유지에서 하나의 품종으로 등록된 탬워스는 현대의 품종들, 즉 집약농업에 알맞게 빨리 자라고 한배에 많은 새끼를 낳도록 특별히 개발된 품종에 밀려났다. 희귀품종 보존 신탁은 영국에 등록된 탬워스 번식 암컷이 300마리가 되지 않는다고 추정한다.

탬워스가 등장했을 때 엑스무어들은 마치 우리가 회색곰이라도 들여온 것처럼 굴었다. 털이 뻣뻣한 거구의 황갈색 농장 암돼지들을 흘긋 본 조랑말들은 언덕을 향해 달아났다. 가축화된 말들 역시 돼지를 피했다. 우리는 갓 태어난 망아지를 잡아먹는 멧돼지에 관해 조상들로부터 전해진 기억이 이런 반응을 일으켰다고 상상했다. 하이에나와 마찬가지로 멧돼지는 잡식성이다. 고기는 주로 짐승의 썩은 고기를 먹고, 이빨은 죽이기보다 으깨는 데 더 알맞다. 하지만 멧돼지는 기회주의적 포식자이며, 1000년 전에는 갓 태어난 저항할 수 없는 순한 야생 망아지가 배고픈 멧돼지에게 진미였을 것이다.

결국 엑스무어들은 탬워스들이 실질적인 위협을 가하지 않는다는 것을 깨달았다. 그리하여 긴장을 조금 늦추거나 심지어 돼지와 같은 지역에서 풀을 뜯기도 했다. 하지만 어느 날 아침 내가 네 살짜리 대녀에게 새로 태어난 사랑스러운 아기 돼지들을 보여주다가 목격하고 경악한 것처럼, 새끼 돼지가 어리석게도 그들의 무리로 잘못 들어서면 주저 없이 세게 차서 죽였다.

사람은 돼지에게 특별한 애착을 갖는다고 널리 알려져 있다. 총명하고, 도덕적이고, 도도하고, 근시안적이고, 사교적이고, 탐욕스럽고, 툴툴거리고, 볼썽사납고…… 돼지에서 우리 자신의 모습을 쉽게 볼 수 있다. 우리는 「미스 피기Miss Piggy」부터 「블랜딩스의 황후Empress of Blandings」

까지 우리와 돼지의 유사점을 다룬 코미디를 칭송해왔다. 하지만 이러한 유대감에는 실질적인 생물학적 근거가 있을 수 있다. 최근의 유전학 연구는 돼지와 영장류의 진화에서 긴밀한 연관성을 밝혔다. 우리가 정말로 돼지와 침팬지의 고대 공통 조상의 후손인지는 인간 게놈을 자세히 연구해봐야겠지만 우리는 원래 생각했던 것보다 분명 돼지와 훨씬 더 가까워 보인다.

탬워스들이 넵에서 저지르는 별난 행동이 계속 용서받는 건 아마 그 때문일 것이다. 돼지들은 루커리의 적응 구역에서 풀려나자마자 찰리가 깔끔하게 손질해놓은 진입로의 가장자리를 도저히 막을 수 없는 지게차 같은 힘으로 망쳐놓는 데 전념했다. 그런 뒤 밭을 대각선으로 가로질러 나아가며 육지 측량부 지도에 나오는 정확한 경로를 따라 일반인용 오솔길들의 잔디를 망가뜨렸다. 우리는 돼지들이 대정원에서 개간된 적 없는 부분들, 그러니까 무척추동물, 뿌리줄기, 식물이 풍부한 주변부들에 저속 어뢰의 빗나가지 않는 추진력으로 모든 관심을 집중하고 있다는 것을 알아차렸다. 풀려난 뒤 첫 며칠 동안 돼지들은 현대 농업이 우리 토양에 했던 일들의 정확한 청사진을 그렸다.

집 앞의 장식적인 둥근 풀밭도 자연 그대로의 풀이 자란 땅인데, 이곳 역시 자석처럼 돼지를 끌어당겼다. 이에 찰리가 이 구역은 성역임을 각인시키기 위해 손에 목동용 채찍을 들고 자전거를 타야 했다. 욕구에 사로잡힌 무게 500파운드의 짐승을 돌아가게 할 효과적인 방법은 많지 않았고, 대안—피그너트 한 양동이—을 써봤자 돼지들을 되돌아오게 할 뿐인 것이다. 그러나 아이들이 '빅 마마'와 '스위트 페이스'라고 부르는

188   야생 쪽으로

암돼지 2마리가 핵심을 이해하고 새끼들에게 메시지를 전했다. 우리와 돼지들은 적어도 이 점에서는 의사소통을 했다. 윈스턴 처칠이 말한 것처럼 '고양이는 당신을 얕잡아보고 개는 당신을 우러러본다. 돼지는 당신을 자신과 동등한 존재로 본다'. 우리는 호적수를 만났다.

그러나 대정원에서 공개 행사가 열릴 때면 돼지들의 꾀가 종종 우리보다 한 수 위였다. 돼지들은 1마일 떨어진 곳에 세워지고 있는 대형 천막을 알아차릴 수 있었다. 우리는 여름에 열리는 크래프트 박람회의 전시 마당에는 전기 울타리를 쳤지만 그 한쪽에 있던 연못의 수비를 강화할 생각은 하지 못했다. 돼지들이 한밤중에 헤엄쳐서 건너와 과자 천막에 침입해서는 미스터 휘피 아이스크림 믹스 두 봉지를 해치웠다. 매년 호수 앞의 들판에서 열리는 폴로 무도회에서는 돼지들이 검정 나비넥타이와 야회복들에 섞여 카나페를 구걸하는가 하면 배를 어루만져달라고 옆으로 넘어지는 파티 트릭으로 관심을 독차지했다. 대정원에 큰 천막을 치고 인디언 결혼식이 열린 다음 날 아침 전화벨이 울리고는 돼지들이 양파튀김 두 쟁반을 훔쳐 먹었다는 소식을 전해 받았을 때 우리는 환불 요구와, 더 나아가 법원 소환에 대비해 마음을 다잡았다. 하지만 신부의 어머니는 우리와 마음이 잘 맞았다. 그녀는 돼지들의 방문이 결혼식의 기쁨을 더해주었다고 했고, 다만 향신료 때문에 돼지들이 배앓이를 하지나 않을까 걱정했다. 돼지들에게 알카셀처(소화제)를 줘도 될까요?

그러나 탬워스들이 기회를 틈타 군것질하는 것은 진짜 걱정거리였다. 돼지들이 소화불량에 걸리거나 우리가 최근에 허가받은 유기농 지위를 잃을까봐 그런 건 아니었다. 탬워스들이 덩컨처럼 인간과 지나치게 친숙해져서 재야생화 프로젝트에서 제멋대로 살게 내버려두지 못하게 될까봐 걱정이었다. 산책자들이 돼지에게 먹이려고 빵 껍질을 들고 오기 시작했고 빅마마와 스위트페이스, 그리고 성장 속도가 빠른 새끼들이 흥분해서 사람들의 주머니를 머리로 박기 시작했다. 사람을 해치려는 의도는 없지만 돼지는 노인이나 병약자, 아이를 쉽게 넘어뜨릴 수 있었다. 그리고 주인을 보호하려는 개가 그리 너그럽지 않을 수 있었다. 우리는 동물에게 먹이를 주지 말라고 간청하는 팻말을 오솔길마다 세웠다. 우리는 시간이 지나고 야생 세대들이 태어나면서 돼지들이 좀더 조심스러워지거나 심지어 달아나기를 바랐다.

일단 가장자리 지대들을 쑥대밭으로 만든 돼지들은 더 멀리 떨어진 곳으로 진출했다. 우리는 처음에 돼지들의 훼손 능력, 특히 비 오는 날 10마리의 돼지가 솜강 전장 수 에이커를 몇 시간 만에 헤집어놓을 수 있는 것을 보고 경악했다. 하지만 땅의 재생능력 역시 똑같이 놀라워서 식물의 생장기에는 풀밭이 파헤쳐진 곳에 불과 며칠 만에 여러 선구식물이 나타났다. 단생 벌을 포함한 무척추동물들이 노출된 땅을 개척했다. 지금은 영국에서 희귀해진 이 벌들 중 일부는 굴을 파기 위해 넓은 빈터를 필요로 하는데, 멧돼지의 교란이 없을 때라면 가축의 통행량이 많고 병목 현상이 생기는 농장 출입구들에 의지한다. 겨울이면 굴뚝새, 바위종다리, 울새들이 돼지의 뒤를 따라가 고랑의 벌레들을 쪼아 먹었다.

개미들은 돼지들이 뒤엎어놓은 흙덩어리를 이용해 개미총을 만들기 시작했고, 어떤 곳에서는 개미총이 8년 만에 1피트 넘게 높아졌다. 개미 군집은 햇볕을 받아 따뜻하고 공기가 잘 통하는 미기후에서 번성한다. 개미총은 겨우살이개똥지빠귀와 흰머리딱새, 그리고 특히 청딱따구리들을 끌어들인다. 이 딱따구리들의 식단은 겨울에는 무려 80퍼센트가 풀밭의 개미로 구성될 수 있다. 날고 있는 청딱따구리는 알아보기 쉽다. 반짝이는 선명한 황록색 새가 요란하게 끽끽거리며 공기를 가르고 내려온다. 바로 서식스 방언에서 딱따구리를 가리키는 '야플yapple'이다. 하지만 일단 착륙하면 딱따구리는 발견하기 쉽지 않다. 풀 속에서 완벽하게 위장이 되는 청딱따구리는 개미총들에 구멍을 뚫고 지하 통로에 침입해 4인치 길이의 끈끈한 혀를 휙 내밀어 개미를 잡아올린다. 사용하지 않을 때면 혀는 새의 머리에 들어가 있기 위해 두개골 뒤에서 눈 위를 돌아 오른쪽 콧구멍까지 말려 있다. 성체들은 또한 새끼에게 먹이기 위한 어마어마한 양의 개미를 모은다. 루마니아에서 수행된 한 연구에서는 7마리의 청딱따구리 새끼가 둥지를 떠나기 전 150만 마리로 추정되는 개미와 번데기를 먹어치웠다. 청딱따구리의 똥은 개미총 꼭대기의 담뱃재처럼 보인다. 개미총을 부숴보면 무엇이 자신들을 공격했는지 모르는 듯한 슬픈 개미들의 작은 얼굴이 가득 차 있다.

햇볕을 받아 따뜻해진 개미총의 흙은 작은주홍부전나비와 감소하고 있는 '일반' 도마뱀이 좋아하는 일광욕 장소이며 널리 퍼져 있는 애메뚜기들에게 알을 낳을 곳을 제공한다. 아주 가끔 운명의 반전으로 돼지들이 딱정벌레를 잡으려고 개미총을 파헤치면 개미들은 피해 복구를 위해 부산스레 움직인다. 개미총의 토양 구성은 주위의 산성 초원과 다르며, 여러 다른 종의 균류, 지의류, 이끼, 풀, 그리고 군락을 이루고 땅 표면이 단단해지도록 돕는 와일드 타임 같은 그 외의 꽃식물들이 살기에 유리하다. 개미와 돼지들의 뜻밖의 연계 덕분에 갑자기, 기적적으로 우리는 서식스의 중점토에서 바슬바슬한 복합 토양이 올라오는 걸 보았다.

돼지들은 식생에도 영향을 미치고 있었다. 돼지는 소리쟁이와 서양가시엉겅퀴의 질긴 땅속뿌리처럼 다른 초본초식동물들이 발견하지 못하거나 소화하지 못하는 식물을 무척 좋아한다. 여느 유제동물과 달리 돼지는 고사리와 고사리의 뿌리줄기도 장에서 독소와 발암물질을 중화하여 먹을 수 있다. 돼지도 독성이 있는 다 자란 진달래속 식물에는 덤비지 못하지만 새싹을 먹음으로써 진달래속 식물의 재생을 억제해 자연보존 프로젝트의 박멸 프로그램들에 효과적인 아군이라는 것이 드러났다.

돼지들이 다른 종을 위한 기회를 만들고 있는 것이 우리에겐 처음부터 분명히 보였다. 하지만 다른 방목 동물들이 식물을 뜯어 먹거나 나무에서 잎과 가지를 잘라내거나 땅을 짓밟는 행위도 영향을 미치고 있었다. 예를 들어 소가 긁을 수 있는 낮은 나뭇가지가 있는 곳에서는 소의 발굽에 진흙이 다져져 땅에 얕은 구덩이가 생기고 여기에 주기적으로 물이 찼다. 우리는 이번만큼은 땅 위에 고인 물을 보고 기뻐했다. 우리는 깨끗한 물이 고인 이 '수명이 짧은 호수들'—때로는 큰 웅덩이만 하고 얕아서 물이 쉽게 증발한다—이 미나리아재비, 별이끼, 차축조 같은 현재 영국에서 점차 희귀해지는 식물, 특정 먹이만 먹는 광범위한 달팽이와 수서곤충들뿐 아니라 멸종위기에 처한 무갑류 새우의 중요한 서식지라는 것을 배우기 시작했다. 모든 방목 동물이 대정원의 호수와 다른 연못들의 가장자리를 조사하며 적어도 얼마간의 시간을 보내는데, 그들이 땅을 짓밟고 식물을 뜯어 먹는 행위는 그 지역의 패권을 쥔 부들에 도전해 다른 수생식물들을 위한 기회를 만들어줬다.

하지만 가장 큰 변화는 땅에 살균제와 살충제를 퍼붓는 1960년대부터의 관행을 중단한 것에서 나타났다. 넵에 곤충 개체군이 폭발적으로 증가함에 따라 밤에 집 밖에서 잽싸게 움직이는 집박쥐들과 깔따구나 모기를 잡으려고 호수 표면을 스치듯 지나가는 다우벤톤 박쥐들이 보였다. 그리고 지역 박쥐 전문가들에 따르면, 희귀한 바바스텔 박쥐들이 밤에 우리의 물가 초원 위를 날아다니는 미소나방과 작은 딱정벌레를 잡아먹으려고 이곳에서 15마일 떨어진 멘스 삼림지 보호구역에서 날아오기 시작했다. 이제 정원에서 촛불을 켜놓고 저녁을 먹는 건 눈에 잘 띄고 딱 봐도 알 수 있는 꼬리박각시를 제외하면 뭐가 뭔지 알 수 없는 수많은 나방을 초대하는 것이나 다름없었다. 우리는 이제 가을이면 대정원 한가운데서 주름버섯을 딸 수 있었고 매년 큰갓버섯들이 요정의 고리*풀밭에 버섯이 둥글게 줄 지어 나서 생긴 고리를 이루며 스프링우드 가장자리를 장식했다.

방목 동물들이 비유기농 농가의 말과 모든 가축에게 상습적으로 복용시키는 가장 강력한 구충제인 아버멕틴을 더 이상 복용하지 않자 쇠똥구리가 판 구멍들 때문에 소똥과 말똥에 격자무늬가 나 있는 것을 보게 되었다. 우리가 아프리카 외에서는 본 적이 없는 형태였다. 이것은 찰리를 아프리카와 오스트레일리아에서 곤충에 사로잡혔던 어린 시절로 데려가 일종의 집착으로 발전했다. 찰리는 엑스무어가 막 싸놓은 똥무더기 옆에 누워 쇠똥구리가 도착하기까지 몇 분이 걸리는지 헤아렸다(기록은 3분이었다). 냄새에 이끌려서 온 쇠똥구리들은 공격용 헬기처럼 목표를 겨냥해 날개를 접고 곧장 똥 위에 철퍼덕 앉았다. 표면이 벌써 딱딱해지기 시작했다면 튕겨나갔다가 후다닥 다시 들어가 영양이 풍부한 이 배설물에 곤두박질치며 파묻혔다. 얼마 지나지 않아 주방 조리대는 찰리가 발견할 수 있는 모든 종이 담긴 유리병으로 뒤덮였다. 본머스대학의 폴 버클랜드 교수에게 이 종들을 확인해달라고 보낼 참이었다. 똥을 뒤적거리며 여름을 보낸 뒤 찰리는 소똥 하나에서 23종의 쇠똥구리를 의기양양하게 확인했다.

우리는 영국에 약 60종의 토종 쇠똥구리가 있다는 것을 알게 되었다. 몸무게의 최고 50배에 달하는 소똥을 먼 거리까지 굴려가고 일부는 은하수를 이용해 방향을 찾는 것으로 유명한 아프리카의 쇠똥구리와 달리 우리 쇠똥구리는 대부분 똥이 있는 자리 가까이나 바로 아래에 최고 2피트 깊이의 구멍을 파고 땅속 방들로 똥을 끌어내린다. 똥은 쇠똥구리 애벌레들에게 먹이를 공급하고 이들이 포식자로부터 떨어진 깊은 방에서 자랄 수 있게 해준다.

쇠똥구리들은 3000만 년 동안 지구에서 살아왔다. 이들은 남극 대륙을 제외한 모든 대륙에 존재하며 온갖 형태의 똥에 전문화되어 있지만 대다수가 초식동물의 똥에 함유된 식물 재질을 선호한다. 배설물에 남는 구충제를 가축과 반려동물에게 먹여 쇠똥구리를 포함해 그 배설물을 먹는 곤충들을 죽이는 것은 우리 토양에 영향을 미치는 가장 심각한 문제들 중 하나다. 쇠똥구리가 땅에 구멍을 파고, 먹고, 소화시키는 과정은 유기물을 증가시키고 토양의 비옥도와 통기성과 조직성을 증대시키며 빗물 여과와 지하수 유출의 질을 향상시킨다. 아이러니하게도 쇠똥구리들은 똥에 들어 있는 기생충을 먹고 똥 자체를 재빨리 처리함으로써 기생충의 전염을 줄여 가축에게 화학 구충제를 먹일 필요성을 감소시킨다. 우리의 여러 쇠똥구리 종이 멸종 직전에 이른 지금에야 농부들은 그 진가를 알아보기 시작했다. 쇠똥구리들은 건강에 좋은 풀의 성장을 촉진하는 것만으로도 영국의 축산업에 연간 3억6700만 파운드를 절약해준다고 추정된다. 그리고 당연히 쇠똥구리들은 먹이사슬의 일부다. 처음으로 금눈쇠올빼미—주로 딱정벌레만 먹는다—가 넵에서 새끼를 낳았고 우리가 대정원에 심은 새로운 세대의 참나무들의 수목 보호대 위에 새끼들과 함께 앉아 있는 모습을 볼 수 있었다.

시골에 사는 모든 사람의 귀에 한때 익숙했던 종들을 포함해 곤충을 먹는 다른 새들도 돌아오고 있었다. 종달새는 영국에서 가장 인기 있는 현대 클래식 작품의 소재다. 하지만 이 사랑받는 새가 1972년부터 1996년 사이에 75퍼센트 줄었고 감소세는 여전히 계속되고 있다. 사람들은 이제 시골의 종달새 노랫소리보다 공연장에서 「종달새는 날아오르고 The Lark Ascending」를 들을 가능성이 더 많다. 에이더강의 범람원을 내려다보는 텀블다운 래그 옆의 한때 넓은 경작지였던 곳에 수북이 자란 풀과 타운 필드—옛 넵 캐슬의 대지에서 한때 번창했던 중세 마을(모든 흔적이 사라졌다)의 이름이 붙여졌다—를 걸으며 우리는 종달새의 소리,

종달새들이 다급하게 지저귀며 날아오르는 소리를 들었다. 공기 자체를 과거의 소리들이 다시 차지하고 있는 것처럼 느껴졌다.

혼란 일으키기 ⑦

문제는 당신이 무엇을 보느냐가 아니라 무엇을 인식하느냐다.
_헨리 데이비드 소로, 『내가 나 자신에게』(1851년 8월)

가옥에 가옥을 이으며 전토에 전토를 더하여 빈틈이 없도록 하고 이 땅 가운데에서 홀로 거주하려 하는 자들은 화 있을진저.
_「이사야서」 5장 8절

중간 구역의 재야생화를 어디까지 진행할 수 있을지는 대체로 집 주위의 19세기 대정원에 의해 좌우되었다. 농촌관리계획은 보조금을 주면서 렙턴이 설계한 완만하게 기복하는 사슴 풀밭의 특징을 살릴 것을 요구했다. 이는 방목 동물의 수를 많이 유지해 볼썽사나운 관목이 자리를 차지할 기회를 주지 않는 것을 의미했다. 곤충, 새, 박쥐, 파충류, 균류가 증가하는 것을 보고 우리의 오래된 참나무들에게 휴식을 주는 것은 흥분되었지만 재야생화 관점에서 보면 경관 자체는 여전히 인위적인 계획의 이상에 묶여 부자연스럽게 느껴졌다.

북쪽 구역은 렙턴의 설계도에 포함된 적이 없고 한때 넵 캐슬의 더 험한 사슴 사냥터의 일부였다고 여겨졌기 때문에 우리는 더 자유롭게 실험을 할 수 있었다. 2004년에 프란스 페라가 와서 묵으며 당분간 이 구역에 작은 무리의 롱혼만 집어넣어 식물들에게 기회를 주라고 조언했다. 그는 5년 뒤 이곳에 산울타리가 자라고 가시 있는 관목들이 발달하며 개척종들이 풀밭에 나타나길 바랐다. 그 시점에 우리는 사슴, 조랑말, 돼지를 들여올 것인지, 더 기다릴 것인지 결정할 수 있었다. 경쟁자들을 링에 들여보내기 전에 체중을 재는 것과 비슷했다. 우리는 식물 천이와 동물의 교란 사이의 더 공정한 경쟁을 설정하는 이 전략이 19세기 사슴 사냥터의 정적이고 '경기가 종료된' 것 같은 경관보다 궁극적으로 더 동적이며 생물학적으로 흥미로운 무언가를 만들어낼 수 있다고 농촌관리계획을 가까스로 설득해 이 구역에 관목이 자라나도 되도록 계약을 부분적으로 수정했다. 우리는 23마리의 롱혼으로 이루어진 두 번째 무리를 235헥타르의 북쪽 구역을 돌아다니도록 풀어놓은 뒤 가만히 앉아 사건들을 기다렸다.

남쪽 구역은 이야기가 전혀 달랐다. 이 구역은 12세기의 원래 사슴 사냥터의 일부였을 가능성이 있지만 1754년의 크로 지도—이 사유지의 중세의 모습에 대한 유일한 단서—에 나오지 않는다. 이 말은 우리가 농촌관리계획에 이 구역을 대정원 복원에 포함시키도록 제안할 수 없다는 뜻이었다. 한편 우리는 사유지 전체에 자연주의적 방목 실험을 할 수 있도록 지원해달라고 정부를 설득하는 일에 거의 진전을 보지 못하고 있었다. 잉글리시 네이처는 여러 차례 더 방문해 논의를 진척시키고 넵의 야생생물들에 대한 기본 조사에 자금 지원을 하겠다고 약속했지만 프로젝트에 대한 공적인 후원은 머뭇거렸다. 2005년 1월 키스 커비는 편지에 '우리는 '재야생화' 개념들에 관해 농촌진흥서비스 및 농촌청의 다양한 사람과 비공식적인 논의를 했습니다. 일부는 열의를 보였지만 일부는 그렇지 않았습니다'라고 썼다. 그는 2007년에 '통합된 새로운 농촌 정책 시행 기구가 설치될 것을 예상하며, 이러한 통합에 대한 준비의 일환으로 우리는 그사이에 합작 사업으로 어떤 사안들을 진행하길 원하는지 이야기하고 있습니다. (…) 저는 재야생화가 그 일부가 되길 바랍니다'라며 글을 이었다. 하지만 분명 빠른 시일 내에는 어떤 일도 일어나지 않을 터였다. 그리고 우리는 자금 지원 없이는 남쪽 구역의 경계를 둘러쌀 10만 파운드 규모의 사슴 울타리를 세울 방법이 없었고 지하 배수로, 말이 드나드는 문, 울타리, 밭으로 나가는 문, 강으로 나가는 문, 다리들을 제거하는 데 필요한 5만 파운드도 충당할 수 없었다.

2001년, 우리는 남쪽 구역의 가장 생산성이 낮은 밭들에서 재래 농업을 중단하기 시작했고 다음 5년 동안 점진적으로 중단 범위를 계속 넓혀갔다. 당장 이 구역에 초식동물을 도입할 가능성이 없는 상황에서 우리는 중간 구역 및 북쪽 구역과 달리 토종 초본 혼합씨앗을 다시 뿌리는 비용을 쓰지 않기로 결정했고 옥수수, 밀, 보리 혹은 뭐든 재배하고 있던 다른 작물들을 마지막으로 수확한 뒤 밭들을 그대로 놔두었다. 2006년까지 450헥타르 전체를 1~5년 동안 제멋대로 내버려두는 한편 우리는 관계자들에게 자연보존 방목 전략을 실행에 옮기기 위한 자금을 계속 요청했다.

아이러니하게도, 좌절감을 안겨준 이 공백이 재야생화를 위해서는 가장 긍정적인 행보였다. 단계적으로 땅에 자유를 준 우리의 무계획적인 과정이 목초 씨앗들을 다시 뿌리지 않기로 한 결정 및 영향력 강한 초본초식동물들의 도입이 지체된 상황과 결합해 자연적 과정을 촉진하는 로켓 연료가 되어 다른 구역에서 우리가 하고 있던 어떤 일보다 야생생물들에게 훨씬 더 흥미로운 기회를 주었다.

불과 몇 년 뒤 남쪽 구역 대부분의 지역에 완전히 다른 경관이 움트기 시작했다. 다년간의 농사로 다져졌다가 이제 로터베이터를 뺏기고 산소가 부족한 가장 축축한 들판들은 변화가 느린 것으로 밝혀졌다. 15년이 지난 지금도 일부는 거의 변화가 없고, 우리는 토양무척추동물들이 여전히 대량 서식해 공기를 통하게 할 수 있다면 이 물에 잠긴 늪지가 결국 물이 괴어 있는 얕은 연못, 그러니까 아주 다른 유형의 서식지를 형성할 것이라고 생각한다. 하지만 다른 모든 지역에서는 정도가 다르나 가시 있는 관목들이 나타나기 시작했다. 그들을 저지할 무성한 풀밭의 엄호가 없는 상태에서 산사나무, 야생 자두나무, 개장미, 검은딸기나무가 불과 2, 3년 전만 해도 옥수수와 밀로 덮였던 들판을 뚫고 나왔다. 땅이 너무 질척거려서 생울타리 깎는 사람을 데려올 수 없게 되기 전에는 매년 가을 잘라내고 다듬었던—그리하여 새들에게서 겨울에 딸기류를 구할 중요한 자원을 빼앗았던—수 마일에 걸친 생울타리가 이제 우호적인 부엽토에서 폭발적으로 증가해 코르셋에서 해방된 귀족 미망인처럼 활개를 쳤다.

들판마다 수년간의 토지 이용 방법, 마지막으로 재배된 작물, 토양 유형의 미묘한 차이, 농사가 중단된 특정 해의 기상 조건, 그해가 특정 나무와 관목의 '종자 풍년'(종자가 다량으로 생산된 해)이었는지의 여부에 따라 다르게 반응했다. 이 모든 요건은 서로 다른 식물들이 서로 다른 속도로 군락을 이루도록 촉진했다. 복잡한 식물 군락들이 서로 아주 근접하여 나타났다. 연쇄 반응은 놀라웠다. 여름에 자전거를 타거나 사륜구동 룰을 몰고 그 지역을 지나면 후드득 떨어지는 곤충 떼에 대비해 입을 다물고 안경을 써야 했다. 환경 저널리스트 마이크 매카시가 살충제들이 타격을 입히기 전 여름의 일반적인 특징으로 기억하는 '나방 눈보라'가 대거 다시 등장했다. 겨울에도 새 지저귀는 소리가 들렸다. 회색머리지빠귀, 풀밭종다리, 붉은어깨검정새 무리—전에는 이곳에서 거의 보지 못했던 겨울 방문객들—가 딸기류와 무척추동물을 노리고 날아내려왔으며, 재색멋쟁이새—1995년부터 2010년 사이에 35퍼센트 줄며 영국 동남부의 다른 지역에서 빠르게 감소하고 있던 새—가 싹과 블랙베리, 씨앗들을 포식했다. 3월에는 종달새가 수십 마리씩 등장했고 여름이면 노랑턱멧새—가장 빠른 속도로 줄어들고 있는 농지 조류들 중 하나(1960년 이후 전국적으로 60퍼센트 감소했다)—가 'a-little-bit-of-bread-and-no-cheese 노랑턱멧새가 지저귀는 소리를 의성어로 표현한 문구라며 호소했다.

페라의 시각에서 가장 중요한 사건은 관목들이 나타나기 시작하면서 남쪽 구역 전체에 수천 그루의 아주 작은 참나무들이 나타나기 시작했다는 것이다. 그중 일부는 현재 다수 나타나고 있는 외양간올빼미나 말똥가리에게 잡아먹힌 들쥐들이 숨겨두었던 도토리들에서 싹이 텄을 수 있다. 하지만 참나무를 퍼뜨리는 일등공신은 어치다. 몸빛은 탁한 분홍색을 띠며 흰색 목에 콧수염 같은 검은색 줄무늬, 파란색으로 장식된 검은색과 흰색의 날개를 가진 어치는 까마귀과 새들 중에서 가장 두드러지게 아름답고 화려하다. 어치는 19세기 내내 박해를 받았고 둥지의 알과 심지어 새끼들을 훔쳐 먹는 강도라며 일부 사냥터지기에게 계속 박해를 받고 있다. 대부분의 까마귀과 새와 마찬가지로 어치는 인상적인 팔방미인이며, 다양한 무척추동물과 씨앗, 과일을 먹고 때때로 작은 포유동물도 먹는다. 하지만 한 가지 특기가 있다. 바로 도토리를 땅에 묻는 습관이다. 다른 까마귀과 새들도 이렇게 할 수 있지만 자연적 삼림 방목장 생성의 가장 중요한 단일 매개자인 어치의 솜씨를 따라올 새는 없다.

로부르 참나무와 페트라 참나무는 제멋대로 놔두면 번식력이 놀라울 정도로 미약하다. 참나무는 20년이 지나면 첫 도토리들을 맺을 수 있지만, 그 뒤 매년 가을 땅에 떨어지는 수만 개의 씨앗 대부분은 동물에게 먹히거나 썩어서 없어진다. 참나무에겐 빛이 필요하므로 어미나무의 우거진 나뭇가지들 아래에 뿌리 내린 묘목은 쇠약해지게 마련이다. 도토리가 포식을 피하고 발아하려면 어떻게든 땅속에 묻혀야 한다. 참나무는 영속을 위해 다른 종에 의지해야 하고 이는 어치와의 놀라운 공생관계를 발생시켰다.

'재잘거리는 도토리 수집가'라는 뜻의 학명 *Garrulus glandarius*에 걸맞게 어치 한 마리가 4주 만에 7500개 넘는 도토리를 심을 수 있다. 어치는 너무 작지 않고 기생균에 감염되지 않은 잘 익은 도토리, 또한 싹이 틀 가능성이 가장 크고—공생관계이므로—열량이 높은 도토리를 특히 까다롭게 선택한다. 어치는 가장 크거나 긴 도토리는 부리에 물고 나머지는 목에 쌓는 식으로 한 번에 여섯 개의 도토리를 어머니나무로부터 60~70야드에서 몇 마일 떨어진 곳까지 나른다. 그리고 참나무가 싹틀 수 있는 빈터들을 찾아 산사나무 같은 가시 있는 관목 아래에 도토리를 묻는다. 초원에서 수직으로 튀어나와 있는 이 관목들은 나중에 기억을 되살리는 표지 역할을 한다. 어치는 도토리들을 약 18인치에서 3피트까지 간격을 두고 따로따로 묻은 뒤 쥐와 다람쥐에게 발견될 가능성이 적고 부수적으로 뿌리 내릴 가능성이 가장 높은 땅속 깊은 곳으로 두드려 밀어넣는다.

어치들은 탄수화물이 풍부한, 저장해놓은 이 도토리들을 1년 내내 먹는다. 하지만 다른 먹이가 풍부한 4월부터 8월까지는 이 도토리를 훨씬 적게 먹는다. 남아도는 도토리들이 발아할 수 있는 것은 이때다. 어린나무의 줄기는 보통 5월에 올라오고, 6월에는 잎이 달린 첫 수관이 펼쳐진다. 이 타이밍이 중요하다. 6월은 어치들이 새끼에게 먹일 어린나무를 찾기 시작하는 때다. 어치들은 어린나무 자체가 아니라 나무의 떡잎에 관심이 있다. 최초로 나오는 두툼한 떡잎은 대부분 식물이 자라기 위해 초기의 많은 에너지를 의존하는 종자의 영양분을 저장하고 있다.

하지만 참나무에게 떡잎은 그리 중요하지 않다. 발아 직후 햇빛을 충분히 받으며 자라는 어린 참나무는 긴 곧은뿌리로 된 넓은 뿌리 조직을 내리고 이 조직이 처음부터 어린나무에게 영양을 공급한다. 최근 과학자들은 어린 참나무의 초기 성장 단계에서 떡잎들을 제거함으로써 그들이 어린나무에게 필요한 것보다 훨씬 더 많은 에너지를 비축하고 있다는 것을 보여주었다. 어린 참나무는 떡잎 없이도 완벽하게 잘 생존할 수 있다. 참나무의 떡잎들은 땅속에 남아 있다. 어치는 어린나무를 발견하면 부리로 줄기를 꽉 물고 끌어올려 새끼들에게 먹이기 위해 뜯어낼 수 있도록 도토리의 남은 부분과 떡잎을 땅 위로 올린다. 어린 참나무의 곧은뿌리는 강해서 식물을 이렇게 위로 홱 잡아당겨도 대부분 죽지 않고 떡잎을 뜯어내도 성장에 방해를 받지 않는다. 이 떡잎들은 주의 깊은 산파 노릇을 해주는 어치에 대한 참나무의 보상일지도 모른다.

우리는 현재 남쪽 구역 전체에서 어치가 심은 어린 참나무들을 보고 있다. 2009년에 찰리, 테드, 자원봉사자들이 한 들판에서 1600그루를 헤아렸다. 일부에서는 어치가 떡잎을 떼어내기 위해 부리로 들어올린 줄기에 자국이 남아 있다. 많은 어린 참나무가 약간 수북하게 자란 산사나무나 야생 자두나무, 검은딸기나무 옆에 심겨 있어서 1년 정도만 지나도 가시 있는 관목들이 참나무를 둘러싸기 시작하리란 것을 쉽게 알 수 있다. 이 관목들은 호리호리한 어린나무가 자라는 동안 보호하는 자연의 가시철조망이다.

아직 노루 몇 마리만 살고 작은 토끼 개체군만 있기 때문에(중간 구역과 북쪽 구역에 수천 마리가 사는 것과는 대조적이다) 동물들이 목본식물을 뜯어 먹는 것이 최근 나타난 관목들에게 미치는 영향은 매우 적었다. 사실 우리가 보고 있었던 것은 완전히 기능하는 생태계에서 방목 동물 개체군이 극단적인 사건이나 전염병으로 대량 폐사했을 때 발생하는 일종의 식생 약동vegetation pulse이었다. 중세시대 영국 왕실 숲의 사슴들이 감염된 온역과 페스트, 1950년대에 토끼 개체군들을 파괴해 영국 남부 전역에 향나무와 산사나무를 재생시킨 점액종증, 혹은 2014년 중앙아시아의 스텝지대에서 20만 마리가 넘는 사이가산양(개체군의 88퍼센트)을 몰살한 병원균을 예로 들 수 있다. 그 결과 관목들이 급격히 증가해 야생화와 무척추동물, 특히 성장의 다른 단계들에 서로 가까운 두 개 이상의 서식지가 필요한 복잡한 생활 주기를 가진 종들에게 풍부한 가장자리 공간들이 생긴다. 무척추동물은 다른 무척추동물들과 작은 포유류, 양서류, 파충류를 끌어들이고, 이들은 새와 다른 포식자들을 불러들인다. 우리가 곧 발견한 것처럼 새로 나타나는 관목은 지구에서 가장 풍요로운 자연 서식지들 중 하나다.

그러나 현대의 농민과 땅 주인들은 관목에 반감을 갖고 있다. 관목이 비생산적이라고 여겨지기 때문이다. 그 결과 관목은 영국에서 거의 완전히 박멸되었다. 관목지는 거의 보편적으로 황무지로 묘사된다. 항상 그랬던 것은 아니다. 중세에 관목 종들은 매우 가치 있게 여겨졌고 관목은 절대 오명이 아니었다. 야생 자두나무의 철봉 같은 줄기는 지팡이에, 그 열매―야생 자두―는 의약품뿐 아니라 와인과 진에 풍미를 더하는 데 사용되었다. 검은딸기나무는 딱총나무와 마찬가지로 먹을 수 있는 열매를 생산하고 이 열매들은 염료의 유용한 재료이기도 하다. 산사나무는 훌륭한 지팡이와 공구의 손잡이가 되고 가축이 지나가지 못하게 막는 울타리에도 사용되었다. 또 보존식품과 소스에 사용되는 열매를 생산한다. 개암나무는 이동식 울타리, 지붕을 이는 데 쓰는 부재, 바구니 세공품, 가구, 숯에 사용되었고, 버드나무는 숯을 굽거나 바구니 세공품, 크리켓 배트와 약품에 쓰였다. 오리나무와 층층나무로 만든 숯은 화약에 사용되었다. 양골담초broom는 당연히 훌륭한 빗자루broom

야생 쪽으로

의 재료였다. 향나무는 고기를 훈제하고 연필을 만드는 데 사용되었으며 그 열매는 기름을 증류하고 사냥한 짐승의 고기와 진에 풍미를 더하는 데에도 쓰였다. 사철나무는 꼬치, 이쑤시개, 바구니를 만드는 데 사용되었고, 글라브라느룹은 활, 가구, 탈곡장을 만드는 데 쓰였다. 자작나무로는 얼레와 실패, 장작을 만들었고 지붕을 이는 데도 사용했다. 자작자무 껍질은 방수 처리와 무두질에 쓰였다. 수액을 발효시켜 만든 자작나무 술은 약으로 이용되었고 어린 자작나무 잎들은 이뇨제였다. 개장미에서는 시럽, 소스, 젤리에 쓰이는 로즈힙—비타민C 함유량이 대단히 높다—이 열린다. 서식스에서 '퍼즈furze'라 불리는 가시금작화는 동물 사료였고 가마와 오븐의 연료로 사용되었다. 방목 동물들이 들어가지 못하도록 삼림지 주변에 가시 있는 관목을 완충 장치로 사용하는 방법도 자주 권장되었다. 손던Thorndon, 손든Thornden, 손베리Thornbury, 하슬레미어Haslemere, 헤이즐던Hazeldon, 스틴들턴Spindleton, 해던Hathern(산사나무), 해더덴Hatherdene, 브램블턴Brambleton, 바넘 브룸Barnham Broom, 브룸힐Broomhill, 브룸파크Broompark 같은 지명이 영국의 지도에 속출한다. 벤턴 고스Benton's Gorse, 브로머스 코너Brommers Corner, 브룸 필드Broom Field, 하이 리즈High Reeds, 쿠퍼 리즈Cooper Reeds, 패것 스택 플랫Faggot Stack Plat, 브램블 필드Bramble Field, 러셋츠Rushett's, 러셜 필드Rushall Field, 리틀 손힐Little Thornhill, 그레이트 손힐Great Thornhill, 스텁 미드Stub Mead, 바커버 퍼즈필드Barcover Furzefield, 스왈로 퍼즈필드Swallows Furzefield, 코티스 퍼즈필드Coates' Furzefield, 그린스트리트 퍼즈필드Greenstreet Furzefield, 콘스터블 퍼즈Constable's Furze, 폴러드실 퍼즈Pollardshill Furze, 올드 퍼즈 필드Old Furze

Field, 퍼즈필드 플랫Furzefield Plat, 그레이트 퍼즈필드Great Furzefield, 그리고 수많은 리틀 퍼즈필드Little Furzefields 등 녑에 있는 들판들의 이름도 관목이 자산이던 시절을 상기시킨다.

무엇보다 중요한 것은 공유지 방목을 하던 시절에 가시 있는 관목이 나무들의 재생에 유용한 환경으로 가치 있게 여겨졌다는 점이다. 농업 저술가 아서 스탠디시(활약기는 1611~1615)는 독자들에게 '가시덤불은 참나무의 어머니라는 오래된 속담'을 상기시킨다. 그는 페라와 마찬가지로 가시덤불이 '나무의 어머니이자 유모'이고 '그들이 없다면 공유지에는 어떤 목재도 없을 것이다'라고 선언했다. 자연적 재생을 보완하기 위해 17세기의 삼림 공무원들은 '흩어져 있는 제멋대로 자란 덤불에 도토리와 물푸레나무의 시과를 던져라. 그러면 (경험이 증명하듯이) 관목의 보호를 받아 시간이 지나면 많은 목재를 산출할 정도로 완벽하게 자랄 것이다'라는 지시를 받았다. 가시나무와 호랑가시나무가 나무의 재생에 무척 중요해서 1768년에 제정된 새로운 산림법은 이들을 훼손한 것으로 유죄 판결을 받은 사람에게 3개월의 강제노동을 부과했고 매달 초 여러 대의 채찍질을 가했다.

하지만 현대에 와서는 심지어 환경보호론자들도 관목의 가치를 홍보하는 데 어려움을 겪었다. 문제 중 하나는 금방 변한다는 관목의 특성이다. 관목은 정의상 움직이고 있는 서식지다. 초본초식동물과 목본초식동물이 없으면 관목은 울폐산림으로 가는 과정에 있는 초목이다. 목초지, 강가의 목초지, 늪지대, 숲, 낮은 구릉지, 이탄지, 심지어 황야도 그 윤곽을 그릴 수 있다. 이런 지대들은 자활할 수 있어 인간이 유지 패턴을 고정시키기가 더 쉽다. 그러나 관목은 정지해 있지 않다. 관목은 더 많이 베어 쓰러뜨릴수록 더 왕성하게 퍼져나간다. 심지어 관목을 정의하는 것도 어려우며 측량은 거의 불가능하다. 관목은 어디서 시작될까? 가장자리, 목초지, 노지, 늪지에서 시작될까? 고사리, 갈대, 낮은 검은딸기나무에서 시작될까, 아니면 관목들 자체에서 시작될까? 관목은 어디에서 끝날까? 어린나무들이 관목보다 커질 때? 아니면 울폐산림의 하층 식생에서 끝날까? 끝없이 바뀌며 다른 무언가가 되는 과정에 있는 관목은 현대인에게 불편한 개념이다.

목표로 삼은 종들의 보존을 위해 경관을 균형 상태로 유지하는 데 열중한 환경보존론자들은 잠식해 들어오는 관목을 수십 년 동안 적으로 취급했다. 관목을 박멸하는 데 어마어마한 금액이 들어갔고 관목을 공격하는 것이 자연보존 자원봉사자들의 주요 활동이 되었다. 주변부의 투사인 관목이 하찮은 존재가 되어 철도의 대피선, 광재 더미, 폐석 무더기, 자갈채취장, 부두, 버려진 채석장과 광산 등의 무인지대로 쫓겨났다. 아이러니하게도 현재 야생생물로 유명하고 검은목촉새, 붉은등때까치, 검은머리딱새, 북방쇠박새, 내터잭두꺼비, 큰갈기영원, 그리고 매우 희귀한 거미인 호리드 그라운드 위버*Nothophantes horridu*처럼 시골 전역에서 멸종 직전인 종들과 홍방울새, 버들솔새, 재색멋쟁이새, 긴꼬리휘파람새처럼 빠르게 감소하고 있는 그 외의 다른 종들의 보루가 된 지역이 바로 이 소외되고 잡초가 무성하며 보호받지 않는 곳들이다. 전국적으로 희귀한 모든 곤충의 15퍼센트가 재개발 공업단지에서 기록되었고 그중 일부는 현재 과학적 특별흥미지역으로 지정되었다. 버그라이프*Buglife* 같은 보존 단체들은 탈공업화된 지역들을 야생생물을 위해 보존하자고 청원하고 있지만, 아마 개발을 막고 있을 소위 미개발지는 야생생물과 관련된 가치가 전혀 없다시피 한 기묘한 입장에 처했다. 갈색 지대가 새로운 녹지대가 되었다.

마찬가지로, 역설적이게도, 가시 있는 관목에 대한 무관용 원칙은 자연보존 활동에서 나무 심기의 가장 유능한 협력자를 빼앗았다. 나무를 심거나 삼림지를 복원하기 위해 묘목장에서 기른 어린 나묘裸苗를 구입하는 데 매년 거액이 사용된다. 묘목을 돌보는 일은 일반적으로 생각하는 것보다 훨씬 더 어렵다. 묘목은 연약하고 쉽게 말라버려서 다시 심기 전에 혹은 심은 뒤에도 죽는다. 이 묘목들은 자연적으로 자리 잡은 묘목들만큼 토양과 잘 결합되지 않고 대개 균류와 적절히 협력하지 못한다. 또 상처 나고 훼손되어 감염에 노출될 수 있다. 이 묘목들은 으레 방부 처리된 나무 말뚝에 탄소집약적인 폴리프로필렌 원통을 플라스틱 끈으로 묶은 수목 보호대를 이용해 개별적으로 보호해줘야 한다. 이는 재정적·환경적 비용이 추가로 발생한다는 뜻이며, 또 다른 노동집약적 과정이기도 하다. 묘목을 심을 지역에 사슴을 막기 위한 울타리가 설치되어 있다 해도 수목 보호대는 바람, 홍수, 그리고 토끼와 들쥐, 오소리의 교란으로부터 묘목을 제대로 보호해주지 못한다. 또한 원통 내의 습도가 높아서 묘목이 썩고 흰곰팡이와 해충이 발생할 수 있다. 방치하면 묘목의 누렇게 뜬 줄기가 원통과 마찰해 자체적으로 해를 입힐 수도 있다. 나무가 생존하건 그렇지 못하건 결국 수목 보호대를 치우는 노동집약적인 작업이 필요하고 이들을 버리거나 재활용할 때의 탄소 비용이 든다. 대부분의 수목 보호대는 햇빛에 노출되면 분해된다고 생각하지만 실제로 그런 일은 일어나지 않는 것 같다. 나무가 잘 자라면 수목 보호대는 분해될 만큼 햇빛에 노출되지 않는다. 나무가 죽으면 원통은 그냥 나동그라져 풀숲에 묻혀 있다. 하지만 수목 보호대가 썩기 시작한다 해도 그 자리에서 분해되게 놔두면 환경을 오염시키는 플라스틱 잔여물이 토양에 남는다.

넵이 입증하기 시작한 것처럼, 가시 있는 관목이 묘목을 훨씬 더 잘 보호하고 좋은 성장 환경을 제공한다. 영국 삼림신탁의 관리들과 그 외의 수목 자선단체들은 넵에서의 재생 속도뿐 아니라 단풍팥배나무, 야생 능금을 포함한 다양한 종이 자연적으로 자리 잡는 모습에 놀랐다. 하지만 이런 환경보존 조직들이 가만히 앉아 돈 한 푼 들이지 않고 검은딸기나무와 야생 자두나무가 제 할 일을 하도록 놔두고 싶다 해도 그들의 자금 조달 모델이 이를 장려하지 않는다. 자선단체들은 삼림지에 나무를 심기 위해 보조금에 의지한다. 자연의 혼란스럽고 심하게 경쟁적이며 변화무쌍한 반응은 정확한 비용과 목표, 예측성을 요구하는 보조금 시스템과 맞지 않는다. 자선단체들은 또한 나무를 구입하는 데는 일반인의 기부에, 나무를 심고 돌보는 데는 자원봉사자들에게 의존한다. 구덩이를 파서 나무를 심자는 호소는 이들이 하는 이야기의 중요한 부분이다. 자선단체들이 이 일을 자연에 맡기면 그들의 자금줄의 큰 부분을 담당하는 메커니즘은 사라질 것이다.

최근까지 우리 경관에서 관목의 감소를 완화하는 한 가지 중요한 요소는 왜림 작업이었다. 나무들—대개 참나무, 개암나무, 물푸레나무, 버드나무, 유럽들단풍나무, 밤나무 ─ 을 주기적으로 밑동 부근까지 잘라 내서 그루터기나 원그루에서 다시 움('스프링우드spring wood'라고 불린다) 이 돋게 하는 작업이다. 고고학자들은 이 관행이 신석기 시대 초기까지 거슬러 올라간다고 본다. 왜림 작업의 가장 초기 증거들 중 일부는 서 머싯 평원에서 나온다. 이곳에서 4000년 전 우리 조상들은 늪 같은 땅 바닥에 나무로 정교한 길을 깔았다. 이 보행로들은 참나무 목재에 같은 길이의 물푸레나무, 라임, 느릅나무, 참나무, 오리나무 기둥과 더 짧은 개암나무, 호랑가시나무 장대들을 단단히 연결해 만들어졌다. 초기 영 국인들이 알게 된 것처럼, 왜림 작업은 빨리 자라고 이용하기 쉬우며 순 응성 있는 다목적 수목을 제공하고, 나무의 수명을 늘리는 추가 이점 도 있다. 글로스터셔의 웨스턴버트 수목원에서 오늘날까지도 윗부분을 잘라주는 작은잎라임은 수령이 수천 년 된 것으로 여겨진다. 사실 왜림 작업은 영국의 거대 동물들이 줄기가 아니라 가지를 공략해 먹고 뜯어 낼 때의 영향을 모방한다. 우리의 많은 나무와 관목이 그러한 손상에 아주 잘 대응한다는 사실 자체가 그들이 엄청난 수의 동물과 공진화해 왔음을 보여준다. 마지막 간빙기에 이 동물이 특히 많았다. 홀로세 초기 와 홍적세 중기부터 홍적세 말기(78만1000년 전에서 5만 년 전까지)에 빙 상이 후퇴하면서 오로크스, 말, 붉은사슴, 들소, 엘크, 야생돼지, 비버가 영국에 다시 대량 서식했을 뿐 아니라 영국은 곧은어금니코끼리, 하마, 마크코뿔소, 좁은코코뿔소Stephanorhinus hemiotechus의 보금자리였다. 이 동물 들은 개장미, 검은딸기나무, 산사나무와 함께 개암나무, 라임, 서어나무, 야생 자두나무 같은 친숙한 나무들을 뜯어 먹었고 참나무와 느릅나무의 가지들을 끌어내렸으며 호랑가시나무와 회양목을 뚫고 지나다녔다. 오로크스의 가죽도 뚫을 정도로 과하게 발달한 야생 자두나무의 무시무시한 가시는 코뿔소를 주저하게 만들었을 것이다.

로마 시대부터 18세기까지 서식스의 유명한 제철업은 왜림 작업에 의지했다. 숯과 장작을 끊임없이 쉽게 공급받아야 하는 철기 제작자들은 흔히 알려진 것처럼 삼림지를 박멸하기는커녕 오히려 보존했다. 자작나무는 4년, 참나무는 최고 50년까지의 일정 간격을 두고 잘라냈다면 우리의 소중한 고대 활엽수림은 지금까지 70번 이상 왜림 작업이 됐을 수 있다. 이 때문에 여전히 전국에서 가장 나무가 우거진 지역 중 하나인 우리 주는 언더우드Underwood, 넛본Nutbourne, 메이플허스트Maplehurst('hurst'는 고대 영어에서 언덕 위의 숲을 뜻한다), 린드허스트Lyndhurst(린덴 재목), 클린우드Klinwood 같은 지명과 넵에 있는 랜드필드 잡목림Landfield Copse, 폴라드실Pollardshill, 앨더 잡목림Alder Copse, 슈츠Shoots, 스프링우드Spring Wood, 윅우드Wickwood, 코피스 플랫Coppice Plat, 코피스 필드Coppice Field 같은 이름들에 왜림 작업의 전통이 간직되어 있다. 왜림 작업은 관목을 재생시키고 수많은 나비와 무척추동물뿐 아니라 소위 '삼림지' 조류에게 유익한 영구적인 순환을 형성했다. 하지만 우리 주는 여전히 검은딸기나무 같은 가시 있는 관목들을 용납하지 않는 인위적이고 관리가 철저한 환경이었다. 인동(겨울잠쥐의 보금자리를 만들 재료를 제공하고 줄나비의 주된 먹이다)조차 제2차 세계대전이 끝나고 한참 뒤까지 바람직하지 않은 잡초라며 근절되었다. 혼합 왜림이 분명 생물다양성이 가장 높았는데도 종종 왜림은 가장 상업적인 한두 가지 종으로 제한되었다. 서식스의 우리 지역에서는 그 종이 개암나무였다.

19세기 석탄 산업의 도래는 영국에서 왜림 작업의 점진적인 종말을 알렸다. 최북단에만 석탄이 매장되어 있는 프랑스에는 왜림을 기반으로 한 목재 연료 산업이 여전히 번성하고 있다. 하지만 플라스틱의 발명과 현대의 대량생산 기법들은 영국에서 왜림 작업에 종말을 고했다. 과거에 왜림과 관목이 이용되었던 거의 모든 용도가 저렴한 플라스틱 대체품으로 순식간에 충족되어 20세기 후반에 영국의 전통적 왜림의 90퍼센트가 사라졌다. 넵의 대정원에 있는 스프링우드 같은 아주 오래된 왜림들은 성목 구역이 되도록 놔두거나 보조금을 받는 농사나 개발에 자리를 내주기 위해 개벌되었다. 나이팅게일, 쇠박새, 정원솔새, 버들솔새, 은점선표범나비, 은줄표범나비, 북방기생나비, 번개오색나비의 개체수가 급락했고 아네모네, 블루벨, 병꽃풀, 노란꽃광대나물, 제비꽃, 등대풀속, 전추라, 터리풀, 수염며느리밥풀, 금창초―삼림지의 한 구역에 왜림 작업을 한 뒤 생긴 개방되고 햇빛이 잘 드는 환경에서 잘 번식하는 꽃식물들―와 함께 급격히 줄어들었다.

쓸모없다고 여겨진 관목은 20세기에 악마 취급을 받았다. 들판과 삼림 주변의 지저분한 가장자리들이 한때는 용인되었고 심지어 권장되었다. 이제 동력화된 도구로 무장한 우리는 질서정연함과 경계에 집착하는 국민이 되었다. 자연의 번창과 쇠퇴의 순환을 모방한 순환성장 시스템은 적어도 인간의 수명 내에서는 바뀌지 않을 것 같은 경관으로 대체되었다. 헐벗은 완만한 언덕과 느릿느릿 흘러가는 강을 배경으로 다 자란 나무와 작은 잡목림들이 흩어져 있고 깔끔한 생울타리로 둘러싸인 들판들로 이루어진 경관이 영국의 푸르고 복된 땅의 원형이 되었다. 이런 경관이 우리의 잠재의식, 안정성과 번영과 통제의 바코드에 아로 새겨져 있다. 이런 목가적 풍경에는 황무지의 정복자이자 자연을 굴복시키는 인류라는 개념이 뿌리박혀 있다. 『켄트와 서식스의 삼림지대The Kent&Sussex Weald』(2003)의 저자에 따르면 우리의 동남부 지역은 '아름답게 인위적'이다. 이 지역은 '광활한 야생 지대를 개간하고 이주하여 개발한 수세대에 걸친 농민들의 끊임없는 노동을 보여주는 가장 오래되고 잘 기록된 예들 중 하나다.' 그러니 영국의 전형적인 풍경이라고 간주된 경관, 결의에 찬 농업활동이 구현한 그림엽서 같은 경관을 평생 동안 보며 살았던 지역 주민들이 관목의 침략을 당한 넵에 분노한 건 놀라운 일이 아니었다.

익명으로 인터뷰한 전형적인 지역 주민들은 특히 남쪽 구역에서 벌어지고 있는 일에 울분을 쏟았다. 주민들은 석사학위 논문 작업을 위해 우리의 재야생화 프로젝트에 대한 반응을 조사하고 있던 학생에게 자신들이 환경보호 반대론자여서 화를 내는 건 아니라고 설명했다. 그들 대부분은 자신이 전원과 한 몸이고 야생생물을 사랑한다고 생각했다. 한 주민은 "나는 야생생물을 사랑하고 전원을 사랑합니다. 나는 어디 다른 곳으로 떠나 나비와 나방과 고슴도치 보는 걸 좋아합니다"라고 말했다. "나는 그 모든 것을 없애버리고 싶다고 말하는 게 아닙니다." 단지 서식스가 아무 제약 없는 황무지에 적합한 곳이 아니라는 의견이었다. 설문 참가자 중 한 명은 "나는 이 계획이 바람직하다고 생각하지 않습니다. 영국 동남부에서는 바람직하지 않아요"라고 단언했다. "그곳은 난장판이 되고 있어요. (…) 정말로 개판이에요", 다른 주민이 말했다. "심지어 야생도 아니에요. (…) 그런 건 안 보여요. (…) 내 말은, 나는 온 세상을 다 다녀봤어요. 세상엔 정글도 있고 색다른 것들도 있죠. 하지만 이건 완전히 달라요. 여기에 그런 곳이 있어야 할 것 같지 않으니까요."

시플리 교구회에 편지를 쓴 다른 주민들은 "이질적인 땅처럼 느껴져요. 더 이상 아무도 돌보지 않는 것처럼 완전히 버려진 땅처럼 보입니다"라고 말했다. 어떤 주민들은 팔려고 내놓은 땅이거나 농부가 죽은 것처럼 보인다고 말했다. 성 주변의 대정원 복원에는 전반적으로 우호적인 반응을 보였다. "사슴이 뛰어다니고 소가 있는 곳은 사랑스러운 풍경이죠." 대부분의 사람에게 렙턴 사슴 사냥터는 낭만적 이상에 부합했다. 농업 경관처럼 정돈된 데다 위협적이지 않기 때문이다. 대정원은 '더 정상적이고 살기에 더 적합했다'. 반면 땅을 자연에 넘겨주는 것―'그냥 내버려두는 것'―에는 게으름과 무책임, 심지어 부도덕의 냄새가 났다. 이것은 야만적인 '퇴보'였고, 어떤 사람들에게는 '악의적인 반달리즘'이었다.

주민들은 농지의 '파괴'에 누누이 당혹감을 표현했다. 넵의 지저분한 외관은 사라진 생산성을 드러냈다. "농민 친구들이 그가 이 수천 에이커의 땅을 받아놓고서, 그리고 그 땅으로 일해와놓고선 (…) 이 완벽한 땅이 근본적으로 그냥 버려지는 꼴을 보고 있는 것을 믿을 수 없어합니다." "그곳은 허섭스레기 땅과 달라요. 허섭스레기 땅이 아닙니다. 그런데 그는 이 땅을 황무지로 바꾸고 있어요." 많은 사람에게 찰리는 조상들의 노동을 물거품으로 만들고 있었다. "시플리 교구에는 과거가 메아리 치고 있습니다. (…) 그리고 이 특별한 가족이 농사를 지었던 이 특별한 사유지는 불과 몇 년 전까지만 해도 모범적인 곳이었어요. 버렐가의 자랑이자 즐거움이었죠."

불만에 찬 또 다른 논평자는 『카운티 타임스』에 보낸 편지에서 '처음에 메릭 경이, 그 뒤 월터 경과 버렐 부인이 농사를 지을 때 [넵은] 높은 수준의 농사와 전반적인 관리를 자랑스러워하는 사람들이 감탄하며 일하는 사유지였다. (…) 식량을 수입할 필요성을 없애고 기아에 시달리는 국가들에 대한 식량 공급을 돕기 위해 가능한 모든 식량을 재배하도록 요구받는 요즘 같은 시대에 그는 멀쩡한 땅을 황무지로 바꾸고 있다. (…) 누군가가 그를 말려야 한다'고 썼다.

넵에 대한 지역 주민들의 커져가는 반발이 어느 정도인지 알아보기 위해 시플리 교구회는 다른 무엇보다 '프로젝트에 공공 자금을 제공할 때 이익이 있을지, 그 반대일지에' 관해 지역 여론을 조사했다. 주민들은 같은 불만을 되풀이해 표현했다. "그 돈은 땅을 수익성 있게 이용해 세계의 식량 부족 해결에 도움을 주는 방법을 이해하도록 넵 캐슬 직원들에게 전통적인 농사법을 교육시키는 데 사용되는 편이 더 나을 것이다." "식량 생산은 인구밀도가 높은 잉글랜드 동남부 지역에서 우선순위가 되어야 하고 전반적으로 나는 '세상을 먹여 살리는 것'이 우리의 지침이 되어야 한다고 느낀다." "상당히 괜찮은 농지에서 생산을 중단해 수입품에 대한 수요를 증가시킨다." "앵글로 색슨 시대까지 거슬러 올라가는 아주 오래된 농지 패턴과 농가들로 이루어진 최고의 농경지인 잉글랜드 동남부의 한 구역을 재야생화하는 것은 납세자의 돈을 잘못 사용하는 것이라 생각된다……"

"생산적인 혼합농업으로 유명한 서식스 윌드가 잡초로 되돌아가고 있는 것은 이해하기 어렵다. 납세자의 돈이 땅 주인들에게 농사짓지 말라고 장려하는 데 사용되는 것은 인구 증가로 더 많은 식량을 생산해야 한다는 이야기를 듣고 있는 때에 합리적으로 보이지 않는다"는 것이 일치된 의견이었다.

재야생화에 대한 대부분의 반발의 중심에 있는 주장은 이것이다. 하지만 예리하고 공감 가는 듯 느껴지는 이런 확신은 대체로 식품 산업 및 농업이 퍼뜨린 잘못된 서사를 바탕으로 하고 있다. 기아나 식량 부족, 하다못해 물가 상승에 대한 두려움은 무엇보다 유엔이 입증한 사실들에 역행한다. 이 문제를 대중이 제대로 이해하기 전까지는 우리 프로젝트 같은 자연보존 계획에 토지를 할당하면 계속 격렬한 반대를 불러일으킬 것이다.

생존을 위해 한 뙈기의 땅도 놀려서는 안 된다는 것은 제2차 세계대전 이후 우리에게 깊이 뿌리박혀 있는 매우 정서적인 개념이다. 그리고 전쟁으로 파괴되고 정치적으로 불안정한 세계의 지역들이 겪는 비참한 기근의 이미지들은 모든 사람에게 돌아갈 만한 충분한 식량이 없다는 생각을 강화시킨다. 세계 인구가 70억 명에서 2050년 100억 명으로 증가할 것으로 예상되면서 식량 생산자와 소매업자, 농업 기업, 농민조합들은 전 세계적으로 식량 생산을 70~100퍼센트 증가시켜야 한다고 주장한다.

하지만 이런 주장은 글로벌 시장 때문에, 보조금과 과잉 생산으로 인한 낮은 상품 가격 때문에 망한 우리 같은 농민들의 경험을 반영하지 않는다. 이 문제에서 동전의 뒷면은 식품 산업의 기득권층이 비기득권층을 억누르려고 온 힘을 다한다는 것이다. 세계가 이미 100억 명을 먹여 살리기에 충분한 식량을 생산한다는 사실은 대체로 잘 알려져 있지 않다. 그리고 여기에 숨겨진 충격적인 사실은 이 식량의 3분의 1—매년 13억 톤—이 낭비된다는 것이다. 이것은 불편하고 도저히 이해가 가지 않는 사실이며, 흔히 무시되어버린다. 어떻게 단순한 '낭비'가 그렇게 많은 부분을 차지할 수 있는가? 하지만 이 사실은 우리 시대의 가장 큰 스캔들 중 하나를 뒷받침한다.

유엔식량농업기구FAO에 따르면, 산업화된 국가들은 매년 6억7000만 톤의 식량을 낭비한다. FAO가 말하는 낭비는 얼마든지 먹어도 되는 식품을 불필요하게 버린다는 뜻이다. 기름 종자, 육류, 유제품의 20퍼센트, 곡물의 30퍼센트, 인간의 소비를 위해 생산된 어류의 35퍼센트, 근채작물, 과일, 채소의 40~50퍼센트가 우리 입으로 들어가지 않는다. 과일과 채소의 3분의 1이 외형 때문에 버려진다. 완벽주의—곧은 모양의 당근과 흠 없는 사과—를 추구하고 산더미 같은 신선식품과 조리된 식품을 낭비하는 슈퍼마켓 체인들이 최악의 범인들 중 하나다. 테스코는 낭비를 줄이겠다고 공개적으로 약속했지만 2015/16 회계 연도에 영국의 매장들에서 5만 톤의 식품을 폐기했다는 것을 인정했다. 선진국들의 식당은 재료를 과도하게 주문하고 고객이 다 먹길 거의 기대할 수 없는 양을 내놓아 결국 남은 음식을 전부 버린다. 1996년의 광우병 위기와 2001년의 구제역 발발로 돼지에게 이런 남은 음식을 먹이는, 수세기 동안 이어져온 전통도 끝났다. 이제 이 음식들은 쓰레기 매립지로 간다. 그리하여 베이컨의 재료를 기르기 위해 더 많은 작물이 필요해진다. 전 세계 대두 생산의 거의 전부(97퍼센트)가 동물 사료에 사용되고, 2003년 돼지에게 잔반을 먹이는 것이 금지된 후 유럽의 대두박 수입은 2년 만에 거의 300만 톤 증가했다.

가정에서도 낭비는 계속된다. 소비자인 우리는 하나 가격에 두 개를 주는 할인과 충성도 포인트에 솔깃해서 일상적으로 과다 구매를 한다. 우리는 식품을 부적절하게 보관하고, 신선도가 최상인 기한을 가리킬 뿐인 '유효기간'을 글자 그대로 받아들인다. 또한 우리는 남은 음식을 조리하는 방법을 잊어버렸다. 식품 가격이 지금처럼 저렴해지면서 우리를 난처하게 하는 남은 음식을 바로 쓰레기통으로 처넣지 않을 동기가 거의 없다. 제2차 세계대전 때였더라면 음식을 버리는 게 양심에 찔리는 짓이었을 것이다. 1940년부터 배급제가 끝나는 1954년까지 식품을 낭비하는 것은 범법 행위였다. 하지만 오늘날 부유한 국가에서는 소비자들만 해도 매년 2억2200만 톤의 식품을 버린다. 사하라 사막 이남 아프리카의 식품 순생산량에 근접하는 양이다. 영국에서는 2013년에 낭비된 총 1500만 톤의 음식물 중 가정에서 버린 양이 700만 톤에 이른다. 이런 수준의 낭비는 매년 영국에 약 125억 파운드의 비용을 부담시키고 2000만 톤의 이산화탄소를 방출하며 약 54억 세제곱미터의 물—템스강의 연간 하천 유량 전체의 2.5배—을 사용한다. 그리고 이 수치는 우리가 직접 곡류를 먹을 때보다 더 많은 곡류를 소비하는 육류 중심 식단과 과식—현재 급속하게 확산되고 있는 비만 및 그와 관련된 당뇨, 암, 심장질환과 싸우고 있는 의사들에 따르면 우리는 필요한 정도

보다 훨씬 더 많은 칼로리를 섭취한다―은 고려하지 않은 것이다. 오늘
날 평균적인 미국인은 1970년보다 최소 20퍼센트 더 많은 칼로리를 주
로 고도로 가공된 정크푸드로 섭취하고 있고, 영국은 이를 빠르게 뒤쫓
고 있다.

　개발도상국들에서는 식품 손실이 먹이사슬의 마지막이 아니라 앞부
분에서 발생한다. 부실한 기반 구조―냉장 시설, 운송, 보관, 식품 가공
공장, 소통의 부족―로 선진국들과 비슷한 6억3000만 톤의 식품이 손
실된다. 하지만 이곳에서는 식품의 낭비가 비만보다 기아를 유발한다.
사하라 사막 이남의 아프리카에서는 곡물의 10~20퍼센트―40억 달러
의 가치에 1년 동안 4800만 명을 먹이기에 충분한 양―가 곰팡이, 곤
충, 설치류 때문에 손실된다. 인도에서는 과일과 채소의 35~40퍼센트
가 시장에 도착하기 전에 손실되는 것으로 추정된다.

　하지만 낭비는 식품 산업 및 농업 종사자들이 자신이 망할까봐 해
결을 주저하는 문제다. 대신 이 산업은 인간의 더 많은 식품 소비를 부
추기고 추가적인 식품 시장을 확보하려 애쓴다. 1960년대와 1970년대
의 곡류 생산자들이 집약농업을 촉진하고 녹색혁명 뒤에 발생한 곡류
의 과잉 공급 상황에서 소들에게 곡물을 먹였던 것처럼 이제 이들은 판
로로 자동차 산업에 기대를 걸고 있다. 한때 우리는 식품을 먹었다. 이
제 우리는 종종 식품을 연소시킨다. 자동차가 새로운 소가 되었다. 미국
에서는 옥수수―아이오와주나 앨라배마주 크기의 땅에서 재배된―
의 40퍼센트가 이미 자동차 연료로 사용되고 있는 한편 유럽연합의 바
이오디젤(주로 국내산 유채씨유와 인도네시아와 말레이시아에서 수입한 팜유)

소비는 2010년부터 2014년까지 34퍼센트 증가했다. 2013년에 OECD는 이런 추세가 계속되면 2021년에는 세계의 옥수수 및 그 외 잡곡의 14퍼센트, 식물성 기름의 16퍼센트, 사탕수수의 34퍼센트가 연료로 연소될 것이라고 추정했다. 영국에서는 전국농민연대가 정부에 바이오연료 가공을 위해 재배할 수 있는 곡물(주로 밀, 사탕무와 평지) 양의 상한선을 2퍼센트에서 유럽이 허가하는 7퍼센트 수준으로 높이라며 로비를 벌여왔다. 우리 국민이 심각한 식량 부족으로 위협받고 있었다면 전국농민연대가 이런 입장을 취하진 않았을 것이다. 정부가 정한 상한선은 식량 부족에 대한 두려움 때문에 부과된 것이 아니라 주로 식물성 기름으로 만들어지고 생산자들이 '친환경 에너지'라고 떠들어대는 바이오디젤이 실제로는 화석연료 디젤보다 기후에 80퍼센트 더 나쁘다는 것을 지적한 유럽 운송 및 환경 연합European Federation for Transport and Environment의 학자들을 포함한 기후변화 과학자들에 대한 대응이다.

지금 세계가 현재 인구보다 30억 명을 더 먹여 살릴 식량을 생산하고 있다는, 알려지지 않은 현실은 농업 기술의 눈부신 발전을 통해 이루어진 것이다. 새로운 품종의 작물, GPS를 이용한 정밀 파종 및 시비, 첨단 농기계들이 모두 산출량의 엄청난 증가에 기여했다. 세계의 곡물 수확량은 지난 10년 동안 20퍼센트 증가했다. 영국에서는 2015년에 밀 산출량이 6퍼센트 늘었다. 1990년대에 넵에서 우리는 에이커당 평균 2.75톤을 산출했던 데 반해 현재 전국적으로 밀의 평균 수확량은 에이커당 3.7톤이다. 우리 조상들이 이런 풍작을 봤다면 깜짝 놀랄 것이다. 영국에서는 밀 이삭 하나에서 1300년대에는 낟알 4개를 산출했던 데

비해 오늘날에는 60~70개를 산출한다.

풍작은 필연적으로 낮은 가격으로 이어져 우리 같은 한계농지―비용은 더 많이 들고 효율성을 얻기는 더 힘들다―의 농민들을 망하게 한다. 단순한 진실은, 식량 생산을 위해 필요한 땅이 지금보다 적어도 된다는 것이다. 산출량은 매년 계속 증가한 반면 영국에서 밀과 보리를 전담으로 재배하는 농지 면적은 1980년대 이후 25퍼센트 감소했다. 영국의 인구는 1939년 이후 거의 2000만 명 늘어났지만 현재 우리의 경작 전용 토지 면적은 제2차 세계대전 이전부터 가장 작은 수준이다(600만 헥타르). 줄어들고 있는 것은 경작지만이 아니다. 영국의 영구 목초지 면적도 1920년대 말에는 740만 헥타르였지만 2014년에는 580만 헥타르로 줄었고, 생산성 있는 과수원은 1951년의 11만 3000헥타르에서 지금은 2만 2000헥타르밖에 되지 않는다.

넵은 농업생산성이 엄청나게 향상되고 그 결과 한계농지를 버린 전 세계적 과정의 희생자다. 리와일딩 유럽 Rewilding Europe이라는 기관은 2030년까지 유럽에 버려진 농지가 300만 헥타르에 이를 것이라고 추정한다. 이미 스칸디나비아 북부의 많은 농지가 놀고 있다. 이 모든 땅에 일어나고 있는 일은 영국을 포함한 대부분의 유럽 정부가 관련된 문제다. 이런 상황은 자연에게는 현대사에서 전례가 없던 기회다. 우리가 우리 땅이 어떤 모습이어야 하는지에 대한 깊은 편견만 극복할 수 있다면 말이다.

노란색 위험과의 동거 ⑧

금방망이, 들쭉날쭉한 잎사귀가 난 소박한 꽃이여,
나는 그대가 피어 흩뿌리는 금빛을 보는 걸 좋아한다.
여름은 황갈색 다발들을 언제 묶을까;
많은 아름다움 중에서 거친 지점들을 장식하는. (…)

_존 클레어, 「금방망이The Ragwort」, 『중기의 시들Poems of the Middlle Period』 4권(1832)

우리 이웃들의 많은 우려는 첫 5년 동안 가라앉았다. 발정기의 다마사슴 수컷의 뿔에 들이받힌 사람은 아무도 없었다. 무리에서 덩컨이 빠지면서 엑스무어 조랑말들은 승마전용도로에서 말을 타는 사람들을 성가시게 하지 않았다. 자유롭게 돌아다니는 동물들의 공격 때문에 어린이들이 보행로에서 보호를 받으며 걸어야 한다고 주장하던 여성들도 더이상 말이 없었다. 송아지를 데리고 있는 롱혼 소들—한때 '예견된 재앙'이었던—은 낙농업이 계속 쇠퇴하고 있던 지역에 이 멋진 소들이 돌아온 것을 보고 반가워하는 일부 사람에게 심지어 환영을 받았다. 우리는 일어날 수 있는 일촉즉발의 상황에 주의를 기울였다. 우리는 보행로와 풀로 덮인 길들에서 돼지들이 파헤쳤거나 비 오는 날 동물들이 지나가 심한 '진창이 되거나' 짓이겨진 곳들을 판판히 하려고 최선을 다했다. 이웃의 땅 주인들은 자기 땅에서도 진흙, 고르지 않은 바닥, 발목이 접질릴 가능성에 대한 불만이 늘어나고 있다고 말해주었다. 이런 현상은 시골을 점점 더 도시적 태도로 대하고 있는 조짐처럼 보였다.

　하지만 프로젝트의 한 가지 특별한 측면은 받아들여지지 않았고 지금도 마찬가지다. 분노가 어찌나 거세던지 한때 프로젝트는 완전히 틀어질 위기에 처했다. 많은 사람에게 넵 프로젝트의 가장 불쾌한 측면, 우리의 부주의한 방식을 전형적으로 보여주며 주민들이 '엄청난 실망'부터 '완전한 재난'이라고 생각한 부분은 '해로운' 잡초들의 출현이었다. 한 논평자는 『카운티 타임스』에 '찰스 경은 농사가 잘된 사유지를 엉겅퀴, 소리쟁이, 금방망이로 뒤덮인 황무지로 바꾸었다'고 썼다. 문제의 이 세 종 가운데 단연 최악은 금방망이였다. 『카운티 타임스』의 한 독자는 너무 화가 나서 시까지 지었다.

> 넵 캐슬, 수치스러운 금방망이가
>
> 전염병처럼 퍼져 있다. 누구 탓인가?
>
> 너무나 망신스러운 노란색 바다
>
> 이 독초가 그곳을 장악했다
>
> 그들은 '땅에 둥지를 짓는 새'들을 위해 잡초가 자라게 놔둔다.
>
> 하지만 그 새들은 어디 있는가? 본 적도, 소리를 들은 적도 없다.
>
> 그동안 잡초는 이웃의 땅까지 퍼져나간다.
>
> 이런 오염을 멈춰라! 이것이 우리 요구다.

그들은 '자연 보존'을 부르짖는다. 편리한 변명이다.

내 생각은 다르다. 이건 방치이자 남용이다.

독자들이 『카운티 타임스』에 편지를 쓴다.

그런데 환경식품농무부는 뭘 하고 있나? 벌금을 물려야 하지 않는가?

최악으로 치달은 올해 그들은 언론의 혹평을 받았다.

하지만 과연 넵 캐슬이 이 혼란에 대처할 것인가?

간청하노니, 버렐 씨는 행동을 취하라.

그러지 않으면 내년에 우리가 당신의 잘못을 밝힐 것이다.

지금까지와는 다르게.

금방망이Senecio jacobaea는 유럽 대륙이 원산지다. 유럽에서는 스칸디나비아에서 지중해까지 널리 퍼져 있고 브리튼섬과 아일랜드에 풍부하게 자생한다. 키가 보통 3피트 정도인 이 식물은 6월부터 밝은 노란색 꽃이 꽃대 끝에 납작하고 빽빽하게 피며, 황무지와 길가, 방목지에서 흔히 발견된다. 방목지에서는 심지어 토끼가 땅을 긁기만 해도 금방망이가 싹을 틔우기에 충분한 맨땅이 생긴다. 농사를 중단한 우리 땅에서는 수천 마리의 토끼는 말할 것도 없고 돼지들이 땅을 파서 뒤집고 초식동물의 발굽이 땅을 교란시키면서 금방망이가 번성할 기회가 많다. 하지만 2008년에는 특히 맹렬하게 자랐다. 이년생 식물로 스트레스에 활기차게 반응하는 금방망이는 2006년에 찾아왔던 것 같은 가뭄 여름부터 2년 동안 지천으로 자란다. 2007년 건조한 4월의 날씨는 발아를 더 촉진시켜서 『카운티 타임스』의 다른 독자의 표현에 따르면 '들판마다 금방망이가 산들바람에 날렸다'.

영국에서 금방망이가 일으킨 것과 같은 도덕적 분노의 대상은 대개 호장근 같은 외래 침입종들이다. 마지막 빙하기 이후 우리 환경의 일부 였던 식물에 대한 적개심은 특이한 새로운 현상이다. 시인 존 클레어가 '눈부신 햇살에 (…) 반짝이는 금방망이의 꽃'을 찬미한 지 200년도 지 나지 않았다. 맨섬에서는 금방망이가 '커섀그cushag'라 불리며 섬의 국화 다. 하지만 브리튼섬의 다른 지역들에서는 금방망이가 세상에서 말살되 어야 하는 악이다. 금방망이의 유황색 꽃들은 성마른 황소를 화나게 하 는 천 조각이다. 감정이 지나치게 고조되자 최근 46개 자연보존단체의 연합인 야생생물 및 전원 연계Wildlife&Countryside Link와 환경식품농무부 가 합리적인 접근 방식을 장려하려고 시도했지만 금방망이에 반대하는 선전활동을 약화시키는 데는 실패했다.

가장 시끄럽게 떠드는 혐의는 금방망이가 가축을 죽인다는 것이다. 금방망이는 실제로 독성이 있는 식물이며, 포유동물이 다량 섭취하면 간 부전과 죽음을 불러오는 독소인 피롤리지딘 알칼로이드를 생성한 다. 하지만 방목 동물들은 수만 년 동안 이 식물과 함께 살아왔다. 우 리의 롱혼, 엑스무어, 탬워스, 노루, 다마사슴(그리고 이후에 붉은사슴)들 이 어떤 부작용도 없이 금방망이들 사이에서 풀을 뜯었다. 동물들은 이 식물을 피하는 법을 안다. 식물 자체가 쓴맛으로 동물이 접근하지 못하 게 경고한다. 또 냄새가 몹시 고약해서 영국사에 길이 남아 있을 정도 다. 1746년에 컬로든 전투가 끝난 뒤 승리를 거둔 잉글랜드인들이 컴벌 랜드 공작 윌리엄을 기려 정원 꽃의 이름을 '스위트 윌리엄Sweet William'

야생 쪽으로

으로 다시 짓자 패배한 스코틀랜드인들은 금방망이에 '악취 나는 윌리Stinking Willy'라는 이름을 붙여 보복했다. 슈롭셔와 체셔에서는 이 식물의 이름이 '암말의 방귀'다.

중독 문제는 야생이 아니라 들판과 작은 방목장들에 동물을 지나치게 많이 방목해 동물들이 금방망이를 먹을 수밖에 없거나 금방망이를 베어 사일리지나 건초로 만들었는데 동물이 이를 탐지하고 피하지 못했을 때 발생한다. 하지만 설령 그런 경우라도 동물이 과도한 양―말과 소는 체중의 25퍼센트, 염소는 125~400퍼센트로 추정된다―을 먹어야 치명적이다.

가장 최근에 금방망이 히스테리의 도화선이 된 것은 영국 말 수의사 협회British Equestrian Veterinary Association, BEVA와 영국 말 협회British Horse Society라고 할 수 있다. 2002년 이 단체들은 영국에 사는 약 60만 마리의 말 가운데 매년 6500마리가 금방망이 섭취로 죽는다고 주장하는 설문조사 결과를 발표했다. 1990년에 농림수산식품부가 금방망이와 관련해 말이 죽는 사고는 평균 10건이라고 추정했던 데서 놀랍게 급등한 수치였다. 그러나 BEVA의 주장은 엉터리 과학을 바탕으로 한 것임이 드러났다. BEVA 회원 중 4퍼센트가 설문조사에 답해 그해 금방망이 중독(죽음이 아니라는 점에 주의)으로 '의심되는'('확정'이 아닌 점에 주의) 사례를 평균 세 건 봤다고 보고했다. BEVA는 단순히 이 평균율에 전체 회원 수인 1945명을 곱해 그해 총 6553건의 사례가 있었다고 도출했다. BEVA의 누구도 수의사들 중 대다수가 이 설문조사에 응하지 않은 가장 가능성 높은 이유가 보고할 사례가 없어서라는 점을 고려하지 않은 것으로 보인다. 그들의 추론에 오류가 있었고, 이후 웹사이트에서 잘못된 정보를 삭제했지만 BEVA의 보고가 바탕이 된 통념은 특히 원예에 관한 속설에서 자체적인 생명력을 얻었다. 옛 속담처럼, 진실이 신발을 신기도 전에 거짓말은 지구 반 바퀴를 돌 수 있는 법이다.

하지만 존 클레어의 '소박한 꽃'에 대한 영국인들의 적대감에는 금방망이의 뿌리만큼 파내기 힘들어 보이는 확고한 근본적인 원인이 있다. 선입견의 첫 싹은 1959년의 잡초법Weeds Act에서 비롯되었다. 잡초법은 금방망이와 다른 네 개의 종─돌소리쟁이, 소리쟁이, 조뱅이, 서양가시엉겅퀴─를 추려내 '해롭다'는 딱지를 붙였다. 당시 잡초법은 특히 농업적 이익을 염두에 두었다. 이 식물들은 억제하지 않으면 작물 수확량 감소로 인한 수입 손실 측면에서 경작 생산에 상당한 영향을 미칠 수 있는 잡초였다. 예를 들어 조뱅이는 페로몬을 배출해 대부분의 곡류 작물의 발아를 방해한다. 금방망이는 동물 사료로 가공되지 않도록 밭과 방목지에서 박멸하는 데 비용이 든다.

하지만 '해로운'은 도발적인 단어이며 그 후 줄곧 '치명적' 식물들에 대한 갖가지 유언비어를 퍼뜨리는 것에 일조한 해골 마크다. 흔한 오해는 금방망이가 사람에게 닿으면 유해하다는 것이다. 금방망이의 피롤리지딘 알칼로이드(모든 꽃식물의 3퍼센트에 자연적으로 나타난다)는 피부를 통해 흡수될 수 없는데도 말이다. 금방망이의 꽃가루를 들이마시면 간 손상이 일어난다고 주장되지만 이 역시 물리적으로 불가능하다. 최근 『데일리 메일』에 금방망이 꽃가루를 먹은 벌의 꿀이 인간에게 유독하다는 기사가 대서특필되었지만 환경식품농무부는 이 위험이 '가능성이 매우 적고' '무시해도 될 정도'라고 설명했다. 벌들은 으레 디기탈리스, 수선화를 포함해 독성이 있는 수많은 다른 꽃으로부터 화밀과 꽃가루를 가져간다. 하지만 이런 꽃들 중 무엇도 꿀에 독을 섞는다고 비난받은 적은 없다.

금방망이 반대론자들은 다른 사람들의 땅에 있는 불쾌한 잡초를 손가락질하면서 툭하면 도덕적 우위를 주장한다. 그들은 땅 주인들과 지방 의회가 어디에서건 그런 잡초가 나타나면 법에 따라 박멸할 의무가 있다고 주장한다. 하지만 절대 그렇지 않다. 잡초법에 열거된 다섯 종의 잡초 중 무엇도 '신고해야 하는 대상'이 아니다. 영국의 법에는 그런 개념이 없다.

2003년의 금방망이 규제법—1959년도 잡초법의 개정안—은 야생생물 및 전원 연계의 압력하에 실천 규범을 발표했는데도 불구하고 상황을 명확히 하며 대중의 두려움을 가라앉히는 데 거의 도움이 되지 않았다. 야생생물 및 전원 연계는 금방망이와 다른 금방망이 종들의 원산지가 영국 제도이고 따라서 무척추동물들과 이들이 지원하는 다른 야생생물과 함께 우리 동식물상의 고유한 한 부분임을 명확하게 밝혔다. 실천 규범은 금방망이의 박멸을 제안하지는 않지만 방목 동물들의 건강과 안녕, 그리고 먹이나 사료 생산에 위협을 가하는 곳에서는 금방망이의 확산을 제어하는 전략적 접근 방식을 도모했다.

정부의 지침은 금방망이와 그 외의 '해로운' 잡초들에 대해 여전히 다소 모순되고 선동적으로 보인다. 2014년의 토지 관리 권고는 '이 잡초들이 자신의 땅에 자라게 하는 것은 위법 행위가 아니지만 자신의 땅의 유해한 잡초들이 이웃의 토지까지 퍼져나가는 것은 막아야 한다'고 명시했다. 지침은 이 잡초들이 가축이나 사료나 농업에 사용되는 땅을 위협할 때만 조치를 취할 것이라고 언급하면서도 사람들에게 이웃 땅의 '해로운 잡초에 대한 불평'을 조장하고 이를 위해 '유해 잡초에 대한 불만 신고 양식'을 제공한다.

이미 돌이킬 수 없는 상태인 것 같다. 오늘날 시골에서는 존 클레어처럼 찬양하는 건 고사하고 자연에서 금방망이의 자리를 인정하는 사람도 드물다. 아무도 금방망이를 햇살의 아름다고 눈부신 폭발로 보지 않는다. 더 중요한 점은 우리 삶에 대한 금방망이의 생태학적 기여를 높이 평가하지 않는다는 것이다. 우리는 자연을 사랑한다고 항의하지만 우리 방식대로의 사랑일 뿐인 것 같다. 우리는 토종 꽃보다 이국적인 꽃에 더 관심이 많은 정원사의 나라가 되었다. 우리의 야생 식생을 보호하려는 환경단체인 플랜트라이프Plantflife의 회원은 1만500명이다. 왕립원예학회의 회원은 43만4000명이다. 심지어 야생화 초원의 옹호자이자 플랜트라이프의 후원자인 찰스 왕세자조차 내추럴 잉글랜드에 금방망이에 대한 입장을 바꾸고 '문제를 더 적극적으로 해결'하라고 탄원했다.

하지만 동물들이 금방망이에 입을 대지 않아 다른 꽃식물들이 야금야금 뜯어 먹힐 때 금방망이는 그대로 있다는 (그리하여 비평가들의 눈에 확연히 띈다는) 사실 자체가 찬양의 이유가 되어야 한다. 금방망이는 우리 곤충에게 가장 지속적인 숙주들 중 하나다. 7종의 딱정벌레, 12종의 파리, 1종의 대형 나방―진홍나방과 럭비셔츠처럼 검은색과 노란색으로 된 진홍나방의 독특한 애벌레들―, 미소나방 7종이 오직 금방망이만 먹는다. 금방망이는 최소한 30종의 단생 벌, 18종의 단생 말벌, 50종의 곤충 기생자에게 화밀의 주요 공급원이다. 모두 합쳐 177종의 곤충이 금방망이를 화밀이나 꽃가루의 공급원으로 이용한다. 대부분의 다른 꽃이 죽었을 때 금방망이는 늦여름까지 피어 화밀의 주요 공급원이 된다. 넵에서는 11월에도 가끔 금방망이가 피어 있다. 밤에도 활짝 핀 빛나는 노란색 꽃들이 40종의 야행성 나방들을 끌어들인다. 곤충의 생태에 이렇게 활력을 불어넣는 영향은 엄청나다. 내추럴 잉글랜드도 금방망이의 지원을 받는 무척추동물 자원에 의존하는 포식자와 기생 동물의 수를 '헤아릴 수 없을 정도'라고 표현한다. 한편 썩은 고기를 먹는 곤충을 끌어들이는 금방망이의 힘은 분해 주기를 지원하는 데 중요한 역할을 한다.

우리의 야생생물들에게 이런 도움을 주는데도 불구하고 금방망이에 반대하는 선전활동으로 최근 길가와 야생화 초원, 그리고 믿을 수 없게도 과학적 특별흥미지역처럼 자연보존을 위해 지정된 구역까지 포함해 어디든 금방망이가 나타나는 곳이면 박멸 프로그램이 생겨났다. 광범위한 제초제가 종종 파괴 물질로 선택되어—필연적으로—부수적 피해를 일으킨다. 하지만 손으로 뿌리째 뽑는다 해도 다른 식물군이 손실을 입을 수 있다. 노란 꽃이 피는 다른 토종 꽃식물—호리 래그워트*Jacobaea erucifolia*, 마시 래가워트*Jacobaea aquatica*, 쑥국화, 서양고추나물, 조팝나물—들을 보통 금방망이로 착각한다. 속담처럼 잡초는 잘못된 장소에 있는 식물이다. 이제 금방망이에게는 모든 곳이 잘못된 장소 같다.

이해를 돕기 위해 설명하자면, 금방망이는 말과 다른 가축들이 먹으면 치명적일 수 있는 상당히 많은 식물 중 하나일 뿐이다. 잉글랜드 남부에서 방목 동물을 죽일 수 있는 흔한 종으로는 디기탈리스, 유럽아룸, 담쟁이덩굴, 블랙 브리오니아, 화이트 브리오니아, 고사리, 딱총나무, 사철나무, 주목나무 등이 있다. 3월에 우리 북쪽 구역에 있는 숲들은 토종 야생 수선화로 뒤덮이는데, 영국의 다른 지역들에서는 19세기와 20세기의 식물 채집가들이 이 꽃 대부분을 파냈기 때문에 보기 드문 풍경이다. 수선화—야생으로 피는 것과 재배되는 것 모두—는 가장 유독한 식물 중 하나다. 몇 년 전에는 한 지역 목사가 수선화 때문에 죽을 뻔하다 살아났다. 이 목사는 부활절 설교를 더 생동감 있게 만들려고 수선화 한 다발을 먹었다가 병원으로 실려가 위세척을 받아야 했다. 하지만 아무도 수선화를 비방하지 않는다.

금방망이에 대한 부정적 평판은 아마 부분적으로는 번식 방법에서 나왔을 것이다. 금방망이는 수선화 같은 구근이 아니라서 헤프고 예측 불가능하다고 여겨진다. 금방망이가 생산하는 종자의 수는 다양하지만 가장 믿을 만한 자료들은 포기당 최고 3만 개의 종자를 생산한다고 언급한다. 금방망이는 보통 바람에 실려 엄청나게 먼 거리를 이동한다고 여겨진다. 많은 지역 주민이 2008년 여름 시플리 주변에 금방망이가 급증한 것은 넵에서 종자들이 날려가 쌓인 결과라고 밝혔다.

금방망이들이 흐드러지게 피었을 때 찰리는 여러 통의 편지를 받았는데, 다음은 2008년 9월 8일 지역의 한 종마 사육장 주인에게서 받은 편지다.

담당자께,

다시 잡초의 계절이 찾아왔고 또 다른 대풍작을 축하드려야겠군요.

다른 사람들은 모두 금방망이를 없애려고 최선을 다하고 있는데 당신과 당신 식구들은 아무것도 안 하고 있는 것 같네요.

농촌관리계획의 일환으로 당신들이 지금 하고 있는 일을 할 권리가 있다는 건 알겠지만 이 종자들이 날려가고 있는 곳에 대해서도 당신 주변의 사람들과 땅을 위해 좀 생각해주기 바랍니다.

케임브리지 근방에서 대규모로 농사를 짓는 친구들을 주말에 불렀는데 이 지역에서 땅을 방치한 것에 깜짝 놀라더군요.

이런 편지를 보내봤자 거의 혹은 아무 영향도 미치지 못하겠죠. 하지만 당연히 나는 당신이 어떻게 이런 식으로 땅을 방치할 수 있는지 환경식품농무부에 따질 겁니다.

이번에도 편견과 불안이 과학을 앞질렀다. 정부의 지침에 따르면 금방망이가 넵에서 퍼져나가 전원지대에 대량 서식하는 건 거의 불가능했다. 연구는 금방망이 종자의 60퍼센트가 식물의 기부 근처에 떨어지고 보통 싹이 트는 것은 바람에 날려간 종자가 아니라 땅속의 종자라는 것을 보여주었다. 바람에 날려가는 종자는 더 가볍고 불임성일 가능성이 있다. 식물이 3만 개의 건강한 종자를 생산했을 때 그중 1만8000개가 식물의 기부에 떨어지고, 1만1700개가 4.5미터 떨어진 곳에 내려앉는 것으로 추정된다. 그리고 이런 식으로 거리에 따라 떨어지는 종자의 수가 줄어들다가 36미터 떨어진 곳에는 불과 1.5개만 내려앉는다. 환경식품농무부가 발표한 실천 규범에 맞춰 우리는 넵의 경계 내에 50미터의 완충지대를 마련하고 정기적으로 비료를 주어 어떤 잡초 종자도 생기지 않도록 했다. 또 이웃들을 더 안심시키기 위해 자진해서 추가로 50미터 내의 금방망이를 손으로 뽑았다. 예를 들어 라마농장과 인접한 땅처럼 특히 민감한 구역들에서는 환경식품농무부가 권고한 면적의 두 배인 100미터의 완충지대를 두었다. 우리의 금방망이 종자는 생존력이 있건 없건 넵의 경계 너머까지 이동할 가능성이 아주 적었고 지금도 그렇다. 1981년에 금방망이 연구를 시작해 지금도 계속하고 있는 임페리얼 칼리지 런던의 식물생태학 명예교수 믹 크롤리에 따르면 '우리의 경험으로 볼 때 금방망이는 지난해에 생산된 종자보다 흙 속에 저장된 종자들에서 싹을 틔워 자라는 경우가 더 많다'. 종자는 흙 속에서 최소 10년 동안 살아남을 수 있다. 토끼가 땅을 긁는 정도에 불과할 수 있는 약간의 토양 교란만 있어도 종자가 발아해 로제트(지표에 접해 방사상으로 잎이 난 상태) 단계로 이입할 수 있다. 크롤리 교수는 "금방망이의 이입은 보통 미세서식처microsite의 제약을 받으며, 이용 가능한 미세서식처를 채우기 위해 대개 흙 속에 많은 종자가 있다"고 말한다.

문화적 경관이 어떤 모습이어야 하는지에 대한 의견들이 더욱 예리하고 풀밭의 풀이 바짝 깎여 있어 금방망이의 출현이 훨씬 더 눈에 잘 띄는 렙턴 대정원에서 우리는 더 엄격한 접근 방식을 택해야 했다. 식물 하나에 대한 대중의 반응 때문에 프로젝트 전체를 위험에 빠트릴 수는 없었다. 지금까지도 우리는 야생생물들에게 무수한 혜택을 주고 우리나 이웃이나 가축들에게 어떤 해도 끼치지 않는 토종 꽃을 사유지 전체에서 뽑느라 금방망이가 왕성하게 자라는 해에는 약 1만 파운드를 쓴다.

우리는 편지를 보내오는 사람들에게 이 모든 것을 설명하려고 최선을 다했지만 그들의 불안을 가라앉히려는 우리의 노력은 대개 씨도 먹히지 않았다. 좀더 근본적인 무언가가 불만을 주도하는 듯했다. 자유롭게 돌아다니는 동물, 다른 해로운 잡초, 고르지 않은 땅, 심지어 식량 생산을 하지 않는 데 대한 걱정과 마찬가지로 금방망이는 더 큰 불안감의 징후처럼 보였다. 넵의 새로운 관리 체제—혹은 관리의 부재—에 관해 우리 이웃들을 가장 걱정시킨 것은 좀더 모호한 문제였다. 하지만 이 문제가 넵 부근에 사는 사람들을 아마 더 불안하게 만들었을 것이다. 그건 사람들이 더불어 살길 원하는, 혹은 더불어 살 준비가 된 미학의 문제였다. 우리를 비방하는 많은 사람에게는 우리가 우리 전원의 고유한 특징, 그러니까 그들이 아름답고 균형 잡혔으며 조화롭다고 생각하는 무언가, 우리의 실존에 없어서는 안 되는 특성들을 망가뜨리고 있는 것처럼 보였다. 2007년에 한 주민은 찰리에게 '내 생각으론, 경작이 가능했던 당신의 땅이 내 감성을 해치는 것 같다'고 솔직하게 썼다.

미적 감각은 굉장히 주관적인 것이며, 명확하게 인정하고 분석하기 힘들다. 미적 감각은 태어날 때부터 우리에게 뿌리를 내린다. 그리고 특별한 경관, 우리가 '자연스럽다'고 혹은 적어도 무해하다고 생각하는 무언가와 우리를 결합시킨다. 우리가 아이일 때, 특히 성장한 지역에서 본 것이 우리가 계속 보고 싶은 것, 우리가 우리 아이들이 보길 원하는 것이 된다. 향수와 향수가 불러오는 안전감이 우리를 익숙한 것과 결합시킨다. 또한 우리는 이러한 미학에 몰두해 우리가 보고 있는 것이 이곳에 아주 오랫동안 있어왔다고 믿게 된다. 우리는 주위의 전원지대나 그와 비슷한 무언가가 수세기 동안 지속되어왔고 그 안의 야생생물들이 수세기 동안 이곳에 있었던 야생생물을 정확히 똑같지는 않더라도 적어도 상당히 대표한다고 믿는다. 하지만 과거의 생태학적 과정은 일반인, 심지어 자연보존 전문가들도 종종 파악하기 어렵다. 우리는 현재의 직접성에 눈이 멀었다. 경관을 볼 때 우리는 그곳에 무엇이 빠졌는지가 아니라 무엇이 있는지 본다. 어떤 생태학적 손실과 변화를 알아본다 해도 우리의 어린 시절의 기억, 혹은 '우리 때는 수백 마리의 댕기물떼새가 있었지' '종달새와 노래지빠귀가 흔하디흔했어' '여기 주위 들판이 양귀비로 붉게 물들고 수레국화가 피면 온통 파랗게 되곤 했어' '내가 어릴 때 대구는 가난한 사람들이나 먹는 생선이었어'라고 말하는 부모님이나 조부모님의 기억까지만 거슬러 올라간다. 우리는 조부모의 조부모 시절에는 모든 교구에 풍부한 종으로 이루어진 야생화 초원과 나비가 바글거리는 왜림이 있었을 것이라는 사실을 보지 못한다. 그 조상들은 흰눈썹뜸부기와 알락해오라기의 울음소리를 듣고 멧비둘기 떼, 수천 마리의 댕기물떼새와 수백 마리 더 많은 종달새를 보았을 것이다. 겨우 4세대 전만 해도 사람들은 모캐—현재 영국에서는 멸종했다—와 뱀장어들이 헤엄치고 있는 강을 알았을 것이고 여름밤엔 박쥐와 나방, 땅반딧불이가 넘쳐났다. 또한 그들의 조부모는 흙먼지가 이는 시골 길에 앉아 있거나 심지어 도시에서 가로등 주변의 나방에게 덤벼드는 쏙독새들을 보았다. 모든 과수원에서 딱새류를 발견했고 솔트플랫부터 산꼭대기까지 어디서나 밭종다리를 보았다. 그 조상들은 영국의 해역에서 대형 대구 어장과 이동하는 참치 떼를 보았다. 지금은 탁한 북해가 웨일스의 면적만 한 굴 양식장들의 여과 작용으로 진처럼 맑았던 것도 보았다. 또한 그들의 조부모는 영국에 마지막 비버가 있던 시절에 살았고 청어 떼가 길이 5마일, 너비 3마일의 규모로 이주하다가 돌고래와 향유고래, 때로는 백상아리 무리에게 쫓기는 모습을 해안에서 볼 수 있었다. 굳이 역사책과 당대의 기록들을 뒤져보지 않아도 우리의 풍경과 극적으로 다른 풍경들이 정상이었던 것을 알 수 있다. 하지만 우리는 이런 재앙적인 손실을 부인하며 산다.

이렇게 기준을 계속 낮추고 퇴화된 자연 생태계를 받아들이는 현상을 '기준점 이동 증후군shifting baseline syndrome'이라고 부른다. 1995년에 이 용어를 고안한 어류학자 대니얼 파울리는 급격하게 고갈되는 어류 자원을 평가할 책임을 지닌 전문가들이 기준점을 어류 개체군들의 원래 상태가 아니라 그들이 학자생활을 시작할 때의 어류의 상태로 잡는다는 것을 알아차렸다. 한 해역이 수백 년 전에는 물고기로 들끓었을 수 있다. 하지만 '자연' 개체군 수준에 대한 과학자들의 기준점은 항상 현재부터 고작 몇십 년 전으로 고정되어 있다. 파울리는 각 세대가 '자연적'인 것이 무엇인지 재정의한다는 것을 깨달았다. 기준선이 낮아질 때마다 그 기준선이 새롭게 정상적인 것으로 여겨진다. 영국 조류학 신탁British Trust for Ornithology이 영국의 조류 개체군들을 모니터링하는 기준 연도를 1970년으로 정했을 때 비슷한 상황이 나타났다. 물론 기준선을 어딘가로 정하긴 해야겠지만—그리고 그 후 꼼꼼하게 기록된 감소세가 극적이긴 했지만—기준선 자체가 그 이전에 대한 기억상실을 조장하기 시작한다. 우리는 한때 더 많은 것이 있었다는 사실을 잊는다. 훨씬, 훨씬 더 많은 것이 있었다는 사실을.

기준선을 바꾸는 증거는 2000년대 초 우리가 트랙터-트레일러로 처음 넵 투어를 했을 때 분명히 드러났다. 우리는 전국농민연대, 전국지주협회Country Landowners' Association 같은 NGO에서 나온 여러 세대로 이루어진 그룹을 데리고 프로젝트를 돌아보기 시작했다.

우리는 40~60세 정도의 우리 세대가 보이는 일반적인 반응에는 익숙했다. 농업혁명의 자식들은 우리가 하고 있는 일에 아연실색했다. 20대는 대개 더 호응적이었다. 그들에게는 국가식품안보, 승리를 위한 경작 개념이 지나간 시대의 걱정거리였다. 그들은 풍요의 시대, 세계화와 저렴한 의류, 저렴한 식품의 시대에 성장했다. 그 세대의 슈퍼마켓 선반에는 겨울에도 스페인 토마토, 페루산 아스파라거스, 뉴질랜드산 양고기, 타이산 대하, 아르헨티나산 소고기가 채워져 있었다. 하지만 그들은 멧비둘기의 울음소리를 들어본 적이 없고 뻐꾸기 울음소리도 거의 듣지 못했다. 살아 있는 고슴도치도 대부분 본 적이 없다. 새와 나비가 없는 텅 빈 영국의 하늘이 그들에겐 정상적이었다. 하지만 그들은 적어도 학교에서 환경에 관해 걱정하도록 교육받았다. 넵은 새로운 무엇이었고, 우리는 그들이 눈앞을 날아다니는 곤충을 헤치며 걷거나 풀뱀과 뱀도마뱀을 발견하거나 입체 음향으로 울리는 새들의 지저귐 위로 목소리를 높이며 혼란스러운 기쁨을 느끼는 것을 보았다.

하지만 정말로 뜻밖의 반응은 가장 나이 든 세대에게서 나왔다. 80대들은 양차 대전 사이의 농업 공황, 전국의 한계농지가 버려졌던 때를 기억했다. 당시는 찰리의 증조부 시대로, 넵의 대부분의 지역을 관목지로 전환하도록 허가받았던 때였다. 이 세대에게는 개장미와 산사나무 무리, 개암나무와 갯버들─심지어 지천으로 깔린 금방망이들─도 전혀 불쾌하지 않았다. 그렇기는커녕 이 경관은 그들에게 곤충과 새가 들끓던 시골을 걸어다니던 어린 시절, 들판마다 유럽자고새 떼가 있던 시절을 떠올리게 했다. 그들이 보고 있는 것들엔 어떤 위협적인 것도, 걱정스러운 것도 없었다. 오히려 그와는 정반대였다. 어떤 사람에게 그 광경은 분명히 아름다웠다. 한 노인은 그들이 보는 풍경이 '부자연스럽다'고 주장하는 아들─전쟁 때 태어났다─에게 "넌 지금 네가 무슨 말을 하고 있는지 모르는구나"라고 말했다. "우리의 시골 풍경은 항상 이랬어!"

작은멋쟁이나비와
최악의 상황

우리는 내면의 음악을 좀처럼 듣지 못하지만
그럼에도 불구하고 거기에 맞춰 춤을 추고 있다.
_잘랄루딘 루미, 13세기

프로젝트가 잘 진행되면서 이제 우리는 늘어나고 있는 자유롭게 돌아
다니는 동물 무리를 위한 목양력뿐 아니라 특히 토지의 전환 및 훼손
과 관련된 영국 법령에 대한 지침이 필요했다. 우리는 남쪽 구역에 울타
리를 설치할 자금을 위해 로비를 해야 했고―분명―홍보도 더 잘해야
했다. 우리는 넵에서 일어나고 있는 일에 흥미를 느껴 선뜻 시간을 내준
여러 다른 전문 분야의 환경보호론자들로 작은 그룹을 꾸렸다. 그리고
2006년 5월 10일 넵 황무지 프로젝트를 위한 운영위원회 출범 회의를
열었다. '서식스의 로월드에 생물이 다양한 황무지를 수립하기 위한' 그
날의 프로그램은 아침 사파리로 시작되었다.

　남쪽 구역에 나타나고 있는 관목들―무성한 금방망이를 포함해―

주위를 돌아다니면서 다양한 문제를 깊이 생각하는 동안 이 그룹이 기본적인 조언을 해주는 정도보다 더 많은 일을 할 수 있다는 게 분명해졌다. 서식스 야생생물 신탁의 CEO인 토니 횟브레드 박사, 서식스 생물다양성 기록센터Sussex Biodiversity Record Centre의 테리사 그리너웨이, 임업위원회Forestry Commission의 조너선 스펜서, 내셔널트러스트의 매슈 오츠, 방목동물프로젝트Grazing Animals Project의 짐 스완슨, 내추럴 잉글랜드의 에마 골드버그, 본머스대학의 환경고고학 교수인 폴 버클랜드, 네덜란드 정부의 생태계 정책 자문인 한스 캄프, 대형 초식동물재단Large Herbivore Foundation의 욥 판데르 플라사커르 같은 사람들은 우리 프로젝트를 진척시키도록 도울 수 있는 이상적인 전문가 집단이었다. 새로운 사고의 길이 열렸다. 갑자기 '살아 있는 풍경'과 '연결성'—우리의 새 유행어—이라는 더 넓은 시야로 넵을 바라보고 우리 지역의 자연보존뿐 아니라 영국의 다른 지역들에 미치는 영향까지 평가하는 전문가들의 눈을 통해 우리는 진화하는 서식지를 보고 있었다.

이 그룹은 나중에 넵 황무지 자문위원회Knepp Wildland Advisory Board가 된 단체의 핵심이었다. 그 뒤 몇 년 동안 우리의 오랜 친구 테드 그린과 당연히 프란스 페라를 포함해 넵에서 일어나고 있는 일에 관심을 가진 20명 정도의 저명한 자연주의자가 합류했다. 우리는 방 안에서 그들이 나누는 전문 지식의 수준을 보며 때로 이게 꿈이 아닌가 싶었다. 그들의 참여는 넵에 신뢰성을 주었고 사기를 크게 진작시켰다. 분위기는 한껏 고양되었다. 우리가 하고 있는 일에 열광하는 진지한 자연주의자 집단이 여기에 있었다. 한 멤버는 접이식 식탁을 다 펼치고 서재의

난로 옆에서 늦은 밤 위스키를 마시며 하는 우리 회의를 「라이프 온 어스Life on Earth」영국의 자연 다큐멘터리 시리즈와 「새로운 탄생The Big Chill」친구의 장례식에서 다시 만난 중년의 동창들을 그린 영화의 만남이라고 표현했다. 정의와 가치, 목표가 아닌 과정, 모니터링과 기준선, 관리의 정도, 비용과 이익, '자연 자본' '생태계 서비스' 같은 새로운 개념들이 대개 새벽이 올 때까지 곰곰이 차근차근 논의되었다. 오래된 습관과 선입견을 뒤엎고 규칙을 재정의한다는 느낌이었다.

토론이 항상 화기애애했던 건 아니다. 한 자문은 주어진 어떤 주제에 합의를 이루려는 노력을 개구리들을 양동이에 집어넣으려 애쓰는 것과 비슷하다고 표현했다. 전문가들은 으레 자기만의 관점에서 실험에 접근했고 종종 특정한 결과를 얻고 싶은 욕구를 누르지 못했다. 비유를 확대해보자면, 모든 개구리가 서로 다른 연못에서 나왔는데 그들은 개구리가 된다는 게 어떤 것인지, 개구리들의 연못이 어떤 모습이어야 하는지 제각기 다른 의견을 가지고 있었다. 가장 중요한 비개입 원칙과 불확실성을 인정하고 특정 과학 분야의 한계 밖에서 생각할 필요성, 기본적으로 긴장을 풀고 본업을 잊어야 할 필요성을 위원회에게 몇 번이고 상기시켜야 했다. 이 점에서 네덜란드 대표단이 없어서는 안 되는 존재로 드러났다. 제약을 두지 않은 수십 년간의 실험주의를 이미 경험한 그들은 개념에 관해 설득력 있게 이야기했다. 오스트파르더르스플라선의 영향 덕분에 네덜란드와 유럽의 다른 곳들에서 자연적 과정을 주도적 원리로 삼은 새로운 자연보존-방목 프로젝트들이 이미 시작되고 있었다. 자연의 관리를 자연에게 넘겨주는 것이 유럽의 사고의 일부가 되고 있었다.

자문 그룹의 초기 논의들 중 하나는 '재야생화'의 정의 자체, 그리고 우리가 넵에서 일어나고 있는 일을 설명하기 위해 이 단어를 쓰는 것이 적절한지 여부가 중심이 되었다. 이 단어는 지금은 널리 통용되고 있고 더 미묘한 뉘앙스를 가지고 있다. 하지만 재야생화가 영국에서 헤드라인을 장식한 것은 불과 10년 전이었고, 주로 늑대 떼를 자신의 사유지에 풀어놓고 싶다고 발표한 스코틀랜드의 한 지주와 관련된 기사들이었다. 넵에 대형 포식자를 도입할 여지는 분명 없었다. 한 늑대 떼의 영토는 20~120제곱마일에 이르고, 이들은 하루에 50마일을 이동할 수 있다. 스라소니(거의 노루만 잡아먹고 숲에서 은둔하며 단독 생활을 하는 동물로, 영국에 재도입할 가능성이 훨씬 더 많은 후보)의 사냥 범위는 8제곱미터에서 174제곱미터 사이의 어디라도 될 수 있다. 하지만 '재야생화'와 포식자 재도입의 강한 연관성이 넵이 일종의 쥐라기 공원이 되려 한다는 추측에 이미 기름을 붓고 있었다. 찰리와 나는 어떤 때는 용감하게 어려움에 맞서 자신감 있게 이 단어를 사용해야 한다고 느끼고 어떤 때는 넵에 그 용어를 도입하면 우리에게 날아드는 편지만 늘어날까봐 걱정하며 우물쭈물했다.

자연보존 분야에서도 'R로 시작하는 단어'에 불편한 반응이 있었다. 많은 과학자는 이 단어가 도발적이고 막연해 '혼란과 반대 의견들'로 이어진다고 생각한다. 2016년에 일단의 과학자들은 『커런트 바이올로지Current Biology』에 발표한 '재야생화는 자연보존의 새로운 판도라 상자'라는 기사에서 '실천자, 지지자, 기자들은 재야생화라는 용어를 너무 자주, 너무 아무렇게나 취급한다'고 썼다. 많은 과학자가 '재-'라는 고집스런 접두사가 과거를 복원하려는 순진한 야망을 드러낸다고 주장한다. 그들은 '재야생화의 실천자'는 불가능한 것, 즉 수세기에 걸친 종과 서식지의 손실, 토양과 기후의 돌이킬 수 없는 변화, 그리고 '인류세'가 가한 막대한 부담 때문에 더 이상 존재할 수 없는 자연 상태로 돌아갈 것을 요구하는 이상주의자들이라고 주장한다. 우리는 우리가 그 점에 대해서는 결백하다는 것을 알고 있었다. 서식스의 경관은 인간의 영향을 너무 심하게 받고 역사와 현재의 지배적 상황에 의해 너무 많이 바뀌었기 때문에 우리는 단지 우리에게 남아 있는 요소들로 미래를 위해 뭔가를 만들어내기만 바랄 수 있었다. 우리가 이 일을 그냥 '야생화wilding'라고 불러야 할까? 호셤과 워딩의 서서히 뻗어나가는 광역도시권들 사이에 끼어 있고 개트윅 공항의 선회대피 시스템 아래에 있는 데다 길들이 십자 모양으로 얽혀 있고 최상위 포식자가 없는 이곳, 농사를 그만둔 상대적으로 작은 면적의 땅에서 우리가 하고 있는 일을 정말로 '야생'이라고 표현해도 될까?

'재야생rewild'이라는 용어는 어스 퍼스트Earth First의 창시자들 중 한 명이자 미국의 와일드랜드 프로젝트Wildlands Project(지금의 와일드랜드 네트워크Wildlands Network)와 재야생화 연구소Rewilding Institute의 설립을 도운 미국의 환경보호론자 데이브 포먼이 1980년대에 고안했으며, 1990년에 『뉴스위크』 인쇄판에 실린 '지구를 되찾기 위해 노력하며'라는 기사에서 처음 등장했다. 그리고 1998년에 마이클 술레와 리드 노스가 『와일드 어스Wild Earth』에 실린 기사에서 이 용어를 세 가지 C—Cores(핵심), Corridors(통로), Carnivores(육식동물)'―를 기반으로 한 자연보존으로 의미를 다듬었다. 두 사람은 생태 네트워크, 그러니까 자연적 과정들이 다시 의미 있는 규모로 기능할 수 있도록 생물다양성 핵심 지대와 고립된 황무지들을 연결하는 것의 중요성을 강조했다. 그리고 시스템에서 최상위 포식자의 역할을 지지했다. 이 역할은 현대 자연보존의 아버지이자 아마 틀림없이 최초의 '재야생화 실천자'였을 미국의 저자이자 생태학자인 알도 레오폴드가 반세기 전에 밝힌 것이었다. 옐로스톤 국립공원은 1995년에 늑대를 재도입해 생물다양성이 믿기 어려울 정도로 높아진 뒤―이 현상은 '최상위 포식자 영양단계 연쇄반응'이라고 불리게 되었다―미국에서 재야생화 운동의 가장 좋은 예가 되었다.

미국에서 재야생화 개념은 규모가 거대하고 대부분 기존 황무지에 초점을 맞춘다. 늑대, 회색곰 같은 다양한 동물을 위해 1997년에 설치된 가장 야심 찬 야생생물 통로인 유콘-옐로스톤 보존 구상Yukon to Yellowstone Conservation Initiative, Y2Y은 길이가 1998마일, 폭은 310~496마일, 면적이 50만2000제곱마일에 이르고, 로키산맥 전역과 미국의 5개 주, 캐나다의 2개 주, 캐나다의 2개 준주, 30개가 넘는 북미 원주민 정부들의 자연보호구역이나 조상 전래의 땅들을 포함한다. 영국의 다섯 배를 훌쩍 넘는 면적이다.

인구가 밀집되고 고도로 산업화되었으며 역사적으로 분화된 유럽에서는 그러한 기회가 제한적이라고 생각하는 것도 무리는 아니다. 그런데 지난 몇십 년 동안 갑자기 영국에서 미국 스타일의 재야생화 가능성이 활짝 열렸다. 넵의 우리에게 미친 것과 똑같은 영향들―세계화에 의

한 경쟁 심화와 농산물 가격의 붕괴—이 유럽 전역의 한계농지에서의 농사 포기 추세를 확산시켰다. 알프스산맥, 피레네산맥, 포르투갈, 스페인 중부, 사르디니아, 구동독, 발트해 국가들, 카르파티아산맥, 그리스 북부, 폴란드, 스웨덴 북부, 핀란드 북부, 발칸반도의 거대한 지역들이 버려지고 있거나 이미 버려졌다. 새로운 포부를 품은 젊은 세대들이 자급농업을 하며 겪는 고생과 유목생활이나 전원생활의 외로움을 피하기 위해 도시로 이동하면서 이 과정은 가속화되어왔다. 유럽 전역의 외딴 마을들은 소수의 최고령 주민들만 남은 채 텅텅 비어가고 있다. 2020년쯤에는 유럽 시민 5명 중 4명이 도시지역에서 살 것으로 추정된다. 리와일딩 유럽에 따르면 2030년까지 300만 헥타르 이상의 농지가 버려질 것이다. 영국 전체보다 500만 헥타르 더 큰 면적이다.

이미 유럽에서는 이러한 전례 없는 농지 유기의 영향이 맹금류, 오소리, 비버, 엘크, 야생돼지 같은 종들, 그리고 특히 대형 포식동물의 증가로 나타나고 있다. 2013년에 런던동물원과 버드라이프 인터내셔널Birdlife International이 수행한 연구는 유럽 본토의 거의 3분의 1에서 불곰, 늑대, 울버린, 스라소니를 발견했고 이들은 대부분 지정된 자연보존구역 밖에서 살고 있었다. 불곰Ursus arctos이 가장 많았다. 유럽 면적의 두 배인 미국에는 회색곰(더 큰 아종인 *Ursus arctos horribilis*)이 1800마리밖에 없는 데 반해 현재 유럽에는 약 1만7000마리가 산다. 곰은 유럽 국가들에 22마리가 산다. 현재 유럽 23개국에서 늑대 1만2000마리—미국의 거의 두 배—와 스라소니 9000마리가 돌아다닌다. 1250마리의 울버린(족제비과에서 가장 크고 지상에 사는 종으로 '스컹크 베어skunk bear'라고

도 불린다) 개체군은 지금까지 스칸디나비아와 핀란드 북부 지역에만 머물렀다. 하지만 이들도 남쪽의 분포 지역 중 일부를 회복할 것으로 기대된다.

물론 포식동물의 재출현이 보편적으로 인기가 있지는 않다. 1970년대에 환경운동이 시작된 이후 유럽인들 사이에 야생동물에 대한 관용이 커지긴 했지만 지역사회의 일부—특히 목양업자, 순록을 기르는 목축민 일부, 사냥꾼들—는 뿌리 깊은 적개심을 가지고 있다. 하지만 그들의 분노는 또한 사면초가에 몰린 그들의 입지를 나타낸다. 목양업자들은 수익성 감소와 더 저렴한 뉴질랜드산 양고기의 수입에 대해 늑대의 공격(거의 항상 과장되어 있다)을 탓하는 게 더 쉽다. 농무부 장관들도 유럽의 농업 전체에 영향을 미치지만 그들이 할 수 있는 일이 거의 없는 근본적인 문제들을 인정하기보다 포식동물의 증가를 비난하는 편이 편리하다.

유럽에서 포식동물의 존재는 열띤 논쟁의 대상이며 곳곳에서 박해를 받긴 해도 분포 범위와 전체적인 수가 계속 증가하고 있다. 유럽의 선도적인 육식동물 생물학자 50명이 수행한 연구는 유럽연합, 특히 1000종이 넘는 동식물 종뿐 아니라 200개의 서식지 유형을 보호하는 유럽연합 서식지 지침EU Habitats Directive 아래 법적 보호의 역할에 큰 중점을 두었다. 이는 브렉시트 이후 영국의 야생생물들에 미칠 영향을 생각하는 영국의 환경보호론자들에게 큰 걱정거리다. 이 지침에서 제외된 노르웨이, 스위스 같은 비유럽연합 국가들에서 야생동물의 복원이 유럽의 다른 곳보다 훨씬 더 뒤처져 있기 때문이다. 반면 늑대를 죽이면 1만

5000유로의 벌금을 물리는 독일에서는 늑대 무리의 수가 2000년의 1개에서 2015년에는 45개로 늘어났다.

표면적으로는 유럽에서의 이러한 농지 유기와 포식동물의 재출현 과정으로 마치 재야생화가 저절로 일어나는 것처럼 보여 우리는 그냥 누워서 감 떨어지기만을 기다리면 될 수도 있다. 하지만 수계, 토양 유형, 동식물과 무척추 동물의 군집 측면에서 인간의 개입이 시간이 지나면서 단계를 변화시켜 '재앙적 변화catastrophic shift'라고 불리는 다른 평형 상태를 구축했다. 땅을 멋대로 하게 내버려두면 생물이 다양한 동적인 생태계를 재구축하는 데 수백만 년까지는 아니더라도 수십만 년이 걸릴 수 있다. 문제는 결여된 요소를 이 지역들에 재도입하면 과정을 가속화할 수 있는가, 그리고 무엇이 이런 요소가 될 수 있는가이다. 옐로스톤 국립공원에 늑대를 재도입한 사례가 대대적으로 알려져 있고 이곳에서 늑대는 강의 흐름을 바꾼 것으로 여겨진다. 하지만 이런 일이 일어난 건 늑대가 야생 초식동물이 전부 갖춰진 거의 완전히 기능하는 생태계로 돌아갔기 때문이다. 늑대는 자신의 생태적 지위로 되돌아갔고 그 결과 야생생물에 극적인 도미노 효과를 미쳤다. 이런 광대한 자연적 생태계들—진정한 황무지—은 유럽에서 거의 알려져 있지 않다. 유럽 대륙에서 포식동물의 수가 증가하고 있을 수 있지만 그 자체로는 울폐산림을 다른 무언가로 바꿀 수 없다.

대형 초식동물—페라의 설명처럼—은 서식지 생성에 더 근본적인 역할을 한다. 올바로 이용하면 이 동물들은 재앙적 변화의 고착된 문제들을 해결할 수 있다. 방목 동물들—사라진 거대 동물들의 대체 동물―과 비버 같은 다른 핵심종을 재도입하면 생물다양성이 회복되는 것으로 나타났고, 결과적으로 이들은 재야생화의 의미와 규모에 관한 개념들을 확장할 수 있다.

들소가 좋은 예다. 바람이 거센 11월의 어느 날, 찰리와 나는 하를렘에서 몇 마일 떨어져 있고 암스테르담 공항에서 차로 30분 걸리는 네덜란드 해안의 모래 능선에 수목 전문가 친구인 테드 그린과 질 버틀러, 그리고 프란스 페라와 함께 서서 작은 기적을 목격했다. 우리는 넵 면적의 3분의 1에 조금 못 미치는 330헥타르의 크란스플라크 자연보호구역의 한가운데 서 있었다. 우리 뒤의 경계 울타리 밖에서 통근 열차가 덜컹거리며 지나갔다. 청회색의 북해가 내려다보이는 우리 앞에는 카지노 도시인 잔트포르트의 고층 건물들이 모래 언덕 둘레에 늘어서 있었다. 그리고 60미터도 떨어져 있지 않은 그 사이의 곰솔 숲들 옆의 언덕 같은 경사지에서 22마리의 들소와 새끼들이 풀을 뜯고 있었다. 털로 뒤덮인 머리, 초승달 모양의 검은 뿔, 거대한 어깨와 좁은 엉덩이를 가진 들소들의 둥근 활 같은 실루엣은 동화책과 서부극, 그을린 동굴 벽에 그려진 황토색 형상들을 떠올리게 했다. 들소들이 경사지를 조금씩 내려가며 풀에 혀를 날름거릴 때 마치 유령에게 생명을 불어넣는 것처럼 바닷바람이 꼬리와 턱 아래의 술 모양의 털―희미한 황갈색―을 어루만졌다.

들소들은 '다리 달린 체인톱'이라는 특정한 역할을 수행하기 위해 여기에 있다. 토끼의 급격한 자연 소멸로 크란스플라크의 유명한 야생화 풀밭들이 거친 풀로 덮였고 플라타너스, 백양, 관목이 민감한 모래사장 경관으로 진출할 수 있었다. 거대한 생태학적 변화가 일어나고 있었다. 이곳을 장악한 두 개의 주된 위협적인 목초 종인 산조풀Calamagrostis epigeios과 암모필라 아레나리아Ammophila arenaria는 너무 질겨서 심지어 하일랜드 소들도 감당하기 힘들었다. 모래언덕 생태계의 쇠퇴와 지하수면에 미치는 부정적인 영향을 걱정한 이 자연보호구역의 소유자인 네덜란드의 상수도 업체 PWN은 ARK 재단과 협력관계를 맺고 2007년에 들소를 들여왔다. 네덜란드 최초의 자유롭게 돌아다니는 들소 떼였다.

그 결과는 놀랍기 그지없었다. 들소들은 플라타너스와 포플러의 껍질을 둥글게 벗겨내고 사철나무를 넘어뜨렸으며 빽빽하게 자란 거친 풀을 짓밟고 발로 긁어대고 거칠게 밀치며 지나가 기대대로 나무들의 잠식을 되돌려놓았을 뿐 아니라 풀을 뜯어 먹는 토끼로 이루어진 이전의 체제보다 훨씬 더 동적인 생태계를 열었다. 비둘기의 털이 참매가 사냥했음을 알려주는 풀로 덮인 둑 아래에서 ARK 재단의 생태학자 레오리나츠가 골프 벙커를 연상시키는 우묵한 모래 구덩이에 군락을 이룬 지의류, 이끼, 제비꽃속을 가리켰다. "이건 우리가 예상하지 못했던 겁니다." 리나츠가 말했다. 들소들은 뒹구는 장소를 만들어 앞발굽으로 땅을 긁어 뿔로 풀을 내던지고 둑을 어깨로 밀고 드러난 흙—혹은 이 경우엔 모래—에서 뒹굴어 가려움을 없애고 오래된 털과 기생충을 떼어낸다. 그리고 기생충이 다시 들끓지 않도록 새로운 뒹구는 장소들에 계속 몸을 비벼 표면에 빽빽이 깔린 풀들 때문에 꼼짝 못 하던 모래 언덕들이 다시 형태가 바뀌고 움직이도록 해서 경관을 유동적으로 만든다.

그 뒤를 이어 생물체들이 모습을 드러냈다. 바닷가 땅을 파서 집을 짓는 나나니벌, 애꽃벌, 참뜰길앞잡이들이 모래 목욕장들에 대량 서식하고, 들소들이 구덩이 사이에 낸 길들이 사막도마뱀과 작은 포유동물의 고속도로가 되었다. 숲종다리, 붉은등때까치를 포함한 새들이 다시 출현한 곤충을 포식했고, 다마사슴들은 땅을 파서 노출된 풀뿌리 사이의 균류를 먹어치워 배설물로 포자를 퍼뜨렸다. 모든 초식동물과 마찬가지로 들소들은 매개 동물 역할을 해 장과 발굽, 털로 식물 종자들을 실어 나르고(네덜란드와 유럽 중부의 식물 종의 거의 절반이 털에 의한 운반을 용이하게 하기 위한 갈고리가 달려 있다) 똥과 오줌, 뼈로 한 지역에서 다른 지역으로 미네랄과 영양소를 옮긴다. 습한 겨울 동안 들소들의 발굽으로 땅이 움푹하게 팬 곳에서는 큰솔나물, 원지, 큰꽃마리, 카를리나 엉겅퀴*Carlina acaulis*, 탑꽃의 종자들이 싹을 틔운다. 풀을 뜯어 먹는 이 대형 포유류 한 종을 재도입한 결과로 서식지 모자이크가 다시 나타났다. 뚫고 들어갈 수 없는 거친 풀과 단조롭게 서 있는 플라타너스와 포플러들로 이루어졌던 경관에서 젖은 모래언덕의 웅덩이와 우묵한 곳, 가시 있는 관목 덤불, 작은 소나무 숲과 낙엽수림, 모래사장, 야생화 초원들이 번갈아 나타나는 복잡한 체계가 등장했다.

오스트파르더르스플라선의 방문은 우리에게 일련의 초식동물이 백지상태에서 생물다양성이 높은 생태계를 만들 수 있다는 것을 보여주었다. 크란스플라크는 몇 걸음 더 나아갔다. 이곳은 한 종의 초식동물이 한 경관의 변화율을 바꾸고 다양화하여 면적이 10분의 1도 안 되는 지역과 모래언덕처럼 민감한 서식지에서도 이전에 결여되어 있던 갖가지 자연적 과정을 자극할 수 있음을 입증했다. 더 넓은 자연 지역들과 연결되면 생물다양성을 위한 훨씬 더 큰 기회가 열릴 게 거의 분명하며(크란스플라크와 인접한 2000헥타르의 자연보존구역과 육교로 연결할 계획이 있다), 2009년에 추가된 작은 무리의 코니크 말들이 생태학적 복잡성을 더욱 증가시켜 들소의 방목 환경을 개선했다.

말과 동물들과 솟과 동물들이 풀을 뜯는 관계는 자연보존과 국내 축산 둘 다에 엄청난 도움이 될 수 있는 새로운 발견이다. 2012년에 프린스턴대학이 케냐에서 수행한 연구는 소가 혼자 풀을 뜯어 먹을 때보다 당나귀들—얼룩말 대신으로 몸무게를 재기 쉽고 연구하기 쉬운 말과 동물—과 함께 뜯을 때 몸무게는 60퍼센트 더 늘어난다고 밝혔다. 당나귀들(후장발효동물)은 소들(반추동물)이 소화시키기 어려운 풀의 질긴 윗부분을 먹는다. 마찬가지로 연구진들은 더 멀리 떨어진 야생에서 얼룩말이 거친 풀을 뜯어 먹으면 누들이 연하고 잎이 많은 풀에 접근하기 더 쉬워진다는 것을 관찰했다. '촉진facilitation'이라 불리는 이런 역학은 최근 야생 다트무어 조랑말들이 자유롭게 돌아다니는 소들이 더 수월하게 풀을 뜯어 먹을 수 있게 한 다트무어Dartmoor에서도 인정되었다. 황무지에서 조랑말들이 만든 방목 '잔디밭'은 또한 희귀한 나비 종인 금빛어리표범나비의 중요한 서식지다. 이 나비는 영국에서 가장 빠르게 감소하고 있는 종으로, 1990년부터 2000년 사이에 군집의 66퍼센트를 잃었다고 기록되었다. 한때 같은 경관에서 흔히 발견되던 서로 다른 초식동물들이 풀을 뜯어 먹는 보완적 기법들을 발달시킨 것도 놀랍지 않다. 먼 과거의 멋진 경관에서 타팬 떼를 뒤따라가는 오로크스와 들소 떼를 상상하면 경이롭다.

이러한 유럽식 재야생화의 효과는 분명하다. 알맞은 종의 방목 동물을 알맞은 수로 비교적 작고 고립된 지역에 도입하면 생물다양성에 기하급수적 영향을 미칠 수 있다. 이 동물들은 글라이더를 공중으로 끌어올리는 비행기처럼 자연적 절차에 시동을 거는 초기 추동력을 제공한다.

그러나 유감스럽게도 들소는 넵에 들여올 후보로서는 탈락했다. 우리의 원래 희망 사항에서 당분간 보류해야 했던 또 다른 항목이었다. 언제나 그렇듯 걱정거리는 개를 산책시키는 사람들이었다. 세 가닥으로 된 단순한 전기 울타리가 설치된 크란스플라크는 이 동물들이 얼마나 안전한지 보여주었다 하지만 들소는 그들의 눈에 늑대로 보이는 개를 불안해했다. 매년 4000명의 관광객이 크란스플라크 보호구역에서 들소들이 다니는 길을 걷는다. 그리고 우리가 방문했을 때 레오의 아내는 갓난아기를 슬링으로 안고 기꺼이 혼자 들소를 찾으러 나섰다. 하지만 개는 허용되지 않는다. 영국보다 네덜란드의 정책 입안자와 환경보호론자들이 더 용감하다. 우리가 자유롭게 돌아다니는 들소를 들여올 수 있다 해도 넵에 개를 산책시키는 사람의 출입을 막는다면 반발이 무척 심할 게 분명했다.

들소가 없어도 우리의 자유롭게 돌아다니는 초식동물들이 분명 생물다양성에 극적인 영향을 미치고 있었다. 하지만 문제가 남아 있었다. 우리가 유럽의 사례를 따라 넵에서 일어나고 있는 일을 '재야생화'로 부를 수 있는지 혹은 불러야 하는지라는 학구적이지만 여전히 우리에겐 걱정거리인 문제였다. 우리는 자문위원회의 한 위원에게 우리 프로젝트에 알맞은 대체 문구를 만들어달라고 요청했다. 그는 넵을 묘사하기 위해 '장기적이고 개입이 최소화된 자연적 과정이 주도하는 지역'이라는 문구를 제안했다. 꼼꼼한 정의지만 양동이에 개구리가 더 많이 들락날락하게 만든 문구였다. 자문위원회는 '장기적'이 무슨 의미인지, '최소한의 개입'을 누가 결정하는지, 그리고 당연히 '자연적'과 '과정이 주도하는'의 구체적인 내용에 관해 자기네끼리 열띤 논쟁을 벌였다. '지역'이라는 단어조차 논쟁을 일으켰다. 자연적 과정을 나타내려면 프로젝트가 얼마나 커야 하죠? 설마 우리가 여기서 뒤뜰을 얘기하고 있는 건 아니겠죠? 넵을 표현하기 위해 우리가 어떤 문구를 선택하건 항상 열띤 논쟁과 더 다듬어달라는 요구가 나올 게 분명했다. 아마 '재야생화'는 본질적으로 파악하기 힘들고 예측할 수 없는 개념일 것이다. 결국 우리는 이 용어가 유용한 약칭이라는 데 동의했고 그 결과는 될 대로 되라는 마음이 되었다. 하지만 찰리는 어느 어두침침한 겨울 저녁에 내게 체념한 듯 중얼거렸다. "단지 신중을 기하기 위해 당분간은 이 실험을 넵 '황무지' 프로젝트로 부르고 '재-'라는 말은 빼는 게 어떨까."

키스 커비는 우리의 첫 번째 운영위원회 회의에 참석하지 못했지만 대신 내추럴 잉글랜드의 대표로 에마 골드버그를 보냈다. 1년쯤 뒤에 내추럴 잉글랜드의 동남부 지역 프로그램 관리자인 짐 시모어가 우리 자문위원회에 합류했다. 두 사람의 참석은 넵에 대한 공무원 조직의 계속적인 호기심의 표시였다. 신뢰라는 단어는 여기에 쓰기엔 지나치게 강했고, 우리는 자금 지원 문제가 제자리걸음인 것에 낙담했다. 2008년 2월에 키스는 찰리에게 "저는 우리가 앞으로 6~12개월 동안 넵 프로젝트를 잠재적 시범지역으로 '채택'할 수 있는지 없는지 말할 입장이 못 됩니다. 이 이야기를 들으면 실망스럽겠지만 여기에 따라 계획을 세워야 하실 겁니다."

키스는 급격히 늘어나는 넙의 잡초, 특히 2007년에 장관을 이룬 조뱅이에 대해 계속되는 분노에 의기소침해진 게 분명했다. 유럽과 북아시아 전역에서 자생하는 조뱅이는 어떤 곳에서는 '저주받은 엉겅퀴'나 '지옥의 엉겅퀴에서 난 상추'라고 불리는 전통적인 개척종이다. 조뱅이는 방목지, 경작지, 그리고 경쟁이나 자신을 억제할 종의 복잡성이 거의 없는 교란된 땅들을 좋아하며, 조건이 맞으면—적당한 온도, 풍부한 지하수, 지나치게 세지 않은 햇빛(즉 전형적인 서식스의 여름)—어마어마하게 퍼져나갈 수 있다. 조뱅이는 곧은뿌리를 깊게 내리며 발아하고 종자들이 바람에 날려가긴 하지만 곁뿌리를 이용한 무성번식도 한다. 따라서 까딱까딱 흔들리는 털투성이의 탁한 분홍색 꽃들이 사실상 하나의 식물이 될 수 있다. 그리고 정원사라면 다 아는 것처럼 조뱅이는 뽑아낸다고 해서 될 일이 아니다. 조뱅이의 뿌리는 끊어지기 쉽고 아주 작은 조각에서도 재생할 수 있기 때문이다.

2008년에 3피트 높이의 조뱅이 덤불들이 깜짝 놀랄 정도로 퍼져나가더니 2009년에는 렙턴 대정원의 수 에이커와 서쪽 및 북쪽 진입로의 끝에서 끝까지, 그리고 폰드테일 팜 건물들 너머 북쪽 구역의 풀밭까지 뒤덮었다. 그때까지 우리의 재야생화 정신에 닥친 최대 난제였다. 트리피드공상과학소설에서 인류를 습격하는 식물 괴수의 날에 밖을 내다보면서 우리는 이웃들이 뭐라고 말할지도, 그리고 렙턴 대정원에 염치없이 침입한 엉겅퀴들이 농촌관리계획의 자금 지원에 위협을 가할 수 있다는 것도 알고 있었다. 불과 8, 9년 전인 예전 체제였다면 우리는 제초제를 들고 나가 전력을 다해 녀석들과 싸웠을 것이다. 하지만 이제 우리는 마음을 다잡고 아무것도 하지 않으려고 용기를 총동원해야만 했다.

우리가 골치 아픈 난제에 이맛살을 찌푸리고 있는 동안 영국해협을 건너 또 다른 침입군이 다가오는 중이었다. 1110만 마리의 작은멋쟁이나비가 한 번도 보지 못한 미지의 땅을 향해 시속 30마일의 속도로 날아오고 있었던 것이다. 장거리 이주로 유명한 작은멋쟁이나비는 여름에 영국을 찾아오는 나비들 중 하나다. 약 100만 마리가 매년 우리 섬들을 향해 이동한다. 하지만 10년마다 한 번씩 북아프리카와 아라비아의 사막 주변부(2009년엔 모로코의 아틀라스산맥)에서의 급격한 개체수 증가와 대륙 횡단 비행에 완벽한 기후 조건이 결합되었을 때 수백만 마리가 더 날아와 영국은 이 나비의 천국이 된다.

5월 24일 일요일 아침은 전날 소나기가 쏟아진 뒤 고기압 마루가 형성되어 따뜻하고 맑았다. 잠에서 깨어보니 나비들이 1분에 한 번꼴로 줄지어 우리 창문을 지나갔다. 밖의 대정원에서는 수천, 수만 마리의 작은멋쟁이나비가 조뱅이 풀밭을 갑자기 습격해 공기가 떨렸다. 우리가 가까이 다가갔을 때는 개들이 토끼를 쫓느라 가시엉겅퀴 밭을 휘젓고 다니는 통에 단풍 같은 오렌지색과 갈색 날개를 한 나비들이 두둥실 날아올랐다.

17세기에 여성들 사이에 화장이 유행하기 전 영국에서 이 나비를 부르던 옛 이름은 예쁜 여자라는 뜻의 '벨라도나bella donna'였다. 그러나

18세기에는 잠깐 연애감정을 버리고 '엉겅퀴 나비' 혹은 그냥 '엉겅퀴'라고 불렀다. 이 나비들은 엄청나게 다양한 꽃에서 먹이를 얻지만 알을 낳기 위해서는 엉겅퀴로 몰려든다. 꽃은 성체 나비들에게는 화밀을 제공하지만 잎은 애벌레들의 먹이가 된다.

그 특별한 날 내가 그랬던 것처럼 눈을 감고 눈보라 같은 나비 떼 사이에 서 있으면 혼란스러운 기분이 든다. 나비 한 마리의 소리는 미세해서 감지할 수 없다. 하지만 수만 마리의 나비는 폭포의 역류나 축적되고 있는 기후 전선처럼 자체적인 활력을 지니고 있다. 날개를 파닥일 때 진동하며 살랑거리는 소리가 초자연적인 파장으로 꾸준히 울리며 세상을 원자들로 분해하는 것처럼 느껴진다. 나비 한 마리의 날갯짓이 지구 반대편에 허리케인을 일으킬 수 있다면 우리 집 뒷마당에서 파닥거리는 수만 마리의 날갯짓은 이곳에 무엇을 할 수 있을까.

그날 아침 우리는 커튼처럼 드리운 나비 떼를 가르며 30분간 걸었다. 며칠 동안 브라이턴에서 워딩까지, 다운스와 윌드 지대에서, 우리 주변의 모든 사람이 작은멋쟁이나비에 관해 이야기했다. 사람들은 넵 같은 핫스폿에 매료되어 나비에 열광하고 있었다. 5월 28일에 우리 자문위원회의 닐 흄이 동서식스주의 로턴 근방에 있는 나비보존구역에서 헤아려보니 한 시간에 1590마리의 나비가 분당 최고 42마리의 비율로 줄지어 날아들어와 그에게 "추적자처럼 덤벼들었다". 그해 유럽 전역에서 작은멋쟁이나비가 사람들에게 6만 번 목격된 것으로 기록되었고 영국 남부에서만 1만 번 관찰되었다. 이것은 이 나비의 생활 주기에 대한 가장 오래된 수수께끼 중 하나를 푸는 데 도움이 된 시민 과학활동이었다.

나비 풍년이던 그해 전까지는 작은멋쟁이나비들의 이동이 왕복이 아니라고 생각되었다. 대륙으로 돌아가는 나비들이 거의 보이지 않았기 때문이다. 사람들은 나비들이 영국에 서식지를 개척하겠다는 한 줄기 희망을 품고 날아왔다가 매년 겨울 대격변으로 몰살당한다는 '피리 부는 사나이 가설'을 널리 믿었다. 하지만 2009년에는 나비의 수가 워낙 많아서, 도착했을 때보다 훨씬 더 느슨한 집합이긴 하지만, 새로운 세대의 나비들이 날아올라 남쪽으로 돌아가는 모습이 목격되기 시작했다. 그해 가을 하트퍼드셔주의 하펜덴에 있는 로텀스테드 연구소에 설치된 고해상도의 수직탐색 레이더가 사람들이 땅에서 알아차리고 있는 이 사실을 확인해주었다. 작은멋쟁이나비들은 일단 하늘에 뜨면 순풍이 부는지 알아보려고 위로 올라간다. 수직탐색 레이더들은 최고 1.2킬로미터의 상공을 '볼' 수 있고 날아다니는 곤충을 각각 심도 45미터의 서로 다른 고도 대역 15개에서 탐지할 수 있다. 서로 다른 종의 레이더 '반사 면적'은 헬륨풍선 아래에 매단 그물을 이용해 감별하거나 확인할 수 있다. 이 연구는 획기적이었고 나비들의 회귀 이동을 그토록 오래 알아차리지 못한 이유를 설명해주었다. 남쪽으로 돌아가는 나비의 대부분은 사람 눈에 보이지 않는 높은 고도, 대개 땅에서 500미터가 넘는 높이에서 날아가기 때문이었다.

그러자 그림이 그려지기 시작했다. 넵에서 우리가 보고 있는 것, 그리고 전국 곳곳에서 사람들이 기록하고 있는 것은 지구에서 가장 장거리의 나비 이동, 그러니까 가장 왕성한 해에는 아프리카의 광활한 건조 지대에서 북극권까지 왕복 1만 5000킬로미터에 이를 수 있는 여행의 일부였다. 유명한 북아메리카 왕나비의 이동 거리의 거의 두 배다. 작은멋쟁이나비는 아이슬란드에서 기록된 유일한 나비 종이다. 이 나비들은 이동하는 동안 여섯 번의 세대 교체가 이루어질 수 있다. 하지만 좀 덜 극적인 짧은 여행은 네 번의 생활 주기만 거칠 수도 있다. 왕나비들과 달리 작은멋쟁이나비를 추적하기가 그렇게 어려웠던 이유 중 하나는 이들이 이동하면서 동기화된 번식을 하지 않기 때문이다. 일부 나비는 여행 중의 어느 시점에 '땅으로 내려가' 짝짓기를 하고 알을 낳기로 결정하는 반면 다른 나비들은 계속 날아간다. 날씨가 아주 따뜻할 때는 한 달 내에 전체 생활 주기가 펼쳐질 수 있고, 새로 등장한 개체들이 곧바로 북쪽으로 계속 날아갈 수도 있다. 다른 시기에 태어난 새끼들이 함께 날 수 있고 한여름과 늦여름에는 새로운 어린 나비들이 더 나이 들고 지친 나비들과 나란히 이동할 수 있다. 어떤 나비는 북쪽으로의 여행에서 다른 나비들보다 훨씬 더 멀리 갈 것이다. 이런 식으로 연례 이동에 시차를 두면 종에게 닥칠 위험을 분산시키는 데 도움이 된다.

하지만 완전히 설명되지 않은 수수께끼들이 남아 있다. 어떻게 체중이 1그램도 안 되고 날개 길이가 약 6센티미터에 뇌의 크기가 핀의 머리만 한 생물이 어미도, 그리고 어미의 어미도 가본 적 없는 완전한 미지의 땅으로 찾아갈 수 있을까? 새로운 연구는 이 나비들이 더듬이의 곤봉같이 생긴 끝부분에 있는 태양 컴퍼스를 이용해 방향을 잡는 것일 수 있다고 제시한다.

이것은 우리가 번창과 쇠퇴 현상, 개체수의 급증과 급락에 대한 자연의 심박동 기록기를 처음 배운 기회였다. 그해 여름, 삐죽삐죽한 까만 애벌레들이 엉겅퀴에 몰려들어 명주실 그물을 텐트처럼 쳤다. 그물들은 곧 똥과 먹지 못하는 잎가시로 가득 찼다. 구역 전체가 혼잡한 군 야영지 같은 모습이었다. 애벌레들이 잎을 먹어치우고 번데기를 거쳐 나비가 되어 날아간 뒤의 가을에 우리의 조뱅이 들판은 만신창이가 되었다. 조뱅이들의 줄기는 더러운 비단처럼 늘어지고 분홍색 화관이 앙상한 줄기 위에서 고개를 끄덕거려 조랑말들이 따먹기 편했다. 이듬해, 60에이커에 이르던 우리 조뱅이가 전부 사라졌다. 애벌레들이 일으킨 대대적 파괴가 아마 식물의 면역력을 약화시켜 일부 병원체―바이러스, 해충, 녹병이나 균류―에게 문을 열어주었을 것이다. 병원체는 무성증식으로 생긴 개체군에 들불처럼 퍼져나간다. 그리고 곧 날씨, 병원체, 집중적 포식이 겹친 최악의 상황이 엉겅퀴들을 완전히 몰아낸 것 같다. 무성생식 방식―대부분의 사람이 생각하는 엉겅퀴의 가장 유해한 특징―이 엉겅퀴의 가장 큰 약점이기도 하다. 이 일이 준 교훈은 이후 우리를 엄청나게 많은 불필요한 스트레스로부터 구해주었다. 이제 사람들이 우리 금방망이나―최근에―수 에이커를 덮은 개척종인 개망초 들판에서 고개를 절레절레 저으며 서 있을 때 우리는 상냥하게 미소 지으며 그들의 걱정을 일축한다. 해로운 잡초의 재앙도 영원하지 않은 법이다.

글리포세이트를 자물쇠로 채워두고 수수방관한 덕분에 우리는 자연의 가장 멋진 경관 중 하나가 펼쳐지는 무대의 바로 앞자리를 배정받았다. 하지만 작은멋쟁이나비들이 없었더라도 엉겅퀴가 무성했던 3년은 선물이었음이 증명되었다. 가시로 뒤덮인 이 식물이 나비, 주행성 나방, 그리고 동료 무척추동물들―메뚜기의 급증 포함―을 새들의 부리로부터 보호해 일반 도마뱀을 위한 완벽한 기회를 마련했다. 검은 줄무늬가 있는 임신한 암컷들이 들쥐들이 낸 길에 늘어선 엉겅퀴 줄기 사이를 총총거리고 다니며 꼬물거리는 새끼의 출산에 대비해 곤충을 사냥했다. 엑스무어 조랑말과 돼지들은 엉겅퀴를 좋아했지만 거친 엉겅퀴 풀밭을 헤치고 다니길 주저하며 가장자리에서 조금씩 뜯어 먹는 편이었다. 초식동물들의 말발굽으로부터 보호받자 개미총은 더 활성화되었다. 개미들은 방해 없이 새로운 개미총—흙이 부드러운 초기 단계에서는 허물어지거나 발에 채여 뒤엎어지기 쉽다—을 지을 수 있었다. 찰리는 일개미들이 엉겅퀴와 풀줄기를 턱으로 잘라 새 개미총에 짜임새를 더해가는 모습을 몇 시간이고 관찰하느라 입고 있던 왁스 입힌 재킷을 개미둥지로 만들었다. 가을에 엉겅퀴가 시들자 개미총은 더 높아지고 살아 있는 이끼와 풀들이 치즈 껍질처럼 위를 덮어 안정화되었다. 이제 대재앙이 끝난 뒤의 드넓은 대정원에서 개미총의 밀집 정도에 따라 한때 어디에서 조뱅이들이 폭발적으로 증가했는지 알 수 있다.

번개오색나비 ⑩

가장 풍부한 빛깔들로 물든 하늘 깊숙이
끊임없이 뒤섞이는 색조들 속에 빛이 흥겹게 놀고 있는 곳
새로 나타난 일시적 색채들이 갖가지 빛을 발하고
빛들이 날개를 흔들 때마다 색들이 바뀐다.
_알렉산더 포프, 『머리카락을 훔친 자The Rape of the Lock』 2곡(1714)

집약농업에서 재야생화로 방향을 틀기 시작하고 8년이 지난 2009년에 우리는 얼마간의 놀라운 결과들을 자랑할 수 있었다. 붉은어깨검정새, 회색머리지빠귀, 레서 레드폴*Acanthis cabaret*이 수십 년 만에 처음으로 넵에 돌아왔다. 모두 영국의 조류 적색목록에 보존 최우선 순위로 올라 있는 새들이다. 남쪽 구역의 한 트랜섹트식생을 가로로 잘라 만든 대상 표본지에서 종달새(적색목록에 있는 또 다른 종)의 수가 2005년에 기록된 2마리에서 11마리로 늘었고, 로버트 번스가 노래한 '사랑스럽게 지저귀는 숲종다리'는 사람들이 새로 나타나고 있는 우리 관목들에서 조류 관찰을 하게 했다. 겨울에는 호수에서 알락오리가 첨벙거렸고 꼬마도요, 깍도요, 멧도요가 우리의 강가 목초지에서 먹이를 잡았다. 그리고 그해 봄에는

큰까마귀 한 쌍이 우리 침실 창문 밖의 거대한 레바논 삼목에 둥지를 틀었다. 딱 테드 그린이 예측했던 곳이다. 큰까마귀가 이곳에 나타난 것은 100년 만에 처음이었다. 이제 추운 2월 아침마다 벽돌 벽에 부딪혀 반사되는 까악 소리와 그르릉 소리의 공격이 우리를 깨운다. 비몽사몽 상태에서 그 소리는 나를 중세의 영국, 존 왕과 옛 성, 큰까마귀들이 사냥터지기들에게 총에 맞아 죽기 전의 시절, 이들이 신화와 징조의 새였고 단두대와 전장의 시체를 파먹는 청소동물이자 런던의 귀한 거리청소부였던 때로 데려갔다. 런던탑의 큰까마귀들이 국왕과 나라를 보호해준다면 까마귀들이 넵에 찾아든 것은 분명 상서로운 징조였다.

이곳의 텃새들은 새로운 새가 밀어닥치는 데 적응해 습성을 바꾸기 시작했다. 까마귀와 떼까마귀들은—아마—텃세를 부리는 큰까마귀들의 공격을 받아 눈에 덜 띄었던 것 같다. 이 까마귀의 수는 그대로였지만, 호수의 왜가리들은 지역의 새 사냥꾼 알프 심프슨과 아이리스 심프슨이 관찰한 지 35년 만에 처음으로 집단 서식지의 나무 꼭대기에 있는 둥지를 버리고 수면 몇 피트 위에 둥지를 지었다. 아마 머리 위에서 빙빙 도는 말똥가리들로부터 알과 새끼들을 보호하려는 것 같았다.

자문위원회의 종 기록자인 테리사의 남편 프랭크 '배트맨' 그리너웨이는 급속히 증가하는 박쥐의 수를 확인하며 여름을 보냈다. 따뜻한 7월 밤에 호수나 강가 목초지를 거닐다보면 일하고 있는 그가 있었다. 박쥐들이 극도로 흥분한 모스부호 같은 음파 주파수들로 딸각딸각 소리를 내는 탐지기를 작동시키며 우리 쪽의 가는 나일론 끈들로 묶은 보이지 않는 하프트랩으로 미끄러지듯 날아들어서 아래의 캔버스 채집주머니

속으로 순진하게 굴러떨어졌다. 하프 그물은 기발한 장치로, 포획된 동물의 막질 날개와 작은 손가락들이 때때로 얽힐 수 있는 새그물보다 안전하다. 장갑을 낀 프랭크의 손안에서 혼란스러운 얼굴의 큰수염박쥐나 1파운드짜리 동전보다 가벼운 집박쥐가 놀라고 분해서 밖을 엿보았다. 박쥐를 직접 대면하자 본능적으로 놀라움을 느꼈다. 박쥐는 손안의 새를 보는 것과 달랐다. 새들은 공룡의 유전자를 지녔고 냉담한 눈에 부리와 깃털과 발톱이 있는 난생동물로, 헤아리기 어려운 존재다. 하지만 여기에 있는 건 반짝이는 눈과 탐색하는 콧구멍, 날카로운 작은 이빨을 드러내며 불평하는 입, 털로 덮인 몸, 그리고—암컷이고 수유를 한다면—조그만 젖통과 아주 작은 젖꼭지를 가진 온혈 포유동물이다. 어둠 속 어딘가에서, 어떤 판자 아래나 나무 구멍이나 누군가의 지붕에서 새끼가 젖을 빨려고 기다리고 있다. 이 날개 달린 밤의 생물체는 사랑스럽게도 우리와 같은 부류다.

영국에 있는 총 18개의 박쥐 종 가운데 그해 여름 13종이 우리 사유지에서 기록되었다. 그중 두 종은 영국에서뿐만 아니라 유럽 전체에서도 희귀하다. 나무에서 살고 오래된 활엽수림과 연관된 벡스타인 박쥐는 너무나 희귀해서 알려진 것이 거의 없다. 이 박쥐는 긴 분홍색 주둥이에 적갈색 털, 큰 귀를 가지고 있으며 거미와 나무에서 쉬고 있는 주행성 곤충들을 잡아먹는다. 퍼그처럼 귀여운 들창코에 크고 둥근 두 귀가 머리 꼭대기에서 만나는(유용한 식별 특징) 바르바스텔레 박쥐는 늙은 나무들의 느슨한 껍질 아래에 둥지를 틀며, 수명은 최대 23년 정도다. 끝부분이 젖빛인 검은 털은 만지면 약간 기름기가 느껴지는데, 밤에 시골지역을 가로질러 먼 거리를 돌아다닐 때 비옷 역할을 한다.

경작지였다가 재야생화된 3500에이커의 우리 땅은 2009년까지 15종의 '영국 생물다양성 행동계획 우선순위' 종—박쥐 4종과 조류 11종—과 보존 중요성을 가진 60종의 무척추동물을 확보할 수 있었다. 2009년에 76개의 새로운 나방 종이 우리 기록에 추가되어 총 276종이 되었다. 쇠백로, 브룩하우스 스크레이프Brookouse Scrpaes의 알락해오라기, 호수의 검은머리흰죽지, 에이더 강가의 웅덩이들에서 절버덕거리는 뻑뻑도요 등 가끔 찾아오는 동물도 늘어났다.

토종이 아닌 종들—달아난 외래종이나 그 자손들—도 우리를 찾았다. 히말라야에서 온 인도기러기—인도 신화에 나오는 기러기인 '함사hamsa'로, 에베레스트산 위를 나는 모습이 목격되었다고 하며 세계에서 가장 높이 나는 새들 중 하나—같은 일부 종은 단 며칠만 머물렀고, 신참들은 풀을 뜯는 회색기러기와 캐나다기러기들을 서먹하게 피해갔다. 나무에 둥지를 짓는 화려한 이집트기러기 한 쌍을 포함한 다른 종들은 편하게 지냈다. 우리 주에서 번식한 최초의 야생 이집트기러기인 이 한 쌍은 성의 작은 탑과 삼나무들 사이를 우물쭈물 날아다니며 겨우내 당나귀처럼 시끄럽게 울었고 이제 20마리쯤 되는 새끼가 봄마다 소란스러운 소리를 더하고 있다.

우리는 손을 놓고 앉아 무엇이 나타나는지 보는 데 집중했고, 그렇게 하자 외래종들이 이곳에 무엇이 있어야 정당한지에 대한 우리 인식에 이의를 제기하기 시작했다. 일반적으로 영국에서는 이 문제에 대한 판단이 당황스러울 정도로 주관적이다. 우리는 히말라야 물봉선, 유럽만

병초 같은 '침입적인 외래종'에는 격분하면서 꿩, 무지개송어, 스노드롭, 유럽밤나무는 눈감아준다. 사두패모는 과학적 특별흥미지역들로 보호되는 '중세의 야생화 초원'을 정의하는 특징이다. 하지만 버크셔주의 꽃인 은방울수선화가 토종이 아닌 것처럼 이 풀들도 토종이 아니다.

때때로 이것은 희귀성의 문제다. 노르만인들이 들여와 현재 영국에 375만 마리가 있는 토끼는 대개 유해 동물로 여겨진다. 아마 2000년 전에 로마인들이 도입했을 갈색 토끼들은 우리의 애정 속으로 깡충깡충 뛰어 들어왔고 자체적인 생물다양성 행동계획까지 가지고 있다.

때로는 그저 타이밍의 문제이기도 하다. 로스차일드 경이 하트퍼드셔의 트링에 수집했지만 1902년에 탈출해 현재 위협적 존재라는 딱지가 붙은 큰겨울잠쥐처럼 최근에 도입된 종들은 50년 뒤면 1842년 영국에 도입된 금눈쇠올빼미만큼 사랑스럽고 보호할 가치가 있는 종처럼 보일 수도 있다. 1976년에 도입된 미국의 시그널 가재는 우리의 토종 흰집게발가재를 경쟁에서 이긴다고 비방당한다. 하지만 이 가재가 영국에 들어왔을 때 우리 하천에는 토종이 아닌 다른 가재들이 이미 5종이나 있었고, 현재 유전적 분석에 따르면 우리의 '토종' 자체도 십중팔구 1500년 대에 유럽에서 도입되었을 것이다. 그리고 때때로 이것은 미학과 성가심의 문제일 뿐이다. 영국 옥수수밭의 잡초들은 대체로 고대인들이 도입한 것이다. 그런데 왜 우리는 파란색 수레국화, 황금색 공작국화, 개양귀비, 예쁜 분홍색 (하지만 독성이 있는) 선옹초는 옹호하면서 청동기 시대부터 이곳에 있어온 야생귀리는 바람직하지 않은 외래종이라고 주장하는 걸까?

야생 쪽으로

우리는 외래종으로 가득 찬 정원으로 즐겁게 집을 둘러싸면서 시골은 동떨어진 장소로 생각한다. 한 식물이 대정원이나 정원이나 수목원에서 더 야생의 경관으로 가면 갑자기 바람직하지 않은 식물로 여겨진다. 우리 집 뒷문에 핀 외래종은 공항에서 노숙하는 불법 이민자처럼 중립 지역에 있다. 근본적인 문제들 중 하나는 도입에 있어 우리 자신의 역할에 대한 혼란이다. 대개 인간의 기관이 어떤 종을 외래종이라고 식별한다. 다른 종에 대한 매개 동물로서의 역할을 의도적이건 비의도적이건 정당화하지 않거나 부인해 우리가 스스로를 동물 왕국의 나머지 구성원들로부터 배제시키는 것은 흥미롭다. 거의 모든 인간이 이렇게 여겨진다. 아무리 선진적이고 발전한 사회라도 현대 기술이 등장하기 전, 유럽 이전 사회의 외래종 도입은 일반적으로 정당하다고 여겨진다. 심지어 오늘날 남아 있는 부족 공동체들은 멀리까지 여행하고 교역하는 부족이라도 외래종 도입에 대해 비난의 손가락질에서 면제된다고 여겨진다. 하지만 현대성과 접촉한 누군가—'토종'인지 '외래종'인지 결정하는 사람들과 동족인 누군가—가 새로운 종을 도입하면 음, 그건 정당하지 않다.

도입된 식물과 동물이 현재의 생태학적 상태를 어지럽히는 정도에 관해서도 혼란이 있다. 타블로이드판 신문들은 침입과 공격, 그리고 세계를 점령하고 있는 외래종들에 관한 헤드라인을 즐긴다. 하지만 과학자들은 점점 토종이 아닌 종이 미치는 영향이 대단히 과장되어 있고 대체로 인식의 문제라고 주장하고 있다. 연구들은 히말라야 물봉선—크고 화려해 눈에 잘 띄는 새로 들어온 종—조차 궁극적으로 강둑 식생의 다양성과 구성에 미치는 영향이 미미한 정도이고 토종 꽃가루 매개자들에게 분명히 유익하다는 것을 보여준다.

흔히 새로운 종이 불가피하게 다른 종의 생태적 지위를 빼앗을 것이라고 가정된다. 하지만 심지어 섬에서조차 생태계가 꼭 이런 식으로 작동하는 것은 아니다. 공간이 '가득 차 있지' 않을 수도 있고, 새로운 종이 그 생태계에 없던 새로운 생태적 지위를 점할 수도 있다. 새로 도착한 종들이 그저 다양성을 더할 수도 있다. 생태계 변화의 다른 원인들에 의해서도 종종 상황은 흐려진다. 외래종이 오염, 기후변화, 서식지 퇴화로 인한 불안정에 책임이 있는가, 아니면 단순히 그런 불안정을 이용하는가? 프로젝트를 시작하고 몇 년 지나 남쪽 구역에서 목도리앵무 떼가 우리 머리 위에서 깍깍거릴 때 우리는 열린 마음을 유지하자고 스스로를 설득했다. 결국 이 새들은 늘어나는 맹금에게 쫓겨나 2주 뒤 자취를 감추었다. 아마 이 화려한 도피자들은 리치먼드 공원과 큐 왕립식물원에 자리를 잡는 데 성공했을 것이다. 그곳에는 그들을 괴롭힐 종이 더 적기 때문이다.

다른 외래종들은 더 성공적으로 자리를 잡았고 넵에 조류와 다른 종들의 전체적인 수가 해마다 계속 늘어났기에 우리는 그들에 대해 경계를 늦추지 않을 이유가 없었다. 지난 몇 년 동안 호수 상부의 참나무들에 둥지를 짓기 시작한 원앙새들이 바람직하지 않거나 영국적이 아니라고 누가 말하겠는가? 이 새들은 다마사슴, 토끼, 산토끼, 유럽만병초와 마찬가지로 수십만 년도 더 전의 마지막 간빙기에 이곳에 왔다. 어떤 사람들은 그러면 궁극적으로 토종 지위를 요구할 권리가 있다고 생각할 것이다. 우리는 생태학자 켄 톰프슨의 2014년도 저서 『낙타는 어디에 속하는가Where do Camels Belong?』를 따르는 것이 가장 좋은 정책이라고 결정했다. 톰프슨은 "인류가 등장하기 이전의 어떤 원시적인 황금기로 시계를 되돌릴 수 있다는 생각을 그만두어야 한다. 그런 원시 상태가 어떤 모습이었는지 우리가 비록 안다고 해도 말이다. 대신 침략당한 우리의 용감한 새로운 세계를 최대한 활용하는 데 초점을 맞추어야 한다"고 말한다.

하지만 한 특별한 외래종이 어찌나 매력적이던지 우리의 비개입 결의가 흔들렸다. 어디선가 갑자기 수컷 퍼시 공작 한 마리가 한껏 자신감 넘치는 모습으로 나타나 이곳에 여러 해 동안 머물렀다. 녀석의 애절한 울음과 낡은 종마 운반차 지붕에서 깃털을 부채처럼 펼치며 과시 행위를 하는 모습이 2년 동안 우리를 감동시켜 우리는 그러지 않는 게 낫겠다고 판단했음에도 불구하고 마음이 약해져서 녀석에게 동반자로 암컷 두 마리를 사주었다. 암컷들은 둥지를 틀 때까지 생존했다. 한 마리는 과수원의 쐐기풀밭에 앉기 시작하자마자 여우에게 붙잡혔다. 다른 한 마리는 영리하게 우리 정원의 주목 생울타리에 숨어 있다가 알들이 막 부화하려 하기 불과 며칠 전에 붙잡혔다. 여우는 공작 암컷을 잡으려고 6피트 높이의 은장을 뛰어넘은 게 분명했다. 우리는 자연이 아무리 부자연스러워 보여도 자연에 간섭하지 않겠노라고 맹세를 다졌으며, 그 무렵 퍼시 공작은 스테이블 야드 습지 밖에 주차된 반짝이는 감청색 BMW 컨버터블과 경박한 전희를 하다가(이 차의 도난 경보 장치는 녀석을 미치게 한다) 우리의 유순한 흰색 서식스 암탉과의 첫날밤을 위해 닭장으로 날아들었다가 하면서 나름의 위안을 찾은 것처럼 보였다. 암탉들은 알을 품고 싶어 안달이었지만 다행히 자손은 없을 것이다. 우리는 퍼시의 나이를 몰랐다. 하지만 나는 가축화된(퍼시가 가축화된 상태라면) 공작이 50년 동안 살 수 있다는 글을 읽고 마음이 착잡했다.

하지만 지금 우리가 맞닥뜨리고 있는 생물의 다양성과 풍부함을 특징짓는 것처럼 보이는 건 더 흔한 종들과의 뜻밖의 만남이었다. 머리 높이에서 주목 산울타리를 스르르 미끄러져가며 새알을 찾는 4피트 길이의 거대하고 살찐 암컷 풀뱀, 테니스코트 옆에서 짝짓기를 위해 빛을 내고 있는 암컷 개똥벌레─생물 발광하는 딱정벌레─, 어느 여름 대정원의 풀밭 전체에 처음 발생했다가 그 후 다시는 볼 수 없었던 원형질성 점균류인 거품 같은 유황색의 화려한 개토사점균dog vomit fungus, 현관 맞은편 참나무에 둥지를 튼 황조롱이, 등나무의 나무발바리와 딱새류, 진입로에서 놀고 있는 오소리 새끼들이 그들이다.

벽으로 둘러싸인 정원 저편의 낡은 사과 창고에 있는 내 집필실은 버려진 작은 방목장을 내려다보고 있으며 부들레아가 창문을 가리고 있다. 이곳은 사실상 새들의 은신처가 되었다. 지금 내 책상에는 쌍안경과 휴대용 도감이 놓여 있어 주의를 빼앗기지 않으려는 내 노력을 허물어뜨린다. 2008년에는 종마 운반차에 둥지를 튼 작은 올빼미 한 쌍이 새끼들에게 정원 벽에서 나는 법을 가르쳤다. 나는 그중 한 마리가 작은 풀뱀을 붙잡고 땅에서 싸움을 벌이는 모습을 지켜보았다. 분명 평소 지렁이를 다루던 능숙한 솜씨를 넘어 노력이 필요한 싸움이었다. 때때로 토끼의 비명이 담비의 공격을 알렸고 나는 다윗과 골리앗의 싸움을 구경했다. 작은 포식자가 먹이를 발견해 따라가다가 토끼가 도망칠 때 기습했다. 벽판에 난 구멍의 푸른박새 둥지에는 내 강아지 담요를 뒤져 찾아낸 듯 파란색 털실 뭉치가 걸려 있기도 했다. 옆 건물인 장작 헛간에서는 제비들이 새끼들에게 수다스럽게 재잘대며 6월과 7월 내내 내 친구가 되어주었다. 나는 제비들이 흰털발제비, 칼새와 함께 빙빙 돌다가 곤충을 잡으러 방목지로 급강하하는 모습을 지켜보았다. 날씨가 맑은 7월 어느 날에는 내 책상에서 움직이지 않고도 10종의 나비를 헤아릴 수 있었다.

때로 나를 깜짝 놀라게 하는 건 숫자였다. 우리는 브라이튼 부두나 서머싯 평원에서 찌르레기 떼를 관찰하곤 했다. 이제 찌르레기 떼가 우리의 3월 하늘에서 공중의 파도처럼 일렁거리다 흩어지며 변화무쌍하게 움직였고 그러다 어둠이 그들을 병 속으로 사라지는 정령처럼 대정원의 노스 로지North Lodge 뒤의 대나무 숲으로 빨아들였다. 어느 10월에는 수천 마리의 분홍발기러기 떼가 한 시간 넘게 호수 위를 맴돌며 시끄럽게 울면서 정찰병들을 내려보내 물을 테스트하더니 해지기 직전에 마침내 호수로 내려갔다. 이 새들은 빙하가 확장되고 기온이 내려가고 있는 그린란드에서 남쪽으로 이동해 네덜란드나 아마 덴마크 서부로 가던 중이었다. 이들의 울음소리와 날갯짓 소리가 밤을 가득 채웠다. 그러고는 철수한 군대처럼 환영 같은 존재감을 남기고 아침이 되기 전에 사라졌다.

하지만 이런 환영이 현실이 되고 있을 때에도 우리는 미래를 걱정했다. 중간 구역과 북쪽 구역에 대해 농촌관리계획과 맺은 10년간의 계약이 2010년의 만료 시점을 향해 점점 다가가고 있었고 아직 남쪽 구역에 대한 자금 지원은 받을 조짐조차 없었다. 경작으로 돌아가는 대안—이 단계에서 설령 우리 땅에서 농사지을 각오를 한 사람이 있다고 해도—은 상상이 되지 않았지만, 우리 사유지 관리자인 제이슨 엠리치는 현명하게 모든 선택권을 계속 검토했다.

우리는 2006년에 출범한 환경식품농무부의 환경관리계획Environmental Stewardship Scheme에서 좀더 표적화된 단계인 상위 수준 관리 지원 사업Higher Level Stewardship, HLS에 희망을 걸었다. 우리는 적극적이고 부담이 큰 농업환경 프로젝트들에 대한 자금 지원을 목표로 10년 만기 계약하에 농촌관리계획보다 에이커당 보조금을 더 많이 주는 이 사업이 남쪽 구역에 울타리를 설치하는 중요한 비용을 충당해주길 바랐다. 하지만 실망스럽게도 넵이 이 사업의 서식지 관리 대상 지역에 속하지 않고 따라서 부적격하다는 이야기를 들었다.

상황을 급변시킨 것은 토지중개인 회의에서 제이슨이 노련하게 말을 걸어 붙들어 세운 내추럴 잉글랜드의 과학·증거·자문 이사인 앤드루 우드의 방문이었다. 앤드루는 2008년 6월의 어느 아침에 찰리와 함께 우리 습지들과 남쪽 구역에 새로 나타나고 있는 관목을 둘러보더니 'HLS는 딱 이곳을 위해 설계되었다'고 선언했다. 앤드루는 틀림없이 그걸 알았을 것이다. 그가 이 프로그램을 설계한 사람이었기 때문이다. 그는 우리에게 대상 지역은 환경 계획들이 이미 존재하는 곳에서의 노력을 극대화하기 위한 지침일 뿐이라고 설명했다. 이 프로그램은 우리 같은 활동들을 불리하게 만들기 위해 설계된 것이 아니었다. 실은 넵 황무

야생 쪽으로

지 프로젝트의 존재 자체 때문에 이제 웨스트서식스주의 에이더강 유역이 HLS 대상 지역으로 선정되었다. 네이처 잉글랜드가 초기에 주저했던 것은 관료주의적 주객전도의 전형적인 예였다. 앤드루가 방문한 이튿날 우리는 네이처 잉글랜드의 우리 지역 관리자로부터 남쪽 구역에 울타리를 설치할 자본 보조금을 지급하고 사유지 전체에 대해 HLS의 자금 지원 신청을 허가한다는 전화를 받았다. 10년 기간의 HLS 계약은 2010년 1월 1일에 시작될 것이다.

찰리는 목줄이 풀린 그레이하운드 같았다. 2009년 3월에 9마일의 경계 울타리가 완공되었고, 5월 말 스코틀랜드 국경 지대의 하드리아누스 성벽 근처에 있는 한 농장에서 트레일러에 싣고 온 53마리의 롱혼 소를 남쪽 구역에 풀어놓았다. 그리고 8월 말에 23마리의 엑스무어 조랑말, 9월에 20마리의 탬워스 돼지, 그리고 이듬해 2월에 중간 구역에서 붙잡은 42마리의 다마사슴이 이곳에 합류했다. 그 무렵 어치가 심은 참나무 묘목들과 물푸레나무, 야생팥배나무, 자작나무 몇 그루가 가시투성이 둥지들을 헤치고 페라 스타일로 올라왔다. 개장미, 검은딸기나무, 산사나무, 갯버들이 탁 트인 곳에서 오도 가도 못 하는 무방비의 연한 묘목 특별식이 추가된 뷔페를 동물 무리에게 제공했다. 식생 천이와 동물의 교란 사이의 전투가 시작될 수 있었다.

얼마 지나지 않아 우리는 자연스럽게 코끼리와 버펄로의 길을 따라 아프리카의 관목들 사이를 지나가는 것처럼 동물들이 다니는 길을 이용해 남쪽 구역을 걸었다. 대정원 및 북쪽 구역의 경관과는 느낌이 완전히 달랐다. 이곳에는 활기 넘치는 밀도와 복잡성이 있다. 새와 곤충이 소리의 벽을 만들고, 부러진 가지와 똥, 발굽 자국, 긁힌 기둥, 동물이 뒹굴어 움푹 팬 곳들이 관목 속으로 모습을 감춘 대형 동물의 존재를 알려준다. 탁 트인 들판에서 모든 가축을 보는 데 익숙했던 우리에겐 너무 낯선 느낌이어서 비슷한 곳을 찾으려면 어쩔 수 없이 외국으로 가야 한다. 이런 풍경을 처음 만난 방문객들은 코너를 돌면 얼룩말이나 영양이 보이거나 나무 위의 표범을 올려다보게 될 줄 알았다고 몇 번이고 이야기했다.

남쪽 구역에 롱혼들을 들여놓고 몇 달이 지난 2009년 7월에 내셔널 트러스트의 자연 부문 국가 전문가이자 우리 자문위원회의 일원인 매슈 오츠가 손에는 확대경을 들고 행운의 자주색 반다나 띠에는 어치의 깃털 하나를 끼운 채 이제 6~10피트 높이로 자란 잡종 갯버들 숲들 중 하나로 희색이 만면해서 들어갔다. 매슈는 '나비광'이라고 불러야 할 정도로 나비에 대한 열정이 광적이었다. 그는 50년 동안 나비를 쫓아다닌 끝에 은점선표범나비, 금빛어리표범나비, 긴은점표범나비 같은 희귀종과 급속하게 감소하고 있는 아프리카왕물결나방에 대한 연구로 유명해졌다. 하지만 그에게는 아찔한 기쁨을 안겨주는 이 나비들을 능가하는 나비가 하나 있다. 2009년 남쪽 구역에 급격히 증가한 문지기나비, 가락지나비, 뱀눈나비, 조흰뱀눈나비, 꼬마팔랑나비, 두만강꼬마팔랑나비, 연푸른부전나비, 쐐기풀나비들 사이에서 매슈는 그 나비를, 더 구체적으로 말하면 그 나비의 번식지를 발견했다.

우리의 토종 나비들 중 두 번째로 크고 아마 가장 화려하지만 드물고 찾기 힘든 번개오색나비는 우리의 서북쪽 경계에 있는 말포스트 숲,

도그 바킹 숲, 매지랜드 숲 같은 곳에 그리 많지 않은 수가 종종 보인다. 이곳들은 넵에서 가장 가까운 큰 마을인 사우스워터의 점점 확장되는 광역도시권 주변에 있는 고대 삼림지의 작은 부분들이다. 매슈는 1970년대 초에 자선기숙학교의 수업을 땡땡이치고 나왔을 때 이 삼림지에서 처음 번개오색나비들을 보았다. 이 만남은 평생의 집착에 불을 댕겼고 그를 번개오색나비의 또 다른 '신성한 숲'들로 이끌었다. 바로 햄프셔주와 서리주의 경계에 있는 고대 삼림지인 앨리스 홀트, 햄프셔의 뉴포레스트, 윌트셔주의 세이버네이크 숲, 서리주 레더헤드 근방의 브컴 공유지, 옥스퍼드 동북쪽에 있는 번우드 숲, 그리고 노샘프턴셔주의 브리그스톡 근방에 있는 로킹엄 숲의 일부였던 번개오색나비의 메카인 퍼민 숲 등이다.

번개오색나비가 어찌나 매력적이던지 6월 말부터 7월 중순까지 이 지역들은 망원렌즈와 곤충을 유인하기 위한 갖가지 특이한 성분들로 무장한 수백 명의 나비 관찰자로 포위된다. 황제번개오색나비의 영문명이 purple emperor이다답게 이 나비는 퇴폐적 취향을 가지고 있다. 번개오색나비는 화밀을 먹기 위해 꽃을 찾아가지 않는 영국의 두 종의 나비 중 하나다. 대신 열대지방의 나비처럼 행동해 나뭇잎의 진디 단물을 마시거나 땅으로 내려가 썩고 있는 고기, 과일, 배설물의 악취 나는 즙을 홀짝거린다. 어느 여름, 매슈가 퍼민 숲의 한가운데서 리넨 식탁보 위에 차린 황제의 아침 식사 실험에서 번개오색나비가 절인 이어와 타이산 빅쿡 새우 페이스트를 바른 썩은 바나나, 스팅킹 비숍 치즈, 신선한 말똥, 으깬 포도, 젖은 비누, 펌즈 넘버원 칵테일을 좋아한다는 것이 밝혀졌다. 하지만 마니아끼리만 아는 비결은 말레이시아에서 온 악취 나는 발효된 크릴새우인 '벨라찬'이다. 이 소스는 문기둥들에 쉽게 발리고, 번개오색나비를 가까이에서 만나길 정말 간절히 원한다면 자기 몸에 바를 수도 있다.

그리하여 매슈는 사람들이 기억하는 한 번개오색나비가 목격된 적이 없던 넵에서 이 나비 한 쌍을 보았고 우리의 어린 갯버들 덤불 속을 낮게 날고 있었다고 흥분을 억누르지 못하며 발표했다. 그때까지 번개오색나비는 고대 삼림지의 지표종은 아닐지라도 삼림지에만 사는 종이라고 여겨졌다. 이 나비들이 길과 빈터에서 부패하기 시작한 시체나 진창이 된 웅덩이에 내려앉아 먹이를 먹고 암컷이 갯버들―애벌레의 먹이식물―덤불에 알을 낳았을 수도 있지만 고대 울폐산림지가 번개오색나비의 생육권이라는 데는 논쟁의 여지가 없었다.

여름의 끝자락인 데다 비가 와서 우리는 번개오색나비를 직접 보진 못했다. 하지만 매슈가 어둑하게 그늘진 곳에 있는 갯버들 잎사귀 윗면에 낳아놓은 알들을 보여주었다. 아랫부분에 뚜렷한 보라색 띠가 있는 초록색의 작은 알들이었다. 매슈가 이 알들을 어떻게 발견했는지 신기했다. 하지만 매슈에겐 나비에 관해서라면 초자연적인 안테나가 있는 듯했고, 그는 수십 년 동안 얼룩덜룩한 잎들을 유심히 들여다본 사람이었다. 매슈가 생각하기에 '황태후 폐하'는 새끼들을 기를 환경을 까다롭게 고른다. 번개오색나비 암컷은 중간 색조의 녹색에 촉감이 부드럽고 반짝이기보다 무광인 특정한 두께의 잎을 선택한다. 필명이 'BB'인 자연주의자 작가이자 예술가로 번개오색나비를 좋아하는 데니스 왓킨스-피치퍼드는 이 잎들을 '사과 잎'이라고 불렀다. 매슈가 엄지와 집게 손가락 사이에 넣고 잎을 꾹 눌러보았다. 이 잎들은 아마 작고 어린 애벌레가 가장 좋아하는 잎일 것이다. 모든 갯버들이 다 이런 잎을 가지진 않는다. 갯버들의 분류는 복잡하다. '갯버들'이라는 용어는 종종 잡종을 낳는 두 개의 밀접하게 연관된 종들을 가리킨다. 바로 호랑버들과 큰산버들이다. 잡종 갯버들에서 난 잎들의 유형은 다양하고 임의적이다. 번개오색나비 암컷이 알을 낳기 위해 선택한 잎의 유형은 주어진 갯버들 수풀에서도 아주 적은 비율을 차지한다. 7월 말에 갯버들 잎의 색과 정확히 똑같은, 상징적인 올리브그린 색의 애벌레들이 부화했다. 11월 초에 애벌레는 빗방울들 위에 앉아 갈색으로 바뀐 뒤 겨울의 폭풍을 피할 수 있도록 나무껍질에서 명주실 타래로 섬세하고 불룩하게 몸을 둘러싸고 가지들이 갈라진 곳에서 동면에 들어간다. 매슈는 이제 넵에 넓게 펼쳐진, 매우 다양한 잎을 가진 갯버들 숲이 번개오색나비에게 상당히 매력적일 수 있다고 생각했다.

오늘날 갯버들은 관목과 마찬가지로 토지에서 거의 용납되지 않는다. 갯버들의 꽃인 '버들강아지'는 초봄에 화밀의 주요 공급원이었지만 버들강아지를 잃는 것이 어떤 의미인지는 완전히 잊혔다. 한때 이동식 울타리와 채그릇을 만드는 데 사용되던 갯버들은 이제 시골의 공예품 전시회의 틈새시장에서만 볼 수 있다. 갯버들은 상업적으로는 더 이상 가치가 없으며, 넵에서는 강가 목초지와 생울타리, 그리고 가축을 몰고 가는 오래된 길가에서 늙어가도록 방치된 흩어진 나무들로 밀려났다. 그러니 경작지였던 우리 땅에 진출하고 있는 어린 갯버들의 '침입'은 지역 농민과 땅주인들에게 혐오감을 안겨준 또 다른 원인이었다. 그러나 갯버들은 우리 동물들에게는 겨울과 풀이 돋아나기 전의 초봄에 뜯어 먹을 중요한 식량원이다. 목초지 – 삼림지 체계이던 시절에 갯버들이 비슷한 역할을 했는지 궁금하다.

또한 갯버들은 종자가 맺히려면 특별한 조건들을 요하며, 종자는 5월의 2주 동안만 생존할 수 있다. 몇 년에 한 번씩 솜털 같은 큰 꽃들에서 종자가 생겨 바람을 타고 눈보라처럼 떠간다. 하지만 종자가 발아하려면 습한 맨땅이 필요하다. 갯버들은 맨 진흙땅의 개척자다. 남쪽 구역 대부분의 지역에는 갯버들이 아예 없다. 갯버들이 자리 잡은 지역들에는 주어진 종자 풍년의 중요한 2주의 한정된 기간에 젖고 빈틈이 많은 토양이 있었을 것이다. 우리는 들판에서 단계적으로 농사를 중단하고 마지막 수확 이후에 땅을 풀로 덮기보다 노출된 채 놔둠으로써 뜻하지 않게 적절한 조건을 만들었다. 갯버들처럼 자연의 박동 같은 존재들은 이런 우연성에 기대어 번성한다.

2009년 이후에 웨스트서식스주는 여름만 되면 습해서 나비들에게는 그리 좋지 않았다. 그러자 매슈는 다른 곳에서 나비들을 쫓아다녔다. 어디에서, 어떻게 번개오색나비를 찾아야 할지 몰랐던 찰리와 나는 한 마리도 발견하지 못했다. 그러다 여기에 번개오색나비가 많이 있고 이곳을 점령할 태세를 갖추었다는 것을 2013년 여름에 갑자기 알게 되었다.

7월 20일에 매슈가 번개오색나비들이 어떻게 되어가는지 확인하려고 닐 흄과 함께 넵을 찾았다. 우리 자문위원회의 일원이자 나비보존회 서식스 지부의 보존 자문인 닐은 영국에 정기적으로 나타나는 59개의

야생 쪽으로

나비 종을 넘어 들신선나비, 스페인 여왕 표범나비_Issoria lathonia_, 신부나비, 그리고 아도니스블루 나비_Lysandra bellargus_와 초크힐 블루 나비_Lysandra coridon_의 잡종 같은 희귀하고 이국적인 유랑자들을 포함해 66종의 나비를 본 적이 있다는 실감 나지 않는 자랑거리를 갖고 있었다. 초크힐 블루 나비는 희귀성 면에서 나비류 연구자의 유니콘이다. 이미 전국의 다른 지역들에 번개오색나비가 나타났고 그해 7월에 나타난 숫자는 상당하다고 했다. 닐과 매슈는 넵에서 12마리쯤, 어쩌면 20마리까지 이 나비를 볼 수 있길 바랐다. 작은 지역이고 날씨가 흐린데도 놀랍게 두 사람은 5시간 내에 84마리를 헤아렸다. 번개오색나비가 폭발적으로 증가한 것이다. 두 사람은 나비의 수가 많을 뿐 아니라 '심각하게 폭력적'이라는 것에 대만족했다.

매슈, 닐과 함께 번개오색나비를 관찰하는 일은 우아하면서도 다소 밋밋한 일반적인 나비 감상과 다르다. 두 사람의 나비 관찰은 시끌벅적하고 아드레날린이 솟구치는 관전 스포츠다. 번개오색나비 자체가 사람들의 인기를 노리는 것 같다. 호전적인 수컷들이 참나무의 수관 주위를 쏜살같이 날며 영역 표시를 하고 힘차게 날갯짓하며 날쌔게 돌아다니는가 하면 나름의 축을 중심으로 빙그르르 돌고 공중으로 100피트 높이까지 올라간다. 이들은 건강하고 겁이 없으며 화학적으로 무장한 나비계의 특수부대다. 매슈는 "테스토스테론에 πr^2을 곱해 나온 값에 곱하기 2를 했다고 생각해보세요. 기숙학교에 갇혀 있던 소년들은 잊으세요. 나비들은 이 순간을 기다리며 10개월을 애벌레로 지냈어요. 번데기가 되었고, 다 자랐고, 필사적이에요. 이 녀석들은 토요일 밤에 디스코

텍에 간 신병들이에요. 9개월간의 항해를 마치고 항구에 들어온 선원들이죠"라고 말한다.

하늘을 배경으로 나무의 실루엣을 스치듯 날아가는 저 높은 곳의 번개오색나비들은 우림의 나비처럼 까맣게 보인다. 언뜻 보면 새라고 착각할 수도 있다. 이것은 하늘에서 선보이는 구애 행동이다. 수컷들은 가까이 오는 것은 뭐든 공격해 자신의 세력권과 암컷들의 선택을 지킨다. 부주의한 푸른머리되새가 쫓겨나고, 푸른박새는 놀라 새된 울음소리를 낸다. 이 새들이 마땅히 받아야 할 벌이다. 번개오색나비의 유충들이 동면하는 10월부터 4월까지 푸른박새들이 나비의 주된 포식자이기 때문이다. 번개오색나비들은 심지어 하늘로 던져올린 막대와 벽돌도 공격한다고 알려져 있다. 때때로 두 마리 혹은 세 마리의 번개오색나비 수컷이 대립해 공중에서 몸싸움을 벌인다. 닐의 표현에 따르면 '엉겨붙어 싸우고', 매슈에 따르면 '서로를 흠씬 두들겨 팬다'. 사슴의 구애 장소에서와 마찬가지로 결국 더 약한 동물이 더 강한 쪽에게 위압당한다.

번개오색나비는 과시 행동을 위해 특정 나무를 선호하지만 '마스터 참나무master oak'를 베어도—흔히 믿어지는 것과 달리—군집이 소멸되진 않는다. 넵에는 나비들이 선택할 수 있는 참나무가 많고, 나비들은 매슈의 번개오색나비 지도에 '뿡 가는 교미'에서 조금 걸어가면 나오는 '연쇄 범죄자들의 연구소' '무분별한 폭력'이라고 표시된 영역들 내의 숲 가장자리나 풀로 덮인 길 주변부—항상 갯버들 숲에서 몇 야드 내에 위치한다—의 거목들 주위, 아주 오래된 생울타리에서 자란 400년 된 노목들에서 바람이 가려지는 쪽 가지들을 공략한다.

수컷이 갯버들에 있는 암컷을 찾아 급강하할 때만, 혹은 여러 마리가 함께 참나무에서 수액이 흘러나오는 곳에 날개를 펴고 앉아 찢긴 나뭇가지나 번개를 맞은 자리에서 나오는 달콤한 수액을 홀짝일 때만 보라색 옷이 태양과의 각도에 따라 날개 비늘을 통해 굴절되며 드러난다. 참나무 수액을 유독 좋아하는 취향은 서식스의 번개오색나비들이 다른 곳의 사촌들보다 더 폭력적인 이유를 설명할 수 있다. 서식스에는 늙은 참나무들이 여전히 상대적으로 풍부해서 이곳의 번개오색나비들은 주로 수액을 먹는다. 더 나은 표현을 찾지 못하겠는데, 이들은 취한다. 수액에 취한 나비들이 나뭇가지에 거의 부딪힐 뻔하면서 비틀거리며 난다. 때로 수컷이 여우의 똥을 먹거나 길의 잡석들에서 미네랄을 섭취하려고 내려오겠지만 그들이 넵에서 이렇게 한 건 2016년 이후였다. 왜 그런지 누가 알겠는가?

좀더 얌전한 갈색과 흰색의 번개오색나비 암컷들은 황제 폐하가 가진 보라색 광택이 없지만 역시 새들을 쫓을 수 있다. 일단 짝짓기를 하면—3시간 반 동안 지속되는 꼬리와 꼬리의 교미—암컷은 성에 굶주린 수컷들을 피해 마스터 참나무가 아니라 갯버들의 그늘에 숨어서 엄선한 잎들에 조심스레 알을 낳는다.

2014년에 번개오색나비의 수가 또다시 흥미로운 증가세를 보였지만 이 나비들의 기념일이라 할 만한 날은 매슈와 닐이 126마리까지 기록한 2015년 7월 11일과 그 뒤 기록적인 148마리를 헤아린 2017년 6월 21일이다. 이 기록으로 넵은 강력한 퍼민 숲을 대신해 영국 최대의 집단 번식지로 자리 잡았다. 매슈의 말대로 10년도 채 안 되어 '별 볼 일 없는 사람에서 영웅'이 된 것이다. 닐과 매슈가 경쟁 없이 자란 넵의 나무들 주변과 갯버들 덤불 사이를 사납게 돌진하는 나비를 관찰한 덕분에 번개오색나비는 더 이상 삼림지 종으로 묘사되지 않는다. 그리고 여기에 다시 재야생화의 기적이 있다. 오스트파르더르스플라선의 해수면 아래의 버드나무에 둥지를 튼 흰꼬리수리와 마찬가지로, 과정이 주도하는 보존활동은 자연이 우리 이해의 한계와 종들의 적응성을 보여줄 수 있게 한다. 우리는 한 종에게 무엇이 좋은지에 대해 알고 있다고 생각하지만, 우리 경관이 크게 바뀌고 극심하게 저하되어서 한 종이 선호하는 서식지가 아니라 분포 범위의 한계선에서 그 종을 기록할 수 있다. 자연주의자들이 번개오색나비를 삼림지 나비라고 생각한 것은—갯버들이 자라는 지역이 그다지 남아 있지 않은 상황에서—삼림지가 이 나비가 매달리는 곳이기 때문이었다. 이제 번개오색나비가 넵에 자발적으로 대량 서식하면서 우리는 필요할 경우 이 희귀한 곤충의 감소를 완화할 방법에 관해 조금 더 알게 되었다. 우리는 번개오색나비의 생활 주기와 선호, 갯버들 같은 좁은 적소, 번식을 위해 선호하는 상황에 관해 전부는 아니지만 더 많이 알고 있다. 또한 과거에는 갯버들이 퍼져 있는 모든 주에 번개오색나비가 넘쳐나 영국의 여름의 한 특징이었을 것이라는 즐거운 생각을 곱씹을 수 있다.

하지만 넵의 번개오색나비 이야기에는 이곳에서 그들이 계속 성공적으로 지내는 열쇠가 될 수 있는 또 다른 놀라운 측면이 있다. 2014년은 버드나무의 또 다른 두드러진 종자 풍년이었고 5월에 솜털 달린 종자들이 대거 바람에 실려 떠갔다. 종자가 성공적으로 발아하고 새로운 어린 갯버들이 막 자라기 시작한 지역들에는 돼지가 땅을 파헤쳐 노출된 축축한 흙이 있었다. 돼지들은—과거에는 아마 멧돼지—갯버들 천이의 기회를 제공했다. 넵에서 번개오색나비 제국의 확장은 적어도 부분적으로는 우리 탬워스들의 친절한 땅파기에 의존할 것이다.

우리가 번개오색나비의 완벽한 서식지를 만들겠다는 의도를 갖고 시작했다면 재야생화를 통해 자발적으로 등장한 개체수를 얻지 못했으리라는 게 찰리와 내게 분명해졌다. 이 현상은 우리가 배우고 있는 '창발성'의 한 예다. 창발성은 심장의 세포들처럼 복잡계에는 있지만 그 복잡계의 개개 구성 요소에는 없는 특성을 말한다. 심장 세포들은 그 자체로는 혈액을 펌프질하는 특성이 없지만 함께 그 일을 하는 상위 집합체—복합적 기관—를 형성한다. 넵에서는 이전에 없어졌거나 활동을 중단했던 구성 요소들이 합쳐져 특별하고 예상치 못한 결과들을 나타내고 있었다. 실제로 2와 2가 더해져 5나 그 이상을 만들고 있었다. 이런 현상은 우리가 시스템의 산파로서 우리 역할을 받아들이고 겸손해지게 했다. 번개오색나비가 넵에서 거둔 성공과 관련해 우리가 아직 밝히지 못했고 앞으로도 절대 밝히지 못할 다른 요인들도 있을 것이다. 특정 유형의 동물 똥이나 미네랄이나 수액, 온도, 습도에 대한 선호, 혹은 전체의 아주 작은 구성 요소나 많은 것의 우연한 결합이 요인일 수 있다. 우리는 과거에 환경보호론자들이 자주 그랬던 것처럼 두 가지 세부 요소—얼마간의 키 큰 나무들과 어마어마한 수의 갯버들—가 기본적으로 번개오색나비에게 필요한 전부라고 가정하는 함정에 빠지지 않도록 반드시 조심해야 한다. 이런 가정은 심방의 개별 세포가 혈액을 펌프질하는 특성이 있다고 주장하는 것과 마찬가지이며 '분할의 오류'라고 불린다. 거의 1년 동안 다른 여러 조건을 필요로 하는, 많은 단계를 거치는 복잡한 생활 주기를 가진 번개오색나비가 마법처럼 자신을 만들어낸 교향악단의 선율에 맞춰 날개를 펄럭인다.

나이팅게일 ⑪

그대는 죽기 위해 태어난 것이 아니다, 불멸의 새여!
어떤 굶주린 세대들도 그대를 짓밟지 못할 것이다.
이 덧없는 밤에 내가 듣는 목소리는
고대에 황제와 어릿광대가 들었던 소리다.
_키츠, 「**나이팅게일에 부치는 노래**Ode to a Nightingale」(1819)

4월 말의 고요한 밤, 남쪽 구역에 서 있으면 반짝이는 하늘을 배경으로 보이는 참나무들과 무성한 생울타리의 거뭇한 그림자와 하늘로 울음소리를 쏟아내는 나이팅게일이 혼란을 일으킨다. 그 소리는 샘 쿡식의 구식 감각으로는 아름답지만 멀고 불안한 어딘가로 당신을 '데려간다'. 생각이 요동치고, 공기 중에 갈망과 불안, 심지어 의심마저 맴돈다. 당신 주변에 어렴풋한 무언가가 스멀스멀 나타나고, 이 무게 20그램의 새가 광대한 공간으로 내지르는 도전에 동요되어 땅 자체가 불안하게 느껴진다.

나이팅게일의 노랫소리는 편하게 듣기 힘들다. 그 노래는 불시에 귀를 파고든다. 잇달아 내쏘는 음구들, 처음에는 낭랑하고 청아하다가 조롱

하듯이 걸걸하고 불협화음이 되는 장식적인 떨림음, 이제 감미롭게 이어지는 길고 애처로운 피리 같은 소리, 그 뒤로 킬킬거리는 웃음과 숨이 턱 막히는 휘파람 소리, 그러다 갑자기 무음. 놀리듯 노래가 뚝 끊겼다가 다시 점점 커지는 폭포수 같은 음들이 폭발한다. 머리로는 예상을 해보려 하지만 감각, 최소한 인간의 감각은 없다. 패턴도, 중복도 없다. 나이팅게일 한 마리의 연주 목록에는 이 종이 가진 총 250개의 '반복 악절'이나 약 180개의 악구가 들어 있고 노래할 때마다 그 순서는 달라진다. 나이팅게일의 노래는 놀라운 탁월함, 가슴이 터질 듯한 에너지와 음량을 보여준다. 오르간의 관들처럼 힘차게 울리는 작은 성대에서 나온 이 고동치는 노랫소리는 열대지방의 음악을 밤하늘로 쏟아낸다. 이 공연은 굉장히 길어질 수 있다. 전형적인 아리아는 30분 동안 계속되지만 나이팅게일 한 마리가 23시간 30분 동안 멈추지 않고 노래한 기록도 있다.

동료 아프리카 철새인 멧비둘기와 마찬가지로 나이팅게일은 우리 문화에 둥지를 틀고 우리 새가 되었다. 나이팅게일은 이솝, 아리스토파네스와 플리니우스, 페르시아의 시인들, 그리고 상상력이 놀림받고 도발당하고 '고통스러울 정도의 기쁨'에 의해 방해받았던 모든 시대의 모든 음악가와 음유시인들에 자신의 도취를 더한 우리의 가장 위대한 시인인 셰익스피어, 밀턴, 매슈 아널드, 콜리지, 테니슨, 셸리, 키츠, 존 클레어, T. S. 엘리엇을 통해 날아올랐다.

하지만 오늘날 영국에서 아름다우면서도 불안한 나이팅게일의 노래에 익숙한 사람은 거의 없다. 멧비둘기와 마찬가지로 이제 나이팅게일의 노랫소리를 듣는 것은 거의 기적이나 다름없다. 1967년에서 2007년 사이 영국에서 나이팅게일의 수는 91퍼센트 줄었다. 내가 어릴 때 노래하던 나이팅게일들이 지금은 10마리 중 한 마리꼴로만 남아 있다. 이것은 일어나선 안 되는 일이다. 영국은 항상 나이팅게일의 분포 범위 최북단에 있었다. 따뜻한 기후에서 사는 이 새의 번식력은 7월의 온도가 섭씨 17도에서 30도 사이인 지역들로 제한된다. 따라서 요크셔 북쪽으로는 아무 곳도 없고 고도 약 600피트 이상 지역에도 드물다. 하지만 지구온난화로 조류학자들은 여기에 변화가 생기리라 예상했다. 그들은 지금쯤엔 스코틀랜드 국경지역과 웨일스에서까지 나이팅게일의 울음소리를 들을 것이라 예측했다. 하지만 그러기는커녕 나이팅게일의 영역은 남쪽과 동쪽으로 더 줄어들고 위축되어 켄트, 서식스, 서퍽이 나이팅게일과 영국의 교류 가능한 마지막 보루가 되었다.

한때 나이팅게일이 얼마나 흔했는지 기억해보면 정신이 번쩍 들고 놀랍다. 한두 세기 전만 해도 나이팅게일은 런던 시민들에게 세레나데를 연주했다. 지금 왕궁이 서 있는 땅은 1703년 버킹엄 공작이 구입했을 때 '찌르레기와 나이팅게일로 가득 찬 작은 황무지'였다. 1819년 봄 열에 들뜬 결핵 환자 키츠를 사로잡은 새는 햄스테드 히스에 있는 그의 집 근처에서 노래를 하고 있었다. 런던의 황무지와 공유지가 줄어들거나 적극적으로 깔끔하게 정리됨에 따라 한스 크리스티안 안데르센의 동화에 나오는 황제처럼 나이팅게일의 노래를 갈망하던 빅토리아 시대 사람들은 시골로 순례를 떠나고 거실과 응접실에 나이팅게일을 들여와 노래를 부르게 했다. 1830년대에는 미들섹스의 사냥터지기 1명이 한 철에

180마리의 나이팅게일을 잡을 수 있었고, 런던에서 12마리에 18실링을 받았다. 봉급을 보충할 짭짤한 돈벌이였다. 나이팅게일 거래는 세기가 바뀔 무렵까지 계속되었다. 1886년 서리주에서 글을 쓰던 자연주의자 리처드 제프리스에 따르면 "시내에서 두 명의 불량배가 와 숲 전체를 조용하게 만들었다". 나이팅게일은 불쌍한 포로가 되었고 대다수가 새장의 창살에 몸을 부딪혀 죽었다. 제프리스는 "가련한 죽음이었다. 일주일 전만 해도 서리주의 길에서 목청껏 편하게 노래 부르던 이 작은 생물체의 70퍼센트가 세븐 다이얼스나 화이트채플의 배수구에 던져졌다"고 묘사했다.

다행히 새장에 갇힌 새에 대한 수요가 20세기에 서서히 사라졌고 제2차 세계대전 내내 시골에는 여전히 나이팅게일들이 남아 노래를 불렀다. 나이팅게일의 소리는 산업근로자들이 귀마개를 끼어야 하는 수준을 한참 넘는 95데시벨까지 올라갈 수 있다. 엄밀히 말해 소음 공해로 분류 가능하다. 1942년 5월 밤에 BBC의 한 음향 기술자가 유명한 기록이 될 소리를 우연히 녹음했다. 서리주의 한 뒤뜰에서 나이팅게일이 다가오는 전쟁 기계들—쾰른을 폭격하러 가는 웰링턴 폭격기와 랭카스터 폭격기—의 소리에 맞서 절절하게 구애의 노래를 불러젖혔다. BBC가 독일인들에게 급습을 알릴 수 있다는 걸 깨달았을 때 갑자기 생방송은 끝났다.

제2차 세계대전 무렵 수도에서 나이팅게일의 소리를 들을 가능성은 꿈같은 환상일 뿐이었다. 연애소설들의 이야기는 달랐지만. 나이팅게일의 노래에는 마치 세상을 현실의 고통에서 벗어나게 해줄 것처럼 숭고

함을 갈구하는 듯한 무언가가 있다.

> 그날 밤, 우리가 만났던 그 밤,
> 사방에 마법이 퍼져 있었어요.
> 리츠에선 천사들이 저녁을 먹고 있었고
> 버클리 광장에서는 나이팅게일이 노래했어요.

1939년에 나온 이 서정적인 노래는 베라 린, 글렌 밀러, 프랭크 시나트라, 냇 킹 콜, 그리고 수십 년 동안 그 외의 많은 음악가(더 놀랍게도 로드 스튜어트와 맨해튼 트랜스퍼도 포함되어 있다)가 녹음했고, 자체적인 생명력을 얻었다. 마치 소망하면 나이팅게일이 런던 대공습 동안 메이페어의 연인들에게 가슴 터지도록 노래를 불러주었다는 환상이 사실이 되는 양.

하지만 버클리 광장은 나이팅게일 서식지가 아니고 적어도 17세기 이후에는 서식지였던 적이 없다. 영국 조류학 신탁은 나이팅게일을 삼림지 종, 숲의 아래쪽 덤불 속 깊이 숨어 사는 수줍음 많고 은둔하는 새라고 설명한다. 나이팅게일의 감소 역시 왜림의 감소와 관련 있다. 이전에 경작지였던 넵의 탁 트인 땅에서 나이팅게일이 확산된 것은 번개오색나비의 출현이 나비 연구가들에게 안겨준 놀라움에 버금갈 정도로 조류학에서는 아닌 밤중에 홍두깨 같은 일이었다. 영국에서 나이팅게일의 수가 증가한 곳은 켄트주 메드웨이에 있는 로지힐—국방부 소유이며 5000채의 주택 건설 계획이 적어도 당분간은 연기되었다—에 이어 넵이 두 번째다. 나이팅게일이 넵을 신속하게 개척한 일은 우리가 이 새에 대해 알고 있다고 생각한 것들을 흔들어놓았고, 번개오색나비와 마찬가지로 보존활동이 어디서 잘못되고 있는지에 대한 더 폭넓은 질문들을 던졌다.

1999년에 영국 조류학 신탁이 수행한 전국 나이팅게일 조사는 넵의 9개 구역을 기록했다. 하지만 찰리와 내가 기억하기로 이곳에서 나이팅게일의 울음소리를 들은 건 1990년대에 한 번뿐이었다. 어느 기억할 만한 해에 우리는 한밤중에 넵 호수 끝에 있는 댐의 벽 위에 서 있다가 세 마리의 나이팅게일이 일제히 지저귀는 소리를 들었다. 두 마리는 호수 한쪽의 왜가리 서식지에, 다른 한 마리는 건너편의 떼까마귀 떼가 사는 숲에 있었다. 이 새들은 주에 남아 있던 몇 안 되는 중요한 왜림지역들 중 하나인 애런델의 대규모 왜림이 그해에 벌채를 해 내쫓긴 것이었을 수 있다. 나이팅게일들의 순수하고 카랑카랑한 노랫소리가 나타났다는 기쁨은 이 작은 새들이 두 대륙을 건너 날아와서 자신들의 서식지가 무너진 것을 알게 되었다는 생각에 미치자 가라앉았다. 넵의 농지가 그곳을 대체할 수 없다는 건 분명했다. 우리는 이튿날 밤에도 나이팅게일의 노랫소리를 들으려고 갔지만 그들은 떠나고 없었다.

우리가 재야생화를 시작한 2001년에는 나이팅게일이 1995년과 2008년 사이에 전국적으로 53퍼센트가 감소한 데 따라 이 사유지에서 완전히 사라진 듯했다. 나이팅게일 위기의 원인으로 의심되는 것은 일반적인 문제들이었다. 살충제와 가축 구충제의 광범위한 사용으로 인한 먹이 자원의 가용성 하락, 평소 둥지를 틀던 지역에 들어선 주택 단지,

왜림의 손실, 아프리카에서 나이팅게일이 겨울을 지내는 곳에 일어난 변화, 이주 경로에 영향을 미치는 기후변화 등이 그것이다.

따라서 7, 8년 뒤에 넵에서 갑자기 나이팅게일의 울음소리를 다시 들은 것은 놀라운 사건이었다. 게다가 이번에는 수가 많았다. 남쪽 구역에서 우리는 3마리, 4마리, 때로는 5마리가 서로 경쟁하듯 우는 소리를 들을 수 있었다. 4월 말에 이 새들이 올 것이라 예상한 우리는 나이팅게일 만찬을 열기 시작해 저녁을 먹은 뒤 친구들을 데리고 나이팅게일의 울음소리를 들으러 나갔다. 대부분의 친구가 나이팅게일의 노랫소리를 들어본 적이 한 번도 없었다. 시의 관례적 묘사와 달리 수컷 나이팅게일만 노래를 부른다. 수컷은 짝을 유혹하려 할 때 낮과 밤 모두 노래하지만, 낮 동안의 소란스러운 새소리에서 벗어나 명료하고 확신에 찬 아리아가 터져나와 사람의 귀에 꽂히는 건 밤이다.

환경보호론자들이 관심을 나타내기 시작했고, 영국 조류학 신탁이 또 한 번 전국 나이팅게일 조사를 실시한 2012년에 임페리얼 칼리지 런던의 생물학과가 강한 흥미를 보여 조사를 위해 석사과정생 한 명을 보냈다. 강사 알렉스 로드의 지원을 받는 올리비아 힉스라는 학생이었다. 올리비아는 5월에 2주 동안 우리와 함께 지내며 나이팅게일의 시간에 맞춰 생활해 종종 우리가 아침을 먹으러 일어날 때 침대로 돌아왔다. 힉스의 목표는 나이팅게일의 영역들과 넵에서 선택한 서식지의 유형을 밝힌 뒤 수컷들이 짝짓기에 성공했는지를 알아내고 번식률을 나타내는 것이었다. 이를 위해 올리비아는 5월 마지막 주와 6월 첫 주에 또 한 차례의 잠 못 이루는 밤을 위해 넵에 돌아왔다.

나이팅게일은 발견하기 힘든 것으로 악명 높다. 겸손한 LBJ('Little brown job', 희귀 조류 관찰자들이 사용하는 용어)인 나이팅게일은 은신처로 흔적도 없이 모습을 감춘다. 둥지는 더 발견하기 힘들다. 하지만 노랫소리가 비밀을 누설하며, 나이팅게일은 텃새 습성이 강해 둥지를 틀기로 선택한 곳에서 좀처럼 벗어나지 않기 때문에 비교적 쉽게 수를 헤아릴 수 있다. 수컷들은 둥지를 틀기에 적당한 곳을 차지하고자 적도 지방의 세네갈, 기니비사우, 감비아의 월동지를 출발해 4월 초에서 중순까지 선발대로 영국에 도착한다. 모든 나이팅게일이 번식을 위해 아프리카를 떠나는 것은 아니다. 하지만 포식자가 훨씬 적고(아프리카에서는 심지어 곤충들도 어린 새를 먹는다) 세력권과 먹이를 차지하기 위한 종들 간의 경쟁이 덜한 유럽에서 새끼를 기를 기회를 얻기 위해 수백만 마리가 3000마일의 이주라는 엄청나게 힘든 도전에 나선다. 암컷은 일주일쯤 뒤에 뒤따라가는데, 포식자를 피하기 위해 밤에 날아간다. 칠흑같이 어둡고 드넓은 하늘에서 암컷은 아래에서 노래하고 있는 수컷들의 소리를 알아차린다. 최근의 연구는 암컷이 수컷의 공연 기교에 이끌려 아래로 내려가 수컷과 만날 것이라고 제시한다. 음량과 난이도가 체력과 성숙도를 나타낸다. 즉 좋은 아비가 될 것이라는 표지다. 낮에 암컷은 수컷이 선택한 번식 장소를 점검하고, 마음에 들지 않으면 더 나은 수컷을 찾아 날아갈 것이다.

둥지를 짓는 일은 암컷만 하고 그동안 수컷은 계속 노래를 부른다. 하지만 짝짓기를 하고 나면 수컷은 세력권 주장을 위해 노래한다. 낮에만 노래를 부르며 이전의 간절함과 절박함은 없다. 수컷은 새끼들이 부화하자마자—알을 낳은 지 약 13일째에—이들을 먹이는 일에 동참하고 노래는 사실상 완전히 그만둔다. 이것이 번식 성공을 가늠하는 단서다. 6월에 노래하는 나이팅게일은 짝짓기를 못 한 수컷들뿐이다. 낙오한 암컷을 유인하려는 헛된 희망을 품은, 가정을 꾸리는 데 실패한 외로운 수컷들.

올리비아의 조사 결과는 놀라웠다. 올리비아는 넵에서 34개의 나이팅게일 세력권을 발견했다. 나이팅게일이 한 마리도 없던 때에서 불과 9년이 지난 지금 이곳에 영국의 나이팅게일 개체군의 0.5~0.9퍼센트가 있다. 이 34개의 세력권 중에서 27개에서 짝짓기가 이루어져 79퍼센트의 성공률을 보였다. 유럽 평균은 50퍼센트다. 우리 이웃 두 명이 올리비아에게 비교를 위해 자신들의 땅—집약농업을 하는 총 1040헥타르의 경작지—을 이용하도록 허락했다. 이곳에서 올리비아는 9개의 세력권을 발견했지만(영국 조류학 신탁이 1999년에 조사했을 때보다 상당히 늘어났다) 그중 2개에서만(18퍼센트) 짝짓기가 이루어졌다. 올리비아의 발견은 넵이 나이팅게일들의 인기 번식지가 되었다는 것만 알려준 게 아니었다. 일단 넵의 최상의 세력권들에 임자가 생기면 아마도 어리거나 늦게 도착한 수컷들이 이웃의 땅까지 흘러들어간다는 것도 보여주었다.

무성하게 자란 생울타리의 가장자리 안쪽 깊숙이 자리한 나이팅게일 둥지—나뭇가지와 이끼, 몇 개의 깃털과 마른 참나무 잎을 얽어서 만들고 땅에서 불과 1피트 높이에 있다—는 왜 나이팅게일이 넵에 끌리는지 확인해준다. 가시로 덮인 가지들이 땅까지 뻗은(사슴이나 토끼의 브라우즈라인이 없다) 야생 자두나무가 약 60퍼센트를 차지하고 가장자리에는 검은딸기나무와 쐐기풀, 긴 풀들이 자라며 동굴 같고 성당 같은 구조의 덤불 내부가 성체와 새끼들에게 낙엽 속의 곤충을 쪼아 먹을 안전한 안식처를 제공하는 25~45피트 깊이의 우거진 생울타리에 대다수(86퍼센트)의 나이팅게일이 자리를 잡는다.

따라서 넵은 나이팅게일이 삼림지 새가 아니라는 것을 밝혔다. 나무들은 어떤 역할을 할 필요가 전혀 없다. 그런데 이것은 무엇을 뜻하는가? 나이팅게일이 자신들의 서식지를 바꾸고 있는 걸까? 넵이 그들의 이상적인 서식지가 더 정확하게 구현된 곳일까? 아니면 넵은 그저 전통적인 삼림지가 더 개선된 곳일까? 이 정보가 정말로 과학자들에게 새로운 것일까? 넵의 서재에서 내가 오래전부터 벗으로 삼았고 내 첫 책의 주인공이기도 한 빅토리아 시대의 조류학자 존 굴드가 쓴, 삽화를 곁들인 커다란 2절판 책인 『영국의 조류들The Birds of Great Britain』을 다시 살펴보니 나이팅게일의 둥지는 '일반적으로 둑의 경사면과 때때로 관목 혹은 덤불에 위치한다'고 간단하게 설명되어 있다. 거의 100년 뒤인 1938년에 출판된, 우리의 손때가 묻은 『서식스의 새들Birds of Sussex』에서 호셤 교구 목사의 아들인 서식스의 조류학자 존 월폴본드는 '선호하는 번식지는 (…) 숲, 특히 숲의 외곽, 작은 숲, 잡목림, 덤불, 전반적인 공유지와 황무지, 심지어 크럼블스 같은 넓은 조약돌 해변, 특정 유형의 생울타리, 특히 이중 생울타리에서 제공된다'고 설명했다. 그는 나이팅게일의 둥지가 '대개 야생 슬로, 검은딸기나무, 잔해더미, 심지어 담쟁이로 덮인 벽'에도 있다고 말한다. 나이팅게일은 어디에나 있었다.

하지만 현대 과학은 불과 한 세기쯤 전에 꼼꼼한 현장 동식물 연구자들이 수행한 이런 관찰 결과를 참고하지 않는다. 학술 논문에서는 당대의 연구를 참고문헌으로 달아야 한다. 이는 기준점 이동 증후군의 또 다른 예다. 나이팅게일은 번개오색나비와 마찬가지로 오늘날 삼림지 종으로 분류되어왔다. 우리가 나이팅게일을 삼림지에서 보기 때문이다. 우리는 삼림지에서 나이팅게일을 연구하고 이 새의 행동에 대한 모든 추측을 한다. 우리 머릿속에서 왜림이 완벽한 나이팅게일 영역이 되었다. 경쟁 없이 자란 가시 있는 관목들, 식물이 무성한 둑, 곤충이 바글거리는 이중 생울타리가 없는 상황에서 우리가 이 새들에게 제공할 수 있는 것은 삼림지뿐이기 때문이다. 그런데 왜림이 생기기 전에는 나이팅게일이 어디에 둥지를 틀었을까? 누구 생각해본 사람이 있나? 우리의 기준선들은 인간 활동의 지평에 깊이 뿌리박혀 있다. 우리는 '삼림지' '습지' '황야지' '황무지', 심지어 '농지' 조류에 관해 이야기한다. 하지만 인간이 경관을 나누어 종의 생물지리적 범주와 '서식지' 범주를 지정하기 전에 조류의 진짜 상황은 한 서식지가 다른 서식지와 섞이고 변화하는 가장자리 지역들에 사는 생물들과 마찬가지로 훨씬 더 복잡하고 불규칙적이었을 수 있다.

영국에 사는 우리의 견해는 섬나라 근성에 의해서도 제한된다. 대륙에서 나이팅게일이 아직 풍부한 곳에서는 이 새들이 굴드와 월폴본드가 묘사한 서식지들을 분명히 선호하는 것처럼 보인다. 나는 카마르그의 염원에 있는 관목에서 나이팅게일들의 노랫소리를 들은 적이 있다. 불가리아의 과수원들 근방의 관목에서 대담한 나이팅게일을 본 적도 있다. 1973년에 발표된 독일의 한 연구 논문은 나이팅게일들이 울폐산림을 거부하는 새라고 단정적으로 설명했다. 하지만 왜 그런지 영국인들은 마치 이 종이 영국해협을 반쯤 건너왔을 때 선호가 바뀌기라도 하는 양 우리 섬들을 규칙의 예외로 여기는 것 같다. 우리가 넵에 나이팅게일을 끌어들이겠다는 의도를 가지고 시작했다면 분명 영국의 환경 보호론자들에게서 왜림을 조성하라는 권유를 받았을 것이고, 십중팔구 그 결과에 실망했을 것이다.

이듬해에 임페리얼 칼리지 런던의 또 다른 석사과정생인 이지 도노번이 올리비아가 하던 넵의 나이팅게일 연구를 이어갔다. 이지는 유럽의 보존관심 조류 6종을 연구에 추가했다. 그중 두 종―청딱따구리, 목이 흰 명금―은 황색목록에, 4종―뻐꾸기, 홍방울새, 노래지빠귀, 노랑턱멧새―은 적색목록에 올라 있다. 이지는 10헥타르당 조류의 밀도를 계산해 『유럽의 번식 조류 지도책Atlas of European Breeding Birds』에 나오는 밀도 및 넵과 이웃한 집약농지들의 밀도와 넵의 수치를 비교했다. 그 결과

종	좋은 서식지들에서의 밀도	넵에서의 추정 밀도	지역 농장 (대조 표준) 추정치
홍방울새	5.5~9.2	8	1.3~2.2
노랑턱멧새	4.7	4.5~7.5	3.6~6.1
노래지빠귀	15	3.5~5.8	없음
청딱따구리	0.3	3.8~6.38	1~1.6
목이 흰 명금	10	8.5~14.2	2.6~4.4
뻐꾸기	0.3	3.5	관찰되지 않음
나이팅게일	2	7~11	1.3~2.2

역시 놀라웠다. 넵은 다른 곳에서 좋은 서식지라고 여겨지는 곳들보다 더 낫지는 않더라도 최소한 그만큼 좋은 성과를 보였다.

아직 설명되지 않은 유일한 예외가 노래지빠귀인데, 우리의 2016년도 조사에 따르면 지금은 이 새의 수가 눈에 띄게 많다.

나이팅게일의 서식지에 관한 연구 결과가 몹시 흥미로워서 우리는 2014년 5월 1일 넵에서 나이팅게일 워크숍을 열었다. 내추럴 잉글랜드의 고위 간부 여럿과 내셔널트러스트, 야생생물 신탁, 전국지주협회, 전국농민연대, 영국 조류학 신탁, 왕립조류보호협회의 대표 및 관심 있는 많은 지주가 참석했다. 우리는 그때까지 극히 긍정적인 반응을 보여왔던 내추럴 잉글랜드가 이 새로운 정보를 그들의 보조금 시스템에 반영해 나이팅게일 개체군들이 아직 떠나지 않고 있는 지역의 농민과 지주들이 생울타리를 규정된 25피트나 그 이상으로 키워 추가적인 서식지를 제공하도록 장려하길 바랐다. 우리에겐 이 방법이 우리의 가장 사랑스러운 새들 중 하나의 감소를 막고 많은 우산종에게 혜택을 줄 수 있는 상대적으로 간단한 조치로 보였다.

하지만 환경보존의 현실은 그리 간단하지 않다. 모임 직후 서픽(이 종에게는 가장 북쪽 서식지들 중 하나)의 자기 농장에 나이팅게일 몇 마리가 서식하는 어느 지주가 생울타리들 중 일부를 키울 수 있도록 보조금을 신청했다. 그러나 해당 지역의 내추럴 잉글랜드 지부는 그의 땅 주변 5마일에 나이팅게일이 없어서 그들의 자금이 제대로 사용되지 않을 것이라 주장하며 거절했다. 초반의 고무적인 조짐들에도 불구하고 나이팅게일 생울타리 구상은 내추럴 잉글랜드에서 견인력을 얻지 못했다. 우리 테이블에 둘러앉아 있던 모든 사람 사이에서 프로젝트에 대한 열정은 흐지부지 사라졌다. 그리고 유감스럽게도, 장려책과 위에서부터의 지시가 없으면 대부분의 지주는 보존활동에 관심이 있는 사람일지라도 보존 조치들에 쏟을 시간이나 투지, 자원이 거의 없다. 이번 경우처럼 간단하고 보람 있는 조치일지라도.

멧비둘기

이 늙은 멧비둘기는
시든 나뭇가지로 날아가
다시는 찾을 길 없는 남편을 애도할게요,
내 목숨이 다할 때까지.
_셰익스피어, 『**겨울 이야기**The Winter's Tale』(1609년경)

심지어 나이팅게일보다 우리를 더 흥분시킨 사건은 멸종 직전이었던 멧비둘기들이 찾아온 것이었다. 영국 전체에 남아 있는 멧비둘기는 5000쌍이 되지 않고 서식스에는 고작 200쌍만 있는 것으로 추정된다. 넵은 영국에서 최근 멧비둘기의 수가 증가한 유일한 장소일 것이다. 농사를 지을 때는 멧비둘기가 한 마리도 없었지만 2017년에 우리는 노래하는 멧비둘기 수컷을 16마리 헤아렸다. 하지만 멧비둘기는 나이팅게일보다 추적 관찰하기가 훨씬 더 힘들다. 수컷들은 넓은 영역에서 세력권을 주장하고, 따라서 절대 같은 장소에 안정적으로 머물지 않는다. 멧비둘기의 부드러운 울음소리는 종종 나이 든 인간의 귀가 알아듣는 음역대 밑으로 떨어져 일부 새 사냥꾼은 그들을 쫓기가 더 힘들다. 새 사냥꾼들이 놓치는 것은 나이팅게일이 부르는 불협화음의 세레나데 음역의 맨 끝에 있는 음, 새들의 세계에서는 자장가에 가까운 음이다. 빅토리아 시대의 조류학자 존 굴드에 따르면 "멧비둘기의 구구거리는 울음소리는 쉽게 묘사할 수 없는 즐겁고 위로가 되는 생각들을 상기시켜 마음을 달래준다". 해로 스쿨의 고전문학 교사이자 『새들의 생활과 법Bird Life&Bird Law』(1905)의 저자인 R. 보스워스스미스에게 멧비둘기의 '낮은 노랫소리'는 '자연에서 가장 마음을 달래주는 소리들 중 하나'다. 그 소리는 영혼에 위안을 준다.

굴드가 살던 시절에는 봄에 가을의 이동을 위해 '상당수로 떼를 지은 여러 무리와 함께 둘씩 짝을 이뤄 도착한 멧비둘기를 흔히 볼 수 있었다. 하지만 1930년대에도 월폴본드가 서식스에 도착한 멧비둘기 '일단들', 번식철 내내 곡물 밭에서 살갈퀴를 먹고 있는 '작은 그룹들과 각각 수백 마리씩 모인 무리', 7월에 서둘러 아프리카로 떠나는 어린 새들의 '돌진'과 그 뒤 9월에 떠나는 후발대를 묘사했다. 그는 구애하는 수컷들이 등 위에서 날개를 치거나 날개를 쫙 편 채 올라갔다 내려가다 도중에 정지해 떠 있거나 날개를 움직이지 않고 한 나무에서 다른 나무로 미끄러지듯 나아가는 '구애 비행'을 구경했다. 멧비둘기의 둥지는 너무 많아서 모든 둥지가 헤치고 들어갈 수 없는 초목들 속에 숨겨져 있진 않았고, 월폴본드가 좀더 개방된 둥지에 앉아 있는 멧비둘기를 방해하지 않고 가까이 접근하는 것은 '결코 드문 일이 아니었다.' '멧비둘기들이 굉장히 선호하는 지역에서는 웬만큼 가까운 거리 내에서 6~10개의 둥지를 꽤 자주 발견했고 밀레이의 한 친구는 호섬 근처에서 실제로

17개를 발견했다. 그것도 단 한 시간 만에!'

오늘날 멧비둘기가 입고 있는 투명망토는 분명 지난 몇십 년 동안의 급격한 감소에 대한 대응이다. 다수일 때 얻는 안전을 빼앗긴 멧비둘기는 그 어느 때보다 더 은둔생활을 하게 되었다. 2005년부터 2010년까지 단 5년 동안 영국에서 멧비둘기의 수는 60퍼센트 감소했으며 계속 급락 곡선을 그리고 있다. 왕립조류보호협회 같은 조류 보존 단체들이 이 종을 벼랑 끝에서 구할 방법을 발견하길 바라며 기를 쓰고 단서를 찾고 있다.

이동 경로를 따라 이루어지는 사냥이 분명 한 요인이다. 2007년에 해마다 최대 300만 마리의 멧비둘기가 유럽에서 총에 맞아 죽는 것으로 추정되었다. 유럽에서는 봄철 사냥이 금지되어 있지만 지중해 국가들에 비둘기 사냥 문화가 깊이 뿌리박혀 있어서 새들은 올 때와 갈 때 모두 일상적으로 총을 맞는다. 어느 9월, 직접 잡은 멧비둘기로 우리에게 특별한 저녁 식사를 차려준 그리스의 한 친구는 자신이 대접한 음식이 열광적인 환영을 받지 않는 것에 실망했다. 산더미 같은 백리향이 뿌려진 이 작은 구운 새들은 유럽 중부에서 남쪽으로 날아가고 있었을 것이다. 이 새들을 보니 몇 주 전 서식스에서 우리를 향해 구구거리던 우리 멧비둘기들이 생각나지 않을 수 없었다.

사헬 지대의 심각한 가뭄 또한 가능한 요인이다. 멧비둘기들은 놀랍도록 더위를 잘 견뎌서 온도가 섭씨 45도로 올라갈 때까지 직사광선 아래에서 먹이를 먹는 모습이 관찰되었다. 하지만 겨울에는 오래 버티지 못한다. 오아시스에서 나무가 사라지고 경작 가능한 경관들에서 숲이 사라지면 이동 중에 멧비둘기가 기운을 회복하는 데 영향을 받을 수 있다. 증가하고 있는 조류 종인 염주비둘기와의 경쟁도 언급된다. 게다가 공룡을 감염시켰던 고대 병원균이라고 믿어지는 원생기생충 트리초모나스 갈리나에*Trichomonas gallinae*도 있다. 전 세계에 분포하는 이 조류 기생충이 멧비둘기들에게 특히 큰 타격을 주는 것으로 여겨진다. 2011년 이후 이스트앵글리아에서 기생충 검사를 받은 멧비둘기 106마리 중에서 96퍼센트가 양성 반응을 보였고 8마리가 치명적인 증상을 나타냈다.

1980년 이후 유럽 전역에서 멧비둘기들의 개체수는 온건한 정도에서 심각한 정도까지 감소되는 경향을 보였다. 하지만 이런 경향은 영국에서 멧비둘기가 빠른 속도로 거의 전부 사라진 것과 비교하면 아무것도 아니다. 이런 상황은 영국의 조류 보존활동을 혼란에 빠뜨렸다. 원인이 뭘까? 영국의 서식지가 가진 특별한 문제 때문일까? 먹이 부족, 경쟁 심화나 기생충 때문일까? 아니면 이 원인들의 일부 혹은 전부가 결합된 결과일까? 상반되는 지표가 널려 있다. 최근 왕립조류보호협회가 실시한 무선 추적은 먹이를 찾아 장거리—최고 10킬로미터—를 이동하는 이스트앵글리아의 멧비둘기들을 보여주어 관찰자로 하여금 이 새들이 광범위한 지역에서 먹이를 찾아다니도록 타고났다고 믿게 했다. 하지만 2017년에 왕립조류보호협회가 내놓은 또 다른 보고서는 멧비둘기들이 새끼를 성공적으로 키우기 위해서는 식량원이 둥지에서 127미터 이내에 있어야 한다고 주장했다. '우리의 연구 범위에서 종자가 풍부한 서식지에는 꽃과 풀들이 꽃을 피우고 종자를 맺을 수 있게 하는 반자연적 목초지, 채석장, 저강도 방목지 ─ 주로 말을 방목하고 이따금 알파카를 방목한다 ─ 가 포함되었다. 그러나 새들은 여전히 그들의 둥지 근방 지역으로 돌아오고 둥지로부터 20미터 이내에서 시간의 50퍼센트를 보낸다.'

우리는 멧비둘기의 먹이에 관해 여전히 잘 모르는 것 같다. 아마 요즘 영국에서 먹이를 먹는 멧비둘기를 그 어느 때보다 더 보기 힘들기 때문일 것이다. 왕립조류보호협회는 멧비둘기를 씨앗 외에는 아무것도 먹지 않는 '절대적 종자 섭식자'라고 설명한다. 그러나 둥근빗살괴불주머니, 마디풀, 왕김의털처럼 자연에서 멧비둘기의 주된 식량원이라고 믿어지는 잡초들의 씨앗(오늘날에도 멧비둘기들이 이런 씨앗을 발견할 수 있다면)은 영국에서 7월까지 여물지 않는다. 실제로 멧비둘기들이 5월에 처음 도착했을 때 먹이를 구하는 데 어려움을 겪는다는 유력한 지표들이 있다. 오랜 이동을 한 뒤 멧비둘기들이 번식에 적합한 몸 상태를 만들려면 가능한 한 빨리 칼로리를 축적해야 한다. 멧비둘기들은 건강이 최상일 때 한 철에 2~3마리의 새끼를 칠 수 있다. 요즘 영국에서는 한 마리만 새끼를 쳐도 행운이다.

그렇다면 12만5000쌍이 번식해 한 철에 2마리 이상씩 새끼를 쳤다고 추정되는 1960년대 이후에 무슨 변화가 일어난 걸까? 1970년대 이후 전국에서 화학 제초제의 일상적 사용 ─ 농업뿐 아니라 모든 관리된 땅에서 ─ 이 소위 '경작지' 잡초들의 가용성에 분명 극적인 영향을 미쳤다. 농업 관행의 변화 역시 차이를 가져왔다. 경작지의 잡초가 줄어들자 멧비둘기들은 곡류를 먹기 시작했다. 이들은 특히 바퀴나 발에 밟혀 잘게 부서진 곡물을 발견할 수 있는 곡물 창고나 농가 마당 주변을 뒤진다. 효율성 향상—대형 콤바인, 낭비 줄이기, 지저분한 농가 마당의 감소—도 멧비둘기들에게서 이런 기회를 뺏고 있다.

따라서 이런 '농지' 조류의 감소는 농업의 산업화, 특히 야생생물에 친화적인 전통적 농업 관행이 사라지는 것이 원인이라고 여겨진다. 하지만 이런 생각이 또다시 양상을 왜곡한다. 우리는 다시금 자신을 신의 자리에 놓는다. 대부분의 조류학자가 언급하는 기준선은 현재 살아 있는 사람들의 기억에 있는 시대, 지금으로부터 한두 세대 전인 1960년대에 있다. 경작농업이 절정을 이루었지만 화학 제초제와 이름에 오해의 소지가 있는 '녹색혁명'이 시작되기 전인 그 시대가 멧비둘기의 '황금시대'였다고 생각하는 사람이 많다. 재래식 농업이 마지막으로 이루어졌던 1930년대를 되돌아보는 사람들도 있다. 멧비둘기들이 이 문화적 경관에 놓이기 전에 무엇을 먹었는지, 경작지가 생기기 전에 '경작지' 잡초들이 존재했던 곳이 어디인지, 아마 수천 년 전에 이 철새들을 영국의 해안가로 처음 나아가게 했을 기회들이 무엇인지, 혹은 현재 멧비둘기들이 더 야생의 환경에서 여전히 먹고 있는 것이 무엇인지 검토하기 위해 더 예전까지 되돌아보는 사람은 아무도 없다.

멧비둘기가 농업과 함께 진화했으며 하나의 종으로서 작물들을 이용할 수 있고 경작으로 잡초에게 더 많은 기회가 주어지는 영국까지만 이동 경로를 확대할 수 있었다고 주장하는 사람들도 있다. 먼 과거에 멧비둘기들이 이곳에 상당수 살지 않았을 수도 있다. 하지만 이런 생각은 고립된 상황의 멧비둘기를 고려한 것이고 이 새가 여러 나라를 용감무

쌍하게 여행한다는 사실은 간과한다. 멧비둘기는 연중 6개월을 아프리카 사하라 사막 이남의 자연적인—혹은 최소한 훨씬 더 자연적인—환경에서 생활한다. 그리고 1년에 두 번 야생의 식단에서 뭐든 유럽의 농지에서 구할 수 있는 먹이로 바꾸었다가 다시 야생의 식단으로 돌아간다. 사바나와 사헬 지대의 덤불에 있는 멧비둘기를 쌍안경으로 관찰하면 농지 조류로 분류하지 않을 것이다.

멧비둘기들이 유럽에서 곡물을 찾아다니는 것은 제초제로 경작지 잡초들이 박멸된 뒤의 절박한 궁여지책이라는 설득력 강한 의견도 있다. 무선 추적 장치를 단 새들이 이스트앵글리아에서 먹이를 구하기 위해 날아다니는 엄청난 거리는 그 지역에 먹이가 부족하다는 표시 외에는 정상적인 행동일 수 없다. 곡물은 멧비둘기가 최후의 수단으로 의지하는 먹이일 수 있다. 멧비둘기는 비둘기보다 신진대사가 훨씬 더 예민하다. 멧비둘기 애호가들에게 물어보면 밀과 옥수수를 먹일 때의 위험에 관해 이야기할 것이다. 통곡물은 소화가 안 되고 깨진 곡물의 날카로운 가장자리는 목과 소낭을 찢어 궤양을 일으킬 수 있다. 곡물은 또한 장의 수분을 흡수해 진균성 질병을 발생시킬 수 있다. 재배된 밀, 보리, 평지의 큰 낟알들은 멧비둘기가 분해하고 흡수하기 어려워 야생 개체군들이 배는 채워도 몸 상태를 개선시키진 못할 수 있다. 이것은 한배의 새끼 수가 감소하는 또 다른 요인이며, 또한 왜 많은 멧비둘기가 트리초모나스 갈리나에 같은 질병에 감염되는지도 설명해준다.

하지만 우리는 멧비둘기의 더 복잡한 특성을 알기 위해 멀리 갈 필요가 없다. 서재를 잠깐 훑어봐도, 심지어 빅토리아 시대까지만 돌아가도 현재 대부분의 영국 환경보존론자가 상상하는 것보다 훨씬 더 다양한 식단이 설명되어 있다. 굴드에 따르면 멧비둘기의 주식은 '살갈퀴와 야생 식물들의 종자, 허브의 연한 싹, 껍데기가 작은 달팽이로 이루어져 있다'. 현재 유럽과 아시아 대륙에서 멧비둘기를 관찰하고 있는 버드라이프 인터내셔널 역시 이 새의 취향이 더 다양하다고 본다. '잡초와 곡물의 종자 및 열매를 먹지만 또한 장과류, 곰팡이, 무척추동물도 먹는다.'

굴드의 세상에서는 서식지도 식량과 마찬가지로 더 광범위하다. 멧비둘기는 '숲, 전나무 조림지, 그리고 경작지들 사이의 무성하고 높은 생울타리를 자주 찾았고' 멧비둘기의 영역이—아마도 따뜻해지는 기후 때문에—스코틀랜드 국경지대까지 확장되고 있었다. 1세기 뒤인 1930년대에 월폴본드는 '제멋대로 자란 높은 산울타리[산사나무 울타리]나 웨스트서식스의 숲들에 지천으로 흩어져 있는 가시나무들 중 하나'뿐 아니라 침엽수, 딱총나무, 자작나무, 호랑가시나무, 개암나무, 때때로 과수원의 배나무와 사과나무에 둥지를 짓고 있는 멧비둘기들을 보았다. 금작화에 둥지를 짓는 모습은 두 번 보았다. 『영국 제도의 조류Birds of the British Isles』(1953~1963)의 저자 데이비드 아미티지 배너먼은 관목과 가시나무 덤불이 여기저기 흩어져 있고 모래로 뒤덮인 저지대 히스 황무지에서 많은 멧비둘기를 처음 만났던 일을 점점 더 서정적으로 묘사했다. 나이팅게일과 마찬가지로 멧비둘기의 영역이 줄어들면서 이 새의 진짜 분포 범위와 서식지에 대한 우리의 이해도 줄어들고 있는 것 같다.

2012년 5월 10일에 왕립조류보호협회와 내추럴 잉글랜드는 '영국에서 가장 사랑받는 농지[원문 그대로] 조류들 중 하나의 감소를 되돌리려는 프로젝트'인 멧비둘기 작전Operation Turtle Dove을 시작했고, 2015년 1월에 멧비둘기들에게 도움을 주기 위한 아이디어를 가지고 우리에게 접촉해왔다. 그들은 우리 지역의 강 집수 구역인 에이더 계곡을 멧비둘기의 최후의 보루들 중 하나로 보고 4월 말에서 5월 초에 멧비둘기들이 도착하면 번식에 적합한 몸 상태가 되도록 돕기 위해 자양물을 공급할 계획을 세웠다. 밀, 평지, 수수, 카나리아풀의 종자들을 혼합해 선정된 지역에 뿌리는데, 여기에 넵도 포함하자는 제안이었다. 짧은 다리 때문에, 그리고 포식자의 위협을 더 쉽게 추적할 수 있어서 멧비둘기들이 먹이를 먹는 장소로 선호한다고 알려진 곳인 농장의 길들이나 묵히고 있는 나지에 종자를 흩뿌릴 계획이었다.

이 아이디어는 전통적인 자연보존 활동의 주된 결점을 완벽하게 보여주는 듯했다. 좋은 취지로 설계되긴 했지만—절박한 조치들을 요구하는 절박한 시기다—근시안적이고 농업 패러다임에 뿌리를 내린 아이디어였다. 또한 저하된 기준선들에 타협하고 '인간이 가장 잘 안다'는 사고방식이 지배해 궁극적으로 지속될 수 없는 아이디어였다.

곡물을 먹고 멧비둘기들의 수가 계속 급락하는 것을 감안하면 곡물 종자들을 혼합한다는 발상이 특히 경솔해 보였다. 실험 제안 자체가 밀과 평지 씨앗의 비율을 최소한 75퍼센트 권고하면서도 '밀이 멧비둘기의 건강에 필요한 비타민과 항산화제를 거의 함유하지 않을 가능성이 있다'고 자인한다. 전통적으로 영국에서 재배되지 않는 곡물인 붉은 수수, 흰색 수수, 카나리아풀 종자를 25퍼센트 넣자는 제안 외에는 멧비둘기의 고유의 먹이들은 거의 고려하지 않았다. 이렇게 무작위로 흩어져 있는 곡물에 멧비둘기가 이끌린다 해도(이 계획에서 의도하지 않은 새나 쥐, 그 외의 작은 포유동물들이 먼저 먹지 않았다면) 어쨌든 한 해의 그 시기에 자연적으로는 구할 수 없는 인공적인 식량원을 공급하는 것은 번식 준비기 동안 더 유익할 수 있는 식량으로부터 새들을 떼어놓을 수 있다. 그러면 멧비둘기들이 계절 초반의 식단으로 예를 들어 어린 잡초 싹과 탄수화물이 풍부한 떡잎들, 혹은 내가 질문했을 때 한 유명한 조류학자가 제안한 것처럼 가시나무—멧비둘기가 선호하는 둥지 장소들 중 하나이고 번식에 알맞은 몸을 만들기 위해 봄에 다른 수많은 새가 이용하는 식량원—같은 관목들의 열량이 높은 싹을 찾지 않게 되는 건 아닐까? 멧비둘기들이 봄에 어떤 먹이를 찾는지 모르면서 우리의 농업 패러다임에 맞고 상업용 종자 판매점에서 쉽게 구할 수 있다는 이유로 우리가 먹이고 싶은 것들로 보조적인 먹이를 준다면 도움보다는 해를 끼칠 수 있다.

그리고 설령 이 계획이 성공한다 해도 그다음엔 어떻게 되는가? 이런 규모의 새 모이판 보존 방식은 비용이 많이 들고 일정 시간 지속하기가 분명 힘들다. 멧비둘기의 개체수 감소를 멈추는 건 고사하고 번식 성공에 영향을 미치려면 곡물을 얼마나 넓은 지역에 얼마나 많이 뿌려야 할까? 멧비둘기에게 먹이를 주는 건 언제 중단해야 할까? 먹이 공급을 중단했을 때 멧비둘기의 수가 줄어들면 누가 책임질 것인가?

멧비둘기 작전에 어떤 장점이 있건 우리 자문위원회는 우리에겐 잘못된 제안이라는 데 의견을 같이했다. 멧비둘기가 어마어마하게 줄고 있는 가운데 넵—아마 현재 영국에서 살아남은 멧비둘기의 밀도가 가

야생 쪽으로

장 높은 곳일 것이다―에 있는 이 새의 수는 이들이 이곳에서 자신에게 도움이 되는 무언가를 발견했음을 보여준다. 막 날기 시작한 어린 새들이 가끔 보이는 것은 멧비둘기들이 성공적으로 번식하고 있다는 증거다. 우리는 멧비둘기가 뭘 먹는지, 계절이 지나가면서 식단이 바뀌는지, 혹은 서식지가 그들에게 얼마나 중요한지 아직 모른다. 넵에는 경쟁 없이 자란 크고 가시가 많은 생울타리와 관목들이 있어 멧비둘기가 둥지 지을 장소로 좋아하는 걸까? 아니면 동물들이 풀을 짧게 뜯어 먹은 우리의 풀밭을 먹이를 구할 장소로 좋아하는 걸까? 우리의 풍부한 수원 때문일까? 아니면 이 모든 요인이 결합된 걸까? 혹은 다른 이유가 있을까? 이유가 무엇이건 우리는 멧비둘기들이 이곳 넵에서 그걸 발견했다는 것을 알고 있다. 한 가지 의견은 돼지들이 또다시 한몫할 수 있다는 것이다. 돼지들이 땅을 파헤쳐서 멧비둘기들이 여름에 잘 먹는 일년생 및 이년생 잡초 종들의 발아에 알맞은 서식지의 적절한 조건을 만들 수 있다. 돼지의 행동은 심지어 멧비둘기들이 찾아오는 데 필요한 종자들―가을 이후 흙 속에서 휴면하고 있던―을 초기에 공급하거나 혹은 작은 달팽이 같은 일부 다른 먹이를 공급할 수도 있다. 돼지의 토양 교란은 제초제가 나오기 전에 쟁기질이 제공한 것과 같은 기회를 만들어내고, 농경생활 이전에 자유롭게 돌아다니던 맷돼지들이 우리 경관에서 수행했던 생태학적 역할을 또다시 암시한다. 우리 자문위원회는 넵에서 멧비둘기의 행동 방식이 다른 곳에서 이 새의 감소를 이해하는 열쇠가 될 수 있다고 느꼈다. 멧비둘기 작전의 먹이 공급 실험에 응한다면 우리가 지금까지 얻은 교훈들을 손상시킬 뿐일 것이다.

우리는 거절에 대한 우호적이고 이해심 있는 답변을 받았고, 왕립조류보호협회는 유화적 제스처로 우리의 멧비둘기 개체군에 미칠 영향을 최소화하기 위해 사유지 주변에 완충지를 두는 것을 검토하는 데 동의했다. 하지만 실망스럽게도 그들은 넵에서의 추적 및 기록 프로그램에 자금을 지원해달라는 제안은 받아들이지 않았다. 그토록 많은 다른 필사적인 조치가 검토되고 있고 멧비둘기에게 남은 시간이 얼마 없는 상황에서 이런 결정은 또 다른 기회의 허비라고 느끼지 않을 수 없다. 한편 우리는 생태학자 페니 그린이 이끄는 작지만 열성적인 지역 들새관찰 자원봉사자 그룹에 의지했다. 이들은 먹이를 먹고 있는 멧비기둘기를 불시에 발견하거나 심지어 멧비둘기 둥지의 위치를 찾을 수 있길 바라며 번식기 내내 조용한 아침마다 이른 시간에 모여 멧비둘기 지도를 만들려고 노력했다.

우리는 넵이 멧비둘기의 보존에 소중한 정보를 제공할 수 있다는 걸 알고 있지만 한 종의 보존에 불균형적으로 사로잡힐 때의 위험도 마찬가지로 인식하고 있다. 20세기에 영국의 보존활동에서 가장 눈에 띄는 실수 중 하나는 생태계를 등한시하고 개별 종에 집중하는 것이었다. 이러한 초점의 변화는 넵을 방문하는 환경보존론자들이 때때로 받아들이기 힘든 것이었다. 프로젝트에 등장하는 어떤 카리스마 넘치는 종들보다 우리에게 더 중요한 것은 이 땅에 자기 의지대로 움직이는 자연적 절차가 계속되는 것이다. 우리가 이곳에 동적인 생태계가 자리 잡을 수 있게 하지 않았다면 애초에 멧비둘기들이 찾지도 않았을 것이다.

보존활동의 또 다른 실수이자 우리가 점차 인식하고 있는 문제 가운데 하나는 고립이다. 영국의 거의 모든 자연 지대가 사실상 고립된 지역이다. 고립된 지역은 우리에게 진화와 환경 붕괴에 관해 많은 것을 말해준다. 일반적으로 고립된 지역이 더 작고 더 멀리 떨어져 있을수록 종은 더 적고 생태계는 더 취약하다. 기후변화, 가뭄, 그 외의 극단적인 사건들이 제자리에서 이동할 수 없는 종들에게 참사를 일으킬 수 있다. 고립된 생태계라면 새로운 종 하나의 도입이 생태계 전체를 붕괴시킬 수 있다. 대양 한가운데의 바위섬에 도착한 쥐나 염소는 빠르고 극적으로 그곳을 파괴시키지만, 대륙에 도착하면 대수롭지 않은 존재다. 개체군들은 다른 곳에 씨가 뿌려질 수 없으면 전체적으로 회복될 가능성이 더 적다. 또한 작고 외떨어진 개체군들은 동계교배를 하기 쉽다. 동계교배가 늘어나면서 작은 유전자 풀genetic pool은 변이가 서서히 감소할 수 있고, 변화에 대한 이러한 대응력 부족으로 전체 개체군은 멸종으로 가는 마지막 내리막길을 걸을 가능성이 더 높다.

영국의 자연보호구역들은 대부분 작고 고립되어 있다. 일반적으로 데번주의 쿨름 초원 같은 귀중한 서식지, 알락해오라기 같은 멸종위기에 처한 종이나 독특한 지리학적 지형을 보존하기 위해 설계된 영국의 4100개의 과학적 특별흥미지역 가운데 대다수가 100헥타르 미만이다. 야생생물 신탁이 운영하는 2000개 구역 같은 그 외의 자연보호구역들은 더 작아서 평균 면적이 29헥타르밖에 되지 않는다. 데이비드 쿼먼이 카펫을 잘라낸 조각들에 비유한 것처럼, 이 구역들은 갖가지 관련된 해체에 영향을 받기 쉽다.

물론 일부 종은 고립된 지역에 마음대로 도착하거나 떠날 수 있고, 일부 나비와 벌, 말벌 같은 곤충들은 서식지가 더 이상 자신과 맞지 않거나 새로운 서식지를 개척하고 싶을 때면 상당한 거리를 이동할 수도 있다. 많은 유형의 종자, 꽃가루, 균류의 포자들이 바람에 실려 멀리까지 퍼질 수 있다. 과학 용어로 말하자면 이들은 '투과성 지표permeability index'가 높다. 작은 포유동물들은 외해보다 육지에서 자연 지역들 사이를 이동할 기회가 더 많지만 먹이나 은신처가 없고 도로가 교차하는 비우호적인 경관을 지나가는 것 역시 위험한 일이다. 투과성 지표가 더 낮은 다른 종들은 침몰하는 배에 갇혀 있는 것이나 다름없을 수 있다. 오래된 참나무에 사는 지의류와 사프로실릭 딱정벌레는 몇백 미터 내에서 다른 고목을 찾아야 한다. 하지만 오늘날에는 그런 나무가 없다. 연한 남보라색 광택이 나고 위로 폴짝 뛰어오르다 뒤로 넘어지면 짤깍 소리가 나는 사랑스러운 습성으로 바이올렛 클릭 비틀이라는 이름이 붙은 곤충은 유럽의 고작 몇 개 지역과 영국의 세 개 지역―윈저 그레이트 공원, 우스터셔에 있는 브렌던 힐, 글로스터셔의 딕스턴 숲(모두 과학적 특별흥미지역이다)―의 오래된 물푸레나무와 너도밤나무에서만 발견된다. 넘어진 속이 빈 나무들을 숙주나무로 끌고 가 확산을 촉진하려는 필사적인 시도가 이루어지고 있다. 넵의 오래된 참나무에 사는 희귀한 균류인 찰진흙버섯과 둘레배꽃버섯은 투과성 지표가 더 높긴 하지만 이들의 장기적 미래는 포자들이 서식지를 개척할 또 다른 세대의 노목들을 분포 범위 안에서 발견할 수 있는지에 달려 있을 것이다.

생물이 풍부한 고립 지역들만 두는 것―달걀을 한 바구니에 담는 것―은 위험하다. 야생생물 핵심 지역들이 종들의 '소멸처'가 될 수도 있다. 심지어 이동할 수 있는 축복을 받은 종들도 마찬가지다. 종들을 억제할 늑대, 스라소니, 곰 같은 최상위 포식자들로부터의 경쟁이 없는 영국에는 여우, 오소리처럼 다양한 먹이를 먹는 중간 크기 포식자의 개체수가 비교적 많다. 이들은 인간의 경관을 쉽게 돌아다니는 수많은 피식자 종을 가지고 있다. 영국에는 약 24만 마리의 여우가 있고 1973년 이후 법으로 보호되어온 오소리는 40만 마리로 추정된다. 하지만 환경에 미치는 영향 면에서 가장 간과되고 있으나 아마 가장 중요한 포식자는 인구에 비례하여 수가 늘어나고 있는 집고양이일 것이다. 포유류 학회Mammal Society에 따르면, 영국에 사는 1030만 마리의 고양이는 1년에 2억7500만 마리의 피식자를 잡는데, 그중 69퍼센트가 작은 포유동물, 24퍼센트가 새들이다. 서식지가 더 작고 고립될수록 생물 핵심 지대가 더 두드러지며 포식으로부터 달아날 가능성은 줄어든다. 목초지는 댕기물떼새, 잡목림은 누른도요나 겨울잠쥐의 이상적인 서식지라고 자기선전을 할 수도 있지만 동시에 고양이, 오소리, 여우를 자석처럼 끌어당길 수 있다. 우리의 고립된 서식지들이 멸종위기에 처한 종들을 끌어들여 그들의 종말을 재촉할 수도 있다.

또 다른 요인은 주위의 적대적 환경이 고립된 서식지에 미치는 영향인 '가장자리 효과edge effect'다. 곡물이 자라는 들판에 고립된 숲의 중심부는 바람과 극심한 더위, 서리에 노출되는 가장자리와 매우 다른 미기후를 가지고 있다. 이행을 부드럽게 해주는 지저분하고 넓은 가장자리가 없는 현대 경관의 견고한 직선형 경계들은 살포된 화학제품이 서식지로 쉽게 떠가서 서식지의 유효 면적을 감소시킨다는 것을 의미한다.

서식지 면적이 클수록 가장자리의 상대적 면적은 작아지고 따라서 구역에 미치는 영향은 줄어든다.

생활 주기의 다른 단계마다 다른 서식지가 필요한 종들과 나비, 호박벌, 민물 양서류, 연체동물의 일부 종처럼 고립된 단일 서식지에서 생존할 수 없는 종에게도 문제가 있다. 이렇게 여러 서식지에서 생활하는 종들은 과학자들이 경관 규모의 보존활동 측면에서 이제 막 이해하기 시작한 현상이다. 서로 연결된 서식지들의 체계에서 중요한 서식지의 한 부분이 파괴되거나 저하되면 살아남은 부분들의 상태가 좋더라도 개체군 전체가 감소하거나 멸종할 수 있을 것으로 보인다. 개체들의 상호작용을 통해 연결되는 군집들 —소위 '메타 개체군'— 역시 서식지 사슬의 단절에 취약하다. 군집들이 서로 분리되고 이동 사슬의 연결 고리가 끊어지면 더 큰 개체군이 회복력을 잃는다.

영국의 환경보호론자들이 자연의 고립 지대들을 연결시키고 생태계의 회복력을 다시 키워야 하는 절실한 필요성을 이해하기 시작한 것은 25년 전쯤이다. 실제로 이 문제는 현재 영국이 따라야 하는 1992년 유럽연합 서식지 지침의 기본 원칙들 중 하나였다. 1996년에 서식스 야생생물 신탁이 「서식스 야생생물들의 전망 A Vision for the Wildlife of Sussex」이라는 문서를 발표해 자연을 위한 훨씬 더 큰 공간이라는 개념을 홍보했고 2006년에는 영국 야생생물 신탁 연합이 '살아 있는 경관' 개념을 발표했다. 강 유역, 풀로 덮인 길들, 생울타리 같은 '회랑'을 이용해 고립된 야생생물 지역들을 서로 연결하고 탁 트인 초원에 잡목림 같은 '징검다리'를 만들어 새들이 잠시 들를 곳을 제공함으로써 종들이 인간의 활동으로 바뀐 지역들을 이동할 수 있게 한다는 개념이었다.

그들은 연결성이 생태학적 활력을 회복시킬 뿐 아니라 기후변화에 맞서 종의 기회를 향상시킬 것이라며 촉구했다. 연결성은 온도가 상승할 때 종들이 북쪽으로 이동하고 심지어 일부의 경우에는 살아남기 위해 더 높이 올라갈 수 있게 할 것이다.

연결성을 위한 이런 노력은 대단히 호감 가는 저명한 생물학자 존 로턴 교수—최근 우리 자문위원회에 들어왔다—가 주관한 영향력 있는 보고서인 『자연을 위한 공간 만들기: 영국의 야생생물 서식지와 생태학적 네트워크 검토Making Space for Nature: a Review of England's Wildlife Sites and Ecological Network』에서 강조되었다. 이 보고서는 2010년 환경식품농무부 장관에게 제출되었다. 로턴은 영국의 전체적인 자연 상태를 개선하고 기존의 야생생물 서식지들을 연결시키면 생물다양성을 되찾고 체계의 회복력을 키울 뿐 아니라 침수 완화, 정수 및 공기 정화, 탄소 격리, 토양 복원, 작물 수분에 더해 인간의 신체적, 정신적 건강 향상 등 경제에 중요한 혜택이 제공될 것이라며 정부를 설득했다.

이 보고서는 2011년에 발간되어 현재 정부 정책으로 남은 환경 백서인 『자연의 선택The Natural Choice』의 토대를 이루었다. 로턴의 24가지 권고 중 일부는 부분적으로나마 시행되었다. 12개의 '자연 개선 지역'(총 76개의 신청 지역 가운데 선정되었다)—버밍엄과 블랙컨트리, 다크 피크, 디언 밸리, 템스강 대습지, 험버헤드 평원, 말버러 구릉, 변경 지방의 호수와 소택지들, 모어캠만 석회암 및 습지, 네넌 밸리, 노던 데번, 사우스 다운스 웨이 어헤드, 와일드 퍼벡—은 로턴이 제시한 대로 보고서가 나온 지 3년 내에 주로 야생생물 신탁의 후원 아래 설치되었다. 정부는 생태계 서비스와 생물다양성 상쇄에 대한 보상 시스템을 시험하고 자연적 수해 방지의 후보지들을 물색하기 시작했다. 권력의 회랑과 NGO들의 회의실에서 자연을 위한 로턴의 주문—'더 많이, 더 크게, 더 잘 연결된'—이 변화를 위한 리듬이 되었다.

하지만 대부분의 경우 비전은 염원으로 남았다. 서식지 생성, 자연에 대한 지방 정부의 계획 수립, 지주들에 대한 세금 혜택, 환경관리계획의 간소화, 지역 야생생물 보호구역과 고대 삼림지에 대한 보호 및 모니터링 강화, 국립공원과 자연경관 우수 지역들의 생태학적 개선, 수계들의 대규모 복원 및 영양 과부하 감소와 관련된 로턴의 권고안 대부분은 영국 정부라는 블랙홀로 사라졌다. 다른 '자연개선구역'들이 배정되었지만 자금 지원은 마련되어 있지 않았다. 『자연을 위한 공간 만들기』가 발표된 이후 6년간 4명의 장관이 환경식품농무부를 거치면서 포부를 박살내고 사고의 연속성을 끊어놓았다. 현재 관련 정책 상당수가 준비된 상태일 수 있고 논의가 오가며 감정은 무르익었다. 하지만 정치적 의지가 없고 자금이 부족한 데다 정부 부문과 정책 입안자들 사이에 융합이 이루어지지 않아 시행을 끊임없이 좌절시킨다. 자연은 집약적 농업, 어업, 임업, 도시 개발을 위한 더 강력한 로비활동이 가하는 점점 더 커지는 압박에 대체로 무방비 상태인 채 절망적 상황에 놓여 있다.

어느 이른 여름 새벽 4시에 나는 딸 낸시를 깨워 우리의 생태학자 페니의 멧비둘기 조사에 데려갔다. 고요한 새벽 공기는 모든 갈까마귀의 까옥까옥 소리와 염주비둘기('난 몰라요, 난 몰라요')와 산비둘기('난 정말

아무것도 몰라요')의 낮게 흥얼거리는 소리를 증폭시키고 푸른박새의 지분거리는 노랫소리와 치프차프의 끈질긴 울음소리, 까마귀의 독점욕 강한 괴상한 울음소리를 분리시켰다. 우리는 클립보드를 들고 흩어졌다. 낸시와 나는 남쪽 구역의 가장 먼 곳의 한 지역을 맡았다. 얼마 지나지 않아 우리 차트에는 갈까마귀, 떼까마귀, 까마귀, 어치, 까치, 말똥가리, 큰까마귀, 염주비둘기, 야생비둘기, 들비둘기, 꿩의 이니셜과 이 새들의 비행 방향을 나타내는 화살표가 마구 교차했다. 멧비둘기 작전이 멧비둘기의 수에 영향을 미칠 수 있다고 생각하는 포식자, 경쟁자, 질병 전파자들의 대대였다. 새들의 러시아워인 새벽 시간에 이런 활동을 한다는 건 지푸라기라도 잡고 싶은 심정에서일 것이다. 현재 넵에 다수가 서식하는 이 모든 종은 염주비둘기(1955년 영국에 군집을 이루기 시작했다)를 제외하고는 멧비둘기의 전성기에도 많은 수가 살았을 것이다. 이들이 현재 멧비둘기에게 상당한 영향을 미친다면 그 이유는 단지 멧비둘기의 수가 위태로울 정도로 적기 때문일 것이다. 멧비둘기 감소에 대해 이 절멸위기종들에게 손가락질하는 건 범죄 현장의 목격자를 비난하는 것과 비슷해 보인다.

한 시간쯤 돌아다녔을 때 갯버들 덤불에서 목이 쉰 듯한 투르투르 소리가 들려 우리 둘 다 깜짝 놀랐다. 살금살금 덤불을 헤치고 가보니 어린 물푸레나무들이 모인 작은 숲이 나왔다. 2012년 이후 전국의 물푸레나무에 퍼진 진균성 질병인 칼라라 균류로 잎마름병의 첫 징조가 나타나는 것 같은 50년 된 한 나무의 자손들이었다. 나무의 죽은 가지가 멧비둘기에게 완벽한 영역 표시용 횃대를 제공했다. 멧비둘기는 몇 분

동안 찌르르 울더니 숲을 넘어 아주 오래된 산울타리가 경계를 이룬 탁 트인 곳에 꼭대기의 나뭇가지들이 말라 죽은 채 서 있는 참나무의 비틀린 가지로 날아갔다.

우리는 딱 60야드 떨어져 있는 멧비둘기를 쌍안경으로 관찰했다. 구약성서부터 초서의 이야기, 셰익스피어의 소네트까지 이어진 실이 넵의 우리 세계와 교차하는 시간의 십자선에 멧비둘기가 갇혀 있는 것 같았다. 낸시의 증조부모는 이곳에서 여름마다 어김없이 이 소리를 들었을 것이다. 낸시의 고조부모는 멧비둘기 떼를 봤을 것이고 대수롭지 않게 여겼을 것이다. 이 상실의 속삭임에는 사막을 건너는 고생스런 여행, 빽빽한 총부리들, 점점 축소되는 약속의 땅이 녹아들어 있다. 부드럽고 구슬픈 울음소리는 마음을 바꾸길 간청하는 것 같다. 야생으로부터의 애가, 짝사랑의 연가, 세상에서 사라지기 전의 아름다운 마지막 노래다.

야생 쪽으로

강을 재야생화하다 ⑬

인간은 습지만으로는 살 수 없다. 그래서 습지 없이 살아야 한다.
진보는 야생이건, 개량된 것이건 습지가 농지와 상호 관용과 조화를
이루며 공존한다는 것을 받아들이지 못하기 때문이다.
_알도 레오폴드, 『모래 군의 열두 달』(1948)

우리가 재야생화에 발을 들인 2000년 가을은 1766년에 기록이 시작된 이래 가장 습했다. 9월 말에 농기구를 판매하는 동안 우중충했던 하늘이 10월 초 잉글랜드 동남부에서 지연되던 일련의 대류성 폭풍을 앞당겨 며칠 동안 폭우가 쏟아지더니 결국 10월 11일 밤에 극심한 홍수가 났다. 넵에서 동남쪽으로 18마일 떨어진 이스트서식스주의 플럼프턴은 48시간 동안 156.4밀리미터의 폭우로 인해 가장 큰 타격을 입었다. 높은 한사리와 3년간 이어진 습기에 이미 물이 가득 찬 대수층까지 결합되면서 물이 빠져나갈 곳은 없었다. 우스강, 컥미어강, 어런강, 그리고 우리 지역의 강인 에이더강을 포함해 서식스와 켄트의 12개 주요 강의 강둑이 무너졌다. 도랑에 물이 가득 찼고 빗물 배수관들이 터져나갔다.

야생 쪽으로

도로는 강이 되었고 거리와 차로에 세찬 빗물이 콸콸 흘러 큰물이 모여 드는 지류로 들어갔다.

하류에서는 해안 도시들이 침수되었다. 루이스에서는 30분도 안 되어 발목 높이에서 6피트까지 물이 차올랐다. 러시아워에 운전하던 사람들 은 차 지붕으로 기어 올라갔다. 만신창이가 된 하비 양조장에서 흘러나 온 나무통들이 까딱거리며 거리를 떠내려가다가 본파이어 나이트에 통 을 굴리는 전통을 괴상하게 패러디하며 벽과 앞문들에 부딪혔다. 긴급 구조대가 출동했고, 루이스, 턴브리지 웰스, 메이드스톤, 쇼어햄, 리틀햄 프턴, 뉴헤이븐, 그리고 치체스터 근방의 메드메리 부근의 수해 방어를 강화하기 위해 군과 자원봉사자들이 파견되었다. 구명정들이 1층과 심 지어 2층 창문에서도 사람들을 대피시켰다. 어크필드에서는 슈퍼마켓에 발이 묶인 20명의 야간 근무자를 구명정으로 구했고 홍수에 휩쓸려 시 내 중심가를 떠내려가던 한 상점 주인은 헬리콥터로 안전한 곳으로 이 송되었다.

에이더강은 자매 강인 우스강, 어런강과 마찬가지로 순식간에 범람했 다. 넵에서는 캡스 다리에서 옛 넵 캐슬을 지나 A24 도로 아래로 흐르 는 1.5마일의 운하 구간이 시플리에서 파운드 팜까지 뻗은 150에이커의 호수로 불어났다. 거센 물줄기가 우리 범람원을 덮쳐 옛 성의 제방 부근 에서 소용돌이치며 12세기의 해자를 되살려놓았다. 급류가 둑들에 부 딪히며 중앙분리대가 있는 도로 아래의 지하 배수로로 요동치면서 들 어갔다. 텐치퍼드 옆의 마을 길은 무너졌고 수문에서 물이 A24 도로가 로 밀려오기 시작했다. 우리는 잠깐 정신이 나가 호수에서 작은 배를 타고 노를 저어 나가봤다. 아마 폭우가 그친 사이에 갑자기 비친 햇살에 용기를 얻었던 것 같다. 주변에 물이 차오르자 고립된 들쥐들이 식물의 잎에 매달려 있었다. 우리는 소용돌이와 물살을 헤치고 나가는 데 신경 쓰느라 들쥐에게 주의를 기울이지 못했다. 우리는 A24 도로 바로 앞까지 갔다가 물에 잠긴 가시철조망 몇 인치 위에서 방향을 돌려 옛 성의 둑길에 배를 댔다. 다행히 배가 뒤집히진 않았다.

11월이 다가오자 서유럽에서 폭풍이 계속 밀려와 슈롭셔, 우스터셔, 요크셔에서 최악으로 위세를 떨쳤다. 템스강, 트렌트강, 세번강, 와프강, 디강의 최고 수위가 지난 50여 년 동안 최고점을 기록했다. 요크셔의 우스강은 17세기 이후 최고 수준인 18피트까지 올라갔다. 물에 잠기기 직전까지 간 요크시는 6만 5000개의 모래주머니가 도시를 지켰다. 석 달 동안 비가 끊임없이 내렸다. 9월과 11월 사이에 잉글랜드와 웨일스 전역에 평균 503밀리미터의 비가 내려 이전 기록을 50밀리미터나 초과했다. 2000년 가을에 날씨와 관련된 보험 청구액은 총 10억 파운드에 이르렀다. 영국 전역의 700개 마을과 부락, 도시에서는 가옥 총 1만 채가 침수되었다.

우리 주 전역의 농민들이 겨울 작물을 포기하고(작물 손실 보험 가입은 대부분의 농민이 엄두도 못 낼 정도로 보험료가 비싸다) 가을에 풀을 뜯지 못한 가축들에게 먹일 추가 사료 구입비를 걱정할 뿐 아니라 익사한 양과 소 때문에 괴로워하자 찰리와 나는 우리가 감행했던 농사로부터의 탈출의 완전한 의미를 깨달았다. 당국은 이번 홍수가 200년에 한 번 일어나는 일이라고 공표했다. 그런데 절묘한 타이밍인 2000년 9월 10일에 환경청이 기후변화가 영국을 홍수의 핫스폿으로 만들었다고 발표하는 보고서를 발간했었다. 다음 세기에 걸쳐 생명과 재산에 대한 위험은 10배로 늘어날 것이다. 보고서는 잉글랜드 동남부가 더 갑작스런 강력한 폭풍우를 겪을 가능성이 있다고 경고했다. 북극의 빙하가 계속 녹으면서 이번 세기에 해수면이 15~50센티미터 상승할 것으로 예상되어 저지대가 범람할 가능성은 점점 높아졌다. 위험할 정도로 높은 파도의 발생 빈도가 한 세기에 한 번에서 10년에 한 번으로 잦아져 템스 방조제처럼 강력한 수해방지 구조물도 위협할 것이다.

폭풍의 여파로 지역 의원, 지방 당국, 재해를 입은 주택 소유자들은 수해 방지 강화를 위한 자금 지원을 독촉했다. 이들은 강둑을 따라 제방을 쌓을 것과 강물이 넘치지 않도록 기존 제방들을 더 많은 돌로 높일 것을 요구했다. 또 강바닥을 준설하고 호안을 설치하며 남아 있는 사행천들을 곧게 펴서 홍수로 불어난 물을 더 빨리 바다로 보내자고 촉구했다. 주요 도로를 높이고, 더 큰 빗물 배수관들을 설치하며, 땅속의 물이 닿지 않는 곳에 예비 전기 장비들을 묻어야 했다. 그러려면 비용이 많이 들 것이다. 하지만 생명과 사업, 기반 구조, 재산을 보호하는 대가로는 싸다고 했다. 너도나도 불만과 분노, 증원군이 없어서 패전했다는 느낌을 토로했다. 물은 은근슬쩍 비난을 면했다. 이번에는. 하지만 우리는 아직 전쟁에서 이기지 못했다.

물의 흐름을 제어하는 것은 인간이 농사를 짓기 위해 처음 땅에서 물을 빼고 쉽게 다닐 수 있도록 강을 개선하기 시작한 이후 전 세계에서 벌여온 전쟁이다. 영국에서는 로마인들이 토지 배수 작업에 덤벼들어 특히 펜스의 카 다이크1세기나 2세기 초에 건설된 것으로 추정되는 길이 85마일의 인공 수로와 롬니 습지의 도랑들을 팠다. 하지만 수력 공학을 정점으로 끌어올린 것은 빅토리아 시대 사람들이었다.

18세기의 운하들—총 4800마일—은 1840년대와 1850년대에 철도에 밀리기 전까지 국가의 상업적 동맥 역할을 한 수로들의 전성기를 목격했다. 19세기 중반까지 운하들이 영국을 교차하며 항구와 배가 다닐 수 있는 강들을 내륙의 산업과 연결했다. 웨스트서식스주에서는 심지어 에이더강처럼 작은 강들도 석탄, 모래, 자갈, 소금을 상류로, 목재, 곡물, 농산물을 하류로 실어 나르는 바지선들이 다닐 수 있게 개조되었다. 1807년의 에이더강 운항 조례는 지역 기관과 지주들이 '보트, 바지선, 거룻배, 흘수(물에 떠 있을 때 물에 잠겨 있는 부분의 깊이)가 3피트인 대형 배들의 더욱 효과적인 운항을 유지하기 위해 (…) 앞서 말한 강을 정화하고, 청소하고, 늘리고, 넓히고, 깊게 하고 물길을 더 곧게 만드는 것'을 허가했다.

작업은 예상을 넘어서는 성과를 냈고 3년이 지나지 않아 흘수가 4피트인 바지선들이 개선된 수로를 이용하고 있었다. 두 종점에 선착장이 지어졌고 석회, 백악, 석탄을 수입하기 위해 1811년에 또 다른 선착장이 만들어졌다. 에이더 운하는 완공된 지 15년 뒤에 바인스 다리 북쪽의 얕은 시내를 넓히고 준설 작업을 해 웨스트 그린스테드까지 확장되었다. 또 1825년의 법령에 따라 다시 확장되어 바인스 다리에서 호셤의 베이 다리와 워딩 도로까지의 구간을 넓히고 물길을 곧게 만들었다. 5년이 걸린 프로젝트였다. 길이 70피트까지의 배가 드나들 수 있을 정

야생 쪽으로

도로 큰 두 개의 벽돌 수문이 건설되었다. 하나는 버렐가의 초기 조상들이 묻혀 있는 웨스트 그린스테드 교회 근방에, 다른 하나는 파트리지 그린의 록 농장 근처에 있었다. 그리고 바지선들이 방향을 돌려 하류로 돌아갈 수 있는 정박지와 함께 또 다른 선착장이 옛 넵 캐슬 바로 앞의 버렐 암스 근방의 종점에 있는 베이 다리에 지어졌다.

에이더강을 흘수가 얕은 배라도 운행하게 만드는 것은 쉬운 일이 아니었다. 19세기에 에이더강은 예전 같지 않았다. 옛날에 참회왕 에드워드가 통치하던 시절에 에이더강은 강력한 감조 하천으로, 넵에서 남쪽으로 6마일 떨어진 스테이닝까지 큰 배들이 다녔다. 에이더라는 이름은 '흐르는 물'이라는 뜻의 켈트어 'dwyr'에서 따왔다고 여겨진다. 바지선들은 시플리까지 강을 오가며 해안 지방으로 철과 목재를 실어 날랐다. 성전 기사단이 지은 시플리 교회에는 근대의 버렐가 조상들이 묻혀 있는데, 이곳의 철광석 계선주는 순례자와 군인 수도사들을 성전으로 실어 날랐을 배들을 떠올리게 한다. 13세기 초에 존 왕은 도버의 수비를 강화하기 위해 넵 숲에서 큰 참나무 목재들을 13마일 아래에 있는 강어귀까지 배로 실어 날랐다.

하지만 14세기와 15세기에 연안 표류가 일으킨 침식으로 에이더강 어귀가 조수와 우세풍에서 벗어난 동쪽으로 옮겨지면서 조수의 흐름을 방해하는 자갈이 많은 모래톱이 생겼다. 1530년대에도 여전히 넵 캐슬에 염수가 흘러왔지만 양은 극적으로 줄었다. '이닝inning(습지 주변에 서둘러 둑을 쌓고 일방 배수로를 설치한다)'이라 불리는 과정에 따라 이루어지는 감조습지의 간척이 강어귀에 유사의 퇴적을 악화시켰고, 브램버의 옛 항구를 4마일 하류에 있는 해안가의 쇼어햄으로 옮겨야 했다.

조류의 강력한 효과를 잃으면서 에이더강의 유입은 민물이 조금씩 흘러들어오는 곳으로 제한되었다. 우리 지역에는 천연 샘이 거의 없고 대부분의 시내와 강이 거의 전적으로 빗물 지표수에 의존한다. 에이더강을 다시 배가 다닐 수 있는 곳으로 만들기 위해 빅토리아 시대 사람들은 '위에서 말한 강으로 들어오거나 이 강을 향해 흐르는 물을 위해 하수관, 인공 수로, 시내, 깊은 도랑, 수로를 청소하고, 넓히고, 깊게 만들고, 새로운 배수로나 깊은 도랑이나 수로로 강의 물줄기를 바꾸어야 했으며 이런 곳들에서도 앞서 말한 평원과 저지대의 우수하고 효과적인 배수를 위해 동일한 방법을 쓰면 편리할 수 있었다'.

이것은 전국 방방곡곡에서 일어난 과정이었다. 빅토리아 시대 사람들에게 토지 배수는 누이 좋고 매부 좋은 일이었다. 배수는 얕고 느리게 흐르는 강과 운하를 운송에 이용할 방법을 제공했고 땅을 농업에 이용할 수 있게 만들었다. 첫 번째 인구조사를 한 1801년의 900만 명에서 1851년에는 1800만 명으로 불과 50년 만에 영국 인구가 두 배로 늘면서 더 많은 식량을 생산할 땅을 찾기 위한 경주가 시작되었다. 에이더강 상류의 우리 지역을 지나는 구간, 그러니까 옛 넵 캐슬 서쪽의 운하화는 농사를 위해 땅을 개량하도록 정부가 지주들에게 해준 무이자 단기 대출에 자극을 받은 엄청난 전국적인 노력의 일부였다.

내시가 지은 새로운 넵 캐슬에 처음 거주했던 찰스 메릭 버렐 경은 토지 배수에 대해 가장 큰 목소리를 내는 지지자였다. 1845년 5월 16일에 그는 상원 특별위원회에 나가 넵에 있는 그의 사유지에 혁신을 일으킨 발명품인 피어슨의 배수 쟁기의 장점들에 대한 증거를 제시했다. 찰스 경은 피어슨의 쟁기를 사용하기 시작하고 12년 뒤에 자작 농장의 밀 산출량이 에이커당 다섯 자루에서 일고여덟 자루, 때로는 아홉 자루까지 증가했다고 말했다. 그는 이제 '화이트 벨기에 캐틀 당근과 아주 우수한 스웨덴 순무를 기를 수 있다. (…) 내가 1803년과 1804년에 처음 농사를 지었을 때 이웃 농민들 중 누구도 집에서 먹으려고 채마밭에서 기르는 것 말고는 어떤 종류의 순무 씨도 뿌린 적 없는 구역에서 일어난 일이다'. 찰스 경의 말은 토양이 지금과 얼마나 달랐는지, 유기물은 얼마나 풍부했는지 알려준다. 그가 150년간의 쟁기질 이후에 땅이 어떻게 될지 점치려고 수정 구슬을 들여다봤다면 채소 키우는 것을 다시는 상상할 수 없게 된 땅을 봤을 텐데.

하지만 그때의 땅은 생산력을 촉발시킬 수 있었고 주된 장애물은 배수였다. 기적의 쟁기는 켄트주에서 100에이커의 축축한 진흙땅을 일구어 농사를 짓는 존 피어슨의 발명품이었다. 피어슨의 땅은 분명 넵과 비슷하게 민물이 솟는 샘이 없지만 '점토가 지닌 습기 보존력이 물빠짐을 방해해 빗물과 눈 녹은 물을 지표면에 잡아두는' '아주 습하고 단단한' 땅이었다. 인공 배수로가 없으면 태양이 지표수를 증발시키는 여름에는 작물이 늦되었고 그마저 양이 얼마 되지 않았다. 밀은 7년에 두 번 정도밖에 재배할 수 없었고 그사이에는 땅을 계속 놀렸다. 배수 작업을 할수 있다 해도 '많은 비용을 들여 잡목림과 관목들을 헤치며 수작업으로' 했고, 깊은 도랑을 파서 자갈, 나뭇가지, 잔가지를 채워넣었다.

6마리(찰스 경은 8마리를 권했다)의 말이 끄는 피어슨의 발명품은 지하

2피트 깊이로 배수로를 파는 방법을 개척했다. 이 방법은 수작업으로 겉도랑을 파서 지표의 물을 빼려는 시도보다 훨씬 더 효과적이었고 표토와 거름의 유출 방지에 도움이 되었다. 진흙 토양의 배수는 경작 작물과 그 외 작물들의 재배 가능성을 증가시키는 것 이상의 효과를 낳았다. 목초지가 더 건조해지자 가축의 부제증이 사라졌고 동물들을 봄에 더 일찍 풀 뜯으러 내보낼 수 있는 데다 가을에 몇 주 동안 더 밖에 머물 수 있어서 겨울 사료를 구입하는 비용이 줄어들었다. 배수 쟁기는 인간의 안녕에도 상당한 영향을 미쳤다. 찰스 경은 위원회에 "내 농민과 농장 노동자들, 그들 가족의 건강이 크게 향상돼 흔하던 학질이 더 이상 만연하지 않고 미열 증세도 크게 줄었다"고 말했다. 그는 지주들이 소작인에게 이 쟁기를 사용해 땅에 토관 배수와 배출구를 설치하도록 독려해야 한다고 주장했다. 찰스 경은 사유지 가운데에 있는 진흙 벽돌 찍는 곳에서 토관(1810년에 원통형 토관이 발명되었다)을 만들어 소작지의 배수를 원하는 소작인들에게 선물했다. 1826년의 법규가 이미 '오로지 습지의 물을 빼기 위해 만든 벽돌과 토관들은 제작 과정에서 DRAIN이라는 단어가 또렷이 찍힌 경우' 세금을 면제해주었다. 찰스 경은 배수로 설치에 많은 사람이 고용될 수 있고, 이 점이 "내게 그 일을 해야겠다는 아주 큰 동기가 되었다. 교구에 가난한 사람이 없도록 해주기 때문이다. 나는 때로 두 개의 쟁기를 가동시켰고 각 피어슨 쟁기가 아침나절에 해치우는 일을 사람이 다 하려면 22명이 달라붙어 밤까지 해야 할 것이다"라고 덧붙였다.

토지 배수가 시골지역에 미친 상업적 영향은 막대했다. 토지 배수는 켄트와 서식스의 진흙에 역사상 처음으로 연중 내내 이용할 수 있는 길을 낼 가능성을 열었다. 1847년부터 1890년까지 13개의 개별적인 토지 개량 및 배수 법안이 통과되었고 영국에서 거의 1600만 파운드(현재 화폐 가치로 14억4000만 파운드)가 토지 개량에 사용되었다. 버렐가의 옛 기록에서 대출 계약서와 상환 일정들은 냅에서 정부 시책에 열성적으로 동참한 일을 시대순으로 보여주고, 어느 시점에 에이더강 상류의 우리 구역의 운하화도 포함되어 있다. 1875년 11월 찰스 경의 아들 퍼시 버렐이 아버지의 배턴을 이어받았고, 공급 배수법하에 세 건, 토지 개량 회사법하에 두 건, 일반 토지 배수 회사법하에 여섯 건의 채무를 졌다. 그리고 이듬해에 사유지의 배수, 발근, 도로 건설을 위해 1529파운드 14실링 2펜스를 더 빌렸다. 그는 총 8000파운드를 빌렸는데, 그의 아버지가 성을 짓는 데 든 비용의 절반에 이르는 금액이다. 또한 그의 아들과 상속자 월터 경이 주로 배수 작업을 계속하기 위해 1877년, 1879년, 1880년, 1883년, 1884년에 추가 대출을 받았다.

19세기 하반기에 또 다른 쟁기가 파란을 일으켰다. 윌트셔의 한 퀘이커교도 가문 출신의 젊은 농업 기사인 존 파울러는 아일랜드의 감자 기근의 참상을 목격한 뒤 식량 생산 비용을 줄이는 방법을 고안하는 데 한 몸을 바쳤다. 1851년에 그는 런던 만국박람회에서 새로운 '두더지' 암거 천공기를 선보였다. 말이 끌고 윈치를 이용하는 이 기계는 피어슨의 쟁기보다 3피트 6인치 더 깊게 배수로를 낼 수 있어 크고 지저분한 도랑들을 파지 않아도 되었다. 1852년에 그는 말이 끄는 윈치 시스템을 석탄을 때는 증기기관으로 교체했고, 산업혁명은 시골지역을 변화시키기 시작했다. 1840년부터 1890년까지 영국에서는 1200만 에이커의 땅에 배수시설을 설치했고, 그중 대부분은 농지로 바뀌었다.

우리는 밭이 침수될 조짐을 보일 때마다 트랙터가 *끄는* 기본형의 두더지 암거 천공기를 사용하다가 2000년에 팔아치웠다. 기계의 틀에 강철판이 달려 있고 여기에 어뢰처럼 생긴 '두더지'가 부착되어 있다. 틀이 땅 위로 몇 인치 끌어당겨지면서 그 아래의 강철판이 땅 표면을 얇게 가른다. 강철판 아래에서 두더지 어뢰가 진흙을 파내고 지나가며 굴 양쪽을 문지르고 다져 매끈한 빈 관, 사실상 하부 구조가 없는 배수로를 만든다. 우리 이웃들은 지금도 10~20년 정도에 한 번씩 두더지 암거 천공기를 사용하는데, 도랑들 사이와 주 배수 파이프들 위를 지나는 격자 모양의 배수로를 유지하기 위해서다.

오늘날 영국 농부들은 다른 점에서도 빅토리아 시대 사람들이 도입한 배수 시스템을 유지하고 때로는 개선시킨다. 운하들은 상업용 운송 체계로서의 전성기가 지났다. 하지만 운하는 여전히 유지되어 복잡한 도랑과 지하 배수로 망들에 의해 땅에서 빠져나간 물을 받을 수 있고, 그리하여 물이 운하와 강에서 바다로 흘러간다. 빅토리아 시대의 배수관들이 깨지거나 유사가 쌓여 막히면 더 내구성 좋은 플라스틱 관으로 교체된다. 들판 주변의 도랑들은 매년 치우고 소형 굴착기로 다시 판다. 또 빅토리아 시대의 배출구들을 정기적으로 청소한다. 불과 50년 전에 찰리의 할머니 주디는 대부분의 농민과 마찬가지로 겨울철 주말이면 삽을 들고 도랑으로 나가 배출구가 막히지 않고 물이 잘 흘러나가도록 작업을 했다. 어떤 농민들은 여전히 이 작업을 손으로 하는 편을 선호한다. 굴착기 기사가 한번 잘못 판단하면 지지 파이프가 제거되어 유출 각도가 바뀌고 수세기 동안 효과적으로 돌아갔던 시스템을 망가뜨릴 수 있기 때문이다.

남아도는 물을 가능한 한 빨리 땅에서 빼내는 데 대한 빅토리아 시대 사람들의 집착이 우리의 DNA에 새겨져 있다. 그래서 한꺼번에 많은 비가 내려 물이 모든 배출구와 모든 강으로 일제히 흘러들어가 홍수가 일어날 것 같으면 우리는 본능적으로 더 많은 배수 시스템이 필요하다고 생각한다. 우리는 물을 땅에서 더 빨리 빼내야 한다. 혹은 그래야 한다고 생각한다. 우리는 물이 우리에게서 더 빨리 사라져 바다로 나갈수록 우리의 집과 농장, 재산, 가축, 땅이 더 안전할 것이라고 느낀다.

하지만 물을 다루는 또 다른 방식이 있다. 찰리와 내가 어떤 대가를 치르더라도 물을 빼낸다는 원칙을 처음으로 잠정적으로 버린 것은 우리가 재야생화를 생각하기 훨씬 전이었다. 우리 범람원은 경작 작물을 기를 수 있을 정도로 배수가 잘된 적이 없었다. 아무리 많은 배수로를 파도 토양은 계속 질척거렸고 지표수가 흐르곤 했다. 여름에는 강가 목초지에 가축을 방목할 수 있었지만 담수 패류가 옮기는 해로운 기생충인 간흡충의 위험이 늘 도사리고 있었다. 울타리도 문제였다. 수로를 따라 펼쳐진 물가 목초지는 불가피하게 길고 가늘어서 전통적인 정사각형 들판보다 더 많은 양의 울타리를 필요로 한다. 우리의 경작 생산과 유제품 생산이 정점을 찍었던 1990년대에 넵에는 울타리 설치 비용을 들일 가치가 없는 260에이커의 강가 목초지가 있었다. 브룩하우스 낙농장 근방에 있는 면적 8에이커의 물가 목초지를 둘러싼 울타리가 파손되었을 때 우리는 배수로들을 부수고 물새에게 기회를 주기 위해 군데군데 얕은 못을 팠다. 못에 물이 고인 순간부터 쇠오리, 청둥오리, 홍머리오리, 쇠물닭이 찾아왔다. 못 주변에 부들, 골풀 같은 식물이 자라자 관목 숲에서 개개비와 오목눈이가 보였다. 넵을 방문한 한 조류학자는 보통 침엽수림과 연관되는 상모솔새를 가리켜 보였다. 당시에는 알아차리지 못했지만 상모솔새는 종들이 현대의 안내서들에서 지정한 서식지를 언제나 고수하지 않을 수 있음을 알려준 첫 단서였다.

항상 물이 고여 있는 못을 되살렸다는 엄청난 만족감에 고무되어 우리는 잉어 양식을 시작했다. 농지 다각화의 또 다른 시도였다. 넵 호수에는 토종 붕어들이 있었고, 1930년대에 낚시터에 팔기 위해 더 빨리 자라는 유럽산 거울 잉어들을 들여왔다. 찰리와 나는 잉어 사업의 확장이 우리의 문제 많은 물가 목초지 일부의 해결책이 되길 바랐다. 우리는 제철업이 망한 뒤 황폐해진 시플리의 해머 연못의 둑을 복구하는 건축 허가를 받았고, 그 뒤쪽에 희미한 흔적만 남아 있는 면적 5에이커의 옛 연못을 굴착기로 파면서 작업을 시작했다.

빅토리아 시대의 배수로들을 부수자 처음에는 반달리즘처럼 불안한 느낌이 들었다. 이 배수로들은 우리 들판에 피가 흐를 수 있게 하는 동맥이라는 생각이 우리 머릿속에 새겨져 있었다. 하지만 1849년에 마지막으로 묘사되었던 호수가 다시 드러나 강가 목초지의 가장자리에 찰랑이는 모습을 보니 몹시 흐뭇했다. 이것이 진흙이 갈망해온 일인 것처럼 느껴졌다. 우리는 총 18개의 연못과 호수를 복구했다. 그곳들 모두에 잉어를 넣진 않았다. 들판 구석의 배수로들에 있는 옛 웅덩이와 한때 시장까지 먼 길을 터덜터덜 걸어가는 가축들의 기운을 차리게 해주었을 풀로 덮인 길가의 아주 오래된 연못들부터 허니풀이라는 유쾌한 이름이 붙은 연못, 대정원에 우아하고 넓게 펼쳐진 스프링우드 연못까지 일부는 순전히 재미로 복구했다. 결과적으로 잉어 사업은 사유지 다각화에 성공적인 보탬이 된 것으로 드러났지만 땅 위에 물의 재등장과 그 물이 끌어들이는 모든 야생생물은 또 다른 종류의 보상이었다.

하지만 우리는 재야생화 프로젝트에 착수하고서야 우리 땅을 가로지르는 물에 관해 더 깊이 생각하기 시작했다. 2000년에 홍수가 지나간 뒤의 여름에 우리 자문위원회의 초기 위원 중 한 명인 한스 캄프와 운하화된 에이더 강가를 걸으며 나눈 대화가 물이 빗물로 우리 토양에 떨어지는 순간부터 배수로와 도랑을 지나 강으로 흘러 들어갔다가 바다를 향해 내려갈 때까지 물의 이동에 관해 생각해보는 계기가 되었다.

한스는 다차원적인 사람이다. 그는 암스테르담 공항에서 3킬로미터 떨어진 간척지에서 항공교통관제사의 아들로 자랐다. 공항 옆의 가을 숲에서 버섯을 따고 학교 교사의 수조를 채울 물벼룩을 채집하려고 마을 연못을 휘젓고 다니던 무렵에 '자연에게 더 많은 자유를 주고 싶다'는 간절한 욕구가 그의 가슴을 뒤흔들었다. 우리 위원회가 설립된 첫해에 합류할 당시 그는 네덜란드 농업·자연·식품품질부의 수석 정책 고문이었고 멸종위기에 처한 유라시아의 거대 동물들을 지지하는 대형 초식동물 재단Large Herbivore Foundation의 상임이사가 될 참이었다. 오스트파르더르스플라선에서 자연적 과정들을 연구하고 유럽에서 국경을 초월한 대규모 생태학적 네트워크를 구축한 경험으로 그는 미시적 관점과

거시적 관점을 연결시키는 드문 능력을 얻었다. 무엇보다 그는 프란스 페라와 마찬가지로 사상가이자 행동가이며 철저한 낙천주의자다. 그는 '오늘 불가능한 것이 내일은 가능할 수 있고, 아니면 다음 주에 가능할 수 있다'고 밝게 말한다. 그는 또한 대부분의 네덜란드 생태학자와 마찬가지로 물의 작용을 깊이 이해하고 있다.

16만 제곱마일의 면적에(영국의 6분의 1에 해당) 1770만 명이 빽빽하게 모여 사는 네덜란드는 유럽에서 인구밀도가 가장 높은 나라다. 국토의 반이 해수면과 같은 높이이거나 혹은 더 낮기 때문에 세계에서 홍수에 가장 취약한 나라 중 하나이기도 하다. 네덜란드는 농부들이 처음 제방을 쌓은 후 1000년 동안 괴물과 싸워왔다. 나라 전체가 인공 제방, 댐, 수문, 배수 도랑, 운하, 양수장으로 이루어진 복잡한 시스템이다. 네덜란드의 수력 엔지니어들은 세계 최고이며 그들의 전문 기술은 전 세계에 수출된다. 1620년대에 영국은 농사 목적으로 이스트앵글리아 펜스 지역의 물을 빼기 위해 네덜란드의 엔지니어 코르넬리위스 페르마위던을 데려왔다. 하지만 현재 네덜란드인들이 하천 시스템을 위해 지지하고 있는 방식들은 자국의 지혜를 포함해 물 통제에 관해 수세기 동안 인정되어온 지혜에 이의를 제기한다.

20만 명이 대피하고 수백 마리의 가축이 죽었던 1993년과 1995년의 재난적 홍수들은 기존의 하천 제방 시스템에 내재된 약점을 드러냈다. 기후변화로 늘어난 강우가 전국 4개 주요 강에 넘쳐흐르고 수해 방지 시설에 전에 없이 압박을 가했다. 네덜란드에 닥친 위험은 더 이상 바다에서만 오지 않는다. 심각한 담수 범람의 빈도가 늘어날 것으로 예상되면서 네덜란드의 엔지니어들은 이런 무시무시한 홍수에 저항할 만큼 크고 안정된 제방을 건축할 방법이 없다는 것을 깨달았다. 다른 접근 방식이 요구된다. 육지에서 가능한 한 빨리 물을 내보내는 대신 그들은 이제 과정을 거꾸로 해 물이 육지에 더 오래 머물게 하려고 노력하고 있다. 독일인, 중국인과 마찬가지로 네덜란드인들은 어렵게 얻은 매립지—해안 간척지—들을 강으로 돌려주고, 사행천을 범람원으로 되돌리며, 옛 늪지와 습지들을 복원하고 있다. 또 범람원에 지은 집들을 철거하고 주민들을 더 높은 지대에 재정착시키고 있다. 소년이 제방에서 손가락을 빼고 있다. 아직 할 일은 많다. 하지만 '강을 위한 공간' 프로젝트는 이미 네덜란드에서 거대 홍수가 일어날 위험을 100년마다 한 번에서 1250년마다 한 번으로 줄였다.

폭이 제일 넓은 곳이 25피트에 둑이 몹시 가팔라서 개들이 헤엄을 친 뒤에 나오려면 도움을 받아야 하는 작은 운하 옆을 걷고 있을 때 우리와 나란히 범람원을 구불구불 지나는 에이더강의 옛 사행천들의 흔적이 대안을 그리고 있는 듯했다. 앞에 보이는 풀이 무성한 둔덕 위의 폐허가 된 옛 성은 그 아래의 강이 고유 리듬을 따라 자유 의지대로 불어났다 쇠했다 하는 날들을 그려보게 했다. 한스가 운하를 메워 강을 범람원으로 되돌리자고 제안했다. 그러면 습지 조류, 식물, 무척추동물에게 엄청난 기회가 생길 뿐 아니라 하류의 범람이 완화될 것이라고 했다. 강가 목초지가 넘쳐흐르는 물을 스펀지처럼 흡수해 폭우가 내릴 때 일반적으로 발생하는 범람을 막고 물을 천천히 안전하게 배출하는 한편 더 건조한 계절을 위해 물을 저장할 것이다. 습지식물들은 필터 역할을 해 주변의 집약농업 농장들에서 우리 땅으로 흘러들어오는 많은 질산염을 정화시킬 것이다. 그리고 보들을 없애면 바다에서 거슬러 올라오는 연어들의 이주를 다시 촉진할 것이다.

환경청은 열광적인 답변을 보내왔다. 그들은 이유도 모르는 채 납세자들에게 엄청난 부담을 지우며 21세기까지 운하를 유지해왔다. 민물 낚시꾼들에게 고기를 잡을 더 깊은 웅덩이를 제공한다는 알량한 이유 외에는 환경청의 누구도 에이더강의 우리 구역에 세심한 관리가 필요한 다섯 개의 보를 두는 이유를 기억하지 못했다. 하지만 공무원들의 의사결정 과정이란 골치 아픈 것이어서 9년에 걸친 관청의 번거로운 절차와 복잡한 타당성 조사를 거친 뒤에야 프로젝트가 시작되었다. 2011년 9월에 마침내 우리는 굴착기 기사인 레그가 범람원에 첫 삽을 뜨는 모습을 지켜보았다.

프로젝트의 목표는 폭우가 내릴 때 예전에 그랬던 것처럼 강물이 쉽게 넘쳐흐르도록 더 자연적인 얕은 강바닥과 완만한 강둑을 만드는 것이었다. 하지만 무언가를 자연화한다는 건 힘든 도전이었다. 특히 경력 내내 정반대의 일을 해왔던 환경청의 굴착기 기사에게는 더 그랬다. 레그의 사고방식에는 '자연적'이라는 개념이 없었다. 찰리가 옆에서 수시로 분통을 터뜨리며 개념을 강조하려 애써도 지저분하고 얕은 수로를 만드는 데 히맥Hymac 굴착기를 사용하도록 레그를 설득하지 못했다. 대신 레그는―2년이라는 긴 시간과 많은 세금을 들여―구불구불하고 가파른 별개의 운하처럼 보이는 곳을 만들어냈다. 레그가 분명 몹시 만족스럽게 뒤돌아보며 작업을 마친 뒤 우리는 사비로 또 다른 굴착기를 불러와 그가 건설한 운하의 가장자리 일부를 완만하게 만들었다. 그리고 일단 우리의 방목 동물들이 물에 더 쉽게 접근할 수 있게 되면 운하의 가장자리를 절버덕대며 밟아 뭉개서 이 과정을 계속해주길 바랐다. 우스강&에이더강 신탁Ouse and Audr Rivers Trust에서 나온 자원봉사자 팀이 물이 더 힘차게 흐르고 수로에 유사가 쌓이도록 돕고자 쓰러진 나무들로 인공적인 '나무 잔해 차폐물'을 설치했다. 범람원의 다른 곳들에 얕은 못을 파자 진화하고 있는 습지에 또 다른 차원이 더해졌지만, 목초지의 여러 건조한 부분은 옛 배수로들이 여전히 굴착기를 피해 남아 있다는 뜻이었다.

그럼에도 불구하고 결과는 놀라웠다. 완공 이듬해에 진흙투성이 둑들 위로 빽빽도요가 나타났고 쇠백로 한 마리가 얕은 못을 유유히 걸었다. 이내 갈대밭에 청둥오리가 둥지를 지었고 원앙새들이 호수 상부의 나무들에 튼 둥지에서 먹이를 찾아 날아 내려왔다. 댕기물떼새가 곧 그 뒤를 따랐고—2016년에 우리의 생태학자 페니가 어린 새 두 마리의 다리에 가까스로 표식을 달았다—작은 치어와 양서류가 대거 서식하는 얕은 못들에 이제 한 번에 최고 16마리의 왜가리가 순찰을 돈다. 2012년에 환경청이 가장 큰 보들을 허물고 나머지 세 개—자동 조절되는 시플리의 보조적인 보를 포함해—의 사용을 중지해 물고기들이 이 보들이 설치된 이후 처음으로 그곳을 건너갈 수 있었다. 2013년에는 바다송어들이 대거 강을 거슬러 올라갔다. 한 자원봉사자는 6마리의 바다송어가 단 30분 만에 헤며 댐의 배수로를 꿈틀거리며 올라가는 것을 보았다.

넵에서 에이더강이 끝나는 지점인 베이 다리에 설치된 유수검지 장치의 데이터를 아직 환경청이 분석하진 않았지만 경험상 강의 우리 구역의 재자연화는 적어도 우리 주변과 하류의 물의 흐름에 영향을 미치고 있는 것으로 보인다. 텐치퍼드와 넵 밀Knepp Mill에 있는 사유지 오두막들은 과거에 상습적인 침수로 악명이 높았지만 프로젝트가 시작된 이후로는 범람하지 않았다. 홍수로 종종 폐쇄되곤 했던 하류의 헨필드를 지나는 A281 도로 역시 맹렬한 폭풍 뒤에도 통행이 가능했다.

그러나 우리 프로젝트의 대상은 작은 강의 1.5마일 구간뿐이다. 에이더강의 나머지 구간, 넵에서 바다로 가는 또 다른 15마일은 운하처럼 된 특색 없는 수로이며 깎아지른 듯한 강둑에는 야생생물이 거의 없다. 어느 봄에 찰리와 아이들이 A24 도로 아래에서 공기주입식 카누의 노를 저어 쇼어햄바이시까지 갔을 때 그 15마일 전체에서 고작 청둥오리 3마리, 백조 두 쌍, 그리고 종달새 1마리를 보았다. 강의 재자연화가 지닌 엄청난 잠재력을 이해하기 위해 찰리와 나는 넵과 비슷한 시기인 2003년에 레이크 지방에서 시작된 고지대 재야생화 프로젝트를 방문했다. '와일드 에너데일Wild Ennerdale'은 내추럴 잉글랜드와 토지 소유주 세 곳─임업위원회, 내셔널트러스트, 유나이티드 유틸리티(서북부 지방의 수도 및 폐수 업체)─간의 공동 사업이며, 목표는 '에너데일이 경관과 생태를 형성하는 데 자연적 절차에 더 많이 의존하고 사람들에게 도움이 되는 야생 계곡으로 발달할 수 있게 하는 것'이다. 산악 걷기를 즐겼던 작가 앨프리드 웨인라이트의 표현에 따르면, 1920년대 이후 토종이 아닌 시트카가문비나무를 포함한 침엽수 조림지가 면적 17제곱마일의 계곡에 '죽음의 검은 나무 장막'을 드리웠다. 산림 궤도들이 땅을 갈라놓았고 영국의 고지대 대부분이 그러하듯 양들이 남은 땅의 풀을 싸그리 뜯어 먹었다.

오늘날 웨인라이트가 옛 조림지에서 200피트 위의 비탈에서 에너데일을 내려다봤다면 그곳을 거의 알아보지 못할 것이다. 여전히 권곡벽이 계곡 꼭대기에 그림자를 드리우고 3000피트 높이의 그레이트 게이블, 헤이스택, 필러, 커크 펠 언덕들이 계곡으로 눈과 빗물을 흘려보낸다. 그리고 7마일 하류의 계곡이 끝나는 지점에 농지로 둘러싸여 있는 길이 2.5마일의 빙하호인 에너데일 호수는 변함없이 잔잔해 보인다. 하지만 그 사이의 계곡은 인간 통제의 멍에를 벗고 있다. 이제 관리 정책이 동업자의 권유 정도로 가벼워졌다. 산림 궤도들이 버려지고 경계울타리, 다리, 콘크리트 여울이 제거되어 북극곤들매기와 그 외의 물고기들이 옛 산란장으로 되돌아올 수 있었다. 2005년의 폭풍과 2013~2014년의 마름병으로 망가진 대규모 조림지(지금은 비영리적인)는 쇠락하도록 놔두어 넓은 지역들이 개암나무, 사시나무, 물푸레나무, 자작나무, 그리고 붉은날다람쥐들이 가장 좋아하는 유럽적송 같은 토착종들로 되살아날 수 있었다. 양들이 극적으로 줄었고, 한때 집중 방목이 이루어졌던 계곡 바닥과 삼림지에서는 이제 오래된 품종인 갤러웨이 소들의 작은 무리가 훨씬 더 가볍게 풀을 뜯는다. 그리고 이 소들이 풀밭을 짓밟고 지나가 더 많은 식생 회복을 일으킨다.

양들이 풀을 바짝 뜯어 먹어 당구대 같던 비탈의 표면이 다채로운 3D로 풍성해졌다. 지면을 둥글납작하게 덮은 물이끼, 스타모스, 히스,

양치류, 균류, 지의류 사이사이에 잎과 가지를 뜯겨 반구 모양을 이룬 어린 호랑가시나무와 자작나무, 마가목이 서 있다. 활기찬 초록의 향연에 선홍색과 겨자색이 알록달록한 무늬를 이룬다. 바위 위에 떨어져 있는 개똥지빠귀와 뇌조의 진한 보라색 똥은 야생 월귤나무 열매를 마구 따먹는 것이 우리뿐만이 아님을 알려준다. 여기저기 보이는 향나무 무리는 에너데일의 원래 노르웨이어 뜻인 '향나무 계곡'을 상기시킨다. 이 스펀지 같은 비탈을 걷다보면 장화 속에 스프링이 들어 있는 듯한 느낌이 든다.

계곡 경사면에 다시 출현한 자연적 식생은 이제 토양의 침식을 막아주고 빗물을 흡수해 강으로 빠져나가는 물의 양을 극적으로 줄인다. 하지만 에너데일에 있는 강 역시 제동을 걸고 있다. 리자강을 따라 내려가면서 보니 알래스카나 히말라야의 강과 비슷해 보인다. 리자강은 자작나무, 가문비나무, 히스, 풀들로 덮인 비영구적인 고립된 언덕들 사이로 자갈투성이에 여기저기 바위가 흩어져 있는 물길을 따라 길고 가늘게 흘러간다. 자갈로 된 둑들이 쌓이고 이리저리 모양이 바뀌며 다음 홍수가 밀어닥쳐 완전히 박살나 다른 형태로 다시 모이길 기다리고 있다. 다리나 호안도, 관도, 수로도 없는 강은 주변의 모든 것을 마음껏 씹어 먹고 숲을 할퀴며 새로운 가장자리들을 만들며 큰비가 내릴 때마다 다른 모습이 된다. 쓰러진 나무와 나무의 잔해들은 차폐물이 되고 물줄기를 돌려 물의 에너지를 흡수하고 중화하며 괴물을 길들인다.

2009년에 레이크 지방의 산비탈들을 덮친 파괴적인 홍수는 재야생화된 에너데일에서 나타난 이례적인 반응과 뚜렷한 대조를 이루었다.

11월 18일과 19일에 높은 언덕들에 무시무시한 폭우가 퍼부었다(에너데일에서 5마일 떨어진 설미어는 38시간 동안 405밀리미터의 비가 내리는 기록을 세웠다). 산비탈들이 엄청난 수의 양이 여러 세기 동안 짧게 뜯어 먹고 다져놓은 풀밭이 되면서, 대부분 좁고 강력한 배수로로 바뀐 시내와 강들로 흘러가는 물을 가로막을 만한 것이 없었다. 몇 시간도 지나지 않아 홍수로 불어난 세찬 물이 수로들에서 넘쳐 다리와 건물들을 무너뜨리고 길과 도로에 폭포수처럼 흘렀다. 침식된 불안정한 비탈에서 흙과 자갈이 급류에 씻겨내리고 계곡을 휩쓸며 내려가 하류의 도시와 마을들에 돌과 흙이 섞인 쓰나미가 몰아닥쳤다. 반면 에너데일에서는 부드럽고 흡수력 있는 땅이 스펀지 같은 역할을 해 불어난 물의 흐름을 금세 분산시켰다. 그래서 폭우가 내린 이튿날에도 리자강은 여전히 맑았고 걸어서 건널 수 있었다. 2015년에 데스몬드 폭풍이 발생해 다시 끔찍한 홍수가 컴브리아주를 덮치고 애플비, 펜리스, 칼라일, 케즈윅, 켄달, 코커마우스, 워킹턴 같은 도시들이 또다시 고통을 겪을 때 에너데일 브리지와 에그레몬트를 포함한 에너데일 아래의 마을들은 침수된 곳이 없었다.

요크셔 계곡의 피커링에서는 에너데일과 동일한 자연주의적 홍수 관리 원칙들을 기반으로 지역사회가 주도한 프로젝트가 효과를 거둔 것으로 나타났다. 노스 요크 황무지의 대부분 지역의 물이 빠지는 가파른 협곡 아래에 위치한 피커링은 1997년과 2007년 사이에 네 차례 침수되었고 마지막 재해는 700만 파운드 규모의 피해를 입혔다. 지역 당국들은 물을 강에 붙잡아두기 위해 2000만 파운드를 들여 사랑스러운 구도심지를 가로지르는 콘크리트 벽―베를린 장벽 같은―을 세우는 것이 해결책이라고 주장했다. 당연히 주민들 중 누구도 그 아이디어를 마음에 들어하지 않았고, 대신 언덕에서 내려오는 물의 흐름을 늦추는 계획을 연구해 환경청과 임업위원회, 환경식품농무부에 지원해달라고 설득했다. 임업위원회의 직원들이 마을 위쪽 시내들에 통나무와 나뭇가지로 물의 흐름을 지체시키는 댐―정상적인 수류는 통과시키고 물의 양이 많을 때는 흐름을 둔화시킨다―167개를 짓고 작은 배수로와 도랑들에 히스로 떼를 입힌 187개의 더 작은 장애물을 추가로 설치했다. 그리고 임업위원회의 사유지와 떨어진 상류에 29헥타르의 삼림지를 조성했고, 수많은 관료주의적 논쟁을 거친 뒤 홍수로 불어난 물을 12만 세제곱미터까지 저장해 지하 배수로를 통해 천천히 배출할 수 있도록 집수지 바닥 근처에 제방―혹은 둑―을 쌓았다.

프로젝트가 시작되고 석 달이 지난 2015년의 운명적인 크리스마스 다음 날, 24시간 동안 비가 내렸다. 피커링&구역 시민사회Pickering and District Civic Society 의장이 제방으로 올라가 잘 작동하고 있는 것을 확인한 뒤 집으로 돌아가 텔레비전을 켜니 잉글랜드 북부 전체가 홍수로 초토화되고 있는 장면이 나왔다. 피커링만 파괴를 면했다. 피커링 계획의 총비용은 지역 당국들이 제시한 콘크리트 벽 건설비의 10분의 1 수준인 약 200만 달러였다. 대부분의 주민은 이 벽이 어차피 홍수에 대처하지 못했을 것이라고 확신했다.

한편 브레컨비컨즈의 폰트브렌에서 수행된 연구들은 웨일스에서 양들을 없애고 나무를 심기만 해도 양을 밀집 방목해 뾰족한 발굽에 땅이 다져진 목초지보다 빗물이 토양에 스며드는 속도가 여섯 배 더 빠르다는 것을 입증했다.

범람은 영국 경제에 1년에 평균 11억 파운드의 비용을 부담시킨다. 2015년의 홍수로 발생한 재산 피해만 50억 파운드였다. 현재 영국은 소유지 여섯 개 중 하나꼴로 침수 위험이 있다. 하지만 그런 위험을 안고 있을 필요가 없다. 영국과 해외에서 나온 증거들을 보면 '강들을 자연화시키고 강 집수지를 재야생화시키면 범람을 막는다'는 데는 논란의 여지가 없다. 이 방법은 견고한 수방 시설을 건설하는 것보다 훨씬 더 저렴하고 안전하며 회복력이 있다. 또한 물 정화, 토양 복원, 내건성, 야생생물 측면에서도 엄청난 경제적 이득을 가져다준다. 하지만 영국에서는 이런 방법에 대한 이해가 처참할 정도로 느리다. 네덜란드, 독일, 중국처럼 미래를 고려하는 국가들은 강과 습지를 자연화하는 데 막대한 금액과 땅을 투자하고 있는 반면 우리는 홍수 방지를 위한 보조금의 대부분을 전통적인 대규모 공사 계획에 계속 할당하고 있다.

반면 강의 재자연화 프로젝트는 지방 당국이나 복권기금 보조금, 기업의 기부에 의지해야 한다. 삼림신탁, 서식스 야생생물 신탁, 환경청의 협력체로 우스강 집수지의 자연적 홍수관리를 증진시키기 위해 2014년에 출범한 서식스 홍수관리 구상Sussex Flow Initiative은 루이스 지방자치구 의회와 캐나다왕립은행에서 자금 지원을 받았고 환경청이나 그 외의 정부 기관으로부터는 한 푼도 받지 못했다. 내가 쓴 것처럼, 우리가 처음 우리 프로젝트에 대한 자금 지원을 신청하고 16년이 지난 2017년에도 정부가 연못이나 범람원에 물을 저장하기 위해 땅 주인과 농민들에게 제공하는 장려책은 여전히 극소수다. 오히려 그 반대다. 재자연화의 의지를 꺾는 강력한 저해 요소들이 여전히 집요하게 남아 있다. 어떤 종류의 수역도 '영구 부적격 지형'으로 분류되어 농가 보조금에서 제외되기 때문이다. 고지대와 강을 따라 나무를 심기 위한 보조금들이 있지만 농민과 땅 주인에게 적극 관여하여 이 보조금을 활용하도록 독려하는 일은 거의 혹은 아예 없다. 그리고 자연적 재생을 촉진하기 위한 어떤 보조금도 아직 없다. 넵을 지나는 에이더강의 고작 1.5마일 구간을 재자연화한 사례는 부끄럽게도 영국에서 사유지에 강을 복원한 가장 긴 구간들 중 하나로 남았다.

비버의 복원

비버는 인류가 결국 배워야 하는 것을 본능적으로 하고 있는 것 같다.

_에릭 콜리어, 『황야에 맞선 세 사람Three Against the Wilderness』(1959)

데릭 고는 에이더강의 '재자연화된' 우리 구역의 둑을 뒤덮은 번들거리는 진흙 위에 서서 10톤짜리 히맥 굴착기가 지나치게 발달한 사행천들에서 흙을 긁어내고 자원봉사자들이 어린나무들을 물로 끌어당기는 모습을 곤혹스러운 표정으로 지켜보았다. 그는 노련한 수완가여서 우리 노력에 찬물을 끼얹는 일은 하지 않았다. 이곳에서 그런 일은 이미 충분히 있었다. 하지만 그가 보기에 이 광경은 수자원 풍자극 같았다. 그는 우리가 지금 추구하는 있는 것을 달성할 훨씬 더 쉽고 효과적인 방법이 있다는 것을 알고 있었다. 시스템에 더 큰 복잡성과 자연주의, 효율성을 제공할 뿐 아니라 비용도 거의 안 드는 해결책이었다. 바로 우리 경관에 빠져 있는 또 다른 핵심종이다.

야생 쪽으로

비버는 한때 영국에 널리 퍼져 있었다. 이번에도 요크셔주의 베벌리Beverley와 베윌리Bewerley부터 글로스터셔주의 베버스턴Beverston, 그리고 리치먼드 공원을 지나 템스강까지 흘러가는 베벌리브룩Beverley Brook에 이르기까지 우리의 여러 지명이 비버들의 존재를 반영한다. 중세 훨씬 전부터 착취당한 비버들은 촘촘하고 매끄러운 털과 해리향을 얻기 위한 사냥으로 16세기에 멸종 직전에 이르렀다. 해리향은 비버의 꼬리 가까이에 있는 향낭에서 분비되는 물질로, 향수를 만드는 데 사용된다. 또 약으로도 쓰이는데, 해리향에는 비버가 버드나무 껍질과 잎을 섭취해 만들어진 살리실산―아스피린을 살리실산에서 얻는다―이 다량 들어 있어 효과적인 항염증제 및 진통제가 된다. 비버는 가톨릭교도들에게도 잡아먹혔다. 이들은 비버를 어류로 분류해 축일과 사순절에 먹도록 허용했다. 또한 비버는 일반적으로 배수 계획들을 방해하는 유해한 동물로 여겨졌다. 그렇지만 소수의 비버가 후미진 곳에서 18세기까지 버텼을 수 있다. 교회가 '비버의 머리' 하나당 2펜스의 포상금을 주었던 1789년에 요크셔의 볼턴 퍼시에서 비버를 본 것이 마지막 기록이다.

생태학자이자 재도입 전문가인 데릭은 이 잃어버린 동물을 영국에 되돌아오게 하는 데 일생의 많은 부분을 바쳤지만 자연보존 활동은 물쥐 보호로 시작했다. 데릭은 "내게 비버를 소개해준 것이 물쥐였습니다"라고 말한다. 데릭에게 비버와 물쥐는 현대의 환경이 잃어버린 복잡한 이종간 관계의 예다.

물쥐가 데릭을 매료시킨 것은 어릴 때 휴일에 고향 스코틀랜드에서 큰가시고기를 잡고 있는데 물쥐 수컷 두 마리가 싸우다 그의 옆 개울

물로 뛰어드는 바람에 놀라서 눈물을 터뜨린 이후였다. 한때 우리 수로에 흔하던 이 종이 95퍼센트 감소했다는 1992년의 조사에 자극을 받은 데릭은 영국에 지속 가능한 물쥐 서식지들을 복구하는 데 전념했다. "털로 덮인 아주 작은 포유류를 핵심종이라고 부르는 경우는 흔치 않지만 물쥐는 분명 핵심종입니다."

물쥐들이 강둑에 파는 대단히 복잡하고 깊은 굴들은 풀뱀, 양서류, 그 외의 작은 포유동물에게 서식지를 제공할 뿐 아니라 토양을 비옥하게 하고 여러 다른 식물과 무척추동물 군집을 자극한다. 굴을 너무 많이 파서 둑이 무너져도 둥지를 짓는 개천제비와 물총새에게 기회를 제공한다. 들쥐 수컷의 무게가 30그램인 데 반해 물쥐의 성체 수컷은 330그램이다. 이런 물쥐가 사라지는 것은 왜가리, 말똥가리, 올빼미, 황조롱이, 여우 같은 종들에게 엄청난 먹이 손실이다. 데릭은 물쥐의 수가 계속 급락함에 따라—영국에는 2000년대 초에 물쥐의 수가 120만 마리에서 오늘날 약 30만 마리로 줄었다—우리 생태계에 미치는 영향은 막대하다고 믿는다.

물쥐는 1950년대부터 2000년에 모피동물 사육이 금지될 때까지 영국의 사육장들에서 도망친 것이건 동물권리보호 활동가들이 풀어준 것이건 밍크가 거듭 방출되면서 엄청난 타격을 입었다. 물쥐들의 타고난 방어기제—한두 세대 전에 카누를 타던 사람들이나 낚시꾼들이 애틋하게 기억하는 것처럼 강둑에서 튀어올라 놀랍도록 크게 풍덩 소리를 내며 물속으로 뛰어들거나 잠수했다가 무성한 식물들 속에 귀, 코, 입만 빼꼼 내밀며 다시 떠오르기—는 토종 포식자들을 피하는 데는 어느 정도 효과적이었다. 하지만 밍크처럼 토종이 아니고 빠르게 번식하는 데다 유능한 킬러로 악명 높은 포식자로부터는 거의 보호해주지 않는다. 밍크가 1980년대에 처음 냅 호수에 나타났을 때 물쥐들이 가장 먼저 사라졌고 그다음이 새끼 오리, 쇠물닭의 병아리, 새끼 거위들이었다. 찰리의 할아버지가 노 젓는 배에 그를 태워 작물을 파괴하는 캐나다기러기들의 알을 찌르러 가던 것도 지난 시절이 되었다. 야생 밍크 개체군을 관리하기 위한 국가적 전략이 없는 상태에서─심지어 지금도 없다─통제는 지주들과 지역사회의 몫이 되었다. 1990년대 내내 온갖 열성적인 개가 다 모인 지역 밍크 사냥개단이 사냥감을 찾아 잔뜩 흥분해서 우리 수로들을 헤집고 다녔다. 사냥개들이야 신났겠지만 그 효과는 의심스러웠다. 한번은 밍크 한 마리가 개들이 첨벙대며 난투극을 벌이는 아수라장 속을 눈에 띄지 않게 곧장 미끄러지듯 지나가는 것을 보았다. 덫이 더 효과적이었다. 어느 겨울에 우리는 한 달 동안 35마리의 밍크를 잡았다.

하지만 이 외래종이 유능한 킬러이긴 해도 물쥐 감소의 가장 중요한 원인인지에 대해서는 또다시 의문이 생긴다. 우리 생태계에 수달, 긴털족제비, 소나무담비가 번성했다면 밍크가 그렇게 성공적으로 대량 서식했을지 궁금하다. 특히 수달은 새끼 밍크들, 때로는 성체까지 죽인다. 영국에서 수달이 있는 곳에서는 밍크의 수가 눈에 띄게 적다. 아마 수많은 다른 '침입자와 마찬가지로 밍크는 열어놓은 문으로 잽싸게 들어온 것뿐일 수 있다.

데릭이 물쥐의 생존에 근본적 위협이라고 생각하는 것은 서식지 상실이다. 물쥐는 사슬의 고리처럼 연결된 서식지들에 의존하는 또 다른 '메타 개체군'이다. 여름에는 군집들이 근방의 군집들과 상호 교배하기 위해 확장되었다가 겨울에 축소된다. 1990년대에 영국 도처에서 습지가 사라지면서 이 군집들이 고립되고 분할되어 사슬의 고리들이 끊어졌다. 이제 물쥐는 짝을 찾기 위해 광활하고 적대적인 경관을 지나가야 하며 번식 가능성이 점점 더 희박해지고 있다. 데릭은 밍크가 제어될 수 있는 복원된 습지에 풀어주기 위해 물쥐들을 붙잡아 데번주에 있는 자신의 농장에서 키우기 시작했다(현재까지 1만 마리). 지금까지 그는 스코틀랜드의 애버포일에서 햄프셔주의 미언강과 냅 근방의 어런강까지 영국의 25개 지역에 물쥐 군집들을 성공적으로 정착시켰다. 데릭이 물쥐와 또 다른 핵심종과의 관계를 검토하기 시작한 것은 이런 과정에서였다.

"물쥐의 서식지인 양지바른 습지에서 둑을 짓고 연못을 만들고 있다가 우리보다 먼저 이 일을 한 메커니즘이 있었던 게 분명하다는 걸 깨달았어요", 데릭이 말한다. "보나 마나 뻔하죠. 비버예요."

면밀히 관찰하자 두 종 사이의 또 다른 미묘한 관계가 제시되었다. "물쥐는 새끼들을 홍수에서 구해요. 이 목적으로 특별히 지은 두 번째 둥지로 새끼들을 데리고 가죠. 물이 불어날 약간의 징조만 보여도 이렇게 할 준비가 된 것으로 미루어 물쥐들은 예전에 굉장히 동적인 수계에 살았던 것 같았어요. 물쥐들이 강우에만 대비하는 건 아니에요. 비버들은 몇 시간 만에 댐 하나를 뚝딱 지을 수 있어요. 하룻밤 사이에 작은 수로가 갑자기 연못이 될 수도 있죠. 물쥐들은 비버의 토목공사에 본능적으로, 그리고 주기적으로 반응하도록 진화했어요."

지금은 비버가 영국의 경관 형성에 얼마나 지대한 영향을 미쳤는지 상상하는 건 거의 불가능하다. 인류 역사 내내 비버의 운명은 인간의 운명과 결합되어 흥망성쇠를 거듭했다. 영국에는 중석기 시대(기원전 1만 년~기원전 8000년)에 이미 인간이 배수시설을 만든 흔적이 있다. 우리 습지들에 대한 비버의 지배는 그때부터 쭉 점점 더 심한 압박을 받았다. 로마 통치하에서는 농지의 확대와 습지의 배수, 그리고 고기와 생가죽을 얻기 위한 황무지에서의 사냥으로 비버의 수가 극적으로 줄어들었다. 그러다 색슨 시대에 회복되었고 노르만족이 정복한 11세기에도 시골지역에서 비버는 여전히 눈에 띄었다. 하지만 늦어도 12세기에 비버는 더 이상 예전처럼 우리 경관을 멋대로 만들어내는 존재가 아니었다. 그리고 잉글랜드가 습지의 배수를 위해 네덜란드의 엔지니어들을 데려왔던 16세기와 17세기에는 유럽 전역에서 멸종 직전에 이를 정도로 박해를 받았다. 그럼에도 불구하고 윈저 성에 있는 성당의 참사회 의원인 윌리엄 해리슨은 1577년에 비버를 '이빨이 어찌나 강한지 두꺼운 널빤지를 갉아 구멍을 내거나 하룻밤에 나무토막을 뚫는 (…) 괴물 같은 쥐'라고 매도했다. 해리슨은 멧밭쥐부터 참새까지 영국의 수많은 종을 사회의 적으로 선언한 곡물보존법(튜더 유해야생동물법이라고도 불린다)의 제정에 기여한 인물이다.

하지만 우리는 유럽인들이 정착할 당시 북아메리카의 경관을 보고 비버의 엄청난 창의적 잠재성을 눈치챘다. 40개의 염색체를 가진 아메리카비버는 48개의 염색체를 가진 유럽비버와 별개의 종이다. 두 종은 심지어 포획된 상태에서도 이종교배하지 않는다. 이들은 비버들이 베링 육교를 건너 북미 대륙으로 들어간 약 750만 년 전에 갈라진 것으로 여겨진다. 하지만 겉모습, 행동, 환경에 미치는 영향에서 아메리카비버는 유럽의 사촌과 거의 구분이 되지 않는다.

아메리카 원주민들은 비버의 개체수에 그리 영향을 미치지 않으면서도 1000년 동안 비버와 함께 살았다. 1600년대에 모피를 얻으려고 덫을 놓는 유럽의 사냥꾼들이 도착하기 전에 북미 대륙에는 북극의 툰드라부터 멕시코 북부의 사막까지, 대서양에서 태평양까지 적어도 6000만 마리의 비버가 살았고 대부분의 작은 강에는 100야드마다 비버의 댐이 있었다. 많은 생태학자는 비버가 수억 마리였다며 더 높은 수치를 제시한다. 건조한 서부의 주들에서 비버가 쌓은 댐들은 수위를 안정시키고 강바닥의 침식을 막았다. 또 필수적인 물 저장 시스템을 제공했다. 로키산맥이 지나가는 주들에서 이 댐들은 봄에 눈이 녹으면서 쏟아져 내리는 물을 저장해 범람을 막아주었다. 아메리카 원주민들은 비버를 땅의 '신성한 중심'이라고 생각했다.

"이 비버들의 분포 밀도를 인간의 농업이 시작되기 전의 영국에 적용해보면 모든 계곡에 연못과 수로로 이루어진 복잡한 체계가 그려집니다. 완전히 다른 경관이었을 겁니다. 비버가 우리의 습지들을 조작해 야생생물에게 미쳤을 영향은 한마디로 엄청납니다", 데릭이 말한다. "비버는 말 그대로 우리 땅에 생명을 불어넣을 수 있습니다."

데릭은 비버들이 잉글랜드의 모든 강에서 첨벙거릴 날을 꿈꾼다. 우리는 비버의 재도입에 넵이 적당할지 궁금했고, 2000년에 찰리가 환경식품농무부에 보낸 의향서에 이 문제를 담았다. 하지만 물소, 멧돼지와 마찬가지로 비버도 너무 먼 꿈으로 안건에서 탈락했다. 냅 밀 연못 너머로 유사가 빠르게 쌓이는 연못가와 관목과 잡초가 꽉 들어찬 우각호를 내다보며 데릭의 눈은 빛났다. "비버들이 있다면 저 습지의 버드나무들 윗부분을 순식간에 잘라내 다시 훤히 트인 물이 나타날 겁니다", 그가 말했다. "비버들은 여기를 좋아할 거예요."

비버를 영국에 재도입할 가능성은 한동안 논란거리가 됐다. 특히 비버들이 어류 자원에 악영향을 끼칠 것이라 확신한 낚시꾼들의 반대가 심했다. 아마도 비버를 수달과 혼동한 놀라울 정도로 많은 사람이 비버가 해산물 채식주의자라고 생각한다. C. S. 루이스조차 『나니아 연대기』에서 송어와 감자를 열심히 먹는 비버 씨 부부를 묘사했다. 하지만 사실 비버의 특징적인 뻐드렁니는 물고기와의 싸움에선 쓸모가 없다. 저절로 날카로워지는 전지가위 같은 비버의 밝은 주황색 이빨은 철 성분으로 강화되며 목재, 나무껍질, 목질식물을 자르도록 설계되어 있다. 그러나 비버를 초식동물로 인식하는 낚시꾼들도 비버가 만든 댐이 연어와 송어의 이주 경로에 장애물이 된다고 주장한다. 토지 관리자들은 나무, 수로, 도랑, 작물에 미칠 피해를 걱정한다. 또한 통제 상실에 대해 영국인에게 널리 퍼져 있는 조바심도 있다. 무슨 일이 일어날지 누가 알겠는가? 지금 비버를 재도입하기엔 우린 너무 오랫동안 비버 없이 살아왔다.

그러나 지니는 이미 병 밖으로 나왔다. 우연이건, 의도적이건 비버의 도입이 벌써 이루어지고 있다. 데릭에 따르면 그 기폭제는 영국이 유럽의 야생생물 및 자연 서식지 보존에 관한 베른 협약을 비준한 1982년에 있었다. 이 협약하에서 국가들은 실현 가능한 어디에서건 사라진 토착종들, 특히 핵심종들의 재도입을 검토해야 한다. 1990년대에 유럽에서 이루어진 재도입은 비버들을 야생으로 돌아오게 하는 것이 얼마나 쉽고 유익한지 보여주었다. 스코틀랜드에서는 존 뮤어 신탁John Muir Trust과 스코틀랜드 내셔널트러스트National Trust for Scotland의 의장 딕 밸해리가 스코틀랜드 내셔널 헤리티지Scottish National Heritage에 비버의 도입을 얘기해보았다. 하지만 다른 걱정거리들 중에서도 특히 검역 문제 때문에 강한 반대에 부딪혔다. 그러나 스코틀랜드와 잉글랜드의 작은 독립적 동물원과 야생생물 보호지역들이 비버가 검역을 무사히 통과할 수 있음을 보여주고 영국 대중이 경관에 비버들이 있다는 생각에 적응하기 시작하도록 데릭의 도움을 받아 폴란드에서 동물을 들여오기 시작했다. 데릭은 그들이 '어둠을 밝히는 촛불'이었다고 말한다.

2001년에 비버들이 탈주 중이라는 소문이 돌기 시작했다. 보더스주 삼림신탁Borders Forest Trust의 휴 찰머스가 테이강 한가운데의 카누에서 데릭에게 전화를 걸었다. "비버를 잃어버렸습니까?" 찰머스가 물었다. "비버 한 마리가 지금 막 제 바로 곁을 헤엄쳐갔거든요." 그보다 몇 년 전 스코틀랜드 남부의 고지에 있는 오칭개리치 야생생물 보호지역에서 관리인 중 한 명이 전기울타리를 오르다 감전되어 전원을 끈 뒤 비버들이 몰래 달아났다고 여겨진다. 하지만 탈출의 고수로 악명 높은 비버들은 테이강으로 흘러가는 수로들이 지나는 사유지의 두 인클로저공유지에 울타리를 쳐서 사유지라고 명시한 곳를 포함해 여러 곳에서 왔을 수 있었다. 물론 좌절한 비버 지지자들이 직접 비버를 풀어주었을 가능성도 있다. 이는 자연보존 세계에서 '흑색작전'이라 불린다. 어디에서 왔건 2001년 테이사이드에는 인식표와 칩이 없는 비버들의 번성한 군집이 있었다. 테이사이드는 영국 최대의 강 집수지이며 탄소연대 측정법으로 측정했을 때 영국에서 가장 오래된 비버들의 댐과 굴(1500~8000년 된)의 흔적이 남아 있는 곳―테이호의 물에 잠긴 삼림지―과 가깝다. 개인이 수집한 비버들이 탈출에 성공하자 당황한 스코틀랜드 정부는 조치를 취했다. 2009년 5월에 에든버러 동물원과 스코틀랜드 야생생물 신탁이 아가일의 냅데일에 있는 삼림위원회의 땅에 시범적으로 비버들을 풀어놓도록 허가받았다. 냅데일의 비버들―처음에는 노르웨이에서 온 16마리였다―은 방출된 뒤 첫 4년 동안 최소 14마리의 새끼를 낳았고 올림픽 수영 경기장 약 10개와 맞먹는 1만3045제곱미터의 새로운 민물 서식지를 만들었다. 또 무수한 댐과 굴을 지었는데, 가장 큰 것은 승용차 두 대를 세울 수 있는 차고만 했다. 지금 스코틀랜드의 강에는 자유롭게 생활하는 비버가 수백 마리 있는 것으로 추정되지만 정확한 숫자나 정확히 어디에 퍼져 있는지 아는 사람은 없다. 자연 서식지에 있는 비버를 구경하기 위해 이미 여행객들이 모여들고 있다. 하지만 이 이민자들의 신분―스코틀랜드 정부가 결국 이들에게 영주권을 줄지 아니면 추방할지―의 불확실성이 지역사회의 분노를 부채질하고 있다. 물에 잠긴 농지에 대한 보상이 없자 농민들은 테이강과 주변의 많은 비버에게 이미 총을 쏘았다.

2009년에 냅데일 비버 실험이 시작된 직후 우리가 데릭을 만났을 때 그는 잉글랜드에서 비버의 재도입을 지원해달라고 로비할 수 있는 시범 지역을 찾고 있었다. 면밀한 조사를 해보니 상류의 강바닥에 구멍이 많고 넵에서 바다까지의 구간이 과도하게 가공된 에이더강은 이상적이지 않았다. 반응을 평가하기 위해 다양한 토지 관리자가 관여되고 일반인이 접근할 수 있는 더 자연적이고 자립적인 집수지가 유용할 것이다. 데릭은 시범지역을 계속 찾는 한편 조직을 하나 만들자고 제안했다. 영국의 비버들에 관한 토론장 역할을 하고 모든 기득권자를 결집시키고자 노력해 스코틀랜드에서 발생하고 있는 듯 보이는 양극화를 막을 조직이었다.

2010년 7월에 영국 비버 자문위원회가 설립되었다. 내가 '나이스 비버Nice Beaver'라는 더 호감 가는 명칭을 붙이자고 청원했지만 기각되었다. 찰리가 의장을 맡았고, 데릭 고와 에든버러 동물원의 보존 프로젝트 관리자이자 스코틀랜드 비버 실험의 관리자 중 한 명인 로이신 캠벨파머도 위원회에 합류했다. 그 뒤 몇 년 동안 전국농민연대, 전국지주협회, 농업 및 야생생물 자문 그룹Farming and Wildlife Advisory Group, 야생생물 및 습지 신탁Wildlife and Wetlands Trust, 야생생물 신탁, 왕립조류보호협회, 환경청, 내셔널트러스트, 지구의 벗Friends of the Earth, 임업위원회가 넵에서 만나 영국의 수역에서 비버들의 희망과 두려움에 관해 차근차근 논의했다. 아마도 언뜻 이해되지 않겠지만, 임업위원회는 숲의 엔지니어로서의 비버에게 오랫동안 관심을 가졌고 조심스럽긴 하나 대체로 지지하는 입장이었다. 임업위원회의 유일한 진짜 걱정거리는 지하 배수로, 도로처럼 많은 돈이 든 기반시설에 미칠 수 있는 영향이었다. 그들이 보기에는 재배치와 도태를 통한 비버 관리에 대해 감상적이지 않은 태도를 취할 수 있다면 이익이 어려움보다 훨씬 더 클 수 있었다.

스코틀랜드 비버 실험이 법의학적 증거를 제공하고 있었지만 잉글랜드의 증거 말고는 무엇도 잉글랜드의 이해 당사자들을 흔들지 못하리란 것이 곧 분명해졌다. 하지만 환경식품농무부는 잉글랜드의 강에 실험적으로 비버를 방출하도록 허가하길 계속 주저했다. 그래서 데릭이 컨설턴트로 있던 데번 야생생물 신탁이 2011년 데번주 서쪽의 농지에 있는 2.8헥타르의 인클로저에서 비버의 영향을 테스트하는 프로젝트를 시작했다.

차고 문에 붙은 표지는 '대담한 모험'을 선언했다. 하지만 찰리와 내가 2014년 10월 데번주의 현장을 방문했을 때 그곳의 위치는 아직 극비에 부쳐져 있었다. 탈출을 막기 위해 갖가지 예방책이 취해졌다. 설치류의 콜디츠_{나치의 악명 높은 수용소가 있던 도시}인 이 인클로저는 3만5000파운드를 들인 높이 1.25미터의 철망 울타리로 둘러싸여 있었다. 울타리는 세 가닥의 전선으로 강화되었고 가장자리에는 이중 용접 철망을 땅속 90센티미터 깊이로 매설했다.

복잡한 운하와 기묘한 싱크홀들 위로 쓰러진 어린나무와 갉아 먹힌 나무 그루터기들 주위를 누비고 다니다보니 이곳이 한때 물이 졸졸 흐르는 200미터 길이의 운하화된 시내 옆에 있는 질퍽한 2차 삼림지였다는 것은 믿기 어려웠다. 3년 조금 넘는 시간 동안 비버 성체 2마리와 새끼 3마리가 12개 이상의 댐으로 유지되는 수로들, 작은 버드나무 숲, 연못들로 이루어진 망상 체계—1000제곱미터의 개방 수역—를 만들어냈다. 그리고 그 한가운데에 진흙, 나뭇가지, 이끼를 쌓아올린 보금자리를 지었다. 우리가 방문했을 때는 낮이었기 때문에 야행성인 비버들은 해가 떨어져 작업을 시작하길 기다리며 보금자리에 숨어 있었다.

비버들이 야생생물에 미친 영향은 놀라웠다. 여름에 이 작은 비버 왕국의 하늘에는 나비, 꽃등에, 실잠자리, 잠자리가 가득했다. 둑에는 워터민트, 습지 뚜껑별꽃, 난초가 자라고, 다양한 이끼와 착생식물들 사이에 해양성 기후에서 자라는 작은 우산이끼인 핑거드 카울워트*Colura calyptrifolia*가 나타났다. 오리들이 연못에서 첨벙거리고 쇠박새, 북방쇠박새, 회색딱새, 개개비, 오색딱따구리, 나무발바리, 레서 레드폴이 나무들에서 곤충을 잡고 있다. 왜가리와 물총새가 물고기를 잡으러 물로 뛰어든다. 누른도요는 벌레, 딱정벌레, 거미, 파리 유충, 작은 달팽이를 먹으며 이곳에서 겨울을 보낸다. 딱정벌레가 2011년의 8종에서 2015년 26종으로 늘어난 것처럼 수생 무척추동물 종도 2011년의 14종에서 2012년 41종으로 극적인 증가세를 보였다. 희귀한 바르바스텔레 박쥐, 아무르박쥐를 포함한 5종의 박쥐가 이곳에서 기록되었고, 일반 도마뱀들이 하층의 죽은 나뭇가지들을 헤치며 먹이를 사냥한다. 양서류도 급증했다. 첫해인 2011년 프로젝트의 기록 담당자들은 개구리알 무더기 10개를 헤아렸는데, 2014년에는 370개, 2016년에는 580개가 기록되었다. 심지어 나무에서 개구리알이 뚝뚝 떨어지기도 한다. 왜가리가 임신한 개구리들을 잡아먹다가 흘린 것이다.

데번 야생생물 신탁을 가장 흥분시킨 일은 쿨름 초원의 특징적 식물인 퍼플 무어 글래스*Molinia caerulea*와 샤프 플라워드 러시*Juncus acutiflorus*를 포함한 장초 소택지 식생이 다시 출현했다는 것이다. 영국 서부와 북부 아일랜드에 나타나는 쿨름 초원은 사라질 위험에 처한 서식지로, 배수,

경작, 과다 방목, 화재, 조림으로 지난 100년 동안 90퍼센트 감소했다. 데번주에 3500헥타르의 쿨름 초원만 남아 있다.

하지만 물에 미치는 영향이 비버에게 호감을 불러일으키는 데 가장 설득력 있는 근거일 것 같다. 엑서터대학의 수리학자들이 이곳의 물의 흐름을 면밀히 관찰한 결과 근방의 농가에서 슬러리 상태의 폐수가 인클로저로 쏟아져 들어올 때 비버들이 만든 여과 시스템은 이곳에서 흘러나가는 물의 오염도를 극적으로 줄이는 것으로 나타났다. 부근 농지에서 이곳으로 흘러들어오는 물의 질산염과 인산염 농도도 거의 없는 것이나 마찬가지로 감소했다. 또한 유실되는 토양도 잡아준다. 폭풍이 발생했을 때 비버가 변형한 지대에서 흘러나가는 지표수에는 이곳에 들어올 때보다 침전물이 3배 더 적게 함유되어 있다. 한때 몇백 리터의 물밖에 없었을 소하천으로부터 물이 공급되는 3헥타르의 지역에 이제 100만 리터의 물이 있다. 나뭇가지 등으로 만든 10여 개의 댐이 유출량을 조절해 첨두홍수량을 낮추고 가뭄 동안 기저 유량을 증가시킨다. 따라서 이곳에서 유출되는 물의 양의 그래프는 한때 기복이 심했지만 지금은 완만한 기복을 이룬다. 전체적으로 지하수면이 10센티미터 상승했다. 이것은 정확히 피커링의 주민들과 스트라우드 지역의 지속 가능한 배수 프로젝트Stroud Sustainable Drainage Project(서머싯주에 있는 프롬강의 273제곱킬로미터의 집수지 전체를 다루는 사업)가 홍수로부터 자신들을 지키기 위해—수작업으로—시행해오던 전략이다.

엑서터대학이 데번주의 이 작은 지대에서 수행하고 있는 연구는 비버가 만든 댐들의 수문학에 관해 지금까지 이뤄진 가장 상세한 연구이며 분명 궁극적인 홍수조절 엔지니어로서의 비버에 대한 우리의 이해를 높여줄 것이다. 하지만 비버들을 생태계에 복원하는 문제를 찬성하는 입장에서 보면 이 연구는 금상첨화 같다. 유럽과 미국에서 이미 충분한 증거가 훨씬 더 큰 규모로 나와 있기 때문이다.

1930년대에 북아메리카에서는 3세기에 걸친 덫 놓기와 사냥 이후 캐나다의 외딴 지역들에 고작 10만 마리의 비버만 살아남았다. 1853년과 1877년 사이에 허드슨 베이 컴퍼니 한 곳에서만 300만 장의 비버 생가죽을 영국으로 보냈다. 오늘날에는 비버의 수가 대륙 전체에 600만~1200만 마리로 회복되었다. 현재 매사추세츠주에만 7만 마리의 비버가 산다. 비버의 재출현으로 수백 편의 과학 논문이 나왔다. 로드아일랜드대학의 과학자들은 비버들의 연못이 질소 흡수원 역할을 해 물속 질소의 최대 45퍼센트가 연못에 증식된 박테리아와 수생식물에게 섭취되며 퇴적물에 저장되는 것을 보여주었다. 이들의 연구 결과는 미국 토양과학협회Soil Science Association of America에 의해 독립적으로 검증되었다. 콜로라도주립대학의 연구들은 비버의 댐이 수행하는 탄소 격리에 초점을 맞추었다. 지구과학자들은 비버가 연못의 퇴적물에 탄소를 가두는 과정이 기후변화에 상당한 완화 효과를 낼 수 있다고 주장한다. 또 몬태나주의 야생생물보존학회Wildlife Conservation Society의 과학자들은 비버의 댐이 지하수위를 상승시키고 물 공급을 늘리며 농사를 위해 지하수를 퍼올리는 비용을 상당히 줄여줄 뿐 아니라 명금, 사슴, 와피티사슴, 그리고—중요한 점은—어류의 서식지를 개선한다는 것을 보여주었다. 와이오밍주에서는 비버들이 있는 개울에 다른 곳보다 75배 많은 물새가 사는 것으로 나타났고, 비버의 연못에서는 물에 사는 모든 생물의 총 생물량이 비버의 댐이 없는 구역들보다 2~5배 높을 수 있다. 다른 연구들은 댐을 지을 식물이 다 떨어져 시간이 지나면서 버려진 비버의 연못들에 유사가 쌓여 막히는 것이 새로운 토양이 생성되는 주된 방식들 중 하나임을 밝혔다.

유럽에서는 1900년에 8개의 잔존 개체군에 고작 1200마리뿐이던 비버가 프랑스, 독일, 스위스, 루마니아, 네덜란드를 포함한 24개국 161개 지역에서 시행된 재도입 프로그램으로 120만 마리 이상으로 회복되었다. 이제 유럽의 거의 모든 나라의 하천계에 비버들이 산다. 자유생활을 하는 유럽의 비버들에 대한 과학적 연구는 미국에서의 조사 결과를 그대로 되풀이해 보여준다. 하지만 고집 센 영국인에게 아마 가장 중요한 건 인구가 밀집된 유럽이 비버와 함께 사는 법을 안다는 걸 보여주고 있다는 점일 것이다.

독일의 바이에른주만큼 집중적으로 관리되는 경관은 드물 것이다. 다뉴브강의 평야들은 시야가 미치는 한 구석구석까지 경작되어 있다. 경작지는 광대하고 생울타리는 적다. 길가는 깔끔하게 손질되어 있고 차도에는 꽃이 없다. 소, 돼지, 양들은 심지어 여름에도 대개 실내에서 길러진다. 고지대의 삼림지들은 매년 약 485만 세제곱미터의 목재를 생산하고 관리에 거의 3000개, 벌목에 2300개의 영구직이 있다. 하지만 스코틀랜드보다 면적이 상당히 작은 이곳에도 어쨌든 사람들이 1만 8000마리의 비버와 함께 살고 있다.

게르하르트 슈바프는 독일판 데릭 고다. 무성한 수염에 백발을 허리

까지 구불구불 늘어뜨린 이 거구의 사내는 뮌헨의 비행기 도착장으로
부터 몇 분 거리에 있는 삼림지에서 우리에게 '공항 비버'를 소개해주었
다. 우리는 사흘간의 여행 동안 바이에른에서 가장 높은 해발 1456미터
의 그로서아르버 호수에 사는 비버부터 채석장의 비버, 다뉴브강의 비
버, 그리고 도시 외곽의 근린공원에서 자유생활을 하는 비버들까지 비
버가 사는 많은 지역을 방문했다. 하지만 가장 놀라운 곳은 비버들이
낚시동호회에 보금자리를 지은 곳이다. 거기엔 보온병과 샌드위치를 들
고 온 중년 남성들이 잰더와 무지개송어를 잡으려고 낚싯대를 던져둔
채 앉아 있었다. 연못 저쪽 끝에 통나무와 나뭇가지를 쌓은 둑이 어렴
풋이 보이지만 신경 쓰지 않는 것 같았다. 사실 낚시꾼들에게 그늘을
제공하고 수온을 조절하기 위해 그림 같은 버드나무들 중 일부를 비버
가 건드리지 못하게 철조망으로 둘러쳐놓아야 했다. 송어는 잉어, 강꼬
치고기, 메기와 마찬가지로 고온을 견디지 못하고 직사광선에 노출된
물에서는 고통스러워할 것이기 때문이다. 하지만 바이에른의 낚시꾼들
은 비버를 수용하는 대가로 이런 불편을 감수할 준비가 되어 있다.

"1960년대에 비버가 바이에른으로 돌아왔을 때 낚시꾼들이 가장 격
렬하게 반대했었죠", 게르하르트가 말한다. "하지만 실제로 비버들과 함
께 생활해보니 생각이 달라졌어요." 비버들이 지은 댐과 보금자리가 무
척추동물과 미생물에게 서식지를 제공할 뿐 아니라 더 큰 물고기, 강꼬
치고기, 왜가리의 포식으로부터 작은 치어들을 보호하는 비버 연못들
에서는 어류 자원이 8배나 증가했다. 다른 곳에서도 비버들의 댐이 어
류의 이동에 장애물이 아니라는 것이 증명되고 있다. 연어과 어류와 비

버들이 수천만 년 동안 공존해왔음을 생각하면 놀라운 일도 아니다. 바이에른에서 낚시 면허증을 받으려면 1년에 7~15일간 낚시동호회에서 자원봉사를 해야 하는데, 낚시꾼들은 이제 나무들에 울타리를 치고 벽돌로 연못과 강 주변의 비버들이 판 구멍과 도랑을 메워 둑에서 걸어 다니고 파라솔을 설치할 수 있도록 하는 데 그 시간을 쓰고 있다. "공생이죠", 게르하르트가 말한다.

바이에른의 농민들 역시 기발하게 단순하고 저렴한 수류관리 장치—'비버 속임 장치beaver deceiver'—덕분에 비버들과 함께 살아가는 법을 배우고 있다. 미국에서 처음 개발된 이 장치는 비버들이 만든 댐의 수위를 조절하고 비버들이 경작지의 땅속 배수로를 막아 농사에 지장을 주는 것을 방지한다.

"비버들은 열에 아홉은 농민에게 문제를 일으키지 않습니다", 게르하르트가 말한다. "설사 문제를 일으킨다 해도 보통 쉽게 바로잡히죠." 바이에른 농민들의 이런 확신에는 다른 모든 방법이 실패할 경우 결국 비버들을 덫으로 잡거나 죽일 수 있다는 생각이 뒷받침되어 있다. "그걸 아는 것만으로도 수용도가 훨씬 더 높아졌어요", 게르하르트가 말한다. "농민과 지주들이 법으로 비버 보존령이 내려와 무슨 일이 있어도 자신의 땅에 비버를 두라고 명령하진 않을 것임을 아는 게 중요합니다."

우리의 작은 NGO인 영국 비버 자문위원회가 영국인들에게 유럽, 캐나다, 미국의 낚시꾼과 농민들이 비버와 함께 완전히 만족스럽게 살고 있다는 것을 보여주려고 애쓰고 있을 때 우리 앞에서 사건들이 극적으로 발전했다. 데번주 오터강에 사는 야생 비버 가족이 발견된 것이다.

은퇴한 환경과학자 톰 버클리가 2014년 2월에 촬영한 거친 흑백 영상에는 3마리의 비버가 서로의 털을 다듬어주고 나무들을 갉으며 물속에서 신나게 노는 모습이 나온다. 아니나 다를까, 이 영상은 입소문을 탔다. 많은 지역 주민은 거의 10년 동안 이 비버들의 존재를 알았지만 언론의 관심과 무엇보다 당국의 부정적 반응을 염려해 침묵을 지켰다. 주민들이 걱정할 만했다. 이 비버들이 발견된 직후 환경식품농무부가 비버는 침입종이고 병을 옮겨 인간의 건강에 해를 끼칠 수 있다며 비버들을 덫으로 잡아 가둬둘 계획을 발표했다.

이번에도 비버들이 어떻게 그곳에 도착했는지가 수수께끼였다. 근방의 자연보호구역에서 탈출했다는 추측은 야생생물 자경단, 혹은 언론에서 붙인 별명대로 '비버 투하 전사'들이 풀어주었다는 이론만큼 가능성이 낮을 것이다. 이 비버들이 어디에서 왔건 데번 야생생물 신탁과 비버들이 촬영된 땅의 주인인 농민들을 포함한 근처의 오터리세인트메리의 주민들은 정부의 결정에 반대하기 위해 결집하여 진정서에 서명하고 상점 창문들에 '우리의 비버를 구하자'는 표지를 붙였다. 환경부 장관에게 검사를 위해 비버를 붙잡아야 한다면 검사 결과가 음성으로 나올 경우 환경식품농무부가 곧바로 비버들을 오터리세인트메리로 돌려보내야 한다고 촉구하는 메시지를 보낸 사람이 1만 명에 이르렀다.

데번주뿐 아니라 전국에서 비버에 대한 지지가 늘어나자 환경보호단체인 지구의 벗이 정부 입장의 합법성에 이의를 제기했다. 그들은 영국이 유럽비버의 '자연적 분포 범위'의 일부를 이루며 비버를 없애는 건 보호종에 대한 유럽연합의 법에 위배될 것이라고 주장했다.

공격이 날개를 달기 시작하자 데번 야생생물 신탁은 검사 뒤에 비버들을 풀어주라는 요구에 합의를 얻기 위해 공청회를 여러 차례 열었다. 데릭 고가 생각하기에는 영국 비버자문위원회가 5년 동안 수행한 기초 작업이 이 회의들에서 데번주 비버들의 운명을 결정하는 데 중요한 역할을 했다. "10년 전에는 환경운동가들이 전국농민연대처럼 비버에 반대하는 압력집단과 함께 앉아 있지 않았을 거예요. 하지만 우리는 넵에서 서로를 알게 됐어요. 우리는 잘 지냈고 약간의 신뢰가 싹텄어요. 모두에게 여전히 각자의 입장이 있었지만 공식적인 시범 방출에 기꺼이 동조했습니다. 환경식품농무부에겐 정당한 논리적 근거가 없었죠."

2015년 3월 23일, 오터강 상류에 땅거미가 깔리며 나무들의 그림자가 짙어지기 시작해 첩보영화 같은 분위기를 더했다. BBC 스프링워치의 촬영 팀은 분위기를 촬영하며 시간을 죽이고 있었다. 선발된 구경꾼들─데번 야생생물 신탁의 직원과 수탁자들, 이 땅의 주인인 젊은 농민 부부, 찰리와 나─은 기대감을 감추지 못했다. 우리는 마지막에 문제가 생길까봐 조바심이 나서 시계를 힐끗거리며 지난 몇 년간 비버들의 근면한 노동의 증거인 쓰러진 나무들을 피해 자갈이 깔린 모래톱을 왔다 갔다 했다. 딱 24시간 전에 데번 야생생물 신탁에서 전화로 통지를 해왔다. 그들은 데릭의 농장에서 로이신과 에든버러 동물원의 동료들이 붙잡힌 비버들에게 실시한 검사에서 아무 이상 없다는 진단이 내려지길 기다려왔다. 이제 건강하다는 보증서를 받고 눈에 띄는 귀표를 단 비버들이 나올 준비가 되었다. 정부는 마침내 오터강에 비버들을 시범 방출하는 데 동의했다. 데번 야생생물 신탁의 용기 있는 태도와 예전에

'대담한 모험'에 했던 투자가 보상을 받았다. 작은 조직에게는 크나큰 헌신이었다. 엄청나게 상세한 허가신청서를 제출하는 일만으로도 힘든데 그들은 재정적, 조직적 자원 제공을 떠맡았고 모든 복잡한 허가 조건을 관리하겠다고 약속했다. 데번 야생생물 신탁은 클린턴 데번 사유지, 데릭 고 컨설팅, 엑스터대학과 협력해 50만 파운드를 들여 5년에 걸친 실험을 이끌어 비버들이 지역의 환경, 경제, 공동체, 야생생물에 미치는 영향을 평가할 것이다.

2020년에 그 5년이 끝날 때 정부는 잉글랜드에서 비버의 미래에 관해 결정을 내리고 잉글랜드의 비버들이 세계 다른 모든 곳의 비버들처럼 행동한다는 가정하에 또 다른 방출 허가를 내리기 시작할 것으로 예상된다. 한편 2016년 11월 24일에 스코틀랜드 정부는 이주해온 유럽 비버들에게 마침내 영주권을 주며 잉글랜드도 그렇게 하라는 더 큰 압력을 가했다.

드디어 엔진 소리가 정적을 깨더니 데릭 고의 픽업트럭이 강가에 섰다. 그리고 트럭 뒤에 실린 세 개의 여행용 우리를 출입구가 물 쪽으로 향하도록 땅에 조심스럽게 내려놓았다. 건너편 둑에서 기대감에 몸이 뻣뻣해진 우리는 카메라를 그 우리들에 맞추고 어스름 속을 주시했다. 역사가 만들어지고 있었다. 정부가 잉글랜드에서 멸종한 포유류의 재도입을 처음으로 허가한 순간이었다. 데릭이 하나씩 출입구를 들어올리자 세 개의 낮은 그림자가 물속으로 천천히 달려들어가 첨벙거렸다. 다른 비버들은 다음 날 저녁에 방출될 것이다.

비버 두 마리는 강으로 미끄러지듯 들어가 순식간에 사라졌지만 임신한 암컷인 가장 큰 비버는 승자의 일주를 한 뒤 우리 앞의 모래톱에 나타나 몸단장을 했다. 살찐 스패니얼 크기의 이 비버는 수염으로 공기를 감지하고 비늘로 덮인 납작한 꼬리로 균형을 잡으며 앉더니 뒷다리의 발톱으로 길고 매끈거리는 털을 빗어내리기 시작했다. 넵에 비버를 들이는 것이 어쩌면 그리 먼 꿈은 아닐지도 몰랐다. 비버가 넵 호수의 버드나무들에서, 혹은 해머 연못을 따라 미끄러지듯 움직이며 부지런한 새끼들과 함께 열심히 일하고 가장 어린 새끼들이 어미의 꼬리에 올라타는 모습이 그려졌다. 우리의 콘크리트 댐과 레고 블록 같은 조선대는 과거의 일이 될 것이다. 범람원에는 우리가 만들지 않은 나무 잔해 차폐물들이 여기저기 나타나고 우리가 팠던 볼품없는 인공 못들은 더 큰 웅덩이가 될 것이다. 스프링우드에는 왜림이 다시 나타날 것이다. 그리고 물이 이렇게 정제되면서 서식지 전체가 활기를 띠어 중세 초기 이후 넵에서 보지 못했던 물의 왕국, 물쥐들도 밍크를 따돌릴 상당한 가능성이 있는 복잡한 식생을 갖춘 곳이 될 것이다.

목초지 사육

우리는 동물들을 먹는다는 것에 관해 이야기할 더 좋은 방법이 필요하다.
고기가 흔히 우리 접시의 한가운데에 놓이는 것과 마찬가지로
고기를 공개 토론의 한가운데로 가져갈 방법이 필요하다.
_조녀선 사프란 포어, 『동물을 먹는다는 것에 대하여Eating Animals』(2011)

우리가 롱혼을 선택한 것은 행운이었음이 드러났다. 단지 유순해서만은 아니다. 롱혼의 등에 있는 뚜렷한 흰색 줄인 '핀칭'은 점점 더 야생화되는 우리 땅에서 이들의 소재를 파악하는 반가운 단서였다. 튼튼하고 회복력 강한 롱혼들은 대피처가 될 만한 빈 헛간들을 거의 사용하지 않고 숲이나 작은 버드나무 숲에 몸을 숨긴 채 폭풍이나 일시적 강추위가 지나가길 기다렸다.

하지만 경제적 관점에서 무엇보다 중요한 점은 롱혼들이 우수한 소고기를 생산한다는 것이다. 셰프 헤스턴 블루먼솔은 2013년 텔레비전 프로그램 「완벽Perfection」 시리즈에서 애버딘 앵거스와 일본 고베 소고기를 포함한 다른 모든 전통적인 소고기를 누르고 롱혼을 세계에서 가장 맛

있는 소고기로 선택했다.

2010년에 롱혼이 세 개의 무리에 총 283마리(암소 69마리, 새끼를 뱄거나 아직 새끼를 낳은 적은 없지만 번식 연령에 도달한 암소 36마리, 황소 9마리, 나머지는 6~20개월 된 새끼들)로 늘어나자 우리는 프로젝트의 최대 방목 밀도에 도달해 도태를 시작해야 한다고 느꼈다. 재야생화의 한 부산물이 갑자기 잠재적으로 상당한 수입원으로 등장했다. 실제로 우리는 사료나 기반시설 비용을 전혀 쓰지 않고 수의사 비용도 거의 들이지 않은 채 고급 유기농 롱혼 소고기를 생산하고 있었다. 가족이 운영하고 보존 등급 육류를 전문적으로 다루는 작은 도살업체가 사용하지 않는 우리 농장 건물 중 하나를 빌리려고 연락해왔고, 우리는 완벽한 파트너를 발견했다. 우리는 절단실과 소고기를 5주 동안 걸어놓을 숙성 냉장 장치를 설치했다. 패스트푸드 시대에 거의 잊힌 관행이었다. 우리는 이제 넵의 최상등급 소고기를 기다리는 대기자 명단을 가지고 있고 우리 지역의 식당, 술집, 최고의 정육점들에 소고기를 공급한다.

하지만 고기의 맛과 연도, 혹은 유기농이라는 사실을 넘어서는 우리의 핵심 판매 포인트는 우리 동물들이 '목초지에서 사육pasture-fed'되었다는 것이다. 이 점은 지금까지 영국 정부, 식품 산업 및 농업이 간과해왔지만 인간과 동물의 건강 모두에 광범위한 영향을 미치는 특성이다. 1990년대에 미국의 과학자들이 초원에서 방목한 가축과 집약적 시스템에서 곡물을 먹여 기른 가축의 지방의 차이를 밝히기 시작했다. 그 결과는 동물복지에 관한 우려와 함께 미국에 '목초 사육grass-fed' 운동을 일으켰다. 이제 미국 대부분의 슈퍼마켓에서 소고기 코너와 유제품 선반에 100퍼센트 목초 사육 생산품이 즐비하다. 영국인은 외국에서 수행된 연구에 대개 회의적이다. 하지만 2009년에 경제 및 사회 연구 위원회가 영국에서 수행한 독립적 연구는 미국의 연구 결과들을 입증해 주었다.

목초지에서 풀을 먹여 기른 소에서 얻은 고기를 화학적으로 분석해 보니 비타민A와 E가 훨씬 더 많이 함유돼 있고 베타카로틴(비타민A의 전구체)과 셀레늄 함량은 대개 2배였다. 모두 강력한 항산화제다. 또한 심장질환을 막고 뇌 기능과 발달에 중요한 역할을 하는 긴 사슬 오메가3 지방산 DHA를 포함한 건강에 유익한 지방산도 많이 들어 있다. 인간의 뇌는 절반이 지방이고 그 지방의 4분의 1이 오메가3로 이루어져 있다. 인체는 자체적으로 오메가3를 합성하지 못해 식품에서 얻어야 하지만 오메가3가 들어 있는 식품은 매우 드물다. 참치, 고등어, 연어처럼 기름기 많은 생선은 오메가3 DHA가 풍부하다. 그러나 지구의 어류 자원들이 붕괴되고 있고 양식 연어는 유기농이라 해도 대개 지속 불가능한 방식으로 구한 야생 어류로 구성된 사료를 먹는다. 또한 연어 양식은 심한 오염을 일으키고 배설물과 사료 찌꺼기를 집중적으로 배출해 해양의 생물상을 변화시킬 뿐 아니라 야생 어류들 사이에 병을 퍼뜨린다. 오메가3 보조식품 생산업체들은 세계의 모든 대양에서 발견되는 작은 갑각류인 크릴에 점차 의존하고 있으며, 환경문제 운동가들은 해양 먹이사슬의 맨 아래에 있는 이 중요한 자원을 보호하기 위해 로비를 하고 있다. 반면 목초지에서 기른 가축의 고기는 지속 가능성이 높으며 결정적으로 오메가6 지방산과 균형 잡힌 비율의 오메가3가 들어 있다. 최근의 연구는 현대의 식단에 대개 식물성 오일에서 발견되는 오메가6가 너무 많이 포함되어 있다고 제시한다. 영양학자들은 건강의 열쇠가 오메가6와 오메가3의 비율이 6대 1을 넘지 않는 식품이라고 주장한다. 목초지에서 풀을 먹고 자란 소의 고기는 이 비율이 꾸준히 4대 1로 측정되는 반면 곡물을 먹고 자란 소의 고기는 일반적으로 6대 1이 넘고 13대 1에 이르기도 한다.

아마 무엇보다 중요한 건 목초지에서 풀을 먹고 자란 동물의 고기에 공액리놀레산CLA 함량이 상당히 더 높다는 점일 것이다. CLA는 면역체계와 염증 완화뿐 아니라 골질량에도 좋은 것으로 입증된 지방산이다. 자연에서 가장 강력한 항발암 물질 가운데 하나로 여겨지는 CLA는 체지방과 심장마비의 위험도 줄인다. 뿐만 아니라 풀을 먹고 자란 소의 고기에는 기존의 소고기보다 박센산이 훨씬 더 많이 들어 있다. 박센산 역시 인간의 소화관에서 박테리아에 의해 CLA로 전환되어 완전히 풀만 먹고 자란 소의 고기를 먹을 때 얻는 CLA의 총량을 증가시킨다.

반면 곡물을 먹여 소를 키우는 현대의 집약적 사육 방식은 건강에 좋은 지방, 비타민, 그 외의 중요한 동물성 화합물의 생성을 방해한다. 곡물에는 자연 목초지의 풀들에 비해 오메가3가 매우 적게 들어 있다. 도축 직전에만 곡물을 먹여 '비육'—시장에 팔기 위해 소를 살찌우는 전통적인 관행—하는 경우에도 평생 풀만 먹은 이점들이 뒤집힐 수 있다. 이에 대한 논리적 설명이 있다. 풀을 먹도록 진화한 동물들은 곡물을 분해·흡수하려고 애쓴다. 유기농 곡물이라도 마찬가지다. 집약적 사육 시스템에서 보리, 밀, 대두, 평지, 당밀에 단백질과 비타민을 추가해 가축에게 먹이는 '성과 사료'는 체중을 늘리지만 갖가지 건강 문제를 일으켜 자연 면역을 저하시키고 질병과 질환 발병률을 훨씬 더 높인다. 그러면 항생제, 아버멕틴, 그 외의 비싼 치료가 주기적으로 필요해질 수 있다. 인간 역시 동물이 곡물을 먹을 때 생성되는 유형의 지방을 분해·흡수하기 어렵다는 것을 알게 되었다. 곡물을 먹여 키운 가축의 지방을 먹으면 인간의 건강에 해로울 수 있음이 이제 분명해졌고 비만, 심혈관계 질환, 당뇨, 천식, 자가면역 질환, 암뿐 아니라 우울증, ADHD, 알츠하이머와의 연관성에 대한 증거가 늘어나고 있다.

이러한 연구 결과들이 함의하는 바는 엄청나다. 최근 거의 모든 의학적 조언의 주장과 달리 우리 식단에서 동물성 지방을 빼서는 안 된다. 그냥 우리가 올바른 종류의 동물성 지방을 먹고 있는지 주의를 기울이기만 하면 된다. 이 원칙이 육류에만 적용되는 건 아니다. 미국에서 전적으로 풀만 뜯어 먹고 자란 소들은 CLA가 5배, 오메가3가 30퍼센트 더 많이 든 우유를 생산하는 것으로 나타났다. 아이들의 식단을 상업용 저온살균 우유로부터 목초지에서 풀을 먹고 자란 소의 생우유로 바꾸자 천식과 알레르기가 극적으로 줄었다. 스스로 유당불내증이 있다고 생각하는 소비자들도 우유에 완전히 알레르기가 있는 게 아니라 곡물을 먹인 소들이 생산한 우유에만 알레르기가 있을 수도 있다. 중요한 점은 목초지에 꽃, 허브, 다양한 풀이 풍부할수록 우유에 건강에 좋은 지방산의 함량이 높아진다는 것이다.

영국에서 '목초 사육'이라는 용어는 방목을 하긴 했지만 곡류, 제조사료, 그리고/혹은 식품 제조의 부산물도 먹이거나 비육 작업을 한 가축을 기르는 육류 생산자들에게 사용된다. 환경식품농무부에 따르면 가축이 '목초 사육'으로 판매되려면 먹이의 51퍼센트만 풀에서 얻으면 되고, '목초 사육'을 했다는 주장에 대해 조사나 감시가 이루어졌다는 증거는 없다. 그래서 초기 단계인 영국의 반추동물 가축의 자연식단 운동은 '목초지 사육pasture-fed'이라는 용어를 채택했다. 2001년에 설립된 목초지 사육 가축 협회Pasture Fed Livestock Association의 '생명을 위한 목초지' 인증은 가축들에게 목초지에서 오지 않은 무엇도 먹이지 않았음을 보장한다. 뿐만 아니라 그 목초지는 야생초들, 초본의 복잡성, 초식동물의 식단의 미네랄 가용성을 보존하기 위해 제초제와 비료의 살포를 최소화하는―아예 안 쓰면 더 좋다―방식으로 관리되어야 한다. 동물에게 소화불량을 일으키는 것이 곡물만 있는 것은 아닐 수 있다. 우리가 기른 소들이 기억에 딱 박히게 입증해준 것처럼, 순전히 재배된 풀로 이루어진 풍요로운 식단도 거의 마찬가지로 나쁠 수 있다.

우리의 두 번째 롱혼 떼를 북쪽 구역에 풀어놓을 때 찰리는 소들이 어떻게 행동할지 궁금해서 주의 깊게 지켜보았다. 우리는 확장된 농촌 관리계획하에 235헥타르 전체에 자생초 8종으로 구성된 표준 CSS 혼합 종자들을 뿌렸다. 사일리지를 만드는 데 사용되는 독보리가 풍부한 들판 하나만 예외였다. 우리는 그곳이 일단 인공 비료만 살포하지 않으면 자생초 들판으로 되돌아갈 것을 알고 있었다. 중간 구역의 롱혼 떼와 마찬가지로 소들은 먼저 외부 경계를 익힌 뒤 안쪽으로 진출했다. 찰리는 샌드위치를 들고 참나무 아래에 앉아 있다가 소들이 맛 좋은 선녹색의 독보리 들판을 발견하는 것을 보았다. 소들은 기뻐서 음매거리며 머리를 숙이고 초콜릿 공장에 풀어놓은 아이들처럼 들판으로 달려들었다. 하지만 20분 뒤 불만스럽게 울면서 들판에서 나오더니 가장 억센 풀들을 찾아다녔다. 소들은 위가 회복될 때까지 범람원의 덤불 같은 억새밭에 몇 주 동안 머물렀고 독보리가 지천인 들판을 여름 내내 역병이라도 되는 양 피하다가 자생초들이 안전하게 대량 서식한 뒤에야 돌아왔다. 이 사건은 소들을 실내에서 집약적으로 키우며 먹이를 주는 것은 말할 것도 없고 현대 농업 시스템에서 단백질과 당분이 많은 풀을 소에게 강요하는 것이 우리에게 1년 내내 매일 푸아그라와 크리스마스 푸딩을 먹게 만드는 것이나 비슷하다는 걸 분명하게 보여주었다.

화학 비료를 주어 단일 경작한 독보리는 소화불량뿐 아니라 반추동물의 소화과정에서 기후변화에 영향을 미치는 가장 해로운 온실가스 중 하나인 메탄 생성의 원인이 되기도 한다. 생물이 다양한 목초지 시스템에서는 푸마르산 덕분에 메탄 배출량이 적다. 푸마르산은 애버딘의 로잇연구소Rowett Institute의 과학자들이 양들의 식단에 추가하면 성장을 촉진시키고 메탄 배출을 70퍼센트 줄인다고 밝힌 화합물이다. 푸마르산은 안젤리카, 둥근빗살괴불주머니, 냉이, 벌노랑이를 포함해 들과 생울타리에서 자라는 많은 식물과 풀에 광범위하게 나타난다.

라드, 크림, 버터를 먹었던 우리 조부모와 증조부모들 중 누구라도 우리에게 말해줄 수 있었던 것처럼 목초지에서 풀을 먹여 기른 동물의 지방이 우리 몸에 좋고 마가린, 식물성 오일 같은 '건강에 더 유익한' 대체품들이 전혀 유익하지 않다는 과학적 증거는 아직 영국에서 거의 어떤 주목도 받지 못했다. 제2차 세계대전이 끝난 뒤 농업의 집약화와 함께 목초지 기반 시스템으로부터의 전환(당시 많은 농민과 환경보호론자들은 열렬히 반대했다)이 시작되면서 우리는 곡물 생산에 고착화된 길을 걷게 되었다. 강인한 품종의 소와 양들을 풀이 풍부한 목초지에서 길렀던 (그리고 겨울에 실내에 들였을 때는 건초와 최근에는 사일리지를 먹였던) 소규모 육류 및 유제품 생산자들은 정제된 식품과 소의 사료를 위해 곡물을 재배하는 대규모 경작 농장들로 체계적으로 대체되었다. 영국의 많은 땅이 방목에 이상적이지만 ─ 그리고 역사적으로 우리는 야채, 육류, 과일로 이루어진 식단에 의존했지만 ─ 이제 대부분의 우리 땅이 경작, 관개되고 화학비료를 주어 곡물을 생산하는 데 이용되며, 현재 그 곡물들 중 절반은 가축에게 먹인다.

전 세계에서 너무 많은 땅이 경작에 이용되면서(세계적으로, 생산되는 모든 곡물의 약 3분의 1이 가축 사료로 쓰인다) 우리는 또한 그 어느 때보다 많은 육류를 먹도록 장려된다. 영국에서는 1년에 약 100만 톤의 소고기를 먹는다. 하지만 소에게 곡물을 먹이면 돈이 많이 들고 탄소 배출이 많으며 비효율적인 면이 한두 가지가 아니다. 소고기 1킬로그램을 생산하는 데 7~8킬로그램의 곡물이 들어간다. 지난 15년 동안 유럽에서는 주로 가축에게 먹일 곡물을 재배하기 위해 550만 헥타르의 목초지를 갈아엎었고 이 과정에서 영국에서 1년에 배출된 온실가스의 양은 두 배로 늘어났다. 개발도상국의 소비자들이 더 많은 육류를 먹기 시작하면서 농산업과 식품 산업은 곡물을 먹인 집약적 육류 생산을 확대하고 있다. 이런 현상은 건강 측면에서나 환경 측면에서나 심각한 걱정거리다. 제안된 대안은 첨단 기술을 이용한 인조육부터 보편적 채식주의에 이르기까지 다양하다. 하지만 답은 훨씬 더 쉬울 수 있다. 미래를 재설계하기보다 과거에 축적된 지혜에 주의를 기울이면 된다. 우리는 육류를 더 적게 먹을 수 있고 가축을 기르는 더 전통적인 방법들로 되돌아갈 수 있다.

건강한 가축을 기르는 지속 가능한 시스템을 위해 초본이 풍부한 목초지가 지니는 중요성에 찰리와 나는 더 야생의 체제에 있는 우리 동물들을 관찰하면서 얻은 방목의 이점들을 추가하고 싶다. 일단 우리는 관목과 개망초 같은 선구 식물들이 남쪽 구역을 지배하기 시작할 때 소들이 먹을 풀이 충분히 남지 않을까봐 걱정했다. 하지만 경험해보니 남쪽 구역의 소떼가 중간 구역과 북쪽 구역의 대정원에서 풀을 뜯는 소들보다 대체로 더 우수했다. 잔가지, 나무껍질, 잎을 뜯어 먹으면 소나 사슴이나 말이나 똑같이 풀만으로는 얻을 수 없는 영양소와 미네랄을 섭취하는 듯했다. 이것은 과거의 농민들에겐 말할 필요도 없이 당연한 이야기였을 것이다. 살아 있는 나무에서 동물이 닿을 수 없는 높은 가지들을 잘라내 가축에게 먹일 '나무 사료'를 모으는 일이 건초 만들기보다 수천 년 앞서 이루어졌으며 한때 영국에서 흔한 관행이었다. 이런 지속 가능한 이중 농업 체계는 유럽의 일부 지역과 아프리카, 아시아의 자급 농업 지역들에서 여전히 이용되고 있는데, 겨울이나 건조기에 가축에게 먹일 사료로 저장하기 위해 나뭇잎이 무성한 가지들을 쳐내면 나무의 수명이 길어질뿐더러 가뭄이나 풀의 성장이 저조할 때를 대비해 귀중한 예비책이 된다.

초원의 허브들과 마찬가지로 많은 나무와 관목의 잎에도 약효 성분이 있다. 그리 머잖은 과거에 들판의 경계로 다양한 종의 나무와 관목을 이용해 생울타리를 만들면 가축에게 추가적인 영양원과 자기치료 기회를 제공하는 데도 도움이 되었던 역사가 있다.

우리가 프로젝트 밖의 마을 주변 들판에서 베어낸 유기농 건초 더미를 돈 주고 사야 했던 건 2010년 1월과 2011년 12월의 눈이 많이 내린 날들뿐이었다. 조랑말과 사슴들은 대정원에 눈이 오래 쌓여 있는 기간을 잘 견뎠지만 롱혼은 눈을 파헤쳐 풀을 찾는 법을 잊어버렸고 사슴의 브라우저라인이 높은 중간 구역과 북쪽 구역에서는 소들이 식물을 구하기가 더 어려웠다. 그 외에 우리가 보조 사료를 제공했던 유일한 시기는 2013년 봄처럼 몇 달 동안 끊이지 않고 비가 내린 뒤 땅이 완전히 진창이 되고 새로운 풀이 돋는 데 시간이 걸렸던 때뿐이다.

모든 초식동물은 겨울에 자연히 컨디션이 나빠지지만 연구들은 체중 감소와 회복의 주기적 반복이 실제로 건강에 좋을 수 있다는 것을 보여준다. 수천 년에 걸쳐 계절에 따른 먹이의 호황과 불황에 대처하도록 진화한 방목 동물의 신진대사는 연중 내내 높은 칼로리를 섭취하는 것에는 적절히 대처하지 못할 수 있다. 판단 기준은 겨울이 끝날 무렵 동물의 전체적인 건강 상태와 봄에 풀이 처음 돋아나고 새잎이 나면서 동물이 얼마나 빨리 체중이 늘어나는지에 있다.

동물들이 아무리 편하게 지내는 것으로 나타나고 있다 해도 자연주의적 방목은 현대의 영국 가축 법규와 관련해 다루기 힘든 문제들을 던진다. 많은 황소를 무리와 함께 돌아다니도록 허용하면 송아지들의 아비를 확인하기가 불가능해진다. 이는 우리 롱혼들이 혈통 지위를 잃어야 한다는 뜻이다. 또한 혈통 규정집에 따르면 롱혼 수컷들은 300일 내에 체중이 310킬로그램에 도달해야 하는데, 이는 곡물을 집중적으로 먹여야만 얻을 수 있는 체중이다. 따라서 '느리게 성장한'이라는 용어를 알고 있는 사람들에게 이것은 맛과 동물복지 모두에서 중요한 문제다.

자연주의적 방목은 대체로 손이 많이 안 가지만 어떤 일들은 집약적 체계에서보다 훨씬 더 많은 시간을 요한다. 일례로 귀표를 다는 것은 중세에 사냥터에 집어넣은 야생 소떼인 노섬벌랜드의 아주 오래된 칠링엄 소들만 면제받는 규정이다. 우리 중간 구역의 소들이 자연적 리듬을 회복하고 봄에 출산하도록 생활 주기를 동기화하는 데 걸린 8년 동안, 태어난 지 며칠 안에 귀표를 달기 위해 송아지들이 어디 있는지 찾는 일은 몹시 힘든 숨바꼭질이었다. 특정 암소가 좋아하는 출산 장소를 우리가 알고 있다 해도 새끼를 낳는 주기는 무작위적이며 연중 특정 시기로 정해져 있지 않아 언제 출산할지 알지 못했다.

가축 관련 법규들을 지키려면 우리의 비개입주의 신조에서 벗어나야 했다. 소떼를 멋대로 내버려두면 때로 황소들이 6, 7개월밖에 안 된 어린 암소와 교미했다. 그러면 어린 암소가 아직 성숙하지 않은 몸으로 상대적으로 큰 송아지를 배 출산에 어려움을 겪을 위험이 있었다. 이 위험이 얼마나 심각한지는 판단하기 어렵다. 우리는 50마리의 암소와 어린 암소로 이루어진 무리에서 그런 출산 문제를 8년 동안 두 번 겪었다. 전체적으로 보면 매우 적지만 문제는 그런 사고가 일어나도록 허용해도 되는가, 혹은 허용해야 하는가다. 2007년 5월에 우리는 환경식품농무부, 왕립 동물학대방지협회, 내추럴 잉글랜드, 여러 보존방목 프로젝트에서 수의사 집단을 초대해 우리의 자연주의적 체계를 보여주었다. 이 문제는 수의사들이 확인한 유일한 걱정거리였고 우리는 그들의 권고를 따르기로 결정했다. 이제 황소들은 번식기가 시작될 때까지 무리에서 격리되어 마을을 사이에 두고 프로젝트와 지리적으로 분리된 400에이커의 유기농 보존지에서 풀을 뜯는다. 6월이나 7월에 황소들이 무리에 합류하면 어린 암소들을 데리고 나왔다가 9월에 다시 자리를 바꿨다. 하지만 무리를 갈라놓자 불가피하게 관계에 영향을 미쳤다. 약 6~12개월 된 어린 암소들을 떼어놓을 때 이들은 거의 전적으로 풀만 먹는 단계이긴 하나 여전히 어미의 젖을 빨고 있는 중일 수 있다. 그리고 10주 뒤에 이 암소들이 무리로 되돌아오면 슬프게도 어미와 새끼는 더 이상 서로를 알아보지 못한다.

4년마다 한 번씩 하는 결핵 검사, 기종저처럼 소들에게 흔한 질병에 대한 예방접종, 그리고 일반적인 축산 및 건강검진을 위해 자유롭게 돌아다니는 소를 모아들이는 일 역시 힘든 과제이고, 관목지대와 습지가 확장되면서 어려움은 점점 더 커진다. 세계자연기금의 공동 설립자인 뤼크 호프만이 시작한 습지 보존 프로젝트인 프랑스 남부 카마르그를 투어한 뒤 블라를 방문한 우리는 경이로운 카마르그 말에 대해 알게 되었다. 론강 어귀 습지의 거친 지형에서 투우들을 몰아서 모으기 위해 개량된 아주 오래된 종인 카마르그는 물과 울창한 관목에 굴하지 않고 소들에 대해 어떻게 행동해야 하는지 본능적으로 알고 있다. 그리고 멧돼지들에게 익숙해져서 대개 돼지를 겁내지 않는다.

카마르그의 소몰이 실력은 정말 기가 막힌다. 유감스럽게도 우리의 목동 팻 토도, 그의 믿음직한 조수 크레이그 라인도 말을 타지 않는다. 우리가 카우보이를 부르는 동안 대개 찰리와 개인 비서 야스민 뉴먼, 그리고 우리 아들 네드가 대규모로 소들을 불러 모으는 작업을 위해 세 마리의 카마르그에 탔고, 일상적인 소떼 관리 작업은 전지형 만능차와 사륜 오토바이를 타고 이루어졌다. 버드 윌리엄스의 지혜가 우리의 소몰이 작업과정에 혁신을 불러오기 전까지 차를 이용해 소를 몰아들이려면 대개 소에게 극심한 공포와 두려움을 불러일으키고 목동들도 그만큼의 아드레날린을 분비하며 정신없이 쫓아가야 했다. 2012년에 56세의 나이로 세상을 떠난 오리건주의 소 목장주 버드는 서부극에서 볼 수 있는, 흙먼지 일으키며 우르르 몰려가는 소떼들로부터 100만 마일 떨어진 곳의 소도 움직이게 하는 방법을 전했다. 버드는 소의 심리에 대한 공감 어린 이해를 바탕으로 어떤 지형에서건 소, 양, '돼지'부터 순록, 엘크, 들소에 이르기까지 모두 걸어서 모아들일 수 있었다. 그는 울타리 없이 소들을 교대로 방목했다.

버드 윌리엄스의 비디오—아내 유니스가 흔들리는 카메라로 촬영하고 흥미로운 잡음이 섞여 있는 원본 그대로의 몇 시간짜리 영상—는 소를 모아들이는 일을 하는 사람이라면 눈을 뗄 수 없게 만든다. 버드는 절대 소 바로 뒤에 있지 않고 언제나 소를 볼 수 있는 곳에서 딱 알맞은 접근 각도를 이용해 소들이 평온하게 움직이도록 하고 너무 느리지도, 너무 빠르지도 않게 소들을 끌어들일 적소를 파악한다. 길을 잃고 헤매는 동물들은 수은방울처럼 이동 방향으로 빨려들어간다. 버드는 "소들은 어디로 가고 있는지, 왜 가는지 모릅니다. 하지만 무리를 놓치고 싶어하지 않죠"라며 미화하는 법 없이 말한다. 이것은 조상들로부터 유래되어 소들의 DNA에 단단히 박혀 있는 이동 충동이다.

이런 충동은 유목민과 목축민의 뼈에도 새겨져 있다. 루마니아의 목동들이 소와 물소들을 몰고 트란실바니아의 삼림 방목장을 지나는 모습을 보면 토끼를 이긴 거북의 동요되지 않는 평온을 목격하는 것 같다. 우리에게 버드 윌리엄스를 알려준 오스트레일리아의 깨어 있는 소 목장주는 대부분의 현대적 시스템에서 지배적인 소 관리 방식, 몽둥이를 휘두르고 아드레날린을 뿜어내는 마초 문화에 경악한다. "이런 문화는 소를 다루는 사람이 자기 동물을 이해하지 못한다는 것을 보여줍니다. 나는 목동이 더 고함 지르고 채찍을 휘두를수록 그가 더 무서워하는 것이라고 생각합니다."

우리는 이런 광적인 접근 방식이 동물에게 주는 스트레스는 말할 것도 없고 현대의 소 관리 체계에서 얼마나 많은 시간과 에너지를 낭비하는지를 템플 그랜딘과의 경험을 통해 절실히 느꼈다. 세계에서 가장 유명한 캐틀 위스퍼러cattle-whisperer(소와 소통하는 사람) 중 한 명인 그랜딘이 2011년 7월에 우리를 방문했다. 1947년에 매사추세츠주에서 심각한 자폐증을 가지고 태어난 그랜딘은 세 살 반이 될 때까지 말을 하지 못하고 어떤 신체 접촉도 견디지 못했다. 그녀의 어머니가 보호시설에 딸을 집어넣으라는 의학적 조언을 거부하며 정상 교육을 시키겠다고 고집하지 않았다면 그랜딘의 놀라운 통찰력은 빛을 보지 못했을 것이다. 그랜딘의 어린 시절에 깨달음의 순간은 친척 아주머니 농장에서 동물들이 보정틀로 들어가는 모습을 보면서 찾아왔다. 그랜딘은 낙인을 찍거나 뿔을 자르거나 수의과 치료를 받는 동안 소가 '꼼짝 못 하도록' 설계되어 몸을 누르고 목과 머리를 꽉 죄는 우리에 빈틈없이 갇혀 있으면 소의 흥분도 가라앉는다는 것을 관찰했다. 그랜딘은 참을 수 없는 스트레스나 공포를 느낄 때 기어들어가 레버를 당기면 기계의 틀이 몸을 죄어오는 자신만의 '압박 기계'를 개발했다. 그랜딘에게 이 기계는 인간과의 포옹의 안전한 대체물이었다.

동물에 대한 그랜딘의 친밀감은 그녀가 불안을 느낄 때 가장 자주 분명하게 나타난다. 주변 환경에 위협을 느끼고 빛과 예기치 못한 불빛에 빠르게 반응하며 소음과의 접촉이나 시각적 디테일의 변화에 극도로 민감한 그랜딘은 무엇이 동물을 겁먹게 하고 놀라게 하는지 본능적으로 이해한다. 그랜딘의 설계는 미국 전역의 관리 및 도축 시스템의 절반 이상에 혁신을 일으켜 스트레스가 많고 위험하던 과정을 효과적이고 인도적이며 궁극적으로 비용을 절감하는 과정으로 바꾸었다.

그랜딘은 영국 강연 여행을 마칠 때 냅을 방문하고 싶다는 뜻을 표했다. 그녀는 견뎌야 하는 사회적 의식이라고 스스로에게 가르친 악수를 할 때면 손을 꽉 움켜잡는다. 하지만 "템플 그랜딘입니다. 템플 그랜딘입니다. 만나서 반갑습니다. 만나서 반갑습니다"라고 자기소개를 할 때는 여전히 시선을 떨군다. 그랜딘은 같은 말을 되풀이하는 습관 때문에 학교에서 '녹음기'라는 별명이 붙었다. 그녀는 말이 자신의 제2언어라고 말하는데, 그녀는 동물처럼 주로 시각적으로 사고하기 때문이다. 그랜딘은 옷깃에 텍사스 롱혼 무늬가 있는 카우보이 셔츠에 신발 끈처럼 가느다란 넥타이를 매고 롱혼의 머리가 장식된 황동 벨트 버클을 찬 모습이었다. 나는 계속 시계에서 눈을 떼지 않았다. 그랜딘과 함께 온 사람이 그녀가 미국으로 돌아가는 비행기 시간에 맞춰 정확히 7시에 개트윅에 도착하길 바란다고 말했기 때문이다. 기차에 대한 그랜딘의 열광은 자폐증과 관련이 없다. 그녀는 이튿날에야 비행기를 탔다.

우리는 그랜딘과 동행에게 재야생화 프로젝트를 구경시켜주었지만 그랜딘이 어떻게 생각하는지 가늠하기는 어려웠다. 그랜딘에겐 새로 집착하는 이론이 생겼다. 소의 이마에 소용돌이 모양으로 난 털을 가리키는 '가마'에 관해 그녀가 개발한 이론이었다. 그녀는 가마가 이마의 더 위쪽에 있을수록 소가 더 공격적이거나 신경질적이라고 주장한다. 이 이론은 생각보다 황당하진 않다. 송아지가 어미 뱃속에 있을 때 털의 패턴이 뇌와 같은 시기에 형성되기 때문이다. 소아과 연구들은 아동들에게서도 비슷한 발달이 이루어져 자연적 가르마나 두피에 '뻣뻣이 일어서는 머리카락'이 뇌의 기반 구조에 상응한다는 것을 발견했다. 소들의 가마의 방향은 또한 오른발잡이나 왼발잡이를 나타내고 동물이 몸을 돌릴 때 선호하는 방향뿐 아니라 대뇌반구의 우세성을 알려줄 수 있다. 좌뇌는 사회적 상호작용과 먹이 발견에, 우뇌는 위험의 감지와 회피 행동에 맞춰져 있다. 그랜딘은 수천 마리의 소를 대상으로 자신의 이론을 테스트했고 우리 롱혼들은 어디에 가마가 있는지 몹시 알고 싶어했다.

여름 햇살 아래 평온하게 누워 있는 소떼 사이를 돌아다니면서 보니 정말로 가마가 양쪽 눈 사이나 심지어 훨씬 더 아래에 있는 것 같았다. 곧추선 곡선 모양의 뿔이 달린 짙은 회색 암소 한 마리만 예외였다. 블랙비치라 불리는 이 암소는 우리가 다가가자 벌떡 일어섰다. 블랙비치

야생 쪽으로

는 성을 잘 내기로 악명이 높고 새끼 가까이 누군가 다가가면 예외 없이 들이받곤 했다. 우리가 블랙비치를 너그러이 봐준 건 좋은 어미이기 때문이다. 이 암소에게는 우리가 존경하지 않을 수 없는 기백이 있었다. 하지만 우리 프로젝트는 오솔길과 개를 산책시키는 사람들을 고려해야 하는 인류세에서의 재야생화다. 인도의 빈디처럼 눈 바로 위, 이마 중간에 높게 자리 잡은 블랙비치의 가마는 우리가 이미 본능적으로 알고 있던 것을 확인해주었다. 그랜딘은 블랙비치를 도태시켜야 하고 지나치게 방어적인 유전자가 전달되지 않도록 이 암소의 모든 자손도 없애야 한다고 제시했다. 그랜딘의 조언은 대단히 현실적이었다. 하지만 그녀는 한 품종에서 어느 한 특성을 외곬으로 골라내는 위험에 대해서도 잘 알고 있다. 그 특성이 온순함이라 해도 마찬가지다. 그 과정에서 다른 중요하고 유용하거나 유익한 특성이 사라질지 누가 알겠는가? 집약적 시스템에서 선발 번식은 품종에 장기적으로 미칠 손해나 신체적 부작용을 거의 고려하지 않고 무서운 속도로 유전자들을 조작한다. 이는 현대 가축들의 고통, 나쁜 건강, 신경질환의 주된 원인이다.

마침내 소들의 가마로부터 그랜딘의 관심을 돌렸을 때 우리는 그녀의 책 『가축 관리와 수송Livestock Handling and Transport』에 나오는 설계대로 만든 가축 관리 시스템을 보여주려고 데려갔다. 그랜딘은 곧바로 문제를 발견했다. 그녀가 말한 대로 입구는 용기를 북돋우는 30도 각도로 되어 있다. 하지만 그랜딘은 우리 경우에는 통로 옆쪽을 판자로 둘러막을 필요가 없다고 말했다. 대부분의 롱혼은 키가 커서 어차피 그 너머로 볼 수 있다. 통로 한쪽에 큰 헛간의 벽이 있는 것만으로도 주의 분산을 줄이기에 충분하다. 그랜딘은 우리가 통로를 노출되게 놔두면 소가 무리의 다른 소들이 모퉁이를 돌아 나란히 놓인 통로로 걸어 나오는 모습을 보고 안심할 것이라고 덧붙였다. 소들은 그들이 모두 출발했던 곳으로 되돌아갈 것이라고 가정할 것이다. 우리는 그녀의 간단한 조언이 미칠 영향을 모른 채 그랜딘과 작별 인사를 했다(그녀는 더 불편한 악수를 한 뒤 안도감을 감추지 않은 채 재빨리 차로 뛰어갔다). 템플의 조언에 따른 약간의 조정이 결과적으로 우리의 관리 시간을 또다시 30분 줄여주었다. 전체적인 차이는 놀라울 정도로 엄청났다. 템플의 시스템 전에는 5명이 스트레스에 시달리며 꼬박 하루를 매달려야 했던 일이지만 이제는 두세 명이 100마리의 느긋한 롱혼 소를 2시간 내에 처리할 수 있고 작업자에게 가해지는 위험도 상당히 줄었다.

한편 프로젝트의 다른 동물들 역시 번성했다. 햇살 아래에서 졸고 있거나 거대한 탬워스 암퇘지 뒤를 빠른 걸음으로 졸졸 따라가는 마멀레이드색 새끼 돼지들의 보금자리를 발견하면 가슴이 뛰었다. 암퇘지들은 덜렁대는 어미였다. 아마 새끼가 4~6마리나 되기 때문일 것이다. 암퇘지들은 새끼 한 마리를 잃어버려도 신경 쓰지 않는 것 같았지만―뒤처지지 않게 따라가는 책임은 새끼들에게 있다―놀랍도록 공동생활을 해서 종종 서로의 새끼에게 젖을 먹였다. 암퇘지들은 재야생화를 좋아하게 된 것이 분명했다. 어느 날 찰리와 나는 연못 옆을 걷다가 거품이 바글바글한 걸 발견하고 깜짝 놀랐다. 나이 든 암퇘지 한 마리가 하마처럼 코를 쿵쿵대며 수면을 가르면서 올라왔다. 입에는 커다란 민물 펄조개를 물고 있었다. 암퇘지는 물장구를 치며 둑으로 와서 조개껍데기를 발로 능숙하게 비틀어 열더니 이빨로 살을 잡아당겨 떼어냈다. 옆에서 함께 물 위로 떠올랐던 암퇘지는 식성이 덜 까다로운지 이 진미를 껍질째 우적우적 씹었다. 암퇘지들이 연못 바닥의 유사에 숨어 있는 조개들을 어떻게 찾아냈는지는 수수께끼지만 이제 연못은 암퇘지들이 즐겨 먹이를 찾는 곳이 되었다. 돼지는 물속에서 20초까지 숨을 참을 수 있는데, 아마 진화과정의 수생 단계로 되돌아가는 듯했다.

우리는 '야생 방목한' 유기농 돼지고기를 상업적으로 판매하고 싶었다. 그러나 우리 탬워스들이 토양 교란에 중요한 역할을 하긴 하지만, 우리 프로젝트는 마구 휘젓고 다니는 이 쟁기 같은 동물을 성체 60마리가 아니라 6마리식으로 한 번에 일정한 수만 유지할 수 있다는 게 분명해졌다. 실망스러운 일이었다. 돼지고기를 포도주 통에서 소금에 절였다가 여름 동안 정원의 참나무 아래의 방충 우리 안에 걸어놓고 자연건조시킨 파타 네그라 하몽을 만들어봤는데, 그 맛이 우리 주방에서 실시한 블라인드 테스트에서 스페인 하몽을 뺨칠 정도였기 때문이다. 서식스의 도토리를 실컷 먹은 돼지에게서 얻은 맛있는 지방은 절단기에서 녹아내릴 정도로 부드럽다. 큰 고깃덩이와 갈빗살은 깊은 맛이 나고 풍미가 풍부하다. 슈퍼마켓에서 파는 허여멀건한 돼지고기와는 차원이 다르다. 이제 우리는 그냥 집에서 먹고 야영장 상점을 찾는 손님들에게 제공하기 위해 탬워스 소시지와 베이컨을 만든다. 또한 우리는 목초지 사육으로 얻은 돼지기름과 소기름을 요리에 사용하는 걸 덜 꺼리게 되었다. 이 기름들은 오메가3, 오메가6, 오메가9을 쉽게 얻을 수 있는 원천이자 어유의 저렴하고 더 지속 가능한 대체품이다.

우리의 엑스무어 조랑말들 역시 눈에 띄게 자신감에 차 있었다. 조랑말들이 일단 번식을 시작하자 비만과 제엽염에 대한 걱정이 줄었다. 말들은 갑자기 활동이 많아졌다. 암말들은 지배적인 암컷 우두머리 역할을 두고 싸웠고 수망아지들도 싸움놀이를 했다. 우두머리 종마는 다가오는 도전자를 어깨너머로 돌아보았다. 자연적인 스트레스와 상호작용은 역동적인 무리의 본질이다. 동물에게 어느 정도의 스트레스 호르몬은 면역체계를 활성화시킨다. 인간도 마찬가지다. 최근 연구들에 따르면, 단기적인 한 차례의 스트레스는 뇌세포에 화학적 흥분제의 쇄도로 알츠하이머를 예방하고 에스트로겐 생성을 억제해 유방암을 막을 수 있다. 스트레스에 반응하는 몸속의 화학물질의 수치가 만성적으로 매우 낮거나 높게 유지되면 인간과 동물 모두에게 신체적인 문제가 발생한다.

하지만 2010년에 엑스무어 무리가 30마리 이상으로 늘어났을 때 우리는 프로젝트에서 유지할 수 있는 최대한도에 도달했다고 느꼈다. 야생마가 있는 다른 보존지역들과 마찬가지로 우리는 여분의 말을 어떻게 할지의 문제에 부딪혔다. 길들여지지 않은 반쯤 야생화된 말에 대한 수요가 없는 상황에서 살아 있는 엑스무어 한 마리는 25파운드의 알량한 금액에 팔릴 것이다. 25파운드는 시장에 내놓기 위한 허가증을 작성하는 데 드는 비용밖에 안 된다. 뉴포레스트 및 다트무어 조랑말과 마찬가지로 야생 엑스무어의 시체는 대개 동물원이나 사냥개 무리, 혹은 프랑스로 보내진다. 우리 동물로서는 슬프고 헛된 종말 같아 보였고 장거리 운송과 어딘지도 모르는 도살장도 걱정되었다. 우리 동물의 수를 지속 가능한 수준으로 유지하기 위한 유일한 다른 선택안은 거세처럼 보였다.

　거세는 동물과 작업하는 사람 모두에게 스트레스를 주는 일이고 비용도 많이 들지만—종마 한 마리를 수술하는 데 약 200파운드가 든다—어쨌든 일회성 작업이었다. 종마들은 길들여진 말에게 보통 필요한 진정제의 두 배 이상, 해독제는 절반이 필요해 수의사들을 놀라게 했다. 종마들은 그들을 제압하고 있던 창백한 낯빛의 남자들보다 더 빨리 정신을 차린 것 같았지만, 그래도 유감스러운 순간이었다. 우리는 더 이상 가까이에서 망아지를 보는 즐거움을 누리지 못했다. 하지만 가장 못마땅한 건 무리가 활력을 잃고 스트레스 수준이 거의 0으로 내려갔으며 자연적 상호작용과 후천적 지혜가 딱 끊겼다는 점이다. '야생'동물은 갈 데가 없었다.

　하지만 또 다른 방법이 있다. 2015년에 데번주 타비스톡 근방의 농장에 사는 열렬한 말 애호가 샬럿 포크너가 반 야생화된 말떼의 미래를 보호할 수 있는 대담한 한 걸음을 내디뎠다. 샬럿은 다년간 다트무어 힐 포니 협회Dartmoor Hill Pony Association를 운영하면서 다트무어의 야생 조랑말들을 지원할 방법을 찾고 방치된 동물들을 구출하며 원치 않는데 태어난 망아지들의 거처를 확보하기 위해 노력했다. 60년 전 다트무어에서는 수천 마리의 조랑말이 풀을 뜯었다. 1930년대에 화강암과 석탄 산업이 번성했을 때는 이 조랑말들이 석탄 운반뿐 아니라 사람이 타고 다니거나 수레를 끄는 데도 이용되었다. 그 수가 이제는 800마리로 줄었고 매해 400마리의 망아지가 농민들의 총에 맞아 죽는다. 한 품종으로서의 다트무어 조랑말이 위기에 처해 있으며, 방목이 이루어지지 않아 황무지가 거친 풀들에 압도당하고 크란스플라크에서처럼 중요한 서식지와 생물다양성을 잃을 가능성에 직면했다.

샬럿은 자신의 예민함을 누르고 유일한 해결책을 받아들였다. 바로 조랑말을 먹는 것이다. "다른 방법이 있다고 생각했다면, 정말이에요, 전 그 방법을 썼을 거예요." 샬럿은 사이다를 2파인트 마신 뒤에야 조랑말 스테이크를 한입 삼켰다고 고백했다. 하지만 그녀의 계획은 성공을 거두었다. 다트무어의 식당, 술집, 농산물 직판장에서 조랑말 소시지와 고기에 대해 뜨거운 반응이 나타나 농민들에게 소득원을 제공하고 야생 조랑말 무리를 새로이 회생시켰다. 하지만 당시 말 애호가들은 극심한 비판을 퍼부었다. 때로 샬럿은 전화로 욕을 퍼부은 사람들에게 다시 전화를 걸어 이 방법을 사용하는 근거를 이해하려면 농장을 방문하라고 제안했다. "그 사람들은 내 초대를 절대 받아들이지 않았어요." 샬럿이 말한다.

영국에서 말고기를 금기시하는 이유는 설명하기 어렵다. 유럽, 남아메리카, 아시아 전역에서 말고기를 먹고, 말고기 소비량 상위 8개국(중국, 멕시코, 이탈리아, 아르헨티나 포함)이 연간 약 470만 마리의 말을 소비한다. 교황이 732년에 말고기를 금지하고(말고기는 게르만족의 광신적 이교도 집단과 관련 있었다) 집시와 유대인 사회에서 엄격하게 금기시되었는데도 불구하고 영국에서는 유럽의 나머지 지역과 마찬가지로 중세 시대 내내 말고기를 먹었다. 프랑스에서는 혁명 때 귀족들의 마구간이 굶주린 사람들에게 열리면서 말고기 먹기가 활성화되었다. 나폴레옹 원정 때 군은 말고기에 의지했고 1870년부터 1871년까지 파리가 포위되었을 때 대중은 기르던 조랑말을 먹었다. 오늘날 정육섬들은 간판에 질주하는 말이나 말의 머리를 그려 말고기를 광고한다. 영국해협 건너편에는 감상벽이 없다. 유럽연합에서 10만 마리의 살아 있는 말이 인간에게 소비되기 위해 수송된다.

하지만 아마 영국 대중은 생각보다 덜 민감할 것이다. 2007년에 『타임아웃』이 실시한 독자 여론조사에서 응답자의 82퍼센트가 자신의 식당에서 말고기를 내놓겠다는 고든 램지의 결정을 지지했다. '코부터 꼬리까지' 남김없이 먹는 미식법이 유행하면서 우리의 입맛과 예민함을 변화시키고 있는지도 모른다. 2013년에 잇따라 터진 식품 파동으로 영국의 슈퍼마켓에서 판매되는 소고기와 그 외의 상품들에 말고기가 섞여 있다는 것이 드러났을 때 소비자들은 말고기를 먹는다는 개념 자체보다 아마 병들거나 죽어가던 동물의 고기에 위험한 화학약품을 처리했을 추적 불가능한 상품을 속아서 먹었다는 점을 더 걱정하는 듯했다. 언론의 떠들썩한 보도 이후 몇 주 동안 트위터에는 '우리 식품들에는 소금과 셔가(아일랜드의 유명한 경주마)가 너무 많이 들어 있어' '조랑말 마스카폰 치즈와 말울음 볼로냐 소시지로 만든 핀두스 라자냐' '냉동 육류 수입업자들이 더 많은 허들과 직면했군' 『말과 사냥개』—프랑스 소고기 부문의 업계 전문지 '테스코 왈 자사의 버거 매출이 여전히 안정적이래' '냉동식품에 대한 신뢰 부족이 오래가지 못할 듯'과 같은 재담이 넘쳐났다. 하지만 영국에서 말고기를 판매하는 식당들은 예약이 꽉 찼다. 말고기 사태는 우리에게는 몹시 반가운 소식이었다. 이 일은 커다란 금기를 깨트렸으며, '좋은' 말고기는 버려지고 '나쁜' 말고기는 부실한 버거와 파이에 사용된다는 사실을 드러냈다. 또 추적 가능한 최고 품질의 보존 등급 영국 말고기를 식탁에 올리는 것을 검토하도록 영국 대중을 설득할 수 있었고 언젠가는 넵에 번식하는 엑스무어 무리가 다시 살 수 있었을 거라고 암시했다.

2010년에 우리는 붉은사슴을 대정원에 들였고 자문위원회가 식물이 또 다른 거물을 감당할 정도로 강인하게 자랐다고 판단한 남쪽 구역에 작은 무리를 넣었다. 이제 우리는 반대자들을 무시할 자신감이 생겼다. 프로젝트의 다른 어떤 동물도 위협을 가하지 않듯 붉은사슴도 위협이 되지 않는다. 언제나 그렇듯 익숙하지 않아서 걷잡을 수 없는 두려움이 생기는 것 같다. 하지만 우리는 그 반대도 이해하기 시작했다. 경험보다 더 빨리 그런 두려움을 떨치게 하는 것도 없다. 한스 캄프의 말처럼 이것은 '행동으로 사고하기'다.

하지만 붉은사슴은 한 가지 점에서 우리를 놀라게 했다. 이 사슴들은 트레일러에서 풀려나자마자 가장 가까운 물로 뛰어들었다. 넵에 익숙해진 지금도 붉은사슴들은 호수와 연못에 엉덩이까지 담근 채 많은 시간을 보낸다. 스코틀랜드의 험준한 산비탈에서 붉은사슴을 보는 데 익숙한 사람에게는 이상한 광경이지만 넵과 저지대의 다른 곳들에서 이 사슴을 관찰한 결과는 붉은사슴이 강가에 사는, 혹은 살았던 종이고 인간이 그들의 서식지를 차지하면서 고지대로 밀려났다는 의심을 확인시켜주는 것 같다. 동남아시아의 삼바, 중국의 사불상, 중앙아프리카의 시타퉁가(늪영양)처럼 유라시아 전역에서 붉은사슴들은 여전히 갈대밭과 습지의 핵심 초본초식동물이다.

저지대 환경에서 붉은사슴의 놀라운 성장은 이 이론에 무게를 더해 준다. 넵의 수사슴은 체중이 스코틀랜드 수사슴의 2배이며 가지진 뿔의 무게는 최고 3배에 이른다. 스코틀랜드 고지의 삼림 벌채와 만성적인 과도 방목은 일부에서 겨울에 보조 먹이를 주어 인위적으로 늘린 개체수 문제까지 더해 붉은사슴의 성장을 제한하고, 다른 정보가 없는 대부분의 고지 사람들은 이 수치와 규모를 정상으로 받아들이게 되었다.

노르웨이인의 시각은 다르다. 그들은 많은 일을 다르게 본다. 노르웨이 자연연구소Norwegian Institute for Nature Research에서 일해온 스코틀랜드인 덩컨 핼리는 19세기 중반까지 바람을 맞아 시든 특이한 나무가 듬성듬성 서 있고 양이 풀을 뜯는 메마른 비탈이던 경관을 우리에게 보여주었다. 그 시절 이곳에는 접근할 수 없는 도랑과 골짜기에만 관목들이 있었다. 스코틀랜드와 같은 위도에 속해 화산활동이나 변성 지질학적 특성, 산성, 이탄이 동일하고 계절의 변화가 비슷하며 때때로 더 많은 비와 강한 바람을 불러오는 노르웨이 서남부의 이 외딴 지역은 한때 스코틀랜드 고지와 똑같아 보였다. 그런데 19세기 중반에 농업공황으로 농민들이 미국으로 집단 이민을 떠나면서 광범위한 땅들이 버려졌다. 이곳의 사슴 사냥에는 귀족 문화가 없었다. 노르웨이는 대체로 자작농 국가이며 대부분의 사슴이 이미 사냥되어 사라졌다. 이 지역에서 양을 없애자 풀을 뜯는 어떤 동물도 거의 남지 않았다. 또한 1950년대 이후의 사회적, 경제적 상황 변화가 시골에서 도시로의 인구 이동을 마무리 지었다. 그 결과 초목이 급격히 번성해 과학자, 역사가, 삼림감독관들을 모두 놀라게 했다.

스코틀랜드의 통념은 고지 경관에 나무가 살지 않는다는 것이다. 랜드시어가 묘사한 전경은 우리의 잠재의식의 일부다. 현재와 관련성을 갖기엔 스코틀랜드의 숲들이 사라진 지 너무 오래되었고 만약 그 땅에 나무를 키울 종자들이 있었다 해도 오래전에 없어졌거나 토양이 크게 바뀌어 더 이상 천이가 불가능하다고 생각된다. 고도 650미터 이상에서는 어떤 나무도 자랄 수 없다는 생각이 일반적으로 받아들여진다.

노르웨이는 그렇지 않음을 증명했다. 한 세기 넘게 방목의 압박이 없자 나무가 해발 1200미터까지 땅의 구석구석을 뒤덮었다. 나무는 탁 트인 산비탈, 급경사면, 자갈 비탈, 심지어 바람이 몰아치는 절벽과 물보라가 치는 해안에서도 자란다. 식생 천이의 승리였다. 이 모든 나무의 종자가 어디에서 왔건 분명 문제 되지 않았다. 우리는 자작나무, 유럽적송, 마가목, 사시나무 숲들을 헤치고 걸었다. 이끼와 지의류로 바닥이 푹신했고 심지어 화강암 바위들에도 나무가 자라고 있었다. 사람 키보다 큰 개미총들에 흩뿌려진 게워낸 먹이들은 큰뇌조의 구애 장소임을 알려주었다. 수목한계선에 가까운 높은 곳에는 6월에도 잔설이 있었고 우리는 난쟁이버들, 뒤틀린 자작나무와 향나무 사이에서 흰눈썹울새, 되새, 딱새, 흰머리딱새류, 개똥지빠귀, 뇌조들을 방해했다. 이곳에서는 헤더가 하층에서 자라 영국의 탁 트인 뇌조 사냥터와는 크게 다르다. 뇌조는 헤더보다 단백질이 더 풍부한 버드나무 싹들을 찾고 있을 것 같다. 이 새들은 우리의 뇌조들과 다른 종이라고 여겨져왔지만—노르웨이인은 이들을 버들뇌조라고 부른다—지금은 아종으로 인정받았다. 뇌조들이 노르웨이에서 영국과 다르게 행동하는 것은 그들이 이용할 기회가 다르기 때문이다.

노르웨이에서 일어난 일은 생태계가 스펙트럼의 한쪽 끝에서 다른 쪽 끝으로, 그러니까 어떤 종류의 식생 천이도 막을 정도로 초본초식동물들이 지배하던 경관에서 울폐산림으로 변할 정도로, 초본초식동물들이 오랫동안 성공적으로 배제된 경관으로 뒤바뀔 수 있다는 것을 보여준다. 한때 일란성 쌍둥이 같던 스코틀랜드와 노르웨이는 이제 하늘과 땅만큼이나 달라졌다. 그리고 각 나라는 자국의 경관이 자연적이라고 생각한다.

스코틀랜드의 식생의 가능성을 알게 되어 고무적이긴 하지만 노르웨이는 다른 쪽 극단에서 문제들에 부딪혔다. 마지막으로 남아 있던 탁 트인 땅들을 나무가 점령하고 관목이 우거진 가장자리 지역들이 울폐산림으로 되돌아가면서 잠재적인 역동성이 줄었다. 현재 노르웨이에서는 동물의 교란 수준이 나무의 확산을 중단시키거나 새로운 지역들을 개척하거나 복잡성을 자극하거나 제한 없는 식생 천이를 바로잡을 만큼 크지 않다. 이곳은 들소와 멧돼지가 절실히 필요한 경관이다.

일부 교란자가 돌아왔다. 비버들이 스웨덴에서 북쪽으로 향하고 있고 붉은사슴과 노루들이 새로운 숲을 개척했다. 노르웨이는 인구의 9.5퍼센트인 50만 명이 사냥꾼으로 등록되어 있다. 하지만 노르웨이의 사냥 문화는 사냥감을 쫓을 때의 상이한 수법과 어려움은 별개로 치더라도 스코틀랜드와 크게 다르다. 한쪽은 울창한 삼림지에서, 다른 쪽은 탁 트인 경관에서 사냥을 한다. 노르웨이에서는 사냥할 붉은사슴의 수를 체중으로 결정한다. 붉은사슴 사체의 체중을 쟀을 때 체중이 감소해 있으면 먹이 경쟁이 과도하다는 뜻이어서 최적 체중의 사슴 개체군이 회복될 때까지 발급되는 사냥 허가증의 수는 늘어난다. 노르웨이에서는 2년 6개월 된 수사슴의 도체의 무게가 적어도 80킬로그램은 될 것으로 예상한다. 같은 방식으로 작업한 같은 연령의 스코틀랜드 수사슴의 도체보다 약 20킬로그램이나 더 무겁다. 스코틀랜드의 일부 사유지는 자연식생을 재건하려는 노력의 일환으로 사슴의 수를 줄였고, 그러자 사슴의 체중이 그에 상응하여 늘어났다. 하지만 스코틀랜드 고지대에는 대체로 빅토리아 시대 이후의 관행이 남아 있고 스코틀랜드 붉은사슴의 수를 인위적으로 늘리라고 장려되어 나무와 식생이 회복될 가망은 거의 혹은 전혀 없다.

반면 노르웨이의 시스템은 울폐산림 경관을 향한 파국적 변화에 직면했다. 최적 체중을 기반으로 사슴 개체군을 유지함에 따라 성하고 쇠하는 리듬이 정체 상태에 들어갔고 그렇게 적은 수로는 동물이 숲에 미치는 영향이 미미해진다. 애초에 노르웨이와 스코틀랜드의 패러다임 둘다 놓치고 있는 것은 식생 천이와 동물 교란 사이의 대등한 싸움, 그러니까 자연적 역학과 개체수 변동이 자유롭게 이루어져 장기적으로 생물다양성을 활성화시키고 유지시키는 환경이다.

영국에서는 남북 간에 접근 방식의 흥미로운 차이가 있고, 두 접근방식 모두 사슴의 개체수가 과도하게 많아지는 결과를 낳았다. 고지대에서는 사냥 목적으로 붉은사슴의 수를 인위적으로 높게 유지하는 반면 다른 사슴 종의 개체수가 급증하고 있는 다른 지역들에서는 그들을 통제하길 꺼린다. 제2차 세계대전 때 영국의 노루 수는 미미했지만 1960년대 이후 토종 노루들과 탈출한 외래종의 개체수가 폭발적으로 증가했다. 영국의 사슴 개체수는 1000년 동안 최고 수준에 달했다고 생각되며 150만 마리의 붉은사슴, 노루, 다마사슴, 일본사슴, 문자크, 고라니가 시골지역을 돌아다니고 있다. 자연 서식지가 거의 남아 있지 않기 때문에 그들이 우리의 귀한 자연 지대에 미치는 영향은 상당하며 아마 토종 딱따구리와 나이팅게일처럼 땅에 둥지를 짓는 새들의 감소에 한몫할 것이다. 이런 새들에겐 둥지를 감춰줄 빽빽한 초목이 필요하며 그렇지 않으면 쉽게 불안을 느낀다.

유럽의 나머지 지역과는 달리 영국 대중(사냥이 허용된 사유지를 제외하고)은 먹기 위해 사냥하는 취미를 잃어버린 것으로 보이며, 쉽게 구할 수 있는 이 건강하고 자유롭게 돌아다니는 단백질원이 전적으로 간과되고 있다. 효과적인 도태와 그들을 괴롭힐 포식자가 없는 상태에서 사슴이 시골지역에서 마음껏 대량 서식해 식물이 회복될 기회가 주어지지 않는다. 이곳은 노루의 자연 포식자인 스라소니가 무엇보다 절실히 필요한 경관이다.

대형 포식자들은 분명 넵에서 빠져 있는 재야생화의 한 측면이다. 방목 동물들을 위한 우리의 3500에이커의 땅은 두려움의 경관과 정반대다. 생존 목적보다는 사회성이 동물들이 무리에서 벗어나지 않게 한다. 동물들은 맘껏 풀을 뜯고 원하는 어디든 가면서 느슨하게 돌아다닌다. 여우 한 마리만 새끼 돼지나 새끼 사슴을 노린다. 우리가 놓치고 있는 영향이 무엇인지, 만약 우리가 이 퍼즐에 한 조각을 더하면 어떤 곳이 나타날지, 넵이 포식자들로 가득한 진정으로 살아 있는 경관과 연결될 수 있을지 누가 알겠는가?

토양의 재야생화 (16)

이 한 줌의 토양에 우리의 생존이 달려 있다. 이 토양을 잘 관리하면
우리의 식량, 연료, 보금자리를 키워줄 것이며 우리 주위를 아름다움으로 둘러쌀 것이다.
그러나 잘못 사용하면 토양이 무너지고 죽으면서 인류도 함께 데려갈 것이다.
_산스크리트어 경전, 『아타르바 베다』(기원전 1200년경)

토양을 파괴하는 나라는 스스로를 파괴하는 것이다.
_프랭클린 D. 루스벨트 미국 대통령, 「균등토지보호법에 관해 모든 주지사에게 보낸 편지」
(1937)

재야생화를 시작했을 때 우리의 관심은 넵을 처음 방문한 대부분의 사람과 마찬가지로 경관을 마음껏 돌아다니며 자연과 다시 연결되는 충격을 안겨준 대형 포유동물, 그들의 물리적 존재로 쏠렸다.

그런 뒤 재출현의 전조인 새들이 나타났다. 가을에 날아 내려오는 기러기떼와 오리떼, 이제 다수가 되어 거친 울음소리를 내며 머리 위에서 온난기류를 타는 맹금들, 관목으로 몰려들고 깜짝 방문을 하는 명금들, 몬터규개구리매(영국에서 가장 희귀한 번식 맹금), 한 쌍의 거대한 흰독수리, 검은제비갈매기, 이주 중인 황새, 심지어 2016년에는 서유럽에서 가장 희귀한 조류 중 하나인 먹황새까지 나타났다. 2014년에는 넵에서 처음으로 칡올빼미와 쇠부엉이를 보았다. 넵은 이제 영국의 올빼미 다섯

야생 쪽으로

종 모두의 출현과 두 쌍의 번식하는 쇠오색딱따구리, 참나무에 둥지를 튼 송골매(영국에서 나무에서 번식하는 가장 드문 송골매들 중 일부)를 자랑한다. 2017년 봄에 소위 '황무지 조류'인 쏙독새가 우리 나이팅게일들의 밤의 아리아에 찍찍 소리를 보탰다. 그해 여름에는 잡은 곤충을 가시에 꽂아 보관하는 습성 때문에 '도살자 새'라고 불리는 붉은등때까치 수컷이 몇 주 동안 검은딸기나무 덤불에 영역 표시를 했다. 붉은등때까치는 한때 영국 전역에서 흔했지만 1980년대 말에 거의 멸종 직전까지 감소했다. 그 후 영국에는 고작 네 쌍만 번식하는 것으로 알려져 있다. 너무 희귀한 새라서 왕립조류보호협회가 우리에게 알 수집가와 지나치게 열정적인 사진가들로부터 보호하기 위해 망을 보라고 조언했다. 우리는 붉은등때까치가 날고 있는 왕잠자리를 재빨리 붙잡아 검은딸기나무 가시에 꽂아놓는 모습을 안전한 거리에서 쌍안경으로 지켜보았다. 우리는 이 새가 다음 해에도 자기 자리를 찾아오길 기도했다. 그리고 희귀 조류 탐조가들이 이 새를 발견해도 자제해줄 것과 언젠가 암컷이 합류하길 바랐다.

그러나 우리는 이제 분명 많은 수가 보이는 담비, 족제비, 긴털족제비 같은 작은 포식자들과 우리의 개울과 연못에 되돌아오고 있는 갯첨서 같은 다른 동물들에게도 점차 관심이 쏠리기 시작했다. 갯첨서는 털로 덮인 귀여운 주둥이 안에 개구리를 물어 마비시키는 독을 감추고 있다. 혹은 몸무게가 10그램도 나가지 않는 연한 생강 색의 아주 작은 멧밭쥐*Micromys minutus* 같은 다른 작은 포유류도 있다. 멧밭쥐는 유럽에서 가장 작은 설치류이며 영국 생물다양성 행동계획의 우선순위 종이다. 조사해보니 우리의 멧밭쥐 개체수는 급증하고 있었다. 2016년 2월에 생태학자 페니 그린과 네 명의 자원봉사자가 넵 밀 연못과 해머 연못 주위의 갈대밭을 조사해 5시간 만에 59개의 번식 둥지와 29개의 보금자리를 발견했다. 멧밭쥐들은 살아 있는 갈대의 흔들리는 줄기에 놀라울 정도로 능숙하게 크리켓공만 한 둥지를 튼다. 둥지 안쪽을 보면 엉겅퀴의 갓털이나 입으로 씹은 연하고 가는 풀들이 깔려 있다.

남쪽 구역은 작은 포유류들에게 단연코 가장 생산적인 곳이라는 게 입증되고 있다. 다시 나타나고 있는 식물들이 먹이와 보금자리를 마련할 서식지를 제공할 뿐 아니라 포식자들로부터 보호해주기 때문이다. 독립 환경 컨설팅 업체가 작성한 항공지도에 따르면 이곳에서 삼림지와 관목이 차지하는 비율은 프로젝트를 시작하기 전인 2001년에는 10퍼센트였다가 2012년 35퍼센트로 증가했고 2016년에는 42퍼센트에 이르렀다. 그러나 '삼림지와 관목'에 대한 느슨한 정의가 판단을 흐려놓을 수 있다. 이곳의 식생은 그보다 훨씬 더 복잡하다. 이 구조 내에서 때때로 숲 깊은 곳이나 덤불 아래에도 동물들이 여전히 정기적으로 풀을 뜯는 구역들이 있다. 우리가 생각하기에 이곳은 활동하고 있는 삼림방목장이다. 2016년, 2017년에 우리는 관목과 나무들의 이입이 안정화되기 시작하는 것을 알아차렸다. 복잡성 자체가 초기 개척자들을 억제하고 있었다.

남쪽 구역과 비교하면 중간 구역과 북쪽 구역의 새로 종자를 뿌린 땅들은 비교적 변화가 적었다. 2016년 여름에 실시된 소형 포유류 조사는 남쪽 구역의 증가된 식생 구조가 얼마나 극적인 영향을 미쳤는지 보여주었다. 세 구역 각각에 박쥐 먹이, 검정파리 번데기, 건초, 잘게 썬 사과와 당근을 미끼로 넣은 40개의 롱워스 덫 40개를 일주일간 놔두었다. 그 기간에 다섯 차례 확인한 결과 남쪽 구역에서는 40개의 덫 가운데 17~32개에 숲쥐, 노란목도리쥐, 제방들쥐, 들쥐나 첨서가 잡힌 반면 북쪽 구역과 중간 구역 각각에는 40개의 덫 중 2~5개에만 동물들이 잡혔다.

한때 넵에는 옛 서식스 방언으로 '가시 성게'라 불리는 고슴도치가 많았다. 1980년대 중반에 우리가 이곳으로 이사 왔을 때 우리의 래브라도가 고슴도치들을 집 안으로 물고 들어왔다. 래브라도의 부드러운 입은 자신과 고슴도치 둘 다를 보호했다. 그런데 우리가 농사짓던 마지막 몇 년 동안 고슴도치들은 완전히 사라졌다. 2016년에 우리는 고슴도치를 모니터링하는 굴들에서 처음으로 고슴도치 발자국을 발견했지만 아직 발자국의 주인을 보진 못했다. 뱀도마뱀과 풀뱀들이 때때로 열두 마리나 그 이상씩 우리의 레퓨지아—기록을 돕기 위해 프로젝트 주변 여기저기에 설치한 작은 골함석 조각들—아래에 모여 몸을 데우는 모습이 이젠 흔한 광경이 되었다. 두꺼비, 개구리, 영원, 손바닥영원Lissotriton helveticus도 많다. 그리고 1987년 어떤 숲의 가운데에 있는 연못에서 희귀한 등가시영원이 기록된 한 곳이던 넵에 이제 예전에는 이들을 본 적 없던 연못들에서 두 개의 등가시영원 군집이 번성하고 있다.

식물학자들은 너도고사리삼속, 마시 스피드웰Veronica scutellata, 워터 바이올렛, 그리고 서식스 전체에서 감소 추세인 레서 워터 파스닙Berula erecta 같은 희귀한 식물들을 우리에게 알려주었다. 또 여러 희귀종을 포함해

89종의 선태류(이끼, 붕어마름, 우산이끼)가 확인되었는데, 이는 넵이 결국 서식스에서 가장 풍요로운 곳 중 하나가 될 수 있음을 암시한다.

불시에 넵을 방문하는 곤충학자가 늘면서 우리는 먹이사슬의 더 아래에 있는 무척추동물 쪽과 점점 축적되는 희귀 곤충 목록에 관심을 갖기 시작했다. 농약과 아버멕틴을 없애고 죽은 나뭇가지들을 땅에 놔두자 주목할 만한 딱정벌레들이 증가했다. 서식스에서 50년 만에 처음 기록된 지오트뤼프 뮤테이터*Geotrupes mutator*(넵의 세 개의 다른 구역들에서 발견되었다), 썩어가는 참나무 고목의 부드러운 그루터기에 애벌레들이 사는 희귀한 밤색 방아벌레인 쌍점방아벌레*Calambus bipustulatus*, 천공성 곤충들의 애벌레를 먹고 사는 강철빛의 검푸른 딱정벌레인 청색목개미붙이*Korynetes caeruleus* 등이다. 무척추동물의 세계는 왕거미과 거미들, 게거미과 거미들, 매미충, 병대벌레, 거품벌레, 장님거미, 여치, 그리고 포식자를 피하려고 새똥인 척하는 참횐별소바구미*Platystomos albinus*, 머리를 지나는 구멍이 있는 뚜렷한 빨간색과 짙은 남색의 돈거미인 트레마토세팔루스 크리스타투스*Trematocephalus cristatus* 같은 색다른 생물들로 이루어진 매력적인 세계다.

이제 깨끗한 물로 활력을 되찾은 넵의 호수와 연못들의 식물로 덮인 지저분한 가장자리에 하루살이와 잠자리도 모여든다. 줄무늬가 있는 아름다운 실잠자리는 오염에 특히 민감한데, 두 종의 실잠자리가 수백 마리씩 개울과 에이더강 수면 위를 날아다닌다. 영국에서 단 여섯 지역에서만 발견되는 스케어스 체이서*Libellula fulva*, 블루아이 드래곤플라이*Rhionaeschna multicolor* 같은 더 희귀한 종들이 어디선지 모르게 나타나 넵에서 하루에 18마리를 헤아린다.

나비도 갑자기 수가 늘어나며 더 다양해지고 있다. 2005년 북쪽 구역과 중간 구역에서 실시한 첫 조사에서는 13종의 나비가 기록되었는데 2014년에는 23종이 서식한다. 그리고 2012년에 시작된 남쪽 구역 조사로는 넵 전체의 나비가 총 34종으로 늘었다. 그중 일부는 조흰뱀눈나비(2005년 이곳에서 처음 기록되었다), 유럽처녀나비(특정 서식지에 서식한다고 잘못 꼬리표가 붙은 또 다른 종), 풀표범나비(2015년 이곳에서 처음 기록되었다), 월브라운 나비 *lasiommata megera*(2017년에 처음 기록되었다)처럼 새로 넵에 도착한 나비들이며, 줄흰나비, 두만강꼬마팔랑나비, 그리고 당연히 번개오색나비 같은 일부 나비의 수가 폭발적으로 증가했다. 2015년에 닐 흄은 꼬마팔랑나비 790마리를 헤아렸다. 역시 나비들이 번성했던 그 전해에 헤아린 62마리에서 엄청나게 증가한 수치다. 2017년에는 야생 자두나무에 사는 암고운부전나비의 수가 급증해 현재 넵은 아마 영국에서 이 나비의 가장 큰 개체군 밀집지역일 것이다. 심홍부전나비 역시 번성해 2017년 6월에는 하루에 500마리 이상을 헤아렸다. 푸른색이 감도는 이 보라색 나비는 크기가 번개오색나비의 절반도 되지 않으며 보통 참나무의 우거진 나뭇가지 근처를 날아다니는 점처럼 보인다. 참나무의 감로를 먹는 심홍부전나비는 곧잘 땅으로 날아 내려와 넵의 방문객들에게 기쁨을 준다.

2016년에 우리 나방들은 소뿔자나방류, 피겨 오브 에이트 *diloba caeruleocephala*, 진홍나방(금방망이에서만 발견된다), 박쥐나방처럼 전국적으로 급속하게 줄고 있는 나방을 포함해 441종으로 늘어났다. 흰색 박쥐

나방 수컷은 이름에 걸맞게 여름밤이면 해머 연못 위를 맴돌며 풀 속에 끈기 있게 앉아 있는 노란색 암컷에게 구애 행동을 한다. 2017년에 우리는 레드데이터북Red Data Book에 등재된 극히 희귀한 나방인 러시 웨인스코트globia algae를 발견하고 흥분했다. 이 나방의 애벌레들은 올챙이고랭이속의 골풀, 노랑꽃창포, 부들의 줄기 안에서 먹이를 먹는다. 나비들의 이름은 종종 실망스럽도록 평범한 반면(배추흰나비, 큰배추흰나비가 마음을 설레게 하진 않는다) 나방들의 이름은 스왈로 프로미넌트swallow prominent (Pheosia tremula), 애기린재주나방coxcomb prominent, 뷰티풀 차이나마크beautiful china mark (Nymphula nitidulata), 카나리아 어깨 가시 나방canary-shouldered thorn moth (Ennomos alniaria), 메이든 블러시 maiden blush (Cyclophora punctaria)부터 애벌레들이 썩어가는 나무 주변의 균류를 먹고 사는 웨이브드 블랙 모스waved black moth (Parascotia fuliginaria), 혹은 내가 가장 좋아하는 나방으로 앞날개에 히브리어 글자)을 닮은 검은 무늬가 있어 씨자무늬거세미밤나방이라 불리는 나방에 이르기까지 낭만이 넘친다.

환경보존론자와 농민 모두에게 특히 관심을 끈 것은 꽃가루매개자들이다. 2015년과 2016년에 남쪽 구역의 9개 지역을 조사한 서식스대학의 생물학 교수이자 『사라진 뒤영벌을 찾아서A Sting in the Tail and Bee Quest』의 저자 데이브 굴슨은 국가적 보존 중요성이 있는 7종의 벌과 4종의 말벌을 포함해 62종의 벌과 30종의 말벌을 기록했다. 굴슨이 생각하기에 넵이 집약농업에서 벗어난 지 고작 10년 남짓 되었다는 점을 감안하면 놀라운 기록이었다. 일부 더 희귀한 이주종은 수 마일 떨어진 곳에서 왔을 수 있다. 넵에서 적절한 서식지를 발견한 이 종들은 빠른 속도로 확산했다. 레드 바리스타 벌*Melitta tricincta* 같은 일부 종은 현재 넙에 피는 특별한 꽃들의 전문가다. 또 리지 치크드 퍼로 벌*Lasioglossum puncticolle* 같은 종은 둥지를 틀 때 토양이 말라 갈라진 틈을 필요로 하는데, 여름에 우리 진흙에서 그런 틈이 많이 나타난다. 너무 드물어서 영문명도 없는 멜리타 유로파에아*Melitta europaea*라는 '단생' 벌은 축축하거나 심지어 부분적으로 물에 잠긴 토양에 둥지 트는 걸 좋아한다. 이 벌은 꽃가루를 얻기 위해 오직 참좁쌀풀만 찾지만 둥지의 방수 처리에 사용할 꽃 오일을 위해서도 이 풀들을 찾아온다. 그리고 영국뿐 아니라 전 유럽에서도 극도로 드문 구주꼬마꽃벌rough–backed blood bee(*Sphecodes scabricollis*)도 있다. 까만색 배에 선명한 빨간색 줄이 돋보이는 길이 6밀리미터의 이 작은 종의 암컷은 blood가 들어가는 불길한 이름에 걸맞게 다른 벌들 — 특히 불헤드 퍼로*Lasioglossum zonulum* — 의 둥지에 들어가 새끼들을 죽인 뒤 자기 알을 낳는다. 다른 종들은 우리의 진흙 경관을 발견하고 놀랐다. 크라브로 스쿠텔라투스*Crabro scutellatus*라는 종은 축축한 황야지대와, 매우 희귀한 나나비벌 한 종*Gorytes laticinctus*은 경토와 관련이 있다. 특정 먹이만 먹는 말벌과 벌들도 과학계가 지정한 깔끔한 분류를 거부하는 것 같다.

꽃 숙주들에 모여들거나 표면장력을 이용해 미끄러지듯 걸어다니거나 덤불 사이를 허둥지둥 달리거나 죽은 나무의 잘게 부서진 층 사이를 기어다니는 많은 곤충은 육안으로 볼 수 있는 영역 안에 있는데도 우리 대부분이 경관을 걸어다닐 때 간과하는 세계다. 하지만 우리가 전혀 보지 못하고 심지어 잘 인식하지도 못하지만 다른 무엇보다 자연적 과정에 근본적인 역할을 하는 또 다른 무척추동물 영역이 있다. 바로 토양 자체다.

앞서 우리는 소똥에 구멍을 파고 땅속의 방에 있는 애벌레들에게 양분을 가져다주는 쇠똥구리와 흙을 쌓아올리는 개미들을 살펴봤지만, 농사를 짓다 그만둔 활기 없던 우리 땅이 비옥한 땅으로 돌아가고 있음을 알려준 것은 우리 발밑의 땅에서 지렁이들이 음모를 꾸미고 있음을 보여주는 증거들이었다. 프로젝트를 시작하고 몇 년 지나 우리는 지렁이 똥, 그러니까 밤 퓌레를 튜브에 넣어 구불구불 짠 것처럼 지렁이 배설물이 쌓인 작은 피라미드들이 지면에 솟아 있는 걸 발견했다. 남쪽 구역의 가장 습한 몇몇 지역은 수십 년간의 농사 뒤에 아직 땅이 너무 다져지고 산소가 부족해서 이 은밀한 개척자들이 뚫고 나가기 힘들었지만 거의 모든 다른 구역에서는 지렁이들이 놀라운 침투력을 보여주었다. 예전의 넵과 동일한 토양, 동일한 재래식 농업 체계하의 이웃 농지를 기준으로 2013년 임페리얼 칼리지 런던의 석사과정생들이 수행한 연구에 따르면, 우리 프로젝트의 세 구역 전부에서 지렁이의 세 범주 모두 개체수와 다양성이 상당히 증가한 것으로 나타났다. 지렁이의 세 범주란 지표 서식성(땅 표면에서 살고 낙엽과 썩어가는 통나무들에서 발견된다), 지중 서식성(수평으로 굴을 파고 땅 표면으로 거의 올라오지 않는다), 그리고 심층 서식성(수직으로 깊게 굴을 파고 땅 표면에 똥을 남긴다)을 말한다. 우리는 현재 전부 19종의 지렁이를 발견했는데, 토양과학자들에 따르면 다양성이 엄청나게 높다고 한다.

지렁이들은 집약농업하에서 살아남기 위해 고군분투한다. 지표 퇴비를 빼앗긴 지표 서식성 지렁이들은 농지에 거의 존재하지 않는다. 한편 매년 쟁기와 로터베이터로 땅을 가는 과정에서 심층 서식성 지렁이들의 몸이 잘리고 지중 서식성 지렁이들은 포식에 노출된다. 하지만 정원에서 삽이나 갈퀴를 사용하건, 들판에서 볏이나 양날쟁기나 끌쟁기를 사용하건 토양을 교란시키면 땅에 사는 지렁이들을 지탱해주는 유기물을 파괴한다. 농기계에 의한 토양다짐 역시 지렁이에게 문제를 일으킨다. 화학비료와 농약은 유익한 세균, 균근균, 원생동물, 선충, 그 외에 지렁이를 포함한 토양 속의 유기물을 억제해 더 해롭다. 질소 함량이 높은 비료는 당구대 같은 아주 선명한 초록색 잔디를 만들어줄 뿐 아니라 퍼팅에 방해가 될 수 있는 똥을 싸는 성가신 지렁이를 없애주는 가장 확실한 방법이어서 골프장에서 각광받는다.

　수십 년 동안 현대 농업은 토양을, 세계 유수의 미생물학자 중 한 명인 일레인 잉엄이 '먼지'라고 일축한 상태로, 인공 비료가 없으면 식물들이 자라는 데 어려움을 겪는 메마른 매체로 전락시켜왔다. 이것은 저절로 계속되는 파괴와 화학 의존성의 악순환이다. 토양생물과 그들을 유지할 토양 구조가 없으면 물과 양분이 빠져나가고 토양이 다져져 침식되기 쉬워진다. 강어귀에서 바다로 잉크 얼룩처럼 퍼져나가는 탁한 지표수는 세계 어디에서건 비행기 승객들에게 익숙한 풍경이다. 2015년에 유엔식량농업기구가 세계 토양 자원의 상태에 관해 발표한 보고서에 따르면 지구 육지의 3분의 1이 침식, 염류화, 다짐 작용, 산성화, 화학적 오염으로 온건한 정도에서 심한 정도로 황폐화되었고 해마다 약 250억 ~400억 톤의 표토가 침식으로 유실된다. 토지 황폐화는 해마다 세계

GDP의 17퍼센트에 맞먹는 최대 10조6000억 달러의 피해를 입힌다. 영국에서는 1년에 9억~14억 파운드의 피해를 입히는데, 그중 절반이 유기물 유실, 3분의 1 이상이 다짐 작용, 약 13퍼센트가 침식으로 발생한다. 영국에서는 최근 2000톤의 표토가 와이강으로 흘러들어간 것으로 추정된다. 그 흙은 바다로 흘러가 땅에서 영원히 사라진다. 영국의 표토 감소가 너무 심해 2014년 『파머스 위클리Farmers' Weekly』는 100년 뒤에는 농사를 지을 수도 없다고 발표했다.

보잘것없는 지렁이가 구세주가 될 것 같진 않지만 아마 위기를 전환시킬 수는 있을 것이다. 역사를 통틀어 고대 문명들은 지렁이를 건강한 토양의 투사라고 평가했다. 기원전 4세기에 아리스토텔레스는 지렁이를 '땅의 창자'라고 묘사했다. 또 기원전 1세기에 이집트의 지배자 클레오파트라는 나일강 계곡의 농사에 대한 지렁이의 공헌을 인정하면서 지렁이는 신성하며 그들에게 어떤 해라도 가하면 사형에 처해야 한다고 선언했다. 19세기 말에 말년의 대부분을 지렁이 연구에 바친 찰스 다윈은 지렁이들이 사실상 생태계의 엔지니어라고 밝혔다. "세계 역사에서 이 하등한 유기체만큼 중요한 역할을 해온 동물이 많을지 의심스럽다." 다윈은 켄트주에 있던 다운 하우스의 정원에서 실시한 진취적인 실험들을 바탕으로, 식물 잔해를 소화하는 지렁이의 역할은 토양의 생성뿐 아니라 비옥도와 이쇄성에도 근본적인 역할을 한다고 주장했다. "전국의 모든 비옥토는 지렁이의 창자관을 여러 차례 거쳤고 앞으로도 여러 차례 다시 거칠 것이다." 그는 1에이커의 땅에 5만 마리의 지렁이가 있고 이들이 1년에 20톤 이상의 흙을 옮길 수 있다는 결론을 내렸다.

다윈이 추정한 지렁이 개체수는 당시에는 믿기 힘들어 보였지만, 20세기에 세계 일부 지역에서 조사한 결과에 비하면 그리 많은 수는 아니다. 과학자들은 말레이시아의 열대우림에서 표토 1에이커당 67만 마리의 지렁이를 헤아렸고 뉴질랜드의 목초지에서는 믿을 수 없게도 에이커당 800만 마리를 헤아렸다. 나일강 계곡에서는 지렁이들이 매년 1에이커당 최대 1000톤의 지렁이 똥을 배출한다. 이 과정은 놀랍도록 비옥한 이집트의 농지를 설명하는 데 어느 정도 도움이 된다.

1950년대부터 전 세계의 산업적 농업은 지렁이나 그 외에 토양에 자연적으로 서식하는 유기체 없이도 농사를 지을 수 있다고 확신했다. 하지만 감소하는 표토와 토양 비옥도의 하락, 상승하는 투입 비용에 직면한 지금에 와서야 토양 분석가들은 현대 농업의 접근 방식을 재고하고 토양의 개선과 더 지속 가능한 농업 체계를 추진하기 위해 지렁이와 그 외에 자연적으로 나타나는 유기체들을 이용할 방법을 검토하기 시작했다.

다윈 이후 과학계는 결사적으로 지렁이를 등한시해왔다. 지렁이들이 심토쟁기와 로터베이터 역할을 해 토양에 공기를 통하게 한다는 건 어느 정원사나 잘 아는 사실이다. 지렁이가 판 굴은 물의 이동과 저장을 원활하게 해주는 관 모양의 통로가 되어 배수를 개선할 뿐 아니라 토양에 수분을 보존한다. 또한 식물이 아래로 뿌리를 내리게 해준다. 이렇게 지렁이가 굴을 파는 행위 자체가 홍수와 침식으로부터 토양을 보호해준다.

하지만 학자들이 지렁이의 생물 작용과 그들이 이루는 기적에 관해 더 많은 것을 이해하기 시작한 지는 고작 20년밖에 되지 않았다. 지렁이는 토양을 돌아다니며 체강액을 분비한다. 체강액은 지렁이의 이동, 소화, 호흡, 수분 공급, 해독을 돕는 점액이다. 당단백이 풍부한 이 점액은 지렁이가 판 굴의 안쪽 벽을 덮고 세균과 균류의 성장을 촉진한다. 세균은 또한 지렁이의 장관 내에서 번성한다. 붉은지렁이*Lumbricus terrestris*의 몸속에서 최대 50종의 세균이 발견되었다.

세균과 그 외의 토양미생물들은 식물 성장의 조력자다. 이들은 토양 내의 양분을 광물화하여 가용성 유기물질과 불용성 유기물질을 식물이 이용할 수 있는 무기물 형태로 분해한다. 일부는 아미노산 같은 유기화합물을 암모늄과 식물이 단백질을 축적하는 데 사용하는 질소 형태인 질산염으로 전환하고, 일부는 질소를 식물의 뿌리에 고정시킨다. 다른 미생물들은 탄소, 황, 수소, 그 외의 화합물들을 식물이 흡수할 수 있는 형태로 분해하는 동시에 토양 속에서 이 양분들을 안정화시켜 장기간 이용할 수 있게 만든다. 토양미생물들은 식물 성장에 매우 중요한 또 다른 양분인 인의 광물화에 촉매 구실을 하는 효소들을 생성한다. 매시간, 매일, 매년 상태가 바뀜에 따라 서로 다른 온도와 수분 수준에 대응해 서로 다른 미생물들이 작용하다가 작용하지 않다가 하면서 토양과 식물에 더 높은 수준의 회복력을 제공한다. 건강한 토양에는 놀라울 정도로 다양한 천문학적인 수의 미생물이 나타난다. 한 줌의 흙에 수억 마리의 세균, 수백만 마리의 미세 선충과 원생동물, 수천 마리의 진드기와 톡토기류 및 애지렁이과 지렁이, 수백 마리의 균류와 조류뿐 아니라 헤아릴 수 없이 많은 톡토기, 작은 거미, 흰개미, 딱정벌레, 지

네, 노래기들이 존재할 수 있다. 이들 생물 전부가 과학자들이 말하는 '토양의 먹이사슬'을 구성한다. 그 한 줌의 흙에는 지금까지 지구에 살았던 인간의 수보다 더 많은 유기체가 들어 있다.

모든 토양유기물이 이로운 건 아니다. 일부는 식물을 죽이거나 시들어 쓰러지게 하는 병원균을 퍼뜨릴 수 있다. 어떤 상태에서는, 특히 침수된 혐기성 토양―대개 지렁이가 없다―에서는 탈질산염균이 질산염을 분해해 공기에 질소를 돌려보낼 수 있다. 인간의 많은 질병이 토양의 균류, 바이러스, 원생동물, 특히 그곳에서 생활 주기의 일부분을 보내는 세균에서 유래한다.

그러나 지렁이들은 토양에 널리 퍼져 있는 세균들에게 선택적 영향을 미치는 것으로 보인다. 모든 세균이 지렁이의 소화과정에서 살아남는 건 아니다. 지렁이에게 해로운 세균들은 죽는 경향인 반면, 이로운 세균들은 빠른 속도로 번식해 애초에 지렁이 몸에 들어간 것보다 더 많은 이로운 세균이 나온다. 이런 성향은 토양의 본질 자체를 바꿀 수 있다. 하수처리장에서 지렁이를 이용해 수행한 연구들은 대장균, 살모넬라균과 같은 해로운 세균들을 박멸해 미처리 하수를 농지에 뿌려도 될 정도로 안전하고 양분이 풍부한 유기물로 전환시키는 지렁이의 능력을 입증했다.

지렁이 종마다 다른 세균이 살기 때문에 농학자들은 언젠가 토양에 특정 유형의 지렁이를 투입함으로써 특정 세균―특정 작물들에 도움이 될 세균―을 선택하는 것이 가능하리라고 생각한다. 이 연구는 아직 초기 단계이지만 다른 연구들은 지렁이가 농업에 미치는 좀더 기본적인 이익들을 수량화했다. 2014년 네덜란드 바헤닝언대학의 토양생물학 그룹—미국과 브라질의 과학자들도 포함된 연구팀—이 발표한 보고서는 지렁이가 있으면 작물 수확량은 평균 25퍼센트, 지상생물량은 23퍼센트 증가한다고 밝혔다.

지렁이 똥은 주변 표토보다 질소가 최대 5배, 가용성 인산이 7배, 마그네슘이 3배, 칼슘이 1.5배, 칼륨이 11배 더 많이 든 거름인 일종의 강력 비료를 제공한다. 지렁이퇴비분의 최고 전문가인 일레인 잉엄은 지렁이 똥을 희석시킨 '퇴비차'가 황폐해진 토양에 미생물을 회복시킨다고 주장한다. 우리는 2015년 1월 바람이 거센 어느 날, 옥스퍼드 농업 회의Oxford Real Farming Conference의 기조연설자로 참석한 잉엄을 만났다. 잉엄은 저지섬에서 고군분투하는 감자 재배자들에게 조언을 해주러 가는 길이었다. 그녀는 재래식 농업이 토양의 자연적인 잠재력을 무시하며 계속 값비싼 화학비료를 지지하고 질소, 인, 칼륨이라는 세 원소만 작물 재배에 필요하다고 생각하는 것을 이해하지 못한다.

인공 비료는 비싸서 세계에서 가장 가난한 농민들의 허리를 휘게 할 뿐 아니라 극도로 비효율적이다. 재래농업은 매년 1억5000만 톤 이상의 화학비료(거의 전적으로 질소, 인, 칼륨이 들어 있다)를 사용하지만 그중 대부분이 허비된다. 종종 식물이 양분을 흡수하지 않는 부적절한 시기에 비료를 주거나 식물에게 필요한 양보다 더 많이 주기 때문이다. 하지만 생물학적 문제도 있다. 화학비료에 들어 있는 인의 대부분이 토양 속의 미네랄과 신속하게 결합해 이를 전환시켜줄 미생물이 없으면 식물이 이용할 수 없게 된다. 건강한 토양의 생물 작용이 없으면 투입된 질소의 최대 절반이 유실되어 강과 바다로 흘러들어가 조류 대증식을 일으키고 이 조류들이 물에서 산소를 빨아들여 다른 생물 형태들을 질식시킨다. 봄마다 멕시코만의 약 1만6800제곱킬로미터가 미시시피강에서 흘러들어온 비료로 인해 산소가 부족한 '데드존'이 된다. 1970년대에 대규모 농업 폐기물로 인해 발생한 재앙적인 적조에서 완전히 회복 못 할지도 모르는 흑해의 거대한 해역을 포함해 전 세계의 연안 해역에는 이런 데드존이 400곳이 넘는다.

질산염 역시 기체 형태로 토양에서 유실된다. 침수토양이나 포화토양 상태에서는 일부 세균이 질산비료를 아산화질소로 전환한다. 아산화질소는 각 분자의 온난화 효과가 탄소보다 거의 300배 더 강력한 온실가스다. 질산염은 또한 많은 농민이 선호하는 비료인 요소가 휘발되면서 생성되는 암모니아 가스로도 토양에서 유실된다. 인간의 폐에 미치는 영향부터 오존층 고갈까지, 연안 해역의 데드존부터 오염된 식수와 파괴된 토양에 이르기까지 세계에 미치는 손실은 천문학적이다. 2011년에 발표된 유럽질소평가European Nitrogen Assessment에 따르면, 질소 기반의 화합물이 일으키는 오염이 유럽연합에 연간 700억~3200억 유로의 피해를 입힌다. 전 세계적으로는 1조 유로가 넘는 피해를 발생시킬 수 있다.

환경 파괴와 별개로 합성비료는 작물에 제공하는 양분의 범위도 한정적이다. 합성비료는 질소, 인 같은 다량 영양소를 보충해줄 수 있지만 마찬가지로 식물에 흡수되는 마그네슘, 칼슘, 아연, 황, 셀레늄 같은 미량 영양소는 보충해줄 수 없다. 집약농업에서 반복되는 수확은 토양에서 이 미량의 영양소를 빼앗아 결국 작물 수확량이 감소하기 시작한다.

일레인 잉엄은 건강한 토양에서 미생물들이 식물이 이용할 수 있는 형
태로 만들어주는 영양소 집합을 알려주었는데, 그 모든 영양소가 인간
의 건강에 어떤 식으로든 중요할 것이다. 잉엄은 "알면 알수록 우리는
모든 것이 중요하다는 것을 깨닫는다. 우리가 토양의 건강을 위해 측정
하는 요소의 목록은 아마 주기율표 전체가 포함될 때까지 증가할 것이
다. 이트륨이 우리 지구에 존재하는 이유가 있다. 이트륨이 많이는 필요
하지 않지만 아마 얼마간은 필요할 것이다"라고 말한다.

　제2차 세계대전이 끝난 뒤 군수 공장들이 농약 생산으로 방향을 전
환할 때에도 과학자들은 인공 비료로 재배되는 식품의 영양가 감소에
관한 우려를 드러냈다. 이는 현대 농업의 가장 지속적인 맹점 중 하나
다. 2004년 텍사스대학의 화학 및 생화학과가 수행한 획기적인 연구는
43개의 채소와 과일에 대해 1950년부터 1999년까지 미국 농무부가 작
성한 영양성분 자료를 분석했고, 그 결과 단백질, 칼슘, 인, 철분, 리보
플라빈(비타민B2), 비타민C의 양이 지난 반세기 동안 '확실하게 감소'한
것을 발견했다. 1930년부터 1980년까지의 영양성분 자료를 활용해 영
국에서 수행한 비슷한 연구에서는 20가지 채소에서 평균 칼슘 함량이
19퍼센트, 철분은 22퍼센트, 칼륨은 14퍼센트 감소한 것으로 나타났다.
영국 정부의 생화학자들이 몇 년마다 한 번씩 발표하는 참조 매뉴얼인
「식품의 구성The Composition of Foods」의 데이터를 분석한 또 다른 연구는
1940년부터 1991년까지 감자가 구리 성분은 47퍼센트, 철분은 45퍼
센트, 칼슘은 35퍼센트를 잃었다고 밝혔다. 당근의 영양성분 감소는 더
컸다. 미량 영양소와 항산화 물질이 풍부한 슈퍼푸드로 여겨지는 브로

콜리는 구리 성분이 80퍼센트 감소했고 칼슘 함량은 1940년의 4분의 1밖에 되지 않았다. 토마토도 마찬가지였다. 1940년에 토마토 하나에서 섭취했을 구리의 양을 1991년에는 10개 넘게 먹어야 얻을 것이다. 하지만 또 다른 연구는 우리 할아버지들이 오렌지 하나를 먹으면 얻었을 양의 비타민을 지금 섭취하려면 8개의 오렌지를 먹어야 한다고 계산했다. 20세기 초반에는 측정되지 않았던 마그네슘, 아연, 비타민B6, 비타민E 같은 다른 영양소들의 수준 역시 상당히 감소했을 것으로 보인다.

세균, 균근균, 그 외에 토양에 자연적으로 나타나는 다른 모든 미생물과 동물—지렁이, 원생동물, 선충, 진드기, 톡토기 등—의 도움이 없으면 식물은 자력으로는 이 필수 영양소를 흡수하는 능력이 떨어지며, 인간의 건강에 미치는 영향은 이제 겨우 고려 단계에 있다. 미국 정부가 발표한 수치는 미국인의 식단에서 시금치, 양배추, 토마토, 상추 같은 식품에서 마그네슘 수치의 감소와 천식, 심혈관 질환, 기관지 및 정형외과적 기형 같은 유전자 결함 증가 사이의 상관관계를 제시한다. 한편 잔류 농약, 특정 암의 발생 위험 증가와 관련 있는 질소 농축, 그리고 우리 식품에 들어 있는 카드뮴 같은 해로운 중금속 역시 우리 건강에 악영향을 끼치고 있는 것으로 보인다. 집약적으로 재배된 작물을 먹는 가축들도 같은 방식으로 영향을 받을 것이다.

박테리아와 균류가 풍부한 지렁이분 퇴비를 땅에 주는 것은 정원사들 사이에서 시작된 방법으로, 현재 미국, 캐나다, 이탈리아, 일본, 말레이시아, 필리핀의 대규모 농사에서 활용되고 있다. 이 방법은 유기적 시스템에서 수확량의 극적인 증가와 작물의 더 높은 영양소 흡수를 불러왔고 병충해 방제의 가능성을 보여주었다. 특히 수액 흡수 곤충들이 지렁이분 퇴비로 자라는 식물들에서 쫓겨나는 것처럼 보인다. 또한 캘리포니아주 포도밭들에 지렁이분 퇴비를 공급하면 포도나무뿌리진디를 퍼뜨리는 아메리카광택매미충이라는 매미충의 공격도 막아낼 수 있을지 보기 위한 연구들이 이뤄지고 있다.

아마 지렁이가 식물 영양소 순환에서 수행하는 역할보다 더 놀라운 건 지렁이와 세균 대대들이 토양의 유해 오염물질을 청소하는 능력을 밝힌 옥스퍼드대학의 최근 연구 결과일 것이다. 2000년에 영국은 페인트, 염색제, 플라스틱, 전자 장비에 흔히 사용되는 위험한 합성화학물인 폴리염화비페닐$_{PCB}$을 단계적으로 없애겠다고 약속했다. PCB는 동물과 인간의 지방 조직에 축적되어 신경계와 뇌 기능에 영향을 미치고 유전자 결함과 암을 유발한다. 땅의 PCB를 없애는 작업을 실행하는 데는 엄청난 문제들이 뒤따른다. 전통적인 접근 방식은 오염된 토양을 파서 거대한 컨테이너에 보관했다가 매립지나 소각장으로 보내는 것이다. 지렁이들이 PCB 같은 독성 물질뿐 아니라 DDT와 디엘드린(원래 살충제로 사용되다가 1989년에 영국에서 금지되었다) 같은 유기염소제의 신진대사가 가능하다는 발견은 우리 토양의 독성 물질을 없애는 간단하고 저렴한 해결책을 제공한다. 지렁이는 현재 토양 생성자이자 오염 제거자로서 노천 광산과 산업지대의 회복에 이용되고 있다. 생태계 엔지니어 개념을 완전히 새로운 차원으로 끌어올린 것이다.

따라서 우리는 지렁이가 넵에서 작업에 복귀한 것을 깊은 감사와 함께 축하했다. 듣지도, 보지도 못하고 척추도, 이빨도 없는 이 신비한 생

야생 쪽으로

명체는 우리의 또 다른, 그리고 아마도 가장 중요한 핵심종, 지상의 생물들을 완전히 바꾸는 미시적 수준에서의 변화를 불러올 수 있는 종이다.

지렁이의 세 가지 큰 범주 가운데 넵에서 놀라움을 불러일으키는 것은 수직으로 굴을 파는 심층 서식성 지렁이들로 보인다. 다윈이 실험의 초점을 맞추었던 지렁이다. 프로젝트 초기에 과학자들은 농사를 짓다 중단한 황폐화된 우리 토양 속으로 심층 서식성 지렁이들이 1미터 나아가는 데 1년이 걸릴 것이라고 예상했다. 이 속도대로면 지렁이들이 오래된 생울타리에서 100미터 나아가는 데 1세기 이상이 걸릴 것이다. 그곳에서 용케 살아남는다면 말이다. 하지만 10년 남짓밖에 지나지 않은 지금, 우리는 생울타리에서 족히 50미터는 떨어진 옛 경작지들 한가운데서 지렁이 똥을 발견하고 있다.

이런 결과들이 큰 의미를 지닌 것으로 보이기에 우리는 넵에서 적절한 토양 분석과 모니터링이 이루어지길 간절히 바란다. 몇십 년간의 재야생화로 거의 비용을 들이지 않고 토양이 회복된다면 농업에 엄청난 혜택을 줄 수 있다. 내추럴 잉글랜드의 전 선임 자문인 그월 렌이 '팝업 넵pop-up Knepps'이라는 아이디어를 냈다. 퇴화된 땅의 한 구역을 가령 20년, 30년, 40년, 50년, 혹은 그 이상, 그러니까 토양을 재생시키고 조류와 다른 야생생물을 위한 새로운 관목 서식지를 제공하기에 충분한 시간 동안 재야생화한 뒤 농업 생산으로 되돌릴 수 있다. 재야생화될 땅은 강 집수지 같은 훨씬 더 넓은 구역에 전략적으로 계획될 것이고 경관을 다시 연결시키는 자연의 징검다리 혹은 통로가 될 수 있는 특정 지역들을 선택할 것이다. 땅 한 구획에서 재야생화를 중단하고 지속 가능한 농업으로 되돌릴 때 부근의 다른 구획에서 재야생화에 착수해 재야생화되는 땅의 면적이 동일하게 유지됨으로써 농사짓는 땅의 면적과 균형이 맞게 한다. 땅을 휴한지로 놔두는 전통적인 윤작 체계와 비슷한데 단지 훨씬 더 광범위하고 기간이 길다. 관목을 농사에 적합한 상태로 되돌리는 일은 현대의 기계들로 손쉽게 할 수 있다. 2011년에 임업위원회와 함께 바이오매스 조림지 실험을 준비할 때 거대한 삼림 제초기한 대가 단 몇 시간 만에 넵의 15헥타르의 관목지대(재야생화 프로젝트의 땅과 동시에 유기된 농지의 별개의 한 구획)를 사용 가능한 우수한 경작지로 바꿔놓았다. 토양의 상층부 30~50밀리미터에만 피복을 했기 때문에 이 작업은 또한 애벌레 개체군과 눈에 보이지 않는 그들의 동료에게 최소한의 영향만 미쳤는데, 우리가 심은 유칼리나무들 사이의 토양에서 무척추동물을 먹고 사는 많은 도요새와 누른도요가 이를 증명한다.

과학계는 토양생물의 세계, 그 생물들이 하는 일과 어떻게 상호작용하고 그들 위에 있는 식물들에 어떻게 영향을 미치는지를 이제 막 이해하기 시작했다. 환경학자 토니 주니퍼에 따르면, '수십 년 동안 지구의 체계에서 가장 도외시된 구성 요소 중 하나인 토양생물학에 대한 연구는 덜 복잡한 다른 자연과학 분야, 우주공학 같은 매력적인 프로젝트들, 인공 시스템에 대한 농공산업의 자금 지원에 밀려 끔찍한 자금 부족을 겪었다. 실험실의 제한적인 범위 내에서가 아니라 자연환경에 있는 토양미생물—미생물 '암흑물질'—을 관찰할 수 있게 하는 과학적 기법들이 이제야 적용되고 있다. 미생물의 99퍼센트가 실험실 환경에서는

야생 쪽으로

자라지 않을 것이다. 2015년에 『네이처』는 30년 만에 처음으로 토양에서 결핵균, 클로스트리듐 디피실린균clostridium difficile, 메티실린 저항성이 있는 황색포도상구균을 죽일 수 있는 새로운 항생물질을 발견했다고 보도했다. 바로 테익소박틴teixobactin이다. 대부분의 항생물질은 토양미생물에게서 얻는다. 과학계가 알지 못하는 다른 많은 항생물질이 이런 식으로 토양에서 발견될 수 있길 바란다.

마침내 상황이 바뀌고 있는 것 같다. 유엔이 채택한 2016년부터 2030년까지의 지속 가능 발전 목표 몇 가지와 토양에 관한 정부 간 기술위원회Intergovernmental Technical Panel on Soils 보고서는 전 세계적으로 토양이 어떻게 바뀌고 있는지와 이러한 변화가 인류에게 미치는 영향을 서술했다. 토지황폐화에 대한 경제학 구상Economics of Land Degradation Initiative이 2015년 9월에 발표한 보고서에 따르면, 지속 가능한 토지관리가 전 세계적으로 시작되면 일자리 창출과 농업 생산 증가로 세계 경제에 매년 75조6000억 달러를 더할 수 있다. 영국에서는 자연환경연구위원회Natural Environment Research Council의 토양 안보 프로그램, 생명공학 및 생명과학 연구위원회Biotechnology and Biological Sciences Research Council의 지속 가능한 농업생태계를 위한 토양 및 근권 상호작용SARISA 프로그램과 같은 주요 자금 지원 프로그램들이 토양생물학과 이러한 이해를 농업에 접목하는 방법에 초점을 맞추고 있다.

테드 그린에게 넵의 토양이 회복되고 있다는 가장 흥미로운 증거는 균류의 자실체들의 등장이다. 우리는 테드와 함께 남쪽 구역의 해머 연못가를 걷다가 참나무 노목과 관련 있는 희귀한 균근성 버섯인 볼레투스 멘닥스*Boletus mendax*를 발견했다. 테드는 이 버섯이 땅 밑과 땅 위에 적절한 조건들이 형성되어 자랄 수 있을 때까지 수십 년 동안 나무뿌리들 사이에서 균사로 기다렸을 수 있다고 이야기했다. 또 우리는 10년 된 갯버들 숲에서 반원 모양을 이루며 돋아난 젖버섯과 동화에 나오는 강렬한 빨간색의 환각버섯인 광대버섯 무리를 보고 놀랐다. 이 버섯들은 테드가 말하는 '재활용 전문가', 부패의 매개자들이다. 이 버섯들은 자연에서 가장 내구성 있는 물질에 속하는 식물의 섬유질 목질소와 섬유소, 곤충의 딱딱한 껍데기, 동물의 뼈, 심지어 토양 속의 깨진 돌을 분해할 수 있는 효소들을 방출한다.

서던 마시*Dactylorhiza praetermissa*, 얼리 퍼플*Orchis mascula*, 커먼 스파티드*Dactylorhiza fuchsii*뿐 아니라 훨씬 더 희귀한 새둥지란*Neottia nidus-avis*과 제비난초*Platanthera chlorantha* 같은 난초의 등장 역시 고무적이다. 이 난초들은 균근과의 배타적인 공생관계에 의존하는 식물이다. 난초의 씨앗에는 발아를 지원할 영양분이 들어 있지 않다. 그래서 씨앗이 매우 작아 바람에 실려 멀리 광범위하게 퍼질 수 있는 이점이 있다. 씨앗의 무게가 1그램의 몇백만 분의 1밖에 되지 않는다. 난초는 씨앗이 뿌리를 뻗어 성장하게 해주고 양분을 공급해주는 균근균에게 발아를 전적으로 의지한다. 난초의 등장은 땅속에서 뻗어나가고 있는 균근균, 테드가 말하는 '채집생활자'가 우리 땅 아래에 그들의 망을 확산시키고 있다는 살아 있는 증거다. 토양 세균과 마찬가지로 균근균은 토양 속의 구리, 인, 칼슘, 마그네슘, 아연, 철 같은 필수 원소들을 식물이 흡수할 수 있는 형태로 만든다.

하지만 균근균은 또한 토양 재야생화의 가치에 반박할 수 없는 최종적인 근거를 더한다. 바로 탄소 격리다. 그레이엄 하비가 저서『탄소 들판Carbon Fields』(2008)에서 설명한 것처럼, 비밀 중 하나는 '글로말린'이라 불리는 특이한 물질이다. 글로말린은 아주 혁신적인 물질이지만 놀랍게도 논의되는 바가 거의 없다. 글로말린은 1996년 미국 농업연구소의 토양과학자 세라 라이트가 발견했다. 끈적거리는 당단백인 글로말린은 균근균이 식물의 뿌리에서 추출된 탄소로부터 만들어낸다. 글로말린의 끈적이는 단백질이 균근의 매우 가는 섬유, 즉 균사를 덮어 분해와 미생물의 공격으로부터 보호해준다. 균사는 미시적인 땅속 도관 역할을 해 식물의 뿌리가 뻗어나가는 범위를 뿌리가 스스로 개척할 수 없는 구역들까지 확장한다. 글로말린은 균사를 강화해 도관을 밀폐함으로써 유실을 방지하고 먼 곳의 물과 영양분이 식물로 효과적으로 운반되게 한다.

글로말린은 토양에도 지대한 영향을 미친다. 식물이 자라면서 균사가 식물의 뿌리로 서서히 뻗어나가 확장되고 있는 끝부분 근처에 새로운 네트워크를 형성한다. 뿌리 위쪽 부분에서는 기능하지 않는 균사가 보호 글로말린을 탈피한다. 이 글로말린이 토양 속으로 떨어져 모래, 유사, 진흙, 유기물 입자들에 붙어 토양 덩어리, 즉 '토양 입단'을 형성해 물, 공기, 영양분이 사이의 공간들에 침투할 수 있게 한다. 질기고 매끈한 글로말린에 덮여 보호되는 이 토양 입단은 토양의 구조, 농민이나 정원사가 손가락으로 부스러뜨려보며 감지하는 경작 적성, 즉 부스러지기 쉬워 경작에 접합한 성질을 부여한다.

글로말린은 내구성이 엄청나게 강하다. 실험들에 따르면 글로말린은

40년 이상 토양 속에서 손상되지 않은 채 살아남을 수 있다. 바로 그런 강인함 때문에 과학자들에게 그토록 오랫동안 발견되지 않은 것 같다. 메릴랜드주 벨츠빌의 실험실에서 라이트는 토양을 구연산염 용액에 담갔다가 한 시간 이상 강한 열에 쬐어야 글로말린을 분리할 수 있다는 것을 알게 되었다.

글로말린은 탄소를 포함하고 있는 단백질 및 탄수화물 아단위로 이루어져 있고, 탄소가 분자의 20~40퍼센트를 구성한다. 한때 토양 탄소의 주된 저장 물질이라 여겨지던 원소인 부식산이 8퍼센트를 저장하는데 비하면 상당한 비율이다. 토양 입단들은 '토양의 초강력 접착제'인 글로말린의 도움을 받아 유기탄소가 토양미생물에 의해 부패되는 것을 막는다. 토양 속에 균근균이 많을수록 안정된 토양 입단을 더 많이 생산하고, 토양 입단이 많을수록 더 많은 토양탄소를 저장한다. 놀랍게도, 세계의 토양에는 우림을 포함한 지구의 모든 식물보다 유기물로서의 탄소가 더 많이 들어 있다. 지상생물권, 즉 생물이 존재하는 인접 대기를 포함한 지구의 지표면 부분에 있는 탄소의 82퍼센트가 토양 속에 있다.

균근균의 놀라운 특징 가운데 하나는 글로말린의 생성을 늘려 대기 중의 이산화탄소 수치 증가에 대응하는 것이다. 3년간의 실험에서 캘리포니아대학의 과학자들은 야외 인공기후실을 이용해 작은 자연 초지의 이산화탄소 수치를 조절했다. 그들은 이산화탄소 농도가 670ppm에 도달하면—이번 세기 말에 도달할 것으로 예상된다—균사가 오늘날의 이산화탄소 농도에 노출된 균사보다 3배 길어지고 5배 더 많은 글로말린을 생산한다는 것을 발견했다.

우리 토양의 구조를 개선하고 비생산적인 농지를 영구 목초지로 되돌리는 것은 이산화탄소 농도 상승과의 전쟁에서 중요한 무기가 될 수 있다. 왕립학회에 따르면, 세계의 농지들이 더 잘 관리될 경우 1년에 100억 톤에 이르는 이산화탄소를 포집할 수 있다. 대기에 매년 축적되는 이산화탄소보다 더 많은 양이다. 기후변화를 되돌리는 데 도움이 되고 싶은 고객들에게 '탄소 흡수원'을 판매하는 기업인 카본 파머스 오브 아메리카Carbon Farmers of America가 이를 지지한다. 그들은 세계의 경작된 토양 속의 유기물이 1.6퍼센트 정도로만 증가해도 기후 문제가 해결될 것이라고 추정한다. 전체론적 토지 관리, 특히 사막지역이나 '취약 구역'을 생산성 있는 초지('단시간 고밀도 방목mob grazing'으로 알려진 시스템)로 되돌릴 힘을 가진 윤환 자연 방목의 지지자인 짐바브웨의 생태학자 앨런 세이버리는 한발 더 나아간다. 그는 세계의 황폐화된 초지 50억 헥타르를 제대로 기능하는 생태계로 회복시키면 매년 10기가톤 이상의 대기 중 과잉 탄소를 육지의 흡수원으로 다시 보낼 수 있다고 추정한다. 그는 이렇게 하면 불과 수십 년 안에 온실가스 농도가 산업화 이전 수준으로 낮아질 것이라고 주장한다.

2015년의 파리 기후변화 협약 이후 프랑스는 최근 4퍼밀4 per 1000 구상을 출범시켰다. 이 구상의 목표는 그리 야심적이지 않지만 논리는 동일하다. 대기 중에 포함된 탄소의 양은 매년 43억 톤 증가한다. 세계의 토양은 1조5000억 톤의 탄소를 유기물 형태로 보유하고 있다. 토양에 들어 있는 탄소의 양이 황폐화된 농지의 회복과 개선을 통해 매년 0.4퍼센트만 증가해도 대기 중의 이산화탄소가 매년 증가되는 것을 막을 것이다. 그러면 지구의 온도 상승을 1.5/2°C로 제한한다는 기후변화 목표를 달성하는 데 상당히 도움이 되는 동시에 토양 비옥도와 안정성 개선으로 전 세계의 식량 안보가 향상될 것이다.

2030년까지 탄소 배출량을 1990년도 수준에서 57퍼센트 줄인다는 야심 찬 목표를 달성해야 하는 압박을 받고 있는 우리 정부는 탄소 격리에 대해 넵 같은 재야생화 프로젝트가 가진 가능성에 점점 더 관심을 보이고 있다. 2012년에 본머스대학과 생태학 및 수문학 센터Centre for Ecology and Hydrology가 환경식품농무부를 위해 에너데일, 그레이트 펜, 프롬강 집수지, 웨일스의 펌루먼, 넵 같은 대규모 복원 프로젝트를 살펴보는 보고서를 준비했다. 그들은 이 프로젝트들이 제공하는 여덟 가지 핵심 '생태계 서비스'—탄소 격리, 휴양, 미학, 홍수 방지, 식량 공급, 에너지·연료, 원자재·섬유, 신선한 물 —를 수량화했다. 점수는 0(관련 없음) 부터 5(매우 높은 중요도)까지 매겨졌다.

이전의 집약농업 시스템에서 넵은 탄소 격리에서 1점, 휴양에서 3점, 미학에서 5점, 홍수 방지에서 1점, 식량 공급에서 5점, 에너지·연료에서 2점, 원자재 섬유에서 3점, 신선한 물에서 2점을 받았다. 재야생화 시스템에서는 대부분의 점수가 상당히 올라가 탄소 격리에서 5점, 휴양에서 5점(우리가 생태관광 사업을 시작하기도 전에 받은 점수다), 홍수 방지에서 4점, 에너지·연료에서 5점, 원자재·섬유에서 4점을 받았다. 식량 공급은 5점이라는 최고점을 유지했고 흥미롭게 미학도 마찬가지였다. 신선한 물 —인간의 소비를 위한 물 저장과 관련되어 있다—항목은 예전과 같은 2점이었다. 우리에겐 저수지가 없기 때문이다. 하지만 우리는 넵의

야생 쪽으로

재야생화가 수질을 향상시켰다는 것을 보여줄 수 있으며, 이는 엄청난 생태학적 중요성을 지닌다. 넵으로 흘러드는 물의 대부분은 인근 농장과 시가지에서 오는 것이며 상당히 오염되어 있다. 2016년에 실시한 검사에서 넵 사유지의 모든 웅덩이가 수질 순도에서 최고 측정값을 기록했고, 이 결과는 우리 땅이 현재 효과적인 여과 및 정화 시스템을 제공하고 있음을 나타낸다.

환경식품농무부 평가에서 가장 큰 도약을 보인 항목은 탄소 저장으로, '재야생화 아래에서 중성 목초지와 활엽수림의 탄소저장 용량 증가'로 인해 51퍼센트나 상승했다. 보고서는 넵 황무지가 50년 동안 추가적으로 1400만 파운드 가치의 탄소를 저장할 것이라고 추정했다.

우리 시대의 큰 걱정거리인 기후변화, 천연자원, 식량 생산, 물 조절, 환경보존, 그리고 건강 문제가 모두 토양의 상태로 귀결된다. 마침내 우리가 지구의 생물 작용의 본질적 매체, 그 살아 있는 얇은 외피를 재평가하기 시작하고 있는 것 같다. 오만하게도 우리 혼자 힘으로 할 수 있다고 생각했던 많은 일을 해내는 토양의 잠재력을 이제야 인식하기 시작했다. 우리는 수세기 동안의 착취와 기술적 오만 뒤에 토양으로 다시 눈을 돌림으로써 우리 종들이 어떻게 단지 다음 수십 년 동안이 아니라 다가올 수천 년 동안 생존할 수 있을지, 우리의 창의적 지능과 전문 기술을 우리와 달리 수백만 년의 연구 개발로부터 도움을 받아온 이 시스템과 결합시킬 수 있을지 이해하기 위한 노력을 시작하고 있다. 토양을 나타내는 라틴어 '후무스humus'에서 영어 단어 'human(인간)'과 'humility(겸손)'가 나온 게 아마 놀랍지는 않을 것이다. 토양은 말 그대로 우리의 기반이다.

찰리와 내게 토양은 동그라미의 완성이다. 애초에 우리가 재야생화에 대해 생각하게 만든 것이 균근균과 관련된 대화였다. 거의 20년이 지난 지금, 재야생화는 우리 발밑의 땅을 더 깊이 이해할 수 있게 해주었다. 토양은 우리 눈앞에 나타나고 있는 모든 것의 보이지 않는 토대다. 위대한 재활용 전문가이자 연결자이며 생명 자체의 핵심이다.

자연의 가치

어떤 인간도 그 자체로 전체인 섬은 아니다.
모든 인간은 대륙의 한 조각이며 전체의 일부다.
_존 던, 「묵상Meditation 17」, 『뜻밖의 사태들에 대한 기도문Devotions upon Emergent
Occasions』(1624)

우리는 우리 자신을 지구를 마음껏 약탈할 권리가 있는 지구의 우두머리이자 주인으로
생각하게 되었다. 토양, 물, 공기, 모든 형태의 생물에 분명히 나타나는 질병은
우리 마음속에 있는 폭력을 반영하는 징후들이다. 우리는 자신이 지구의 먼지이며
우리가 지구의 공기를 호흡하고 지구의 물에서 생명을 얻는다는 것을 잊어버렸다.
_프란치스코 교황의 회칙(2015)

우리가 재야생화에 나선 뒤 10년 동안 사람들이 넵 황무지에 좀더 익
숙해지고 식생이 더 복잡해지며 자리를 잡아감에 따라 넵에 대한 지역
의 비판은 서서히 가라앉기 시작했다. 환경식품농무부 생태계 서비스
보고서가 제시한 대로 미적 감각이 변화해 남쪽 구역의 거친 풍경도 더
이상 그리 거슬리지 않았다. 2009년에 우리는 길들의 연결을 돕기 위해
사유지의 기존 공공통행로 16마일에 4마일의 보행로를 더했고 말을 타
는 사람들을 위한 오프로드 통행 신탁Toll Riders of Off-road Trust에 추가로
4.7마일을 지정해주었다. 오늘날 재야생화 프로젝트를 가로질러 지나가
는 많은 사람이 이곳이 렙턴 대정원이나 심지어 이전의 농지만큼 나름
대로 보기 좋다고 말한다.

야생 쪽으로

홍분되는 이야기를 하나 하자면, 우리는 넵이 아직 충분히 야생화되지 않았다고 느낀다. 넵은 더 야생화될 수 있고, 그래야 한다. 우리는 언젠가 이곳에 멧돼지와 비버, 그리고 아마 들소와 엘크도 살길 원한다. 땅에 사체들을 놔둘 수 있게 되어 여태까지 방치되어온 청소동물들에게 식량원을 제공할 뿐 아니라 토양에 미네랄을 돌려주길 바란다. 우리는 도살장으로 실려가는 스트레스를 덜어주기 위해 현장에서 우리 소와 돼지에게 총을 쏘는 쪽을 선호한다. 또 번식하는 우리 엑스무어 무리로 훌륭한 요리를 만들 수 있길 바란다. 우리는 프로젝트의 세 구역을 연결시키는 육교를 짓거나 더 많은 우리 이웃들이 동참하는 희망을 버리지 않았다. 그리고 진흙에서 백악질, 자갈들까지 서식지를 연결해 넵에서 출발해 재야생화된 땅들을 지나 바다까지 쭉 가는 사파리를 이끄는 꿈을 꾼다. 우리 롱혼들이 이번 주는 우리 갯버들 숲에서 풀을 뜯고 다음 주에는 쇼어햄의 바닷가에서 해초를 먹는 꿈을 꾼다. 그리고 혼자 힘으로 돌아올 수 없을 것 같은 종을 재도입하길 바란다. 언젠가 물수리가 호수에서 물고기를 낚아채고 황새가 성루와 시플리 교회의 탑에 둥지를 짓길 바란다. 이것은 시작일 뿐이다.

우리의 야생생물의 번성이 분명 사람들의 마음을 돌려놓는 데 큰 역할을 했다. 넵에는 자연주의자들이 찬양할 부분이 많지만 언론의 관심을 끌고 우리가 대책 없이 무모한 건 아니라고 일반 대중을 설득한 것은 나이팅게일, 번개오색나비, 멧비둘기 같은 특히 희귀하고 카리스마 강한 종들의 재출현이었다.

그러나 일부 열렬한 반응은 그다지 반갑지 않았다. 어떤 사람들에게는 재야생화 개념이 거칠게 행동해도 된다는 허가처럼 보이는 것 같다. 개를 산책시키는 사람들은 억제되지 않은 경관에 들떠 종종 개들이 보행로를 벗어나 사납게 돌진하거나 자유롭게 돌아다니는 동물 무리를 쫓아가거나 땅에 둥지를 짓는 새와 물새들을 몰아내도록 놔두었다. 우리는 심지어 우리가 잘 알고 있는 이들을 포함해 얼마나 많은 사람이 이런 짓을 하고 그러면서도 자신이나 개들이 결코 잘못했다고 생각하지 않는다는 것에 끊임없이 놀란다. '스트레스를 푸는' 사랑스러운 애완견과 야생생물에 미치는 영향을 전혀 연결시키지 않는다. 오염, 단편화, 기후변화에 시달리는 황폐화된 환경에서 통제되지 않는 개들은 길들여진 고양이들이 자유롭게 돌아다니며 동물을 잡아먹는 것에 더해 야생생물에게 부당한 압박을 가하는 또 다른 부담이다.

때때로 더 큰 동물들도 표적이 된다. 우리의 나이 든 암퇘지 한 마리가 개 한 쌍의 반복되는 괴롭힘으로부터 새끼 돼지들을 보호하려고 주인들에게 달려들었고, 주인들은 '목숨의 위협을 느꼈다'. 사건이 극적으로 악화되는 것을 막고 프로젝트의 장기적 이익을 보호하려는 노력으로 우리는 몇 차례나 목격자들이 나섰음에도 불구하고 개 주인들의 주장에 이의를 제기하지 않기로 결정하고 대신 암퇘지를 도살하기 위해 보냈다. 한번은 말을 타고 카우보이의 꿈을 실현하고 있는 아버지와 아들을 만난 적도 있다. 두 사람은 남쪽 구역 전체를 맹렬한 속도로 누비며 우리 소들을 쫓아갔고 개들은 송아지들의 발굽을 물었다. 밀렵은 고통스러운 일이다. 우리는 남쪽 구역에 설치된 덫들과 22구경 소총에 맞아 대개 끔찍한 상처를 입은 채 방치된 다마사슴들을 발견했고, 지역

도축장에서는 우리의 탬워스 두 마리의 피부 밑에 공기총 총알이 박혀 있었다고 알려주었다. 어느 해에는 희한하게도 '가축 도둑질'과 반대로 영양실조에 걸린 양 6마리가 남쪽 구역에 버려져 있었다.

이런 행동 대부분의 근간은 자연에 대한 공감과 지식의 부족으로 보이며, 이 점이 또한 우리 시대와 우리 할아버지, 증조할아버지의 시대를 분리시킨다. 오늘날 보통 사람이 얼마나 많은 나무와 꽃, 새, 곤충을 알아볼 수 있을까? 땅에 둥지를 짓는 새들의 번식기와 뱀도마뱀을 해치지 않고 잡는 법은 말할 것도 없다. 7세 아동들을 대상으로 한 옥스퍼드 주니어 사전은 2007년에 '아몬드almond' '블랙베리blackberry' '크로커스crocus'를 빼고 그 자리에 '아날로그analogue' '블록그래프block graph' '유명인celebrity'을 넣었다. 2012년판은 '도토리acorn' '미나리아재비' '마로니에 열매conker' 대신에 '애착attachment' '블로그blog' '대화방chat room'을 넣어 아이들의 머릿속에서 자연을 계속 삭제했다. '꽃차례catkin' '콜리플라워cauliflower' '밤나무chestnut' '클로버clover' 대신 이제 '잘라 붙이기cut and paste' '광대역boradband' '아날로그analogue'가 실려 있다. 왜가리, 청어, 물총새, 종달새, 표범, 가재, 까치, 피라미, 홍합, 영원, 수달, 황소, 굴, 검은표범도 전부 삭제되었다.

옥스퍼드 주니어 사전의 편집은 지난 몇십 년 동안 아이들의 인식과 행동의 변화를 반영한다. 1950년대 이후 영국 인구의 80퍼센트가 소도시와 도시에서 살았지만 한 세대 전만 해도 40퍼센트의 아이들이 여전히 자연 지역에서 자주 놀았다. 이 수치가 오늘날에는 10퍼센트로 떨어졌고 40퍼센트의 아이들은 밖에서 아예 놀지 않는다. 내가 어릴 때는 집에서 몇 마일 자전거를 타고 가서 친구들을 만나는 게 보통이었다. 주말은 황무지와 자갈 채취장을 뒤지며 다니고, 강에 댐을 만들고, 굴을 파고, 모닥불을 피우고, 강과 연못에서 헤엄을 치며 보냈다. 그중 어떤 것도 어른의 감독 아래 하지 않았다. 지금 아이들은 시골에 살아도 거의 끊임없는 감시를 받고 모험과 독립의 위험으로부터 보호받는다. 세계가 50년 전보다 아이들에게 더 위험해졌다고 제시하는 증가가 없는데도 공포 요소가 우리 삶에 등장했다. 1971년에는 8~9세 아동의 80퍼센트가 혼자 걸어서 학교에 갔다. 1990년에는 이 수치가 9퍼센트로 떨어졌고 지금은 그보다 훨씬 더 낮다.

아동기의 이러한 '경험의 소멸'은 이후의 삶에서 환경에 대한 태도에 직접적인 영향을 미친다. 연구들에 따르면, 7~12세에 녹지 공간에서 시간을 보낸 아이들은 자연을 마법적이라고 생각하는 경향이 있다. 이 아이들은 어른이 되면 자연을 보호하지 않는 데 분노할 가능성이 큰 반면 그런 경험이 없는 사람들은 자연을 적대적이거나 자신과 상관없다고 여기거나 자연의 손실에 무관심한 경향을 보인다. 아이들의 삶에서 자연을 지워버림으로써 우리는 환경으로부터 미래의 지지자들을 빼앗고 있다.

하지만 우리는 또한 사회 자체에도 파괴적이고 대가가 큰 짓을 저지르고 있다. 건강만 보더라도 자연은 우리가 무시할 수 없는 도움을 준다. 시골이나 공원이나 정원을 접하면 사람들이 더 건강해지고 체력이 튼튼해지며 더 잘 적응하고 아이들의 행동과 학업이 향상된다는 증거들이 있다. 영국 공중보건국에 따르면 도시지역의 나쁜 공기 질이 매년 영국에서 2만9000건의 조기 사망의 한 요인이라고 한다. 최근 『랜싯Lancet』에 실린 보고서는 혼잡한 도로의 소음과 공기오염을 알츠하이머병과 연관시킨다. 오랫동안 활력소로 여겨지던 신선한 공기는 오염만 막아주는 게 아니다. 독물학자들은 자연이 제공하는 공기에 인간의 건강에 이롭고 면역체계를 강화시키는 식물, 균류, 세균이 생성하는 미생물이 가득 차 있다는 것을 발견하고 있다. 자연을 멀리서 보기만 해도 치유 효과가 있다. 의료 서비스들은 환자의 병상에서 자연이 보이면 수술 후에 진통제가 덜 필요하고 훨씬 더 빨리 회복된다는 것을 발견했다. 2007년에 내추럴 잉글랜드와 왕립조류보호협회는 영국, 미국, 유럽의 연구들을 모아 「자연적 사고Natural Thinking」라는 보고서를 내고 자연이 정신 건강에 미치는 영향을 강조했다. 영국인은 6명 중 1명꼴로 우울증, 불안, 스트레스, 공포증, 자살충동, 강박증 혹은 공황발작을 겪으며, 때때로 이 증상들이 결합되어 치명적이 된다. 이는 국민건강보험에 125억 파운드를 부담시키고 경제에는 생산량 손실로 231억 파운드, 삶의 질 저하와 인명 손실로 인한 인적 비용으로 418억 파운드의 피해를 입힌다. 연구들은 자연에서 시간을 보내면 이 모든 질환의 증상이 완화된다는 것을 보여준다. 청년들의 혈압, 맥박수, 코르티솔 수치를 측정해 보면 자연 보호구역을 걸을 때는 분노가 줄어들고 긍정적인 기분은 증가하는 반면 도시 환경에서 걸을 때는 그 반대임이 나타난다. 젊은이들의 약한 자제력, 충동적 행동, 공격성, 과잉 행동, 부주의가 자연과 접촉하면 모두 개선된다. 괴롭힘을 당하거나 처벌을 받거나 이주하거나 가정불화를 겪는 아동에 대한 연구는 모두 아이들이 자연과 가까이 지내면

스트레스 수준과 자아존중감 둘 다에서 도움을 받았다고 밝혔다.

우리를 방문한 많은 자연주의자와 환경저널리스트들이 불만스럽거나 불안한 젊은이였을 때, 혹은 나이 들어서 위기에 처했을 때 자연을 발견한 것은 놀라운 일이 아니다. 매슈 오츠, 테드 그린, 데이브 굴슨, 피터 매런, 마이크 매카시, 조지 몽비오, 패트릭 바컴, 크리스 패컴, 사이먼 반스 같은 많은 사람이 유대감을 회복시키고 마음의 평정을 찾게 해주는 자연의 능력에 관해 감동적인 글을 썼고, 이러한 자연의 치유를 접하는 우리는 스트레스를 받을 때 본능적으로 자기 처방을 한다. 2010년 7월 말, 어머니가 돌아가시기 일주일 전에 나는 중압감을 견디기 힘들다는 걸 깨닫고 집에 하루 이틀 가 있으려고 도싯주에 있는 어머니의 병상을 떠났다. 찰리가 머리를 식히게 해주려고 나를 대정원 한가운데에 있는 스프링우드로 데리고 갔다. 그곳에는 놀라운 장관이 막 펼쳐지던 참이었다. 140년 된 참나무들 사이로 비스듬히 빛줄기가 비쳤고 그 사이로 수십 마리의 은줄표범나비가 구애 행동을 하며 고리를 그리듯 날고 있었다.

넵을 찾는 표범나비들 중 가장 큰 은줄표범나비는 한때 스코틀랜드만큼 북쪽 끝 지역에서도 발견되었고 수가 많아 검은딸기나무 덤불 하나에서 40마리를 볼 수 있을 만큼 흔했지만 최근까지 머지강과 워시만 사이의 선 너머에서 나타난 적은 없다. 개체군 붕괴는 줄나비, 은점선표범나비와 마찬가지로 왜림 작업의 종말과 관련되어 있다. 다행히 이제 이 나비는 증가하고 있고 다시 북쪽으로 이동해 최근에 이스트앵글리아의 많은 지역에 대량 서식한다. 이 나비가 넵에도 다시 나타났다. 수

세대 동안 왜림 작업을 하지 않은 스프링우드는 20세기의 대부분의 기간에 임관이 울폐된 참나무 조림지였지만 대정원 복구를 시작할 때 렙턴의 정신에 따라 나무들을 솎아내 이제 적절한 간격을 둔 참나무들, 알을 낳기에 적당한 나무껍질의 틈, 낮은 검은딸기나무들이 보호하는 어룽거리는 그늘 속에 뒤덮인 바이올렛―애벌레의 식량원―등 나비들에게 필요한 것이 마련되었다.

짙고 선명한 오렌지색 바탕에 검은 반점이 있는 은줄표범나비는 이따금 날개를 펄럭이면 날개 아랫면의 녹색 바탕에 진줏빛 줄무늬가 반짝인다. 이 은색 무늬 때문에 은줄표범나비라는 이름이 붙었다. 암컷은 똑바로 평평하게 날면서 날개를 파닥여 천천히 신호를 보내고 복부 끝에서 나는 향으로 매력을 발산한다. 수컷은 위아래로 팽팽한 고리를 그리며 암컷 앞으로 급강하해 암컷이 수컷의 앞날개에서 떨어지는, 도취시키는 인분 세례를 통과해 아래로 지나갈 수 있도록 시간을 끈다. 나는 나비의 비늘 가루와 함께 빙빙 도는 빛줄기보다 그 순간 내게 더 큰 용기를 줄 수 있는 건 없다고 느꼈다.

하버드대학의 생물학자 에드워드 윌슨이 생각하기에 인간과 자연과의 연결, 그가 '녹색갈증biophilia'이라 부른 개념으로 '생명체들에게 둘러싸여 있으면 찾아오는 풍부하고 자연적인 즐거움'은 우리의 진화에 뿌리를 두고 있다. 우리는 유전적 역사의 99퍼센트를 수렵·채집인으로 보냈고 자연세계와 완전하고도 긴밀한 관계를 맺고 있었다. 100만 년 동안 우리의 생존은 날씨와 별과 우리 주변의 종들을 파악하고, 길을 찾고, 공감하고, 환경과 협력하는 우리의 능력에 달려 있었다. 경관 및 다른 형태의 생물과 관계를 맺으려는 욕구—이런 충동을 미학적이라고 생각하건, 정서적, 지적, 인지적, 심지어 영적이라고 생각하건—가 우리 유전자에 들어 있다. 그 연결을 잘라내고 우리는 가장 깊은 자기정체성을 잃어버린 세계에서 부유하고 있다.

스티븐 캐플런과 레이철 캐플런은 이러한 혼란의 심리학적 의미를 더 자세히 다루었다. 1980년대에 시작된 두 사람의 연구는 자연세계 밖에서의 생활이 뇌에 가하는 부담에 초점을 맞추었다. 자극, 다양한 의사소통 형태, 빠른 처리와 선택을 요구하는 정보로 가득 찬 현대의 삶은 뇌의 우측 전두엽 피질에서 담당하는 이른바 '유도된 주의directed attention'를 요구한다. ADHD가 있는 아동이 영향을 받는 것으로 보이는 뇌의 부위와 동일하다. 이런 유형의 초점 주의는 피곤할 뿐 아니라 집중을 방해하는 것들을 차단하기 위한 엄청난 노력을 요구해 조바심, 계획능력 손상, 우유부단, 흥분성 등의 증상을 불러온다. 반면 자연환경은 우리의 주의를 간접적으로 유지해 캐플런 부부가 '부드러운 매혹soft fascination'이라 부르는 개념, 노력을 전혀 혹은 거의 요구하지 않고도 명상과 정신적 회복을 위한 충분한 여지를 주는 광범위한 몰두를 제공한다. 두 사람의 연구는 음악을 듣거나 텔레비전을 보는 것 같은 비교적 노력이 필요 없는 취미도 머리를 맑게 하고 직접적인 주의력을 회복하는 데 있어 자연만큼 효과적이지 않다는 것을 보여주었다.

여기에도 진화적인 설명이 있다. 초기 인류는 어떤 주제나 행동에 너무 면밀하게 혹은 너무 오래 집중할 경우 공격에 취약해졌을 것이다. 식량 모으기, 가축 돌보기, 물건 만들기와 관련된 더 광범위하고 부드러운

'간접적 주의'가 뇌 에너지 측면에서 훨씬 대가가 적었을 것이며, 이 활동들은 모두 위험을 계속 경계할 수 있게 해준다. 불교도들이 동적 명상 혹은 마음챙김이라 부르는 개념과 가깝게, 긴장을 푼 채 경계하는 상태다.

증거 기반의 의료 서비스 설계의 개척자인 로저 울리히가 수행한 다른 연구는 자연에 대한 우리의 반응, 특히 특정한 자연적 배경과 풍경에 의해 마음이 차분해지고 안심하는 능력이 뇌의 훨씬 더 오래되고 안쪽에 자리 잡은 부분, 우리의 생존반사를 일으키는 변연계에 위치한다고 제안한다. 울리히는 특정 자연 지물들을 접하면 스트레스가 많고 에너지를 소비하는 투쟁 도피 반응으로부터 자신을 신속하게 회복시킬 수 있으며 안전하고 식량이 있는 영역에 머물도록 촉진하는 심리학적 반응을 나타내는 초기 인류를 선호하는 쪽으로 진화가 이루어졌을 것이라고 제안한다.

울리히가 이렇게 기운을 회복시키는 차분함과 안전감을 제공한다고 밝힌 환경에는 잎이 무성한 식물들, 초록색 나뭇잎들, 잔잔하거나 느리게 흐르는 물, 공간적 개방성, 독립적으로 서 있는 나무들, 위협적이지 않은 야생생물들이 포함된다. 모두 현대의 스트레스 검사에서 최고의 회복 반응을 불러오는 것들이다. 이것은 윌슨의 녹색갈증과 관련되어 있고 캐플런 부부 역시 우리를 가장 안심하게 만든다고 밝힌 경관이다. 진화생물학자 고든 오리언스와 주디 헤어왜건 이 경관이 우리 머릿속에 있는 사바나의 환영이며 아프리카의 수렵·채집이었던 우리 조상들을 상기시킨다고 주장한다. 이것은 우리가 도시의 공원과 정원에서 잠재의

식적으로 모방하고, 옛 거장의 그림들 속에 소중히 간직하고, 아르카디아로 이상화하고, 무의식적으로 자신의 DNA에 새겨진 청사진에 맞춰 일하는 험프리 렙턴이 고객들을 위해 재현한 환경이다. 하지만 또한 넵의 남쪽 구역에서 인간의 노력 없이 나타나고 있는 경관이기도 하다. 아프리카처럼 초본초식동물들의 거대한 무리로 가득했던 대륙인 유럽에 도착한 초기 인류를 맞이한 탁 트인 삼림 목초지다. 가장 풍부한 자원을 제공해줄 뿐 아니라 본능적으로 편안함을 느끼는 곳이기 때문에 우리가 중세 말까지 왕실 사냥 '숲'과 주변부의 방목 공유지인 '황무지'로 계속 유지해온 생태계다.

지난 몇 년간 재야생화가 인정을 받자 속박되지 않은 자연이 우리의 역사적 과거를 지울 수 있다고 생각하는 '문화적 경관' 지지자들은 반발했다. 하지만 그들이 어떤 유형의 경관과 어떤 유형의 문화를 말하고 있는지 검토해볼 가치가 있다. 양도할 수 없는 영국의 문화유산으로 보호되는 자연 지물들은 랜드시어가 묘사한 양들이 있는 하일랜드의 풍경, 양모 호황이 낳은 작은 돌집들, 공유지의 사유지화 법령 Enclosure Acts 으로 생긴 산울타리와 들판들, 뇌조사냥터, 운하화된 강, 심지어 성숙한 조림지까지 거의 항상 빅토리아 시대의 산물이다. 하지만 우리가 환기시키면 더 좋을 또 다른 문화적 경관이 있다. 산업혁명 시대에 빛을 잃었지만 변화가 진행되는 와중에도 존 클레어, 제라드 맨리 홉킨스 같은 사람들이 그 손실을 안타까워하던 경관이다. 우리의 진정한 '삼림'인 중세의 삼림 목초지가 기준이라면 재야생화는 반달리즘과 거리가 멀다. 재야생화는 수천 년 동안 우리와 함께해온 더 풍요롭고 깊이 있는 전원지대를 우리에게 되찾아준다.

그리고 정신적, 심리적 건강뿐 아니라 강 유역의 보호, 물과 공기의 오염 제거, 홍수 저감, 토양 복원, 꽃가루 매개충의 공급, 생물학적 다양성의 보호, 탄소 격리처럼 우리의 장기적 번영과 생존에 필수적인 활동 측면에서도 우리 미래의 열쇠를 쥐고 있는 것이 이처럼 더 뿌리 깊은 자연이다. 또한 영국이 유럽의 규제들과 결별하고 농업보조금 비용을 재검토하기 시작함에 따라 해야 할 중요한 선택들이 있다. 그중 하나가 환경보호를 얼마나 장려해야 할 것인가다. 역사적으로 영국의 정책은 좋은 실적을 거두지 못했다. 영국이 '유럽의 지저분한 인간환경 문제를 제대로 다루지 않은 영국에 붙여진 별명'의 강, 해변, 해수욕장의 물을 청소하려면 유럽연합의 법령이 필요했다. 유럽연합은 하수처리와 질산염 배출에 대한 우리의 접근 방식을 바꾸었다. 영국의 이산화황과 아산화질소 방출을 감소시키고 2015년에 런던과 그 외의 주요 도시들에서 계속 대기오염 기준을 지키지 못했다고 영국 정부에 벌금을 물린 것도 유럽연합의 대기의 질에 관한 기본 지침이었다. 2017년에 환경법 단체인 클라이언트어스ClientEarth는 공기오염 개선에 실패한 영국 정부에 세 번째 법적 조치를 취했다. 영국 정부가 보호받는 야생생물 구역들을 마련하고 비버의 재도입을 장려하도록 의무를 지운 것은 나투라Natura 2000과 유럽 서식지 지침이었다. 기후변화 법령이라는 뚜렷한 예외만 제외하고 영국은 유럽의 환경 정책들을 이끄는 데 계속 실패해왔다. 유럽의 환경 분야 선구자인 독일, 네덜란드, 덴마크, 스웨덴, 핀란드가 끊임없이 기준을 끌어올리고 녹화 사업의 대규모 성장을 촉진해온 반면 영국은 유럽연합의 에너지 효율 지침의 효력을 약화시키고 역청사에서 얻은 탄소 배출량이 많은 석유의 수입 금지령을 해제하는가 하면 수분매개충인 벌들을 보호하는 유럽연합의 살충제 금지를 막기 위해 수십 년 동안 노력했다. 환경보호론자들에게 환영받은 최근의 입장 전환에서 마이클 고브 환경부 장관은 벌을 죽이는 살충제인 네오니코티노이드neonicotinoid 금지 조치를 확대한 유럽연합을 영국 정부가 이제 지지할 것이라고 선언했지만 2017년에 유럽연합이 제안한 제초제 글리포세이트의 금지에 대해서는 여전히 반대 입장을 고수하고 있다.

그러나 유럽연합을 떠나면 영국은 공동농업정책의 농업 보조금과 환경 파괴를 초래하는 왜곡된 유인책들에서 자유로워질 가능성이 있다. 우리가 시골지역을 어떻게 바라보는지, 시골지역이 우리에게 무엇을 제공해주길 원하는지 다시 생각해볼 기회다. 농업과 환경보호를 동전의 같은 면에서 파트너로 함께 바라볼 기회다.

지금까지 영국의 유럽연합 탈퇴 이후의 논쟁에서 농업과 자연보존은 마치 두 부문이 자원들을 놓고 끝까지 싸워야 하는 것처럼 서로 대립해왔다. 하지만 넵과 다른 곳들에서의 경험이 증명하듯이, 농업과 자연보존은 앙숙이 될 필요가 없고 그래서도 안 된다. 최상의 농지가 아닌 지역을 자연에 넘기는 것—전문 용어로 '토지 절약land sparing'—이 농업의 가장 중요한 협력이다. 재야생화는 토지 황폐화를 중단시키고 되돌리며 수자원들을 확보하고 작물 수분을 해줄 곤충들을 공급함으로써 장기적으로 지속 가능한 농업과 식량 생산에 필수적인 도움을 줄 수 있다. 우리가 농사를 중단한 넵의 땅에서 볼 수 있는 것처럼, 자유롭게 돌아다니는 방목 가축들에게 자극받은 복잡한 서식지 모자이크는 놀라울 정도로 쉽게 성취할 수 있을 뿐 아니라 전통적인 자연보존 방식에 비하면 명백하게 비용이 덜 든다. 또한 생물다양성, 기후변화와 기상 이변에 대한 회복력, 천연자원 등 우리가 필요로 하는 것들과 현재 우리 경관에 빠져 있는 것의 대부분을 제공한다. 그리고 목초지에서 풀을 뜯어 먹은 동물의 고기처럼 고품질의 식량도 생산할 수 있다.

하지만 공익이 아무리 중요하다고 해도 이타심에서 자기 땅을 자연에 넘길 농민이나 땅 주인이 있을 것이라고 기대할 순 없다. 경제적 타당성이 있어야 한다. 어떤 땅 주인이 우리에게 말한 것처럼 적자 상태이면서 친환경적이 될 순 없다. 하지만 우리가 생각하기엔, 적자 상태이기 때문에 친환경적이 되어야 하거나 친환경적이 될 수 있다. 우리는 한계농지에서 농사를 지으며 빚더미에 올라앉은 우리와 비슷한 처지의 땅 주인들 가운데 그런 도약을 하는 사람이 얼마나 적은지에 계속 놀란다. '찬찬히 생각할 정신적 여유'가 부족하다는 점이 분명 그 원인 중 하나다. 궁지에 몰린 상황에서는 가치 있고 창의적인 사고를 할 겨를이 없다. 또한 변화와 미지의 것에 대한 두려움, '야생'이라는 개념과 관련해 인지된 위험들, 미학적으로 보기 좋고 빈틈없이 정돈된 풍경을 가진 전통적인 농촌지역이라고 여겨지는 경관을 보존하고 싶은 욕구, 재야생화 개념을 토지 '유기'로 보는 시각도 원인이다. 그리고 특히 일반인 출입, 그 땅에서 사냥이나 낚시 등을 할 권리, 땅 주인의 이익 및 소득과 상충할 수 있는 비버 같은 특정 종들의 개체수 조절 능력에 대한 통제 상실의 두려움도 있다.

개인적인 토지관리 결정에 관료들이 개입하는 데 대한 이런 두려움이 땅 주인이나 농민들이 자연에 대해 느끼는 공감보다 종종 더 크지만 정책 입안자와 환경보호론자들에게 대단히 과소평가되고 있다. 내추럴 잉글랜드의 미발표 보고서에 따르면, 유럽연합이 2014년에 목초지 보호 계획Meadow Protection Plan을 발표한 뒤 목초지 상실률(제2차 세계대전 이후 남은 3퍼센트의 목초지에서)은 두 배 증가했다. 적절한 보상을 받을 가망도 없이 자기 땅에 대한 통제를 영원히 잃게 생기자 많은 농민이 더 엄격한 규정들이 도입되기 전에 자신의 목초지를 쟁기질하여 갈아엎은 것이다. 산간지대, 황무지, 저지대의 황야, 낮은 구릉지들을 '개방지역'으로 정한 2000년의 시골지역 및 통행권법Countryside and Rights of Way Act도 비슷한 부정적인 영향을 미쳤다. 우리의 한 이웃은 서식스의 저지대 황야지대의 마지막 남은 부분들 중 한 곳을, 다른 이웃은 사우스다운스의 일부 땅을 파서 일구었다. 땅이 개방 접근 구역으로 지정되어 골치 아픈 일이 생기고 돈이 드는 걸 피하기 위해서였다.

정부가 결국 우리 프로젝트를 제약 없는 실험으로 지원했다는 점에서 찰리와 나는 운이 좋았다. 지금까지 공무원 조직은 우리에게 거의 제약을 가하지 않았지만 우리가 지속적으로 걱정하는 문제 가운데 하나는 넵이 과학적 특별흥미지역, 즉 나이팅게일이나 멧비둘기 같은 특정 종의 서식지를 계속 제공할 법적 의무를 지닌 보호구역으로 지정될 수 있다는 것이다. 사실상 우리가 우리 성공의 희생자가 될 수 있다. 우리 땅에 나이팅게일의 수를 보장하는 것은 극도로 힘들 것이다. 이제 우리는 나이팅게일들이 천이과정의 식생을 선호한다는 것을 알기 때문이

　　　　　　　　　　　　　　　야생 쪽으로

다. 새로 등장하는 관목들을 막고 정체 상태에 머물게 하려면 특정 종들을 목표로 한 대부분의 보존 조치와 마찬가지로 기계적 개입이 필요하고 그 비용은 아마 우리가 부담해야 할 것이다. 또한 우리는 아프리카에서 오는 나이팅게일이나 멧비둘기 같은 철새들에게 영향을 미치는 요인을 책임질 수 없다. 하지만 그보다 더 큰 문제는 넵에 특정한 보존 목표들을 부과하면 지금까지 우리에게 그토록 흥분되고 예상치 못한 결과를 가져다준 역동성에 제한을 가하며 아직 프로젝트에 나타나지 않은 다른 종들의 기회가 손상되리라는 것이다.

하지만 자연보존에 대한 개입과 관료주의의 확대에 대한 두려움 외에도 농민들의 의욕을 꺾는 또 다른 강력한 저해 요소가 있다. 경작지를 관목이나 삼림지로 전환하면 가치는 절반으로 줄어든다. 우리의 경우, 땅을 팔 수 있는 자산으로 생각하지 않는 것이 가풍이다. 하지만 미래는 장담할 수 없는 법이다. 상황이 바뀌고 이후 세대들은 다르게 느낄 수도 있다. 재야생화가 사실상 한 일은 우리가 다음 세대에 물려줄 땅의 가치를 반토막 낸 것이다. 세제 혜택도 문제다. 농지는 농업 자산에 대한 상속세 감면을 통해 자본세를 면제받고 농장의 디젤 차량은 유류세를 면제받는다. 그리고 농민들은 사업용 부동산세를 100퍼센트 감면받는다. 다른 어떤 산업도 이런 유형의 특별대우를 받지 않는다.

우리가 알게 된 것처럼, 헤팔럼프의 덫을 잡으려고 놓았지만 자신이 빠진 덫에서 기어 올라오고 싶은 사람들을 위해 재정적으로 긍정적인 부분도 있다. 우리는 번창하는 영국 동남부 지역에 있는 넵의 농장 건물들을 활용할 수 있었다. 예전에는 유지하느라 돈만 들었던 이 건물들을 우리는 경공업 사업장, 창고, 사무실로 개조했다. 이 사업들이 198명을 채용해 일자리를 창출하고 시골지역에 다시 활력을 불어넣었다. 물론 여기에는 초기 개조 비용이 들어간다. 하지만 장기적으로 볼 때 우리의 관광 사업, 농장 상점, '야생 방목한' 유기농 육류 생산과 함께 또 다른 수익 흐름을 제공할 것이고, 우리는 이 수익 흐름이 보조금 문제의 향방과 관계없이 프로젝트의 존속 가능성을 확보해주길 기대한다.

관광은 분명 재야생화의 중요한 잠재적 성공 부문들 중 하나다. 도시화가 심화되면서 여가 시간에 자연을 찾는 사람이 점점 늘어나고 있다. 영국의 농촌관광 사업은 연간 약 140억 파운드 규모로 추정된다. '야생생물 기반 활동'이 19억 파운드의 매출을 창출하는 웨일스에서는 걷기와 관련된 활동이 보조금을 받는 영농 매출보다 1억 파운드 더 많은 5억 파운드를 경제에 기여한다. 생활 속 짧은 모험 여행을 뜻하는 마이크로어드벤처microadventure가 새로운 유행어로 떠올랐고 야생생물 관찰이 중요한 이야깃거리가 되었다. 스코틀랜드에서는 야생생물 관광만으로 10억 파운드 이상의 매출이 창출되고 7000개 이상의 일자리를 지원한다. 1년에 약 24만5000명이 고래와 돌고래 관찰 여행을 한다. 카리스마 강한 하나의 종이 국면을 전환시킬 수 있다. 1959년 스페이사이드의 가르텐 호수에서 물수리가 영국에서 처음으로 다시 번식했다. 지금까지 200만 명이 넘는 사람이 이곳을 방문했고 때로는 여름 한 철에만도 9만 명이 찾아온다. 이곳의 물수리 둥지는 역사상 세계에서 가장 많은 사람이 본 새 둥지다. 2001년에 구제역 단속이 한창일 때 레이크 지방에 처음 둥지를 튼 물수리들은 그해 컴브리아주 경제에 단비 같은

100만 파운드를 안겨주었고 이후 매년 계속해서 경제에 기여해왔다. 영국 전역에서 1년에 29만 명이 러틀랜드호를 포함한 9개의 핵심 물수리 관찰지역을 방문하고 이 지역들은 지역 경제에 350만 파운드의 매출을 창출한다. 1910년 이후 영국에서 멸종되었다가 1985년에 스코틀랜드의 재도입 프로그램으로 멀섬에 대량 서식한 흰꼬리수리는 이제 섬의 경제에 어림잡아 연간 500만 파운드를 기여하고 있고 110개의 정규직 일자리를 지원한다. 영국인들이 스라소니, 늑대 같은 포식자들을 재도입할 정도로 더 용감하면 관광업 측면에서의 보상은 더 높아질 것이다. 핀란드에서는 불곰과 울버린이 회복된 2005년부터 2008년 사이에 야생생물이 90퍼센트 증가했다. 한때 논란이 되었던 스코틀랜드의 비버 재도입은 이미 호텔, 식당, 술집으로 수익성 좋은 사업을 끌어들이고 있고, 데번주도 그럴 것으로 보인다. 우리가 비버 방출 장면을 구경했던 오터강 상류에 농장을 가진 젊은 부부는 이제 비버를 구경하러 온 사람들에게 숙소를 빌려주어 농사 수입을 보완한다. 넵에서는 새로 관광 사업을 시작하고 4년째인 2017년에 야생생물 사파리가 1300명의 방문객을 맞으며 사파리 캠프장에 2500명이 묵었고 특별이익집단, NGO, 그리고 정부 각료와 공무원을 포함한 개인 800명에게 프로젝트를 구경시켜주었다.

하지만 재야생화된 모든 땅에 관광객들이 구경하러 모여들 카리스마 강하고 헤드라인을 장식할 만한 종이 나타나는 것은 아니며, 서식지들이 바뀌고 종들이 이동하는 것이 재야생화의 본질이다. 농민과 땅 주인들에게 땅을 자연에 넘겨주도록 장려하려면 그러한 전환을 높이 평가하고 자기 뜻대로 하는 동적인 자연적 과정이 대중에게 제공하는 서비스를 인정할 방법들을 찾아야 한다. 여기에는 자연이 무한히 너그러워 보였던 시절에 발전한 비즈니스 모델인 생산성, 번영, 지속 가능성, 손익 같은 개념들을 평가하는 방식의 변화가 포함된다. 생태계 서비스에 대한 대가 지불, 자연 자본 회계, 생물다양성 친화적 사업, 생물다양성 상쇄는 모두 자연의 가치를 유형 자산 측면에서 측정해 토양, 물, 공기, 나무, 식생, 생물다양성, 행복감을 주는 풍경 같은 자연 자산들의 보호에 대한 비용 편익 분석을 할 수 있는 방법들로 연구되고 있다.

하지만 이 문제는 논란이 많다. 어떤 사람들은, 자연은 우리 대부분이 경제학의 세계를 초월하는 것이라 느끼고 인간이 무엇인가에 대한 본질을 건드리며 인간이 나타나기 전부터 존재했던 것인데, 이런 자연을 값으로 환산하는 것은 비도덕적일 뿐 아니라 논리적으로 불가능하다고 주장한다. 고상한 환경보호론자들은, 자연의 금전화는 우리가 가장 보호하고 싶어하는 대상을 상업주의의 사자굴, 변덕스럽고 사리를 추구하는 금융시장, 임의적인 가격 책정, 자연을 힘을 빼앗긴 자연의 유령으로 대체하는 거래로 몰아넣을 뿐이라고 주장한다. 아름다움이나 깨끗한 공기, 조화로운 느낌이나 행복감에 어떻게 가격을 매길 수 있겠는가? 이런 것들이 어떻게 거래될 수 있단 말인가? 당신이라면 자식이나 부모의 건강을 사고팔겠는가?

하지만 자연이 아름답고 중요하며 우리는 파괴할 권리가 없기 때문에 자연 그 자체를 위해 자연을 보호하자는 도덕적 주장, 운동가들이 반세기 이상 해오던 이 주장은 명백히 실패했다. 자연에 아무 값이 매겨지지 않고 우리가 살고 있는 경제 시스템에서 보이지 않으면 시스템은 으레 자연을 옆으로 내던져놓는다. 넵에서 우리가 겪었던 일은 지난 70년간 영국 전역에서 일어난 피할 수 없는 자연의 쇠퇴를 반영한다. 하지만 찰리와 나는 고의적인 파괴자가 아니었다. 우리에겐 단지 자연에 관해 생각할 동기가 없었을 뿐이다. 자연이 어디에 있는지, 얼마나 심오한지, 얼마나 광범위한지, 어떤 혜택을 가져다주는지 확인할 방법이 없었다. 우리 집 문간에 뭐가 있는지, 혹은 우리의 방식을 바꾸면 무엇을 얻을 수 있는지 알지 못했다. 우리가 가졌던 생각은 최악의 님비주의였다. 대부분의 농민과 마찬가지로 우리는 자신을 땅의 관리자라고 생각했지만 마음 깊은 곳에서는 자연이 영농사업이 아니라고 느꼈다. 자연은 냉철한 농업경제학과 떨어진 다른 어딘가에 있는 것이었다. 우리는 야생생물을 보기 위해 세계를 여행했다. 우림의 벌채와 댐 건설을 막기 위해 캠페인을 벌였다. 하지만 우리 뒷마당에서 우리가 하고 있는 일은 보지 못했다. 만약 집약농업이 우리에게 수익을 안겨주었다면 분명 우리는 여전히 그 방식으로 농사를 짓고 있었을 것이다.

앞으로 나아가기 위해서는 정당한 평가를 내려야 한다. 우리는 자연이 궁극적으로 값을 매길 수 없을 정도로 소중하다는, 무엇보다 중요한 의미를 희석시키지 않고 자연의 신비와 매력을 약화시키지 않고도 자연을 무시할 때의 대가를 계산할 수 있다. 우리는 자연이 이 지구에서 우리에게 주는 모든 것을 알지는 못할 것을 인정하면서도 대단히 명백한 혜택들의 가치를 평가할 수 있다. 병원과 의료 서비스는 이미 공기의 질 개선 및 녹지 공간과의 접촉이 어떻게 의료비 청구액을 줄이는지 추정하고 있다. 의회와 보험회사들은 강을 재자연화하고 강 유역과 범람원을 복구하면 홍수 피해 비용 측면에서 얼마나 돈을 절약할 수 있을지 계산한다. 수도업체들은 고지대를 재자연화하면 상수도에서 유사, 살충제, 인공 비료를 걸러내는 비용이 절약된다는 것을 알고 있다. 자연자본위원회Natural Capital committee는 영국의 도심지들 가까이에 25만 헥타르의 삼림지를 조성하면 휴양과 탄소 격리로 거의 5억5000만 파운드의 경제적 순편익을 얻을 것이라고 제시한다.

영국에겐 다시 생각할 기회가 있다. 그러므로 2007년에 생태계 및 생물다양성 경제학Economics of Ecosystems and Biodiversity 구상에서 환경 장관들이 유럽연합에 촉구했던 것처럼 농업 및 어업 보조금을 완전히 없애는 문제를 검토해야 한다. 땅을 가지고 있는 것 외엔 아무 일도 하지 않는 사람들에게 보상을 해주는 기본 직불제Basic Payment scheme에 의문을 제기해야 한다. 자립심 강한 영국이 농업 개혁에 앞장설 수 있다. 다른 산업과 마찬가지로 농민들에게 오염에 대해 비용을 청구하고 그 대신 공익을 위해 제공하는 환경 서비스들에 대해서는 보상을 해줄 수 있다.

특정 목표에 따른 성과들이 아닌 더 광범위한 생태학 과정으로 초점을 옮기고 땅이 얼마나 잘 혹은 얼마나 형편없이 기능하고 있는지 살펴보는 것이 중요하다. 성공은 한 가지 서비스—과거에는 항상 식량이었다—가 아니라 여러 서비스를 통해 측정될 수 있다. 따라서 식량 생산에는 좋지만 물 관리에는 나쁜 시스템은 낮은 점수를 받을 것이다. 물저장, 침수 완화, 야생생물, 탄소 격리, 영양소 순환, 꽃가루받이, 오염 개선에 최적의 점수를 받는 시스템이 가장 많은 지원을 받을 것이다.

생물학자들이 우려하는 점은 순전히 인간에게 혜택을 주는 생태학 서비스들에 보상함으로써 생물다양성이 피해를 입을 수 있다는 것이다. 어떤 경제 시스템이 물벼룩이나 개미의 장기적 전망을 최우선 순위에 두겠는가? 복잡한 생태계망에서는 가장 보잘것없는 생물이 기하급수적인 영향을 미칠 수 있다. 우리는 종종 어떤 종이 사라지기 전까지는 그 종이 핵심종인지 알지 못한다. 그러나 다수의 생태계 서비스를 제공하기에 가장 좋은 시스템이 가장 복잡하고 생물학적으로 다양하다는 증거가 늘어나고 있다. 실제로 생물다양성 자체가 생태계 서비스들을 평가하는 대리 기준이 될 수 있다.

이렇게 전체론적으로 생각하고 종료 지점을 설정하기보다 자연적 과정들로 시스템을 재구축하며 결과만큼 기능을 평가한다면 땅과 우리의 모든 관계를 바꿀 수 있다. 또한 그러면 그 어느 때보다 적은 토지에서 세계를 먹여 살리고도 남을 식량을 공급하는 과학기술 시대의 발전을 칭송하는 한편 '남성적' 과학, 즉 신기술이 우리의 모든 문제에 대한 답이고 전통적 시스템의 오래된 기술로 돌아가는 것이나 자연을 따르는 것이 퇴보라고 생각하는 사고방식의 실패를 해결하도록 우리를 독려할 수 있다.

멧비둘기 소리에 귀를 기울이며 야생 자두나무 덤불을 따라 걸으면서 찰리와 나는 양날의 검들을 견주어보았다. 이곳에서 새의 노랫소리를 듣는 즐거움, 그것도 지금 듣는 즐거움은 그 하나의 작은 상실을 막기 위해 달린 시간에 의해 상쇄된다. 멧비둘기는 넓이 멸종으로 가고 있는 종을 혼자 힘으로는 구할 수 없는 섬이고 카펫의 한 조각이라는 것을 상기시킨다. 멧비둘기가 여름에 세 마리의 새끼를 낳는 풍요로운 태피스트리가 내일 잉글랜드 전체에 복원된다 해도 이 나라의 이 사랑스러운 새에게는 거의 분명히 너무 늦은 일일 것이다. 멧비둘기의 수는 아마 개체군이 장기적으로 생존하는 데 필요한 임계치 아래로 떨어졌을 것이다. 멧비둘기의 노랫소리는 바뀌고 있는 기준선, 가장 최근에 사라지고 있는 엘리자베스 시대 경관의 점점 희미해지는 맥박을 환기시킨다.

우리의 발걸음이 종종 무겁게 느껴진다. 넵의 재야생화가 세상을 보는 우리의 시각을 바꿔놓아서 기운 빠지는 일이 많다. 다른 시골지역에서 친구들과 함께 산책할 때 예전에는 아무 생각 없이 즐기던 산책길인데도 아마 이제 우리에게 가장 와닿는 건 침묵과 고요함일 것이다. 기차나 고속도로에서 풍경들이 휙휙 지나갈 때 우리는 이제 그곳에 무엇이 없는지 알고 있다. 넵과 비교하면 영국 대부분의 지역은 사막처럼 보인다. 그러면 가슴 저린 슬픔과 상실감, 좌절이 밀려든다. 이런 좌절감은 거의 1세기 전에 미국의 위대한 환경보호론자인 알도 레오폴드가 "생태교육의 불이익들 중 하나는 상처투성이 세계에서 혼자 사는 것이다"라는 말로 가장 잘 표현했다.

하지만 심금을 울리는 멧비둘기의 그 부드러운 소리는 또한 회복, 복구, 소생, 흐트러진 것들을 다시 엮는 신호이기도 하다. 멧비둘기 소리가―어쩌면―또 다른 몇 번의 여름 동안 우리 땅에서 사라진다 해도 멧비둘기가 남긴 이 나라에 대한 희망, 세계가 한 고비를 넘기고 있다는 징후들이 있다. 마지막으로 아프리카로 되돌아갈 때 멧비둘기는 비버, 늑대, 울버린, 자칼, 곰들이 다시 대량 서식하고 있는 유럽 대륙 위를 날

야생 쪽으로

아갈 것이며, 생태학적 깨달음과 자연에 대한 갈망, 더 야생의 세계에 대
한 희망을 남길 것이다.

부록

넵 황무지 자문위원회

키스 알렉산더, 독립 생태학자이자 사프로실릭 딱정벌레 전문가

마틴 보어스, 라이브스톡 파트너십 동물병원

폴 버클랜드, 본머스대학 환경고고학 교수

질 버틀러, 영국 삼림신탁 자연보존 자문

믹 크롤리, 임페리얼 칼리지 런던의 식물생태학 명예교수

알라스테어 드라이버 교수, 환경청 전 국가 자연보존 관리자

제이슨 엠리치, 넵 캐슬 사유지 관리자이자 새빌스 지사장

앨리슨 필드, 임업위원회 런던&동남부 지역 책임자

롭 풀러 교수, 영국 조류학 신탁의 전 과학 책임자

에마 골드버그, 내추럴 잉글랜드 임업 및 삼림지 선임 전문가

폴 고리업, 필드페어 국제 생태개발 PLC 이사이자 네이처뷰로 Ltd. 회장

페니 그린, 넵 황무지의 생태학자, 서식스 생물다양성 기록 센터의 전 관리자

테드 그린, 고목 포럼의 창립 회원이자 윈저에 있는 왕실 소유지의 전 자연보존 컨설턴트

테레스 그리너웨이, 서식스 생물다양성 기록 센터의 전 관리자

매슈 허드 박사, 자연환경연구위원회 최고 과학 책임자

크리스토퍼 휴잇, 네이처 잉글랜드의 생물다양성 서식스&켄트 지역 선임 자문

닐 흄, 독립 자연보존 자문이자 나비 보존회(서식스 지부) 전 회장

한스 캄프, 네덜란드 정부의 생태계 및 환경 정책 선임 자문

제이슨 라벤더, 자연경관 우수 지역인 하이 월드 공동 이사

존 로턴 교수, '자연을 위한 공간 만들기' 회장이자 요크셔 야생생물 신탁 회장

알렉스 로드 박사, 퍼미언 글로벌 리서치 프로젝트 관리자

파스칼 니콜레, 민물 서식지 신탁 정책 및 집행 책임자

매슈 오츠, 내셔널트러스트 자연 부문 국가 전문가

짐 시모어, 내추럴 잉글랜드 동남부 지역 프로그램 관리자

줄리언 스미스, 넵 캐슬 사유지 신탁 관리자

켄 스미스 박사, 왕립조류보호협회의 전 수생연구 수석

조너선 스펜서, 임업위원회 기획 및 환경 책임자

짐 스완슨, 방목동물 프로젝트

프란스 페라 박사, 네덜란드의 생태학자이자 『숲의 역사와 방목 생태학』 저자

욥 판데르 플라사커르, 대형초식동물재단

토니 휫브레드 박사, 서식스 야생생물 신탁 CEO

출처

1. 놀라운 나무 밑에서 놀라운 사람을 만나다

Alexander, Keith, Butler, J. E., and Green, T. E. 'The value of different tree and shrub species to wildlife'. *British Wildlife*, vol. 18, no. 1, pp. 18-28 (2006. 10)

Butler, J. E., Rose, F., and Green, T. E. 'Ancient trees, icons of our most important wooded landscapes in Europe'. Read, H. 외. (eds), *Tools for preserving woodland biodiversity*, pp. 28-31. Textbook 2에 수록. Nononex (Naconex의 오타로 보임-출판사 참조), 2001년 9월 프로그램, 레오나르도다빈치 프로젝트, 스웨덴

Green, Ted. 'The forgotten army . woodland fungi'. *British Wildlife*, vol. 4, no. 2, pp. 85-6 (1992. 12.)

Green, Ted. 'The importance of open-grown trees . from acorn to ancient'. *British Wildlife*, vol. 21, no. 5, pp. 334-8 (2010. 6.)

Simard, S. W. and Durall, D. M. 'Mycorrhizal networks: a review of their extent, function, and importance'. *Canadian Journal of Botany*, vol. 82, issue 8, pp. 1140-65 (2004)

2. 모든 것과의 불화

Zayed, Yago. 'Agriculture: historical statistics'. House of Commons Briefing Paper, no. 03339 (2016. 1. 21.)

3. 세렝게티 효과

Harrabin, Roger. 'Wildflower meadow protection plan 'backfires'. *BBC News* (2014. 9. 3.) http://www.bbc.co.uk/news/science-environment-29037804

플랜트라이프 보고서 *Our Vanishing Flora*. (2012) http://www.plantlife.org.uk/application/

files/7214/8234/1075/Jubilee_Our_Vanishing_flora.pdf

4. 초본초식동물들의 비밀

Bakker, E. S. 외. 'Combining paleo-data and modern exclosure experiments to assess the impact of megafauna extinctions on woody vegetation'. *Proceedings of the National Academy of Sciences* 113(4), pp. 847-55 (2016) http://www.pnas.org/content/113/4/847.full.pdf

Bakker, E. S., Olff, H., Vandenberghe, C., De Maeyer, K., Smit, R., Gleichman, J. M., and Vera, F. W. M. 'Ecological anachronisms in the recruitment of temperate light-demanding tree species in wooded pastures'. *Journal of Applied Ecology* 41, pp. 571-82(2004)

Birks, H. J. B. 'Mind the gap: how open were European primeval forests?' *Trends in Ecology&Evolution* 20(4), pp. 154-6 (2005. 5.) https://www.researchgate.net/publication/7080887_Mind_the_gap_How_open_were_European_primeval_forests

Bokdam, J. 'Nature Conservation and Grazing Management. Free-ranging cattle as driving force for cyclic vegetation succession'. 박사논문, 네덜란드 바헤닝언 대학교(2003)

Bonenfant, C., Gailard, Jean-Michel, 외. 'Empirical evidence of density-dependence in populations of large herbivores'. *Advances in Ecological Research*, vol. 41, pp. 314-45 (2009)

Gill, R. 'The influence of large herbivores on tree recruitment and forest dynamics'. In Danell, K., 외. (eds). *Large Herbivore Ecology, Ecosystem Dynamics and Conservation*, pp. 170-202 (Cambridge University Press, 2006)

Grange, S., Duncan, P., 외, 'What limits the Serengeti zebra population?' *Oecologia* 149, pp. 523-32 (2004)

Green, Ted. 'Natural Origin of the Commons: People, animals and invisible biodiversity'. *Landscape Archaeology and Ecology*, vol. 8, pp. 57.62 (2010. 9.)

Harding, P. T. and Rose, F. *Pasture-woodlands in lowland Britain. A review of their importance for wildlife conservation* (헌팅던: 육생생태학 연구소 자연환경연구위원회, 1986)

Hodder, K. H. 외. 'Large herbivores in the wildwood and modern naturalistic grazing systems' Natural England, report no. 648 (2005)

Hopcraft, J. G. C., Olff, H., and Sinclair, A. R. E. 'Herbivores, resources and risks: alternating regulation along primary environmental gradients in savannas'. *Trends in Ecology and Evolution*, vol. 25 no. 2, pp. 119-28 (2010. 2.)

Lindenmayer, D. (ed.). *Forest Pattern and Ecological Process: A Synthesis of 25 years of Research* (연방과학산업연구기구, 2009)

Macnab, John. 'Carrying capacity and related slippery shibboleths' *Wildlife Society Bulletin*, vol. 13, no. 4, pp. 403.10 (1985년 겨울)

Mduma, S. A. R., Sinclair, A. R. E., and Hilborn, R. 'Food regulates the Serengeti wildebeest: a 40-year record'. *Journal of Animal Ecology* 68, pp. 1101-22 (1999)

Mech, D., Smith, D. W., Murphy, K. M., and MacNulty, D. R. 'Winter severity and wolf predation on a formerly wolf-free elk herd'. *Journal of Wildlife Management* 65, pp. 998-1003 (2001)

Mouissie, A. M. 'Seed dispersal by large herbivores . implications for the restoration of plant biodiversity. 박사논문, 네덜란드 흐로닝언 대학교 공동체 및 보존 생태학 그룹Community and Conservation Ecology Group (2004)

Ratnam, J., Bond, W. 외. "When is a 'forest' a savanna, and why does it matter?" *Global Ecology and Biogeography*, vol. 20, pp. 653-60 (2011)

Remmert, H. 'The mosaic-cycle concept of ecosystems . an overview'. Remmert, H. (ed). *The Mosaic-Cycle Concept of Ecosystems*, pp. 11-21 (Springer, Berlin, 1991)에 수록

Smit, C. and Putman, R. 'Large herbivores as environmental engineers'. Putman, R., Appolonia, M., and Andersen, R. (eds)에 수록. *Ungulate Management in Europe*, pp. 260-83 (Cambridge University Press, 2011)

Smit, C. and Ruifrok, J. L. 'From protégé to nurse plant: establishment of thorny shrubs in grazed temperate woodlands'. *Journal of Vegetation Science* 22, pp. 377-86 (2011)

Smit, C. and Vermijmeren, M. 'Tree-shrub associations in grazed woodlands: first rodents, then cattle. *Plant Ecology* 212, pp. 483-93 (2011)

Sommer, R. S., Benecke, N., Lõngas,, L., Nelle, O., and Schmolcke, U. 'Holocene survival of the wild horse in Europe: a matter of open landscape?'. *Journal of Quaternary Science* 26, pp. 805-12 (2011)

Tansley, A. G. 'The development of vegetation-a review of Clement's *Plant Succession*'. *Journal of Ecology* 4, pp. 198-204 (1916)

Tansley, A G. 'The classification of vegetation and the concept of development"f'. *Journal of Ecology* 8, pp. 118-49 (1920)

Van Vuure, C. 'On the origin of the Polish konik and its relation to Dutch nature management'. *Lutra*, vol. 57, no. 2, pp. 111-30 (포유류 및 포유류 보존 학회Vereniging voor Zoogdierkunde en

Zoogdierbescherming, 네덜란드 2014)

Vera, F. W. M. 'Can't see the trees for the forest.' D. Rotherham(ed). *Trees, Forested Landscapes and Grazing Animals-a European perspective on woodlands and grazed treescapes*, ch. 6,p. 99-126 (Routledge, 2013)에 수록

Vera, F. W. M. 'The dynamic European forest'. *Arboricultural Journal*, vol. 26, pp. 179-211 (2002)

Vera, F. W. M. 'Large-scale nature development-the Oostvaardersplassen'. *British Wildlife* 29, pp. 29-36 (2009. 6.) http://diaplan.ku.dk/pdf/large-scale_nature_development_the_ Oostvaardersplassen.pdf

Vera, F. W. M. 'The shifting baseline syndrome in restoration ecology'. Hall, M. (ed.). *Restoration and History-the search for a usable environmental past*, pp. 98-110 (Routledge Studies in Modern History, 2010)에 수록 http://media.longnow.org/files/2/REVIVE/The%20 Shifting%20Baseline%20Syndrome%20in%20Restoration%20Ecology_Frans%20Vera.pdf

Vera, F. W. M., Bakker, E., and Olff, H. 'The influence of large herbivores on tree recruitment and forest dynamics'. Danell, K., Duncan, P., Bergstrom, R., and Pastor, J. (eds). *Large Herbivore Ecology, Ecosystem Dynamics and Conservation*, pp.203-31 (Cambridge University Press, 2006)에 수록

Vera, F. W. M., Bakker, E., and Olff, H. 'Large herbivores: missing partners of western European light-demanding tree and shrub species?' Danell, K., Duncan, P., Bergstrom, R. and Pastor, J.(eds). *Large Herbivore Ecology, Ecosystem Dynamics and Conservation* (Cambridge University Press, 2006)에 수록 http://media.longnow.org/files/2/REVIVE/Vera_ Large%20herbivores%20missing%20partners%20light%20demanding%20tree%20 and%20shrub%20species.pdf

Watt, A. S. 'On the causes of failure of natural regeneration in British oakwoods'. *Journal of Ecology*, vol. 7, pp. 173-203(1919)

Young, T. P. 'Natural die-offs of large mammals: implications for conservation'. *Conservation Biology*, vol. 8, no. 2, pp. 410-18(1994. 6.)

5. 삼림 목초지의 세계

Alexander, K. N. A. 'The links between forest history and biodiversity: the invertebrate fauna of ancient pasture-woodlands in Britain and its conservation'f. Kirby, K. J. and Watkins, C. (eds). *The Ecological History of European Forests*, pp. 73-80 (Wallingford: CAB International, 1998)에 수록

Alexander, K. N. A. 'What are veteran trees? Where are they found? Why are they important?' Read, H., Forfang, A. S., 외. (eds). *Tools for preserving woodland biodiversity*, pp.28-31. Textbook 2에 수록. Nanonex 프로그램(레오나르도다빈치 프로젝트, 스웨덴, 2001. 9.)

Alexander, K. N. A. 'What do saproxylic (wood-decay) beetles really want? Conservation should be based on practical observation rather than unstable theory'. *Trees Beyond the Wood: Conference Pproceedings*, pp.33-46 (2012. 9.)

Alexander, K. N. A. "eNon-intervention v intervention-but balanced? I think not.' *British Ecological Society Bulletin*, vol. 45, pp. 36-7 (2014. 8.)

Alexander, K. N. A., Sticker, D., and Green, T. 'Rescuing veteran trees from canopy competition'. *Conservation Land Management*, pp. 12-16 (2011년 봄)

Allen, Michael J. and Gardiner, J. 'If you go down to the woods today; a re-evaluation of the chalkland postglacial woodland; implications for prehistoric communities.' Allen, Michael J., Sharples, Niall, and O'Connor, Terry (eds). *Land and People: papers in memory of John G. Evans*, pp. 49.66 (선사시대 사회 연구 논문 no. 2, Oxbow Books, 2009)에 수록

Godwin, H. *The History of the British Flora*. 2nd edn. (비수목성 꽃가루 분석 p.9, p. 27) (Cambridge University Press, 1975)

Godwin, H. 'Pollen analysis-an outline of the problems and potentialities of the method. Part 1. Technique and interpretation'. *New Phytologist*, vol. 33, pp. 278-305 (1934)

Godwin, H. 'Pollen analysis-an outline of the problems and potentialities of the method. Part 2. General applications of pollen analysis'. *New Phytologist*, vol. 33, pp. 325-58. (1934)

Peterken, George. 'Recognising wood-meadows in Britain?'. *British Wildlife*, vol. 28, no. 3, pp. 155-65 (2017. 2.)

Post, L. von. 'Forest tree pollen in South Swedish Peat Bog Deposits (Om skogstradspollen i sydsvenska torfmosselager-folijder (foredragsreferat))'. *Foerhandlingar*, vol. 38, pp. 384-434(Geologiska Foereningen in Stockholm, 1916). 번역: Margaret Bryan Davis, Knut Faegri, 서문: Knut Faegri, Johs. Iversen. *Pollen et Spores*, 9, pp. 378-401. Real, L. A. and Brown, J. H. (eds). *Foundations of Ecology*, pp. 456-82. (주석이 달린 전형적 논문, University of Chicago Press, 1967에 수록됨

Ranius, T., Eliasson, P., and Johansson, P. 'Large-scale occurrence patterns of red-listed lichens and fungi on old oaks are influenced both by current and historical habitat density'. *Biodiversity Conservation* 17, pp. 2371-81 (2008)

Rose, F. 'The epiphytes of oak'. Morris, M. G. and Perring, E. H. (eds). *The British Oak, Its History and Natural History*. pp. 250-73 (영국제도 식물학, E. W. Classey, Berks., 1974)에 수록

Rose, F. "e'Temperate forest management: its effects on bryophyte and lichen floras and habitats"f'. Bates, J. W. and Farmar, A. M. (eds). *Bryophytes and Lichens in a Changing Environment*, pp. 211-33 (Clarendon Press, Oxford, 1992)에 수록

Smith, D., Nayyar, K., 외. "e'Can dung beetles from the palaeoecological and archaeological record indicate herd concentration and the identity of herbivores?' *Quaternary International*, vol 341, pp.1-12 (2013)

              *

'Europe's Wood Pastures-condemned to a slow death by the CAP? A test case for EU agriculture and biodiversity policy'. EU 소책자 (2015. 10.) https://arboriremarcabili.ro/media/cms_page_media/2015/11/20/Europe"fs%20wood%20pastures%20-%20booklet_hTeCQKP.pdf

6. 야생 조랑말, 돼지, 롱혼 소

Hewitt, John. 'The hidden evolutionary relationship between pigs and primates revealed by genome-wide study of transposable elements', Phys.org (2015. 9. 23.) https://phys.org/news/2015.09-hidden-evolutionary-relationship-pigs-primates.html

McKenzie, Steven. '"Alarming trend"h' of decline among UK's dung beetles'. *BBC News* (2015. 11. 17.) http://www.bbc.co.uk/news/uk-scotland-highlands-islands-34831400

Nelson, Bryan. 'Pigs and humans share more genetic similarities than previously believed'. Mother Nature Network (2015. 9. 28.) http://www.mnn.com/earth-matters/animals/stories/pigs-and-humans-more-closely-related-thought-according-genetic-analysis

Provenza, F. D., Meuret, M., and Gregorini, P. 'Our landscapes, our livestock, ourselves: restoring broken linkages among plants, herbivores, and humans with diets that nourish and satiate.' *Appetite*, vol. 95, pp. 500-519 (2015. 8.)

              *

'UK dung beetles could save cattle industry £367m annually-bug farm boss' Wales online. (2015. 8. 27.) http://www.walesonline.co.uk/business/farming/uk-dung-beetles-couldsave-9940684

http://www.dungbeetlesdirect.com/Dung-Beetles/About-Dung-Beetles.aspx

7. 혼란 일으키기

Andersson, C. and Frost, I. 'Growth of *Quercus robur* seedlings after experimental grazing

야생 쪽으로

and cotyledon removal'. *Acta Botanica Neerlandica*, vol. 45, pp. 85-94 (1996)

Ausubel, Jesse H. 'The return of nature-how technology liberates the environment'. *Breakthrough Journal* (2015년 봄) https://thebreakthrough.org/index.php/journal/past-issues/issue-5/the-return-of-nature

Bossema, J. 'Jays and oaks: an eco-ethological study of a symbiosis'. 박사 논문, Rijksuniversiteit Groningen (*Behaviour* 70, pp. 1-117에도 게재됨). (1979)

Bossema, J. 'Recovery of acorns in the European jay (*Garrulus g. glandarius L.*)'. *Proceedings Koninklijke Nederlandse Akademie van Wetenschappen Serie C, Biological and Medical Sciences*, vol. 71, pp. 10-14 (1968)

Chettleburgh, M. R. 'Observations on the collection and burial of acorns by jays in Hinault Forest'. *British Birds*, vol. 45, pp.359-64 (1952)

Davis, Donald, 외. Changes in USDA Food Composition Data for 43 Garden Crops, 1950 to 1999. *Journal of the American College of Nutrition*, vol. 23, no. 6, pp. 669-82 (2004. 12.)

Den Ouden, J., Jansen, P. A., and Smit, R. 'Jays, mice and oaks: predation and dispersal of Quercus robur and Quercus petraea in North-western Europe'. Forget, P. M., Lambert, J. E., 외(eds). *Seed Fate: Predation, Dispersal and Seedling Establishment*, ch. 13, pp. 223-39. (국제 농업 및 생명과학 센터, 월링포드Wallingford, 2005)에 수록

Folger, Tim. 'The next green revolution'. *National Geographic Magazine* (2014. 10.)

Gustavsson, J., Christel Cederberg, C., Sonesson, U. 외. 'Global food losses and food waste-extent, causes and prevention'. 국제연합식량농업기구, 로마 (2011) http://www.fao.org/docrep/014/mb060e/mb060e00.pdf

Lambert, Chloe. 'Best before-is the way we produce and process food making it less nourishing?' *New Scientist*, 2015. 10. 17.

Mayer, Anne-Marie. 'Historical changes in the mineral content of fruits and vegetables'. *British Food Journal*, vol. 99, no. 6, pp. 207-11 (1997. 7.)

Midgley, Olivia. 'Increasing yields and rewilding spared land could slash greenhouse gas emissions by 80 per cent'. *Farmers Guardian Insight News*, 2016. 1. 4. https://www.fginsight.com/news/increasing-yields-and-rewilding-spared-land-couldslash-ghg-emissions-by-80-per-cent-8913

Monbiot, George. 'The Hunger Games'. *Guardian*, 2012. 8. 13.

Priestley, Sara. 'Food Waste. 하원 브리핑 보고서, no. CBP07552 (2016. 4. 8.)

Royte, Elizabeth. 'How "ugly" fruits and vegetables can help solve world hunger'. *National*

Geographic Magazine, 2016. 3.

Yi, Xianfeng, 외. 'Acorn cotyledons are larger than their seedlings' need: evidence from artificial cutting experiments.' *Scientific Reports* 5, 기사 번호: 8112 (2015)

Zayed, Yago. 'Agriculture: historical statistics'. 하원 브리핑 보고서, no. 03339 (2016. 1. 21.)

*

'Sustainable Food-a recipe for food security and environmental protection?' Science for Environment Policy In-depth Report, European Commission, Issue 8 (2013. 11.) http://ec.europa.eu/environment/integration/research/newsalert/pdf/sustainable_food_IR8_en.pdf

OECD-FAO Agricultural Outlook. Chapter 3 Biofuels. (2013) http://www.fao.org/fileadmin/templates/est/COMM_MARKETS_MONITORING/Oilcrops/Documents/OECD_Reports/OECD_2013_22_biofuels_proj.pdf

Transport&Environment. 'Biodiesel 80 per cent worse for climate than fossil diesel'. (2016. 4. 6.) https://www.transportenvironment.org/news/biodiesel-80-worse-climatefossil-diesel

8. 노란색 위험과의 동거

Harvey, Graham. 'Ragwort-the toxic weed spreading through our countryside'. *Daily Mail* (2007. 8. 5.). http://www.dailymail.co.uk/news/article-473409/Ragwort-The-toxic-weed-spreadingcountryside.html

Pauly, D. 'Anecdotes and the shifting baseline syndrome of fisheries'. *Trends in Ecology&Environment*, vol. 10, p. 430 (1995)

*

http://www.ragwortfacts.com/ragwort-myths.html

Buglife leaflet on ragwort: 'Ragwort-noxious weed or precious wildflower?' https://www.buglife.org.uk/sites/default/files/Ragwort.pdf

'British Horse Society Ragwort survey reveals disturbing new figures on horse fatalities', *Equiworld Magazine*. http://www.equiworld.net/0803/bhs01.htm

플랜트라이프와 나비보존회 합동간행물: 'Ragwort-friend or foe?' (2008. 6.) http://www.plantlife.org.uk/uk/our-work/publications/ragwort-friend-or-foe

내추럴 잉글랜드 정보 문서 'Towards a ragwort management strategy'. (2003. 6.) http://holtspurbottom.info/LinkedDocs/RagwortENinformationnote20June03.pdf

금방망이 확산 방지 방법에 관한 환경식품농무부의 실천 규범 (2004. 7.) https://www.gov.uk/
government/uploads/system/uploads/attachment_data/file/525269/pb9840-copragwort-
rev.pdf

금방망이 규제법: 금방망이 확산 방지 방법에 관한 실천 규범 초안에 대한 협의, 야생물 및 전원 연
계의 반응(2004. 6.) http://www.wcl.org.uk/docs/Link_response_to_consultation_on_ragwort_
control_09Jun04.pdf

9. 작은멋쟁이나비와 최악의 상황

Deinet, S., Ieronymidou, C., McRae, L., 외. 'Wildlife comeback in Europe-the recovery of
selected mammal and bird species'. ZSL, 버드라이프 인터내셔널, 유럽 조류 개체수 조사 위원
회(European Bird Census Council)가 리와일딩 유럽에 제출한 최종 보고서
Zoological Society of London (2013) https://www.zsl.org/sites/default/files/media/2014.02/
wildlife-comeback-in-europe-therecovery-of-selected-mammal-and-bird-species-
2576.pdf

Nogués-Bravo, D., Simberloff, D., Rahbek, C., and Sanders, N. J. 'Rewilding is the new
Pandora's box in conservation'. *Current Biology*, vol. 6, issue 3, pp. R87-R91 (2016. 2. 8.)

Odadi, W. O., Jain, M., 외. 'Facilitation between bovids and equids on an African savanna'.
Evolutionary Ecology Research, vol. 13, pp. 237-52 (2011)

Soulé, M. and Noss, R. 'Rewilding and biodiversity'. *Wild Earth*, pp. 1-11 (1998년 가을)

Van de Vlasakker, Joep. 'Bison Rewilding Plan 2014-2024 — Rewilding Europe's contribution
to the comeback of the European bison'. 리와일딩 유럽의 보고서(2014)

10. 번개오색나비

Bartomeus, I., Vila, M., and Steffan-Dewenter, I. 'Combined effects of Impatiens glandulifera
[Himalayan balsam] invasion and landscape structure on native plant pollination.' *Journal
of Ecology*, vol. 98, pp. 440-50 (2010)

Hejda, M. and Pysek. P. 'What is the impact of *Impatiens glandulifera* [Himalayan Balsam]
on species diversity of invaded riparian vegetation?' *Biological Conservation*, vol. 132,
pp.143-52 (2006)

Holdich, D. M., Palmer, M., and Sibley, P. J. 'The indigenous status of *Austropotamobius
pallipes* [Freshwater White-clawed Crayfish] in Britain'. *Crayfish Conservation in the
British Isles, Conference Proceedings*에 수록됨. 영국수로공사(British Waterways Offices), 리
즈Leeds (2009. 3. 25.)

Hulme, P. E., and Bremner, E. T. 'Assessing the impact of *Impatiens glandulifera* [Himalayan balsam] on riparian habitats'. *Journal of Applied Ecology*, vol. 43, pp. 43-50 (2006)

12. 멧비둘기

Dunn, Jenny C., 외. 'Post-fledging habitat selection in a rapidly declining farmland bird, the European Turtle Dove *Streptopelia turtur*'. *Bird Conservation International*, vol. 27, issue 1, pp.45-57 (2017. 3.) https://www.cambridge.org/core/journals/bird-conservation-international/article/postfledging-habitat-selection-in-a-rapidly-declining-farmland-bird-the-europeanturtle-dove-streptopelia-turtur/271558A78B788247C6EDCD8F725476DF

*

더 많은 정보: http://www.rspb.org.uk/community/ourwork/b/biodiversity/archive/2016/04/20/tracking-turtle-dove-nestlingsto-investigate-post-fledging-survival-and-habitat-selection.aspx#li3uE53mOOilE2sl.99

유럽멧비둘기에 대한 자료표, 버드라이프 인터내셔널. http://www.birdlife.org/sites/default/files/attachments/factsheet_-_european_turtle-dove_ci_1_1.pdf

13. 강의 재야생화

Harribin, Roger. 'Back to nature flood schemes need "government leadership"' *BBC News* (2014. 1. 16.) http://www.bbc.co.uk/news/uk-politics-25752320

Lean, Geoffrey. 'UK flooding: How a Yorkshire town worked with nature to stay dry'. *Independent* (2016. 1. 2.)

*

'Flood defence spending in England'. 하원 브리핑, standard note SN/SC/5755 (2014. 11. 19.)

'Flooding in Focus-recommendations for more effective flood management in England'. RSPB. (2014) https://www.rspb.org.uk/Images/flooding-in-focus_tcm9.386202.pdf

'How rewilding reduces flood risk'. 영국의 재야생화가 발표한 보고서(2016. 9.) http://www.rewildingbritain.org.uk/assets/uploads/files/publications/Final-flood-report/Rewilding-Britain-Flood-Report-Sep-6.16.pdf

'Working with natural processes to reduce flood risks'. 환경청, 환경식품농무부, 내추럴 리소스 웨일스Natural Resources Wales. (2014. 7.) http://evidence.environment-agency.gov.uk/FCERM/Libraries/FCERM_Project_Documents/WWNP_framework.sflb.ashx

'Slowing the flow at Pickering', 임업연구소Forest Research, https://www.forestry.gov.uk/fr/slowingtheflow, 토목기사 연구소 Institute of Civil Engineers https://www.ice.org.uk/disciplines-and-resources/case-studies/slowing-the-flow-at-pickering

'The Pontbren Project-a farmer-led approach to sustainable land management in the uplands'. 영국 삼림신탁 보고서(2013, 2.) http://www.woodlandtrust.org.uk/mediafile/100263187/rr-wt-71014-pontbren-project-2014.pdf

14. 비버의 복원

Coghlan, Andy. 'Should the UK bring back beavers to help manage floods?' *New Scientist* (2015. 11.13.)

Collen, P., and Gibson, R. 'The general ecology of beavers as related to their influence on stream ecosystems and riparian habitats, and the subsequent effects on fish-a review'. *Reviews in Fish Biology and Fisheries*, vol. 10, pp. 439-61 (2001)

Elliott, M., Blythe, C., 외. 'Beavers . Nature's Water Engineers. A summary of initial findings from the Devon Beaver Projects'. Devon Wildlife Trust (2017)

Gurnell, J., Gurnell, A. M., Demeritt, D., 외. *The feasibility and acceptability of reintroducing the European beaver to England* (내추럴 잉글랜드 의뢰 보고서 NECR002, 2009)

Halley, D. J., and Roseel, F. 'The beaver's re-conquest of Eurasia: status, population development and management of a conservation success'. *Mammal Review*, vol. 3, pp. 153-78(2002)

Hood, G. A. 'Biodiversity and ecosystem restoration: beavers bring back balance to an unsteady world'. Plenary, 6th International Beaver Symposium, .IvaniÐ Grad, Croatia (2012. 9.)

Hood, G. A. and Bayley, S. 'Beaver (*Castor canadensis*) mitigate the effects of climate on the area of open water in boreal wetlands in western Canada'. *Biological Conservation*, vol. 141, pp.556-67 (2008)

Jones, S., Gow, D., Lloyd Jones, A., and Campbell-Palmer, R. 'The battle for British beavers'. *British Wildlife*, vol. 24, no. 6, pp.381-92 (2013. 8.)

Law, A., Gaywood, Martin J., Jones, Kevin C., Ramsay, P., and Willby, Nigel, J. 'Using ecosystem engineers as tools in habitat restoration and rewilding: beaver and wetlands'. *Science of the Total Environment*, vol. 605-6, pp. 1021-30 (2017)

McLeish, Todd. 'Knocking down nitrogen'. *Northern Woodlands* (2016년 봄)

Manning, A. D., Coles, B. J., 외 'New evidence of late survival of beaver in Britain'. *The Holocene*, vol. 24, issue 12, pp. 1849-55(2014)

Nyssen, J., 외 'Effect of beaver dams on the hydrology of small mountain streams-example from the Chevral in the Ourthe Orientale basin, Ardennes, Belgium'. *Journal of Hydrology*, vol. 402, issues 1-2, pp. 92-102 (2011. 5. 13.)

Parker, H., and Rosell, F. 'Beaver management in Norway: a model for continental Europe?' *Lutra*, vol. 46, pp. 223-34 (2003)

Pope, Lawrence. 'Dam! Beavers have been busy sequestering carbon'. *New Scientist* (2013. 7. 17.)

Robbins, Jim. 'Reversing course on beavers-the animals are being welcomed as a defence against climate change'. *New York Times* (2014. 10. 27.)

Rosell, F., Bozser, O., Collen, P., and Parker, H. 'Ecological impact of beavers *Castor fiber* and *Castor canadensis* and their ability to modify ecosystems'. *Mammal Review*, vol. 35, pp. 248-76 (2005)

15. 목초지 사육

Allport, S. 'The Queen of fats: an author's quest to restore omega-3 to the western diet'. *Acres USA*, vol. 38, no. 4, pp. 56-62 (2008. 4.)

Arnott, G., Ferris, C., and O'Connell, N. 'A comparison of confinement and grazing systems for dairy cows-what does the science say?' *Agri-search* report (2015. 3.)

Daley, C. A., Abbott, A., 외 'A review of fatty acid profiles and antioxidant content in grass-fed and grain-fed beef'. *Nutrition Journal*, vol. 9, issue 10 (2010)

Dhiman, T. R. 'Conjugated linoleic acid: a food for cancer prevention'. *Proceedings from the 2000 Intermountain Nutrition Conference*, pp. 103-21 (2000)

Dhiman, T. R., Anand, G. R., 외. 'Conjugated linoleic acid content of milk from cows fed different diets'. *Journal of Dairy Science*, vol. 82, issue 10, pp. 2146-56. (1999)

Kay, R. N. B. 'Seasonal variation of appetite in ruminants'. Haresign, W., and Cole, D. J. A. *Recent Advances in Animal Nutrition*, ch. 11 (Butterworth-Heinemann, 1985)

Liddon, A. *Eating biodiversity: an investigation of the links between quality food production and biodiversity protection* (경제 및 사회 연구 위원회 보고서, 2009. 8. 20.)

Lüscher, A., Mueller-Harvey, I., 외 'Potential of legume-based grassland-livestock systems in Europe'. *Grass and Forage Science*, vol. 69, issue 2, pp. 206-28 (2014. 6.)

McCracken, D. and Huband, S., 'European pastoralism: farming with nature'. 자연 보존 및 유목에 대한 유럽 포럼E http://mp.mountaintrip.eu/uploads/media/project_leaflet/pastoral_plp.pdf

Ponnampalam, E. N, Mann, N. J, and Sinclair, A. J. 'Effect of feeding systems on omega-3 fatty acids, conjugated linoleic acid and trans fatty acids in Australian beef cuts: potential impact on human health'. *Asia Pacific Journal of Clinical Nutrition*, vol. 15, issue 1, pp. 21.9 (2006)

Renecker, Lyle Al and Samuel, W. M. 'Growth and seasonal weight changes as they relate to spring and autumn set points in mule deer'. *Canadian Journal of Zoology*, 69(3), pp. 744-7 (1991)

Salatin, Joel. 'Amazing grazing'. *Acres USA Magazine* (2007. 5.)

Sutton, C. and Dibb, S. 'Prime cuts . valuing the food we eat'. WWF-UK와 식품윤리위원회Food Ethics Council의 토론문(2013)

Taubes, G. 'The soft science of dietary fat'. *Science*, vol. 291, pp. 2535-41 (2001)

Xue, B., Zhao, X. Q., and Zhang, Y. S. 'Seasonal changes in weight and body composition of yak grazing on alpine-meadow grassland in the Qinghai-Tibetan plateau of China'. *Journal of Animal Science*, vol. 83, no. 8, pp. 1908-13 (2005)

*

'Pasture for life-it can be done: the farm business case for feeding ruminants just on pasture'. Pasture for Life (2016. 1.) http://www.pastureforlife.org/media/2016/01/pfl-it-can-bedone-jan2016.pdf

'Pastoralism and the green economy-a natural nexus?' 국제자연보존연맹, 유엔환경계획 보고서 (2014)

'The potential global impacts of adopting low-input and organic livestock roduction'. United Nations Food&Agriculture Organisation report. (2014. 3. 27.)

'What's your beef?' 내셔널트러스트 보고서. https://animalwelfareapproved.us/wp-content/uploads/2012/05/067b-Whats-your-beef-full-report.pdf

16. 토양의 재야생화

Anderston, Bart. 'Soil food web . opening the lid of the black box'. *Energy Bulletin* (2006. 12. 7.) http://www2.energybulletin.net/node/23428

Ball, A. S. and Pretty, J. N. 'Agricultural influences on carbon emissions and sequestration'.

Powell, J. 외. (eds). *Proceedings of the UK Organic Research 2002 Conference*, pp.247–50 (웨일스 유기농 센터, 농촌연구소, 웨일스대학교, 에버리스트위스Aberystwyth, 2002)

BaraÐski, M., 외 'Higher antioxidant and lower cadmium concentrations and lower incidence of pesticide residues in organically grown crops: a systematic literature review and meta-analyses'. *British Journal of Nutrition*, vol. 112, issue 5, pp.794–811 (2014. 9.)

Bathurst, Bella. 'Kill the plough, save our soils'. *Newsweek* (2014. 6. 6.)

Case, Philip. 'Only 100 harvests left in UK farm soils, scientists warn'. *Farmers Weekly* (2014. 10. 21.)

Cole, J. 'The effect of pig rooting on earthworm abundance and species diversity in West Sussex, UK'. 이학석사논문, 환경정책센터, 자연과학부, 임페리얼 칼리지 런던 (2013. 9. 11.)

Davis, D. R., Melvin, D., and Riordan, H. D. 'Changes in USDA Food Composition Data for 43 Garden Crops, 1950 to 1999'. *Journal of the American College of Nutrition*, vol. 23, issue 6, pp. 669–82 (2004)

Hickel, Jason. 'Our best shot at cooling the planet might be right under our feet'. *Guardian* (2016. 9. 10.)

Khursheed, S., Simmons, C., and Jaber, F. 'Glomalin-a key to locking up soil carbon'. *Advances in Plants&Agriculture Research*, vol. 4, issue 1 (2016)

Lambert, Chloe. 'Is food really better from the farm gate than supermarket shelf?' *New Scientist* (2015. 10. 14.)

Ling, L. L., 외. 'A new antibiotic kills pathogens without detectable resistance'. *Nature*, vol. 517, pp. 455–9 (2015. 1.)

Liu, X., Lyu, S., Sun, D., Bradshaw, C. J. A., and Zhou, S. 'Species decline under nitrogen fertilization increases community-level competence of fungal diseases'. *Proceedings of the Royal Society B*, vol. 284, issue 1847 (2017. 1. 25.)

Luepromchai, E., Singer, A., Yang, C.-H., and Crowley, D. E. 'Interactions of earthworms with indigenous and bioaugmented PCB-degrading bacteria'. *Federation of European Microbiological Societies Microbiology Ecology*, vol. 41, issue 3, pp. 191–7 (2002)

Merryweather, James. 'Meet the glomales-the ecology of mycorrhiza'. *British Wildlife*, vol 12, no. 2, pp. 86–93(2001. 12.)

Merryweather, James. 'Secrets of the soil'. *Resurgence&Ecologist*, issue 235 (2006년 3월/4월)

Meyer, Anne-Marie. 'Historical changes in the mineral content of fruits and vegetables'. *British Food Journal*, vol. 99, no. 6, pp. 207–11 (1997. 7.)

Noel, S., Mikulcak, F., 외. ELD Initiative. (2015). 'Reaping economic and environmental benefits from sustainable land management'. 정책입안자 및 의사결정자들을 위한 보고서, 토지황폐화에 대한 경제학 구상(2015) http://www.eld-initiative.org/fileadmin/pdf/ELD-pm-report_05_web_300dpi.pdf

Schaechter, Moselio ('Elio'). 'Mycorrhizal fungi: the world's biggest drinking straws and largest unseen communication system'. Small Things Considered (지구의 미생물과 미생물 활성의 폭넓음과 깊이에 대한 이해를 공유하기 위한 블로그(2013. 8.) http://schaechter.asmblog.org/schaechter/2013/08/mycorrhizal-fungi-the-worlds-biggestdrinking-straws-and-largest-unseen-communication-system.html

Sutton, M., 외 (eds). *The European Nitrogen Assessment-Sources, Effects and Policy Perspectives* (Cambridge University Press, 2011)

Van Groenigen, J. W., Lubbers I. M., 외. 'Earthworms increase plant production: a meta-analysis'. *Scientific Reports*, vol. 4, article no. 6365 (2014)

Woods-Segura, James. 'Rewilding-an investigation of its effects on earthworm abundance, diversity and their provision of soil ecosystem services'. 이학석사논문, 환경정책센터, 자연과학부, 임페리얼 칼리지 런던 (2013. 9.)

Xavier, L. J. C. and Germida, J. J. 'Impact of human activities on mycorrhizae'. *Microbial Biosystems: New Frontiers. Proceedings of the 8th International Symposium on Microbial Ecology*, 애틀랜틱 캐나다 미생물생태학회, 핼리팩스, 캐나다, 1999

Zaller, J. G., Heigl, F., 외 'Glyphosate herbicide affects belowground interactions between earthworms and symbiotic mycorrhizal fungi in a model ecosystem'. *Scientific Reports*, vol. 4, article no. 5634 (2014. 7.)

Zhang, W., Hendrix, P. F., 외 'Earthworms facilitate carbon sequestration through unequal amplification of carbon stabilization compared with mineralization'. *Nature Communications*, vol. 4, article no. 2576 (2013)

*

Economics of Land Degradation Initiative report (2015. 9.) http://www.eld-initiative.org/fileadmin/pdf/ELD-pmreport_05_web_300dpi.pdf

'Glomalin: hiding place for a third of the world's stored soil carbon'. *Agricultural Research Magazine*, US Department of Agriculture (2002. 9. https://agresearchmag.ars.usda.gov/2002/sep/soil

Restoring the climate through capture and storage of soil carbon through holistic planned grazing. 세이보리 연구소 (2013)

'Status of the World's Soil Resources'. 주 보고서: 국제연합 식량농업기구와 토양에 관한 정부 간 기술위원회, 로마, 이탈리아(2015) http://www.fao.org/3/a-i5199e.pdf

'UK soil degradation'. Postnote no. 265, 의회 과학기술국 (2006. 7.) http://www.parliament.uk/documents/post/postpn265.pdf

www.soilfoodweb.com

17. 자연의 가치

Bird, W. 'Natural Thinking-investigating the links between the natural environment, biodiversity and mental health'. RSPB 보고서 (2007. 6.)

Chen, H., 외. 'Living near major roads and the incidence of dementia, Parkinson's disease, and multiple sclerosis: a population-based cohort study'. *The Lancet*, vol. 389, no. 10070, pp. 718-26 (2017. 2. 18.)

Kaplan, S. 'The restorative effects of nature-toward an integrative framework'. *Journal of Environmental Psychology*, vol. 15, pp.169-82 (1995)

Orians, G. H., and Heerwagen, J. H. 'Evolved responses to landscapes'. Barkow, J. H., Cosmides, L., and Tooby, J. (eds). *The Adapted Mind: Evolutionary Psychology and the Generation of Culture*, pp. 555-79 (Oxford University Press, 1993)에 수록

Pyle, R. M. 'The extinction of experience'. *Horticulture*, vol. 56, pp. 64-7 (1978)

Williams, A. G., Audsley, E., and Sandars, D. L. 'Determining the environmental burdens and resource use in the production of agricultural and horticultural commodities'. 주 보고서: DEFRA 연구프로젝트 ISO 20 (크랜필드 대학교, 베드퍼드Bedford와 DEFRA, 2006)

Taylor, R. C.,외. *Measuring holistic carbon footprints for lamb and beef farms in the Cambrian Mountains*. 웨일스농촌위원회 보고서(2010)

Ulrich, R., 외. 'Stress recovery during exposure to natural and urban environments'. *Journal of Environmental Psychology*, vol.11, pp. 201-30 (1991)

Ulrich, R. S. 'Aesthetic and affective response to natural environment'. Altman, I., and Wohlwill, J. F. (eds). *Behaviour and the Natural Environment*, pp. 85-125 (Plenum, 뉴욕, 1983)에 수록

*

'Estimating local mortality burdens associated with particulate air pollution'. 영국 공중보건국 보고서 (2014. 4. 9.)

.

'The State of Natural Capital-protecting and improving natural capital for prosperity and wellbeing'. 자연자본위원회 보고서 (2015) http://socialsciences.exeter.ac.uk/media/universityofexeter/collegeofsocialsciencesandinternationalstudies/leep/documents/2015_ncc-state-natural-capital-third-report.pdf

참고서적

Blencowe, Michael and Neil Hulme. *The Butterflies of Sussex* (Pisces Publications, 2017)

Bosworth-Smith, R. *Bird Life&Bird Law* (John Murray, 1905)

Campbell-Palmer, Róisin, 외. *The Eurasian Beaver Handbook* (Pelagic Publishing, 2016)

Carroll, Sean B. *The Serengeti Rules-the quest to discover how life works and why it matters* (Princeton University Press, 2016)

Clements, Frederic E. *Plant Succession-an analysis of the development of vegetation* (The Carnegie Institute of Washington, 1916)

Coles, B. J. *Beavers in Britain's Past* (Oxbow Books, UK, 2006)

Collier, Eric. *Three Against the Wilderness* (Touch Wood Editions, 2007, 초판 발행: 1959)

Crumley, Jim. *Nature's Architect-the beaver's return to our wild landscapes* (Saraband, 2015)

Cummins, John. *The Hound and the Hawk-the art of medieval hunting* (Weidenfeld&Nicolson, 1988)

Darwin, Charles. *The Formation of Vegetable Mould, through the action of earth worms, with observations on their habits* (John Murray, 1881)

Dent, Anthony. *Lost Beasts of Britain* (Harrap, 1974)

Gould, John. *Birds of Great Britain* (5 vols: n.p., 1862-73)

Goulson, Dave. *Bee Quest* (Jonathan Cape, 2017)

Grandin, Temple. *Livestock Handling&Transport* (제4판, Centre for Agriculture and Biosciences International, 2014)

Grandin, Temple and Catherine Johnson. *Animals in Translation-the woman who thinks like a cow* (Bloomsbury, 2005)

Harvey, Graham. *The Carbon Fields-how our countryside can save Britain* (Grass Roots, UK, 2008)

Harvey, Graham. *The Forgiveness of Nature-the story of grass* (Jonathan Cape, 2001)

Helm, Dieter. *Natural Capital-valuing the planet* (Yale University Press, 2015)

Henderson, George. *The Farming Ladder* (Faber&Faber, 1943)

Hoskins, W. G. *The Making of the English Landscape* (Little Toller Books, 2013; 초판 Hodder&Stoughton, 1955)

Jefferies, R. *Nature Near London* (Chatto&Windus, 1883)

Juniper, Tony. *What Nature Does for Britain* (Profile Books, 2015)

Lawton, John. *Making Space for Nature-a review of England's wildlife sites and ecological network*. (Department for Environment, Food and Rural Affairs) (2010. 9. 16.)

Leopold, Aldo. *A Sand County Almanac* (Oxford University Press, 1949)

Lovegrove, Roger. *Silent Fields-the long decline of a nation's wildlife* (Oxford University Press, 2007)

Mabey, Richard. *Weeds-how vagabond plants gate-crashed civilisation and changed the way we think about nature* (Profile Books, 2010)

Mabey, Richard. *Whistling in the Dark-in pursuit of the nightingale* (Sinclair Stevenson, 1993)

McCarthy, Michael. *The Moth Snowstorm* (John Murray, 2015)

McCarthy, Michael. *Say Goodbye to the Cuckoo* (John Murray, 2009).

Marris, Emma. *Rambunctious Garden-saving nature in a post-wild world* (Bloomsbury, 2011)

Monbiot, George. *Feral-searching for enchantment on the frontiers of rewilding* (Allen Lane, 2013)

Montgomery, David R. and Anne Biklé. *The Hidden Half of Nature-the microbial roots of life and health* (W. W. Norton, 2016)

Norton-Griffiths, M., and A. R. E. Sinclair. *Serengeti: Dynamics of an Ecosystem* (University of Chicago Press, 1979)

Oates, Matthew. *In Pursuit of Butterflies-a fifty-year affair* (Bloomsbury, 2015)

Ohlson, Kristin. *The Soil Will Save Us-how scientists, farmers and foodies are healing the* soil to save the planet (Rodale, 2014)

Quammen, David. The Song of the Dodo-island biogeography in the age of extinctions (Scribner, 1996)

Rackham, Oliver. Ancient Woodland-its history, vegetation and uses in England (Edward Arnold, London, 1980; 신판 Castlepoint Press, Kirkcudbrightshire, 2003)

Rackham, Oliver. The History of the Countryside-the classic history of Britain's landscape, flora and fauna (Phoenix, 2000)

Rackham, Oliver. Woodlands (The New Naturalist, Collins, 2006)

Robinson, Jo. Pasture Perfect-the far-reaching benefits of choosing meat, eggs and dairy products from grass-fed animals (Vashon Island Press, 2004)

Schwartz, Judith. Cows Save the Planet-and other improbable ways of restoring soil to heal the earth (Chelsea Green, 2013)

Stace, Clive A. and Michael J. Crawley. Alien Plants (The New Naturalist, William Collins, 2015)

Stapledon, Sir George. The Way of the Land (Faber&Faber, 1942)

Stewart, Amy. The Earth Moved-on the remarkable achievements of earthworms (Frances Lincoln, 2004)

Stolzenburg, William. Where the Wild Things Were-life, death and ecological wreckage in a land of vanishing predators (Bloomsbury, USA, 2008)

Tansley, A. G. The British Islands and their Vegetation. Vols 1&2(Cambridge University Press, 제3판, 1953)

Tansley, A. G (ed.) Types of British Vegetation (Cambridge University Press, 1911)

Teicholz, Nina. The Big Fat Surprise (Scribe, 2014)

Thomas, Keith. Man and the Natural World-changing attitudes in England 1500-1800 (Allen Lane, 1983)

Thompson, Ken. Where Do Camels Belong?-the story and science of invasive species (Profile Books, 2014)

Tubbs, C. R. The New Forest-a natural history (The New Naturalist, Collins. 1998)

Tudge, Colin. The Secret Life of Trees (Allen Lane, 2005)

Vera, F. W. M. Grazing Ecology and Forest History (CABI Publishing, 2000)

Walpole-Bond, John. *A History of Sussex Birds*(Witherby, 1938)

Wilson, Edward O. *Biophilia* (Harvard University Press, 1984)

Wilson, Edward O. *The Diversity of Life* (W. W. Norton, 1999)

Wilson, Edward O. *Half-Earth-our planet's fight for life* (Liveright Publishing, 2016)

Wohlleben, Peter. *The Hidden Life of Trees-what they feel, how they communicate* (Greystone Books, Canada, 2016)

Yalden, Derek. *The History of British Mammals* (Poyser Natural History, 1999)

Young, Rosamund. *The Secret Life of Cows* (Faber&Faber, 2017)

감사의 말

넵 재야생화 프로젝트는 맨 처음부터 뒤에서 도와주신 두 분에게 큰 빚을 졌다. 한 분은 찰리의 사촌이자 넵 사유지 신탁 관리자인 줄리언 스미스다. 줄리언은 오스트파르더르스플라선을 처음 방문했을 때 서식스의 진흙땅에 자연주의적 방목 프로젝트를 실현할 가능성을 곧바로 알아차렸다. 그는 찰리가 정부에 제출한 첫 의향서의 작성을 도왔고 이후로도 내내 정신적인 지지를 해주었다.

다른 한 분은 2000년에 우리 농기구를 전부 팔고 불과 2주 뒤에 넵을 떠맡은 우리의 사유지 관리자 제이슨 엠리치다. 제이슨이 넵에 도착했을 때 우리는 이미 렙턴 대정원을 한창 복구하는 중이었지만 제이슨이나 누구든 다른 사람이 아는 한 나머지 땅은 소작을 주기로 되어 있었다. 1년쯤 뒤 재야생화 이야기가 처음 나왔을 때 지극히 평범한 사유지 관리자라면 두려움에 망연자실하여 우리가 재야생화를 하면 안 되는 이유를 무수히 찾아냈을 것이다. 하지만 제이슨은 진취적이고 상상력이 뛰어난 사람이다. 우리가 모든 희망이 사라졌다고 생각할 때에도 제이슨의 창의력이 프로젝트에 몇 번이고 박차를 가했다. 또 제이슨은 우리로선 해당 사항이 없을 듯한 혜택에 대한 신청서를 작성하는 데도 대가다. 하지만 다른 무엇보다 그는 사업가이며, 아무도 안 하니까 우리도 하지 말아야 하는 건 아니라는 사고방식을 가진 사람이다. 천생 동지를 발견한 우리는 믿을 수 없을 정도로 운이 좋았고, 총명한 그가 있어서 우리의 이야기를 든든하게 뒷받침 해준다.

거의 우연히 재야생화의 길로 들어선 또 다른 사람은 원래 나무 전문가이던 우리의 목동 팻 토다. 그가 농사 경험이 전혀 없다는 사실이 분명 우리에겐 이점이었다. 그가 자유롭게 돌아다니는 소들과 돼지들이라는 과제에 대해 선입견 없이, 그리고 아마 힘든 과제를 짊어지고 있다는 걸 잘 모른 채 훌륭하게 대처했기 때문이다. 제멋대로 행동하는 우리 동물들, 특히 힘든 상황이 펼쳐진 남쪽 구역의 동물들에 대한 인내심 못지않게 팻은 독창적인 문제해결 능력과 한결같은 유머 감각을 갖고 있다. 넵에서 맡은 일이 역시 야생 쪽으로 바뀐 크레이그 라인은 팻의 손과 발이 되어준다. 동물들을 돌보는 어려움에 잘 대처하고 템플 그랜딘이 설계한 기적의 소 관리 시스템을 구축해준 그에게 진심으로 감사한다. 또 우리의 색다른 가축들의 건강을 돌보는 수의사 마틴 보어스에게도 감사드린다. 팻, 크레이그, 마틴, 그리고 북쪽 구역의 롱혼 무리의 책임자인 엄청나게 현실적이고 노련한 앤디 메도스가 한 일들은 넵에서와 같은 자연주의적 방목 시스템이 실현 가능하고 바람직할 뿐 아니라 수익성도 있다는 것을 입증하는 데 핵심적 역할을 했다.

또한 자신의 롱혼 무리를 우리에게 맡긴 크리스 쿡, 엑스무어 조랑말들의 도입을 감독한 마크 베이트먼, 사유지의 사냥터 쪽 일을 하는 댄

리드편, 70마일의 내부 울타리를 제거하고 경계울타리와 다리를 설치한 제레미 컬링, 그리고 최근에 고인이 된 우리의 농장 감독 밥 랙에게도 고마움을 전하고 싶다.

넵 팀의 또 다른 구성원들은 프로젝트의 범위와 규모가 계속 바뀔 때도 프로젝트의 근본적 방식들을 유지해나간다. 과정 중심으로 작업하고 프로젝트에 끊임없이 헌신해 준 줄리 알렉산더, 커스티 헤이든, 모린 라인, 앤 맥그래스, 야스민 뉴먼, 엘리자베스 나이팅게일에게 큰 고마움을 전한다. 넵 황무지 사파리가 순조롭게 출발할 수 있게 해준 우리의 사파리 및 캠프장의 첫 관리자 폴 나이팅게일과 에이미 나이팅게일(지금은 출장 목공 및 말 대여업을 하고 있다)과 능숙하게 운전대를 넘겨받아 사업을 키운 현재 캠프장 관리자들인 레이철 노트와 라이언 그리브스에게도 감사드린다.

우리 프로젝트의 진실성의 많은 부분은 서식스 야생생물 신탁의 품 안에서 낚아채온 넵 전속 생태학자 페니 그린의 어깨에 달려 있다. 그분들이 우리를 용서해주길 바란다. 페니는 정말로 보석 같은 사람이니까. 종달새와 함께 일어나 종종 나방과 나이팅게일을 보려고 밤까지 깨어 있는 페니는 우리의 조사 및 모니터링 프로그램들을 이끌고 수많은 전문가와 자원봉사자들을 유머와 열정으로 결집시키며 그들의 모든 데이터와 그녀가 얻은 데이터를 능숙하게 취합한다. 또한 우리 관광사업의 사파리 부문을 출범시켜 현재 7명의 보조 사파리 가이드—톰 포워드, 루시 그로브스, 로리 잭슨, 리나 퀸랜, 대런 롤프, 마이크 러셀, 소피 트라이스—들로 이루어지고 때때로 왕립조류보호협회의 지역 책임자인 크리스 코리건까지 가세하는 팀을 이끈다. 이들은 모두 뛰어난 생태학자들로, 프로젝트의 훌륭한 사절 역할을 해주고 있다.

페니는 테리사 그리너웨이의 연구를 발판으로 삼아 일한다. 우리 자문위원회의 가장 초기 멤버들 중 한 명인 테리사는 우리의 첫 기초 조사, 연간 검토 작업, 5년간의 반복 조사를 조율했다. 초기 단계에 그렇게 잘 설계된 모니터링 시스템을 가진 것이 우리의 신뢰성에 중요한 역할을 했고 우리가 진행 중인 조사 작업에 계속 영향을 미치고 있다. 우리는 누구든 이런 프로젝트를 고려하고 있는 사람들에게 다른 무엇보다 먼저 적절한 기초 연구를 준비하라고 강력하게 권한다.

나는 이 책에서 테드 그린과 프란스 페라가 우리에게 불어넣은 영감에 관해서는 이야기했지만 자문위원회의 나머지 사람들(이름이 개별적으로 언급되었다)의 귀한 공헌에 감사할 공간적 여유가 없었다. 바쁜 와중에도 너그러이 지침을 제시해주고 열정과 전문지식을 아낌없이 베풀어준 그들은 맨 처음부터 우리의 버팀목이었고 시작한 모든 일을 계속하도록 도와주었다. 그분들 모두에게 늘 감사드린다. 그러나 몇 번의 중대한 시기에 도움을 준 한 분은 따로 이야기를 해야 할 것 같다. 내추럴 잉글랜드의 짐 시모어는 금방망이 같은 문제들로 우리 계획이 틀어질 위기에 처했을 때 환경부에 우리 입장을 옹호하며 우리를 위해 여러 차례 위험을 무릅썼다.

또한 이 책의 초안을 읽고 여백에 설명과 종종 재미있는 의견을 써준 믹 크롤리 교수, 폴 고립, 피터 매런, 리스벳 라우싱 박사, 조너선 스펜서, 토니 횟브레드에게 특히 감사드리고 싶다.

그리고 각자의 전문지식과 관련된 장이나 부분에 의견을 내준 키스 알렉산더 박사, 리처드 바젯, 해리 보웰, 피터 버지스, 질 버틀러, 알래스테어 드라이버 교수, 마크 엘리엇, 데이비드 골린스, 데릭 고, 테드 그린, 닐 흄, 한스 캄프, 존 로턴 교수, 레오 리나츠, 존 말리, 존 미들리, 토니 모리스, 매슈 오츠, 팻 토, 윱 판데르 플라사커르, 프란스 페라에게도 큰 고마움을 전한다. 전쟁 동안과 그 이후의 넵에 관한 기억을 공유해준 퍼넬러피 그린우드와 마크 버렐에게도 감사드린다. 일일이 이름을 언급할 수 없을 만큼 많은 분들이 문의에 친절하게 답을 해주었다. 시간을 들여 그렇게 충실하게 답을 해준 모든 분께 감사드리고 싶다. 남아 있는 어떤 오류도 내 잘못이거나 내 해석의 결과이거나 나중에 본문에 추가한 부분 때문이다.

전반적인 영감을 불어넣어주고 정신적 지지를 보내준 소위 재야생화 그룹에게도 감사드린다. 환경에 관심 있는 각양각색의 친구들의 모임인 이 그룹은 거의 10년 동안 유럽의 다른 재야생화 지역들을 1년에 네 번씩 찾아갔다. 카마르그에서 체르노빌 출입금지구역까지 이들과 함께한 여행은 용기를 북돋아주고 자극이 되어주었을 뿐 아니라 항상 엄청나게 재미있었다. 같은 생각을 가지고 있고 변화의 긍정적 힘이 되는 사람들과 이런 경험들을 나누면 알도 레오폴드가 생태학 교육에 관해 이야기한 것처럼 인간은 "상처투성이 세계에서 혼자 살지" 않게 된다.

내 대리인인 데이비드 고드윈과 그의 아내 헤더 고드윈, 내 출판인인 라비 미르찬다니, 편집자 앤사 칸 카탁, 교열 담당자 니콜라스 블레이크, 홍보담당자 폴 마르티노빅에게도 진심으로 감사드린다.

그리고 마지막으로 남편 찰리 버렐에게 가장 큰 감사를 보낸다. 이것은 그가 품은 이상의 이야기다. 나는 35년이 지난 뒤에도 그에게 계속 놀라는 것, 그리고 우리 삶의 가장 큰 모험이 된 일을 그와 함께 시작한 것이 가장 큰 행운이라고 생각한다.

찾아보기

야생 쪽으로

야생 쪽으로

야생 쪽으로

옮긴이 박우정

경북대 영어영문학과를 졸업하고 현재는 인문서와 어린이 도서 전문 번역가로 활동하고 있다. 옮긴 책으로 『한 세대 안에 기후위기 끝내기』 『불평등이 노년의 삶을 어떻게 형성하는가』 『왜 신경증에 걸릴까』 『자살의 사회학』 『히틀러의 비밀 서재』 『남성 과잉 사회』 『좋은 유럽인 니체』 『역사를 이긴 승부사들』 『평면의 역사』 『아들러 평전』 『지니어스 게임』(전2권), 『메이크 타임』 『알렉산드로스 원정기』 『재생산에 관하여』 『스프린트』 『역사를 수놓은 발명 250가지』 등이 있다.

야생 쪽으로

초판인쇄 2022년 9월 2일
초판발행 2022년 9월 12일

지은이 이저벨라 트리
옮긴이 박우정
펴낸이 강성민
편집장 이은혜
마케팅 정민호 이숙재 김도윤 한민아 정진아 이가을 우상욱 박지영 정유선
브랜딩 함유지 함근아 김희숙 박민재 박진희 정승민
제작 강신은 김동욱 임현식

펴낸곳 (주)글항아리│출판등록 2009년 1월 19일 제406-2009-000002호

주소 413-120 경기도 파주시 회동길 210
전자우편 bookpot@hanmail.net
전화번호 031-955-2696(마케팅) 031-955-1934(편집부)
팩스 031-955-2557

ISBN 979-11-6909-033-9 03400

잘못된 책은 구입하신 서점에서 교환해드립니다.
기타 교환 문의 031-955-2661, 3580

단숨에 읽었다. 아주 매력적인 책이면서 영국의 야생생물이 감소하고 있는 암울한 상황에서 독특한 자연보존 실험을 다룬 굉장히 유익한 책이다. 넵 사유지의 야생화는 영국과 유럽에서 가장 흥미로운 야생생물 보존 프로젝트 중 하나다. 개트윅 공항에서 16마일밖에 떨어지지 않은 곳에 이런 규모와 속도로 자연을 되살릴 수 있다면 어디서도 가능하다. 그건 정말로 멋지고 우리를 희망으로 채워준다. _존 로턴 교수, 환경과학 연구소 소장 겸 왕립 환경오염 위원회 의장

우리의 망가진 땅을 어떻게 회복시킬지에 관한 날카롭고 현실적이며 감동적인 이야기. 이 책은 자연보존 활동을 구원할 것이며 그 미래가 되어야 한다. 이 책은 새로운 희망이다. _크리스 패컴, 『리얼리 와일드 쇼』 진행자

미래를 내다본 용감한 모험에 관한 흥미진진한 이야기. 시골지역의 미래가 위기에 처한 때에 저자는 우리가 개인적인 경험과 시각에 어떻게 갇혔는지 이해하도록 돕는다. 눈을 뗄 수 없을 정도로 흥미진진하고 근사하게 쓰인 이 책은 우리의 상상력을 확장시키며 우리 외에 거의 모든 종의 무시무시한 쇠퇴를 되돌리려는 의지를 불타오르게 한다. _헬렌 브라우닝, 토양협회 최고 책임자

뛰어난 연구를 바탕으로 훌륭하게 쓰인 이 흥미진진하고 설득력 있는 책은 농업과 자연보존에 혁신을 일으킬 것이다. _매슈 오츠, 내셔널 트러스트 자연 부문 국가 전문가

자연에 관해 올해 가장 영감을 주었던 책. 자연보존, 용기, 비전, 기적의 이야기가 펼쳐진다. 실제로 일어난 일들을 담은 이야기는 짜릿한 흥분을 준다. 넵 자연보존 프로젝트는 세계적으로 유명하며 희망의 불빛이다. 이 책을 읽고 경탄하기를 바란다. _벨 무니, 『데일리메일』

믿기 힘든 변화를 다룬 놀라운 이야기. _조지 몽비오, 『활생』 저자

딱 알맞은 시기에 나온 훌륭한 입문서. 우리가 지구를 어떻게 공유해야 하는지, 그러니까 지구가 어떤 모습인지, 우리가 무엇을 먹는지, 그리고 자연이 우리에게 무엇을 가르쳐줄 수 있는지에 관심 있는 사람이라면 누구나 이 책을 읽어야 한다. _『선데이타임스』

눈부시게 빛나는 책. 이저벨라는 독자들을 고무시키는 열정을 담아 글을 쓴다. 그녀가 이 책에 담은 프로젝트는 전적으로 마음을 끌어당기며 영감을 준다. 그리고 우리에겐 영감이 필요하다. _『이브닝스탠더드』